四川省 2021—2022 年度重点图书出版规划项目——智慧输变电技术
卫星技术在电网领域深化应用丛书

高原山区雷电监测预警技术及其应用

周仿荣　张其林　　◎ 著
马　仪　文　刚

西南交通大学出版社
·成　都·

图书在版编目（CIP）数据

高原山区雷电监测预警技术及其应用 / 周仿荣等著. -- 成都：西南交通大学出版社，2022.4
ISBN 978-7-5643-8497-5

Ⅰ. ①高… Ⅱ. ①周… Ⅲ. ①高原 – 山区 – 雷 – 监测 – 研究 – 中国②高原 – 山区 – 雷 – 预警 – 研究 – 中国③高原 – 山区 – 闪电 – 监测 – 研究 – 中国④高原 – 山区 – 闪电 – 预警 – 研究 – 中国 Ⅳ. ①P427.32

中国版本图书馆 CIP 数据核字（2021）第 267616 号

Gaoyuan Shanqu Leidian Jiance Yujing Jishu ji qi Yingyong
高原山区雷电监测预警技术及其应用

| 周仿荣　张其林 | 著 | 责任编辑 / 李芳芳 |
| 马　仪　文　刚 | | 封面设计 / 吴　兵 |

西南交通大学出版社出版发行
（四川省成都市金牛区二环路北一段 111 号西南交通大学创新大厦 21 楼　610031）
营销部电话：028-87600564　028-87600533
网址：http://www.xnjdcbs.com
印刷：四川玖艺呈现印刷有限公司

成品尺寸　185 mm×240 mm
印张　19.5　字数　345 千
版次　2022 年 4 月第 1 版　印次　2022 年 4 月第 1 次
书号　ISBN 978-7-5643-8497-5
定价　120.00 元

图书如有印装质量问题　本社负责退换
版权所有　盗版必究　举报电话：028-87600562

《高原山区雷电监测预警技术及其应用》
编委会

主要著者	周仿荣	张其林	马　仪	文　刚
其他著者	马御棠	高振宇	潘　浩	钱国超
	唐立军	颜　冰	王　山	翟少磊
	黑颖顿	耿　浩	曹　俊	杨明昆
	翟　兵	顾仕强	洪志湖	代维菊
	赵加能	李国彬	史玉清	陈云浩
	胡　锦	陈　伟	王一帆	周兴梅
	邱鹏锋	闵青云	朱龙昌	孙董军
	陆正豪	杨杰琼		

前言

雷暴天气是自然现象中的一种天气现象，呈现出高发、频发的特点。雷害的发生可能对社会生产生活造成严重的破坏，同时产生巨额的经济损失。对于雷害的产生原因、发展过程和致灾机理，人类一直在不断探索。近年来，随着天气变化异常，极端雷暴天气越来越多，特别是高原山区，近年来雷电发生的频次和强度显著增多增大，因雷击导致输电线路跳闸风险异常突出，严重影响了电网供电的可靠性。为此，开展有针对性的雷电预警、监测、防雷措施，提高输电线路的耐雷水平，降低雷电对输电网络的影响越来越受到技术人员的关注。

目前，针对输电线路雷电监测主要是利用闪电定位仪进行雷电探测，利用雷电产生的声、光、电磁场等特性来遥测雷电的放电参数（如雷电发生的时间、位置、强度等）。但是这些方法主要是事中进行探测，无法有效避免雷电对输电线路的不利影响，仅能指导供电单位事后开展故障原因分析。如能提前预测雷电发生的位置、雷电幅值，提前采取应对措施，降低雷击对输电线路的不利影响，对输电线路的稳定性具有十分重要的意义，因此，亟须开展雷电预测工作。本书主要介绍了利用多普勒雷达数据、葵花8号卫星数据、闪电等多源数据开展短临雷电预警及输电线路跳闸风险评估。

本书可分为5章，第1章介绍了雷电发生的基本规律及对输电线路跳闸的影响；第2章介绍了地球电离层空腔雷电电磁场广域传播特征；第3章介绍了雷电流测量及其反演；第4章介绍了雷电常规探测设备；第5章介绍了雷电临近预警方法。

本书由周仿荣、张其林、马仪、文刚共同编写，其中第 1 章主要由张其林、周仿荣编写；第 2 章主要由马御棠、高振宇编写；第 3 章主要由文刚、马仪、钱国超编写；第 4 章主要由周仿荣、潘浩、文刚编写；第 5 章主要由黑颖顿、耿浩、曹俊编写。在编写过程中，唐立军、颜冰、王山、翟少磊、杨明昆、翟兵、顾仕强、洪志湖、代维菊、史玉清、陈云浩、赵加能、胡锦、李国彬、陈伟、孙董军等均参与了相应内容的编制和完善。

编写本书的目的是全面介绍雷电发生的规律及探测方法，旨在推动卫星遥感技术、多普勒雷达技术等多源数据开展短临雷电预警，指导调度和线路运维人员开展雷电应对处置工作。本书可供电力行业从事与防雷相关的研究人员和运维人员使用，也可作为高等院校相关师生的参考用书。

在本书编写过程中，作者查阅了大量的书籍、论文等资料，在此对相关文献的作者表示衷心的感谢。同时，由于多普勒雷达、遥感技术与电网领域融合应用属于交叉学科，涉及的理论知识和分析方法较广，加之作者编写水平有限，书中论述不妥之处在所难免，恳请广大作者批评指正。

作　者
2022 年 3 月

目 录

绪 论 ··· 001

第1章 云南地区复杂地形对雷电电磁场传播的影响 ····························· 005

1.1 概 述 ·· 005
1.2 理想地表雷电电磁场计算方法 ··· 008
1.3 电导率均匀分布情况下的精确解 ··· 011
1.4 电导率水平分层情况下的垂直电场近似算法 ····································· 014
1.5 电导率呈垂直分层情况下的水平电场近似算法 ································· 017
1.6 分形粗糙地表雷电垂直电场的近似算法 ··· 018
1.7 分形粗糙海面对雷电垂直电场的影响 ··· 021
1.8 分形粗糙海-陆混合路径雷电水平的近似算法 ··································· 026
1.9 分形粗糙海-陆混合路径雷电垂直电场的近似算法 ···························· 028
1.10 雷击锥形山体对近距离电磁场环境的影响 ······································ 031
1.11 云南地区的真实地形对多站时差定位精度的影响 ··························· 044
1.12 时间补偿法在雷击跳闸中的应用 ··· 052

第2章 地球电离层空腔雷电电磁场广域传播特征 ································ 054

2.1 Wait算法 ··· 054
2.2 地波传播新近似算法及验证 ·· 057
2.3 考虑各向异性电离层的时域有限差分算法的建立 ····························· 065
2.4 FDTD算法在雷电时差定位方面的应用 ·· 082

第 3 章　雷电流测量及其反演 ... 089

3.1　雷电流的测量技术 ... 089
3.2　雷击建筑物电流暂态响应 ... 090
3.3　雷击高塔电流测量 ... 091
3.4　雷击高塔回击电磁辐射模拟 ... 114
3.5　雷击高塔电流峰值反演 ... 117
3.6　雷击地面回击电流峰值反演 ... 127
3.7　云闪 CID 放电参量反演 ... 131
3.8　LBE 放电参数反演 ... 133

第 4 章　雷电常规探测设备 ... 141

4.1　大气电场仪 ... 141
4.2　电场探空仪 ... 156
4.3　快、慢电场变化测量仪 ... 160
4.4　磁场测量仪 ... 187
4.5　甚低频雷电定位技术 ... 215

第 5 章　雷电临近预警方法 ... 224

5.1　强对流闪电活动区域的雷达回波信息提取 ... 224
5.2　葵花 8 号（Himawari-8）卫星资料的观测及处理 ... 232
5.3　雷电临近预警分析 ... 242
5.4　雷暴识别、跟踪结果分析 ... 254
5.5　两种资料结果对比 ... 266
5.6　基于雷达资料的雷电预警方法 ... 272
5.7　基于大气电场资料的雷电预警方法 ... 275
5.8　基于多源异构资料的雷电综合预警 ... 278
5.9　雷电临近预警系统开发 ... 279

参考文献 ... 286

绪 论

雷电探测是指利用雷电产生的声、光、电磁场等特性来遥测雷电的放电参数（如雷电发生的时间、位置、强度等）。雷电的观测在古代就有大量记载，不过多与宗教和神灵联系在一起。近代对雷电的系统性研究可以追溯到1752年富兰克林的观测实验，从19世纪后期到20世纪中叶，摄影和光谱分析是研究雷电的重要手段。1796年，美国人Krider研制出了智能化的磁定向（MDF）雷电定位系统。该系统采用宽波段接收雷电辐射的甚低频（VLF）信号，克服了原来窄波信号带来的偏振误差、电离层反射等不利影响，使测角误差在1°以内。20世纪80年代初又增加了云地闪波形鉴别技术，使云地雷电探测效率达到90%以上。20世纪80年代，世界上几乎所有发达国家和地区都布有这种设备组成的雷电监测定位网。1986年，美国大气科学研究公司研制出一种时差法雷电定位系统，在美国东部布网，并于日本、巴西、澳大利亚等国家和地区建网。20世纪90年代，雷电定位系统在原来测向系统的基础上增加了时差功能，称之为时差测向混合系统。之后，又在时差系统的基础上采用数字波形处理技术，并用网络的形式将信息高速度地送往中心站，用工作站做波形相关性的分析、定位处理。这种系统在定位精度和探测效率上较原系统都有较大的提高。此外，除了上述雷电监测定位系统外，还有短基线时差法雷电定位系统和甚高频（VHF）雷电轨迹测定系统，世界上许多国家和地区相继开展了雷电监测预警业务。

20世纪80年代以后是我国雷电研究的重要发展时期，我国引进和设计了许多新的雷电观测设备，如原兰州高原大气所引进了三站雷电定位系统，设计了大气平均电场仪、快电场变化测量仪、慢电场变化测量仪、宽带干涉仪、窄带干涉仪等。目前，中国科学院大气物理研究所、北京气象科学研究院、南京信息工程大学、中国科学院空间应用工程与技术中心、武汉高压所等众多单位也先后开始研制雷电探测系统，并逐步形成了有自己特点的产品，使地基雷电探测技术有了进一步发展。电力、气象、民航等部门开始雷电探测单站或定位网的建设，为科学研究提供了翔实的观测资料，并在人工引雷外场试验等方面取得了诸多成就。

对电力行业而言，随着可再生能源大规模高比例并网接入，以及特高压电网和智

绪 论

能电网建设的加快,电力气象对电力安全生产和运行的支撑作用进一步提升。目前,电力现象仍存在以下不足:(1)电力气象监测网络有待建立完善,监测站点选址和监测体系建设等方面需要进一步优化;(2)面向电力行业应用的高精度和定制化数值天气预报有待加强,用以支撑风/光发电功率高精度预测、梯级水电优化调度、特高压跨区输电通道安全运行等业务应用;(3)电力气象对电网工程建设和设备检修运维的支撑作用有待进一步提升。对此,需攻克面向电力生产的定制化、精细化气象预报预警技术及评估体系,研发电网电力气象综合分析及支撑系统,建立面向电网应用场景的电力气象预报系统和灾害预警。电力气象向气象监测要素全覆盖、数值天气预报高精度、多源异构气象数据快速同化、电力行业应用定制化的方向发展,构建集研发、技术支撑和服务于一体的电力气象监测与预报预警平台,实现电力气象对电网发展规划、调度运行、工程建设、运维检修、灾害预警、新能源并网消纳等方面的全面支撑。2030年,实现对大型新能源发电基地、特高压重要输电通道等电网关键区域气象灾害的全覆盖监测;建成面向电力调度运行的数值天气预报系统,电网重点区域空间分辨率达到 30 km × 30 km,大风、暴雨、雷电等预报准确度较目前水平提高 3% ~ 5%;实现电网电力气象综合分析及支撑系统在 110 kV 至特高压电网的全网应用。

但是,面向电力行业的雷电致灾事故实时鉴定和灾情分析,以及灾害性天气事件的提前预警预报等,都是气象业务工作的难点。通过长期的发展,强对流预报方法发生了两个重大的改进,即从以经验为主转变到强调物理过程,并且认识到预报的改进需要着重于中尺度天气过程的作用。此外通过探空资料,计算了大量的环境层结参数,通过分析不同层结参数与强对流活动的关系来预报对流天气的途径。对于雷电的临近预警预报,则是利用雷电活动与强对流活动之间的密切关系,寻找最佳的预报雷电的参量及其相应的取值范围,这成为开展雷电预警预报工作的一条重要思路。如 Soula 等研究发现,对于任何类型的雷电,与降水在空间上都具有高度的一致性,并且正地闪对应的降水量较负地闪高。Battan 则发现,降水的增加对应地闪(CG)频数的增加。Sheridan 等在研究美国中南部 6 个区域内云地闪活动后得到高正地闪百分比是每次地闪对应降水量的一个敏感参数的结论。同时,他们发现中尺度层状云系统对应的正地闪比例和密度都很小,每次地闪对应的降水都很高。而在时间尺度上,Piepgrass 等发现雷电频数峰值较降水强度峰值有一个正的时间提前量。Holle 等通过对 Oklahoma 和 Kansas 的 4 个中尺度对流系统(MCS)的研究发现,在风暴生成几个小时后就出现了地闪频数的峰值。在成熟阶段正地闪比例增加;在消散阶段负地闪频数急剧下降。在风暴的整个生命史中,对流区的地闪密度大于层状云区,负地闪密度大于正地闪。但是 Nielsen 等的观测却发现在 MCS 的最初发展阶段,正地闪占主导地位;当 MCS 处于成熟阶段,负地闪占主要地位;最后在 MCS 的消亡阶段,层状云区的正地闪相对较频繁。在国内,郄秀书等利用热带降雨测量任务(TRMM)卫星的雷电资料分析了一些典型地区的雷电活动特征,不同地区雷电光辐射能的不同可以用对流最大不稳定能量(E_{CAPE})来解释,雷电强度与对流最大不稳定能量(E_{CAPE})之间存在非常好的正相关。

气象卫星观测能够提供类似云顶亮温(TBB)之类的云的一些宏观特征信息。与其相比,天气雷达能更好地观测云中粒子的一些宏观特征,尤其是双向偏振天气雷达能够提供云内粒子的相态、排列取向、空间分布和尺度谱等细致信息,并且因为分辨率高、探测循环时间短等优点,天气雷达是目前最适合于开展雷电预警工作也是最有效的观测设备。Gremillion 和 Orville 分析了 39 个途经美国肯尼迪航天中心的夏季雷暴后指出:最好的预警指标是在 -10 °C 温度高度上两个连续的体扫都能达到 40 dBZ 的反射率阈值。使用这种方法的预报准确率达到 84%,虚警率为 7%,中值预警时间为 7.5 min。Brandon 等利用 WSR-88D 雷达和其他一些气象资料对云地闪的预报进行研究后得出结论:回波强度为 40 dBZ、环境温度参数为 -10 °C 和回波强度为 40 dBZ、环境温度参数为 -15 °C 是预测云地闪最好的参数组合。检验中,前一种预报组合的预报概率为 100%,而后一种为 86%,但后一种组合的虚警率较前一种要低 7%。两种预报方法的预警时间分别为 14.7 min 和 11 min。Maribel martinez 分析了 STEPS 试验中的雷达和雷电资料后发现:若要雷电能够发生,则至少 40 dBZ 的回波要达到海拔 7 km 的高度。20 世纪 90 年代,法国的 Dimensions 公司推出了雷电监测和雷暴预警系统(SAFIR),这是一种多站定位的甚高频(VHF)雷电探测系统,可以用作雷电监测和雷暴预警。SAFIR 与一般低频(LF)雷电定位系统相比,能够探测到更多的云闪过程,而且在探测效率和精度等性能方面有其优势和特色,能够实时监测云闪和地闪的发展过程。

此外,通过在积云动力模式中加入起电、放电的参数化方案,可以模拟雷暴云中微物理场、流场及电活动的时空演变特征,揭示三者之间的相互关系,进而有助于雷电临近预警指标的选取。如 Takahashi, Buechler 和 Goodman 的研究结果表明:对流单体的起电过程与 -10 °C 温度高度密切相关。地面电场仪可以测量晴天和雷暴天气条件下地面大气平均电场的大小和极性的连续变化,地面电场在雷暴云形成的初期就会

绪 论

有较明显的变化，能够灵敏地响应近距离雷暴活动发生发展的过程，对其进行监测，能够在雷电发生之前提供预警信息，在雷电临近预警中有非常好的应用前景。

综上所述的各种手段，虽然对雷电的监测预警都有一定的有效性，但均存在一定的不足之处。卫星观测的分辨率较低，通常为几千米的量级，一些小尺度的雷暴云则很难被分辨出来；并且卫星的观测运行周期过长，一般为小时量级，而通常的雷暴过程生命史为一到几小时，因而卫星不能为雷电预警提供足够细致和及时的信息。雷达只能在云中形成了降水粒子之后才会有较强的回波，雷电定位系统也只有在雷电发生时才会有所响应，所以它们能够提供的预警提前时间都十分有限。由于单点的地面大气电场是空中所有电荷在该点产生的电场的矢量和，所以只利用单点地面大气电场的测量结果不能准确反映雷暴云中的雷电活动状况，需要地面大气电场仪的组网观测，并通过其他观测大致确定雷暴云的空间位置（如地基全天空云的观测），才能根据电场资料反演得到较为可靠的雷暴云中强电荷中心的强度、极性和分布。

因此，任何一种手段都不能在各种情况下提供非常好的预报效果。Churma 和 Smith 的研究指出：不同的观测资料在雷暴探测中具有互补性。例如：当只用雷达资料或只用雷电资料时，预报准确率为 74%，而采用综合资料时的预报准确率为 85%。美国国家航空航天局（NCAR）的雷暴自动临近预报系统和美国国家海洋和大气管理局（NOAA）的气象服务中的 0~3 h 降水与雷电预报算法都考虑了多种资料的综合应用。此外，由于雷电活动的地域特征及其复杂性，目前上述研究结果在雷电预警预报的参数化方面没有形成被普遍接受的算法。如 Hondl 和 Eilts 研究发现，在冻结层附近首先探测到 10 dBZ 回波可能是雷暴的初生特征，但预报员在 1996 年百年奥运的气象保障预警业务中发现这个指标并不可靠，最后选用了云顶高度参数作为预报因子。因此，充分有效地结合雷达、卫星、雷电定位、地面电场仪、积云起电模式等的探测资料和模拟结果，取长补短，建立适用于一定地域条件、更加有效的雷电临近预报方法，是一项具有重要的科学意义和实际应用价值的工作。

因此，如何更好地、充分地融合各种气象及雷电资料，如何在大量研究结果的基础上结合地域特点选取最有效的预报因子，如何探寻雷电预警预报的新方法，建立具有物理基础的雷电灾害预警预报技术，提高雷电预警预报的准确性，为雷电敏感行业提供可靠、准确的预报信息，减少雷电的灾害，是雷电预警预报方法研究的当务之急。

第 1 章　云南地区复杂地形对雷电电磁场传播的影响

1.1　概　述

大地有限电导率及其地表起伏对地闪回击的亚微秒量级电磁场,尤其对其中的水平电场等参量会产生很大的影响,这使得从地面上准确测定和模拟雷电电磁场强度,并据此进行雷电放电参数的反演、雷电电磁脉冲(LEMP)与高压输电线之间的耦合等方面带来了很大的不确定性。同时,由于地闪回击通道的电流及其电磁辐射场的波形、强度和频谱分布等许多方面存在很大的特殊性,不能简单地将无线电波传播理论的研究结果直接应用到雷电的电磁辐射与传播中。因此,系统地开展地闪回击电磁场沿地表传播的研究对雷电探测、雷电物理研究以及雷电预警预报等科研和业务工作的顺利开展具有重要的参考和应用价值。

基于 Sommerfeld 等人(2003)的地表面偶极子辐射理论和地闪回击电流模式,从理论上可以解决地闪回击电磁场沿有限电导率地表面的传播问题,但其积分方程中涉及 Sommerfeld 积分。该积分属于半无界空间的复变函数积分,积分区域涉及空气和大地,被积函数具有振荡性和奇异性,这使得 Sommerfeld 积分的收敛速度极其缓慢,且只能在频域积分,效率很低。特别是计算地闪回击产生的电磁场时,需要在回击通道上计算数目庞大的"偶极子元"及大量的频率分量,耗时太多。如果要进一步研究地闪回击电磁场沿地表面的远距离传播特性,或者计算其在传输线和高大建筑物上的感应过电压,直接进行 Sommerfeld 积分的数值计算几乎是不可能的。因此,研究地闪回击电磁场沿有限电导率地表面的传播一般采用近似算法,主要用来解决回击水平电场的传播,因为水平电场在雷电电磁脉冲与高压输电线等高大建筑物之间的耦合计算中扮演着重要的角色。

最早的近似算法是 Norton 等人(1937)提出的"斜波法",这种方法假设一平面电磁波在有限电导率的地表面传播,其电场是倾斜于地面的。这种方法被许多学者应

第 1 章　云南地区复杂地形对雷电电磁场传播的影响

用于计算远距离回击电磁场与传输线之间的耦合问题。不过，当地面电导率小于 0.001 S/m 时，"斜波法"不适合计算距闪电通道几百米范围的电磁场。同时 Norton 算法严格规定了其适用范围，这在实际中是很难把握的。随后 Cooray 等人（2012）提出了一种地面有限电导率对时域回击电磁场传播影响的估算方法，计算结果表明大地有限电导率对垂直电场变化率的影响很大，如：当地面电导率为 0.001 S/m 时，电磁场沿地表面传播 1 km，电场变化率衰减 70%；传播 10 km，衰减 90%。同时，其对回击辐射场波形也存在很大影响，如当地面电导率为 0.000 1 S/m 时，传播 100~200 km，其波形的上升沿时间可增加 20 μs 左右，而辐射场的一次或二次微商的波形与地面电导率无关，波形不随距离而变化。

Cooray 模式避开了回击通道电流时空分布的假定，可以采用理论计算和实际测量值作为模式的输入参数，因而被广泛地应用，但其主要的缺陷是无法计算几百米以内的近距离电磁场。为了弥补 Cooray 模式的不足，1992 年 Cooray 指出可以通过大地表面阻抗来计算回击产生的水平电场，这就是所谓的"表面阻抗法"。随后 Rubinstein 又提出了一种适用范围更广的水平电场计算模式，即 Cooray-Rubinstein（C-R）模式。2002 年，Cooray 曾对 Cooray-Rubinstein 算法进行了综合评价和分析，指出该算法在地表面附近可能达到很高的精度，但在地面以上，其计算误差平均达到 25%，地面电导率越小，误差越大；在远距离，其计算精度远不及"斜波法"。为了进一步克服近距离回击水平电场计算的困难，Yang 等人（2004）提出了一种准镜像法，该方法可以很方便地处理地闪回击水平电场与高压输电线之间的耦合作用以及地面的色散问题，但这种方法仅适用于场点和源点之间的距离小于波长的情形，随着地面电导率的增加，其适用范围不断减小。Shoory 等人（2005）进一步修订了 Cooray-Rubinstein（C-R）模式，并指出地面电导率的变化对回击水平电场产生较大的影响，电导率越小，水平电场越大，如电导率从 0.4 S/m 减小到 0.04 S/m，200 m 至 100 km 范围的地面水平电场增大 4~5 倍。

由于 Sommerfeld 积分的振荡性、奇异性和极其缓慢的收敛性，实际计算中通常采取了近似算法，但近似解算法仍存在很多问题：

（1）大部分都是在频域内的近似算法，这意味着对地闪回击而言，如果进行广域电磁波传播的模拟，或者研究回击电磁场与高压输电线等之间的耦合问题时，仍需要进行大量的数值计算，同时无法避免由于所选取的频域积分区间的任意性而带来的人为误差。

1.1 概　述

（2）近似算法的适用范围有限，有些条件非常严格，这在实际应用中不好把握，且缺乏统一的标准来对各种近似算法进行综合评价和对比。另外，尽管利用时域有限差分方法（FDTD）计算回击电磁场，不需要进行近似处理，但这种方法耗时也很长，对大地的色散效应不好处理，且由于时空网格的选取会带来很大的误差。

不过，以上讨论都假定了地表面无限光滑、电导率均匀分布，而实际上地面电导率的垂直分层及地表起伏也是影响回击电磁场传播的重要因素。1946 年，Sommerfeld 初步讨论了偶极子辐射场沿电导率分层的地表面传播的特点，但并没有给出定量的计算方程。随后 1966 年 Banos 应用 Maxwell 方程组，考虑介质分界面的阻抗边界条件，得到了电导率垂直分层的大地表面附近电偶极子产生的电磁场的传播规律，但 Banos 公式中仍然出现了 Sommerfeld 积分。King 等人（1994）对 Banos 的公式进行了简化，解释了公式中每一项所代表的物理含义，并指出地表面附近的电磁波由入射波、反射波和表面波组成。Zhang 等人（2002）进一步研究指出，土壤电导率的垂直分层使得地表面附近的电磁场除了入射波、反射波和表面波之外，还存在一种陷波（trapped waves）（注：陷波是作为数学方法、技巧的需要，而提出的所谓"数学波"，如同"概率波"和"引力波"等）。不过，以上研究的是土壤电导率的垂直分层对地表面附近偶极子产生的电磁场的影响，对地闪回击电磁场传播影响的研究很少。1988 年，Thomson 利用"斜波法"简单估算了土壤电导率的分层对地闪回击电磁场的影响，指出当假定电导率均匀分布时，计算的地闪回击水平电场峰值比测量值大 33%，而考虑了电导率的分层后，计算值和测量值之间的差距明显减小。为了提高美国肯尼迪航天发射中心的"TOA 时差法"闪电定位系统的精度，2007 年 Schueler 考虑了地面电导率分层，对地闪回击电磁场脉冲波形峰值的到达时间进行修订后，定位精度明显提高。

我国地域广阔，不同地区地形地貌千差万别，既不是纯周期的，又不是完全随机的，采用周期函数和随机函数的数学模型，如正弦函数和 Gauss 随机分布函数均不能反映粗糙面的真实情况。从统计的意义上讲，在一定的标度之间，一般的地形地貌都存在自相似性或仿射性，具有分形的特点。Mandbrot 的分形学从诞生之日起就打上了地貌学的烙印。分形几何的引入为自然粗糙结构提供了新工具，因为分形具有自相似性，可兼顾大范围有序和小范围无序的特点，因此可用来描述确定的或随机的结构。利用分形理论对粗糙面进行模拟，可集周期函数和随机函数于一体，其几何特征可以方便地被几个分形量来控制。随着二维粗糙面程度的加大，分维数从 2 向 3 增大。

1.2 理想地表雷电电磁场计算方法

图 1.1 中给出了理想地面情况下地闪回击电磁场计算示意图。假定回击起始于平坦地面上的雷击点 A，沿着垂直于地面的通道以速度 v 向上传播。在洛伦兹规范下，空间中任意一点 P 处的电场可以表示为（Cooray，2003；郄秀书等，2013）：

$$\vec{E}(r,\theta,t) = -\frac{1}{4\pi\varepsilon_0}\hat{r}\int_0^{L'(t)}\frac{\cos\theta - 3\cos\alpha(z')\cos\beta(z')}{R^3(z')}\int_{t_b}^{t}i\left(z',\tau-\frac{R(z')}{c}\right)\mathrm{d}\tau\mathrm{d}z' -$$

$$\frac{1}{4\pi\varepsilon_0}\hat{r}\int_0^{L'(t)}\frac{\cos\theta - 3\cos\alpha(z')\cos\beta(z')}{cR^2(z')}i\left(z',t-\frac{R(z')}{c}\right)\mathrm{d}z' -$$

$$\frac{1}{4\pi\varepsilon_0}\hat{r}\int_0^{L'(t)}\frac{\cos\theta - \cos\alpha(z')\cos\beta(z')}{c^2R(z')}\frac{\partial i(z',t-R(z')/c)}{\partial t}\mathrm{d}z' +$$

$$\frac{1}{4\pi\varepsilon_0}\hat{\theta}\int_0^{L'(t)}\frac{\sin\theta + 3\cos\alpha(z')\sin\beta(z')}{R^3(z')}\int_{t_b}^{t}i\left(z',\tau-\frac{R(z')}{c}\right)\mathrm{d}\tau\mathrm{d}z' +$$

$$\frac{1}{4\pi\varepsilon_0}\hat{\theta}\int_0^{L'(t)}\frac{\sin\theta + 3\cos\alpha(z')\sin\beta(z')}{cR^2(z')}i\left(z',t-\frac{R(z')}{c}\right)\mathrm{d}z' +$$

$$\frac{1}{4\pi\varepsilon_0}\hat{\theta}\int_0^{L'(t)}\frac{\sin\theta + \cos\alpha(z')\sin\beta(z')}{c^2R(z')}\frac{\partial i(z',t-R(z')/c)}{\partial t}\mathrm{d}z'$$

(1.1)

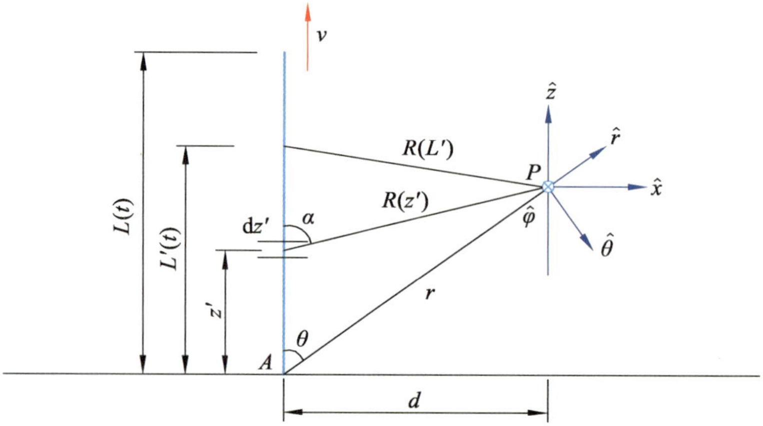

图 1.1 地闪回击电磁场计算示意图

其中，ε_0 为真空中的介电常数，c 为光速，$\cos\alpha(z') = -(z'-r\cos\theta)/R(z')$，$\cos\beta(z') = (r-z'\cos\theta)/R(z')$，$\sin\beta(z') = z'\sin\theta/R(z')$。

式（1.1）中积分上限 $L'(t)$ 为 t 时刻观测点 P 处"看到"的通道高度，即 t 时刻对观测点 P 处有贡献的通道的最大高度，可以通过式（1.2）求解得到：

$$\frac{L'(t)}{v} + \frac{R(L')}{c} = t \tag{1.2}$$

其中，$R(L') = \sqrt{r^2 + L'^2(t) - 2L'(t)r\cos\theta}$。

根据图 1.1 和式（1.1）可以得到，观测点 P 处的水平电场分量和垂直电场分量分别为：

$$E_h = E_\theta \sin\theta + E_r \cos\theta$$

$$E_v = E_\theta \cos\theta - E_r \sin\theta$$

考虑理想地面的镜像效应，可以得到地表面上观测点处的垂直电场分量为：

$$\begin{aligned}E_v(r,t) = &\frac{1}{2\pi\varepsilon_0}\int_0^{L'(t)} \frac{2-3\sin^2\alpha(z')}{R^3(z')}\int_{t_b}^t i\left(z',\tau-\frac{R(z')}{c}\right)\mathrm{d}\tau\mathrm{d}z' + \\ &\frac{1}{2\pi\varepsilon_0}\int_0^{L'(t)} \frac{2-3\sin^2\alpha(z')}{cR^2(z')}i\left(z',t-\frac{R(z')}{c}\right)\mathrm{d}z' - \\ &\frac{1}{2\pi\varepsilon_0}\int_0^{L'(t)} \frac{\sin^2\alpha(z')}{c^2R(z')}\frac{\partial i(z',t-R(z')/c)}{\partial t}\mathrm{d}z'\end{aligned} \tag{1.3}$$

其中，第一项为静电场分量，与雷电流的积分（电荷量）有关，以 R^{-3} 衰减；第二项为感应场项，与雷电流本身的波形相关，以 R^{-2} 衰减；最后一项为辐射场项，与雷电流的导数相关，以 R^{-1} 衰减。

当闪电通道垂直于地面时，磁场只有水平分量，考虑镜像效应后地面观测点处的水平切向磁场分量为：

$$B_\varphi(r,t) = \frac{1}{2\pi\varepsilon_0 c^2}\int_0^{L'(t)}\left(\frac{\sin\alpha(z')}{R^2(z')}i\left(z',t-\frac{R(z')}{c}\right) + \frac{\sin\alpha(z')}{cR(z')}\frac{\partial i(z',t-R(z')/c)}{\partial t}\right)\mathrm{d}z' \tag{1.4}$$

其中，第一项为感应场分量，第二项为辐射场分量。通过式（1.3）和式（1.4）可知，求解远距离雷电回击电磁场需要先得到闪电通道各处电流的大小。闪电通道由半径仅

第1章 云南地区复杂地形对雷电电磁场传播的影响

为几厘米的电晕核以及包裹电晕核的电晕鞘两部分组成。这两部分导电性不同,因此放电快慢也不同。雷电通道底部的基电流波形通常采用双 Heidler 函数(1985)表示,这两个 Heidler 函数分别表示了通道的击穿电流和电晕电流,具体表达式为:

$$i(0,t) = \frac{i_{01}}{\eta_1} \frac{(t/\tau_{11})^2}{[(t/\tau_{11})^2+1]} e^{-t/\tau_{12}} + \frac{i_{02}}{\eta_2} \frac{(t/\tau_{21})^2}{[(t/\tau_{21})^2+1]} e^{-t/\tau_{22}} \quad (1.5)$$

$$\eta_1 = \exp\left[-\left(\frac{\tau_{11}}{\tau_{12}}\right)\left(2 \cdot \frac{\tau_{12}}{\tau_{11}}\right)^{1/2}\right] \quad (1.6)$$

$$\eta_2 = \exp\left[-\left(\frac{\tau_{21}}{\tau_{22}}\right)\left(2 \cdot \frac{\tau_{22}}{\tau_{21}}\right)^{1/2}\right] \quad (1.7)$$

其中,i_{01}、i_{02} 分别为击穿电流和电晕电流的电流峰值;η_1、η_2 为对应的电流峰值修正因子;τ_{11}、τ_{12} 分别为击穿电流的上升沿和下降沿时间;τ_{21}、τ_{22} 为电晕电流的上升沿和下降沿时间。表 1.1 中给出了工程计算中常用的典型首次回击和继后回击的雷电基电流波形参数。

表 1.1 典型首次回击和继后回击雷电流波形参数

回击类型	i_{01}/kA	τ_{11}/μs	τ_{12}/μs	i_{02}/kA	τ_{21}/μs	τ_{22}/μs
首次回击	28	1.8	95	—	—	—
继后回击	10.7	0.25	2.5	6.5	2	230

回击模式描述了通道各处电流和电荷密度的时空分布,常用的回击模式主要为工程模式,即通过通道底部雷电流波形以及回击速度等参数确定雷电通道各处电流的时空分布。常用的回击工程模式主要有 3 种:TL 模式(the Transmission-Line model)(Uman and mcLain,1969)、MTLL 模式(the modified Transmission Line model with Linear current decay with height)(Rakov and Dulzon,1987)以及 MTLE 模式(the modified Transmission Line model with Exponential current decay with height)(Nucci 等,1988)。这 3 种回击模式可以统一表示为(Rakov,1997):

$$I(z',t) = u(t-z'/v_f)P(z')I(0,t-z'/v) \quad (1.8)$$

其中,u 为阶跃函数,$P(z')$ 为电流随高度的衰减因子,v_f 为回击前沿传播速度,v 为电流传播速度。表 1.2 中给出了 3 种常用回击模式下衰减因子的表达式以及模式中常用的参数（Nucci and Rachidi，1989）。这 3 种常用的回击模式中，回击电流传播速度均与回击前沿传播速度相同，通常称为回击速度，取值一般为 $c/3 \sim 2c/3$，其中 c 为光速。

表 1.2　3 种常用回击模式下衰减因子表达式以及模式中常用的参数

回击模式	衰减函数 $P(z')$	回击速度 v	常用参数取值
TL 模式	1	v_f	—
MTLL 模式	$1-z'/H$	v_f	H 通常取 7 500 m
MTLE 模式	$\exp(-z'/\lambda)$	v_f	λ 通常取 2 000 m

1.3　电导率均匀分布情况下的精确解

由于地面电导率的有限性，地闪回击电磁场在地表面附近的传播涉及 Sommerfeld 积分。但由于该积分的振荡性、奇异性和极其缓慢的收敛性，无法对其直接进行数值积分。用时域有限差分法（FDTD 法）计算回击电磁场耗时也很多，且对大地的色散问题不易处理。因此，一般采用近似处理方法，但近似处理方法误差较大，如果要处理回击电磁场与高压输电线以及高大建筑物之间的耦合等问题会带来更大的误差。

因此，针对 Sommerfeld 积分的特殊性，基于复分析方法和 Euler 变换的数学方法，本项目拟研究一种有耗大地表面地闪回击电磁场传播的精确解的新算法，并对 Cooray-Rubinstein（C-R）等最常用的近似算法进行评估和对比分析；采用多层水平分布的土壤电导率模型和归一化二维带限 Brown 分形函数模拟的地表起伏，研究地面有限电导率和地表起伏对回击电磁场传播的影响。研究结果不仅对揭示地闪回击电磁场沿地表的传播特性有重要的科学意义，而且对雷电探测、雷电放电参数的反演、雷电电磁脉冲与高压输电线路之间的耦合及其工程防护等方面具有重要的参考价值。

已知，Sommerfeld 积分为：

$$I = \int_0^{+\infty} J_\upsilon(\lambda r) e^{-\mu(z+z')} \frac{\tau_E}{n^2 \tau + \tau_E} \frac{\lambda^n}{\mu^m} d\lambda$$

Sommerfeld 积分函数奇异性和振荡性的处理。需要解决三个方面的困难：被积函

第 1 章 云南地区复杂地形对雷电电磁场传播的影响

数中包含高振荡 Bessel 函数 $J_u(\lambda r)$ 和 σ 依赖项 $\dfrac{\tau_E}{n^2\tau+\tau_E}$；被积函数在 $\lambda=k$ 处具有奇异性；半无界区域积分给计算造成巨大困难。

采用 Romberg 积分分解以及积分变换等数学方法，消除了 Sommerfeld 数值积分的奇异性、振荡性和极其缓慢的收敛性，建立了有耗大地表面地闪回击电磁场传播的时域精确解新算法。

Sommerfeld 积分是一个 Hankel 变换，但由于被积函数的奇异性，使得传统的 Hankel 变换算法（即一种 Gauss 求积算法）失效。根据 Sommerfeld 积分在复平面内的多连通特点，本书拟采取多复变解析函数的分支点间割线技术，利用 Romberg 积分分解以及积分变换等方法消除 Sommerfeld 积分的奇异性和振荡性，并采用 Euler 变换方法来加快其分段积分序列的收敛速度，以得到复杂积分形式 Sommerfeld 积分的数值结果和快速收敛性。具体方案设计如下：

第一步：利用复分析方法解决 Sommerfeld 积分在多复变函数的分支点造成的函数计算取值歧义的问题。

拟采取复平面多值函数分割技术处理其中的难点。如图 1.2 所示，先把复平面上函数的分支点之间划开一条通向无穷远的形状适当的割线，目的是使得多值复变量函数的 n 个单值解析分支能够组成一个 Riemann 曲面上的单值函数。割线如图 1.2 所示，计算量

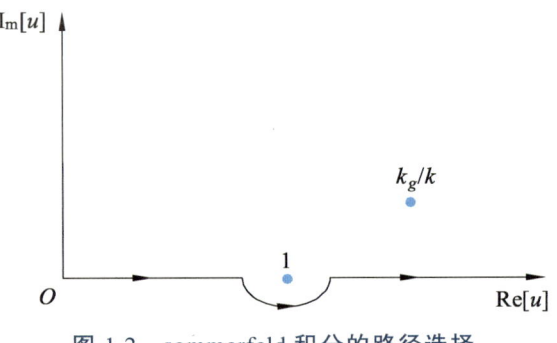

图 1.2　sommerfeld 积分的路径选择

减少，计算可行。其中，令 $u=\lambda/k$，$u=1$ 和 $u=\kappa_E/k$ 分别为两个节点。

第二步：利用 Romberg 积分分解以及积分变换等方法消除 Sommerfeld 积分的振荡性、奇异性。

在 Sommerfeld 被积函数中，Bessel 函数 $J_u(\lambda r)$ 使得积分具有高度振荡性；因子 $\dfrac{\tau_E}{n^2\tau+\tau_E}$ 在 $\lambda=k$（$u=1$）处奇异；半无界空间的积分在 Fourier 逆变换中收敛极其缓慢。为了解决 Sommerfeld 积分的上述缺陷，本项目拟采取 Romberg 积分分解方法，

1.3 电导率均匀分布情况下的精确解

考虑 $u=1$ 时出现奇异性，将 Sommerfeld 积分公式分解为四段（$u=\lambda/k$）：

$$\int_0^\infty f(ku)\mathrm{d}u = \int_0^{0.99} f(ku)\mathrm{d}u + \int_{0.99}^1 f(ku)\mathrm{d}u + \int_1^{1.01} f(ku)\mathrm{d}u + \int_{1.01}^\infty f(ku)\mathrm{d}u$$

利用积分变换，令 $s=\sqrt{1-u^2}$ 和 $s=\sqrt{u^2-1}$ 消除 $u=1$ 处的奇异性。

第三步：拟在 1.01 和 ∞ 之间选取一个大数 M，采用 Euler 变换方法来加快其分段积分序列的收敛速度，使得 $Err(M)=\left|\int_M^\infty f(ku)\mathrm{d}u\right|$ 足够小，为此拟根据被积函数性质提取部分被积函数进行误差估计并化剩余部分为解析函数。

第四步：综合上述结果，可以获得地表面附近的 Green 函数。然后基于工程回击电流模式，利用 Fourier 逆变换建立一套有耗大地表面地闪回击电磁场传播的时域精确解新算法。

如图 1.3 所示是精确解算法结果与 FDTD 以及其他近似算法的比较结果。一方面，从图 1.3（a）和 1.3（b）中可以看出，精确解算法与三维 FDTD 算法的结果一致，说明我们的计算结果是可靠的。另一方面，从图 1.3（c）中看出，精确解算法与 Wait 近似算法比较一致，说明 Wait 近似算法的精度是很高的，但从图 1.3（d）中看出，即使在距闪电通道 20 m 以内，C-R 算法也存在一定的误差。通过进一步分析计算发现，随着距离的增大，C-R 算法的误差会增大，但误差在 15% 以内。

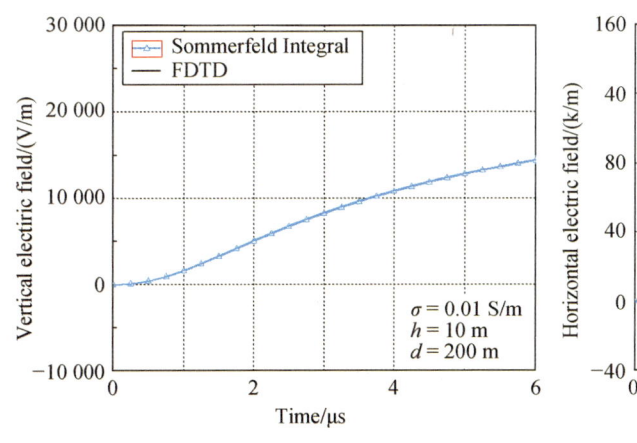

（a）精确解算法与 FDTD 算法垂直电场对比

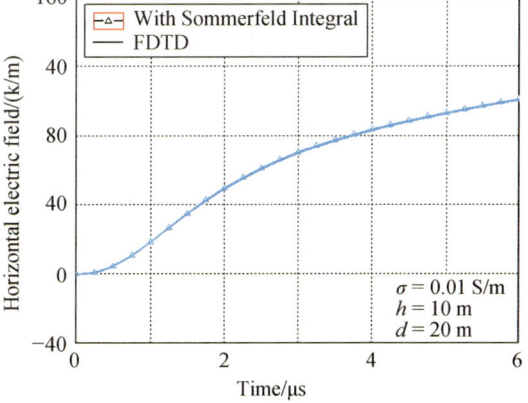

（b）精确解算法与 FDTD 算法水平电场对比

第 1 章　云南地区复杂地形对雷电电磁场传播的影响

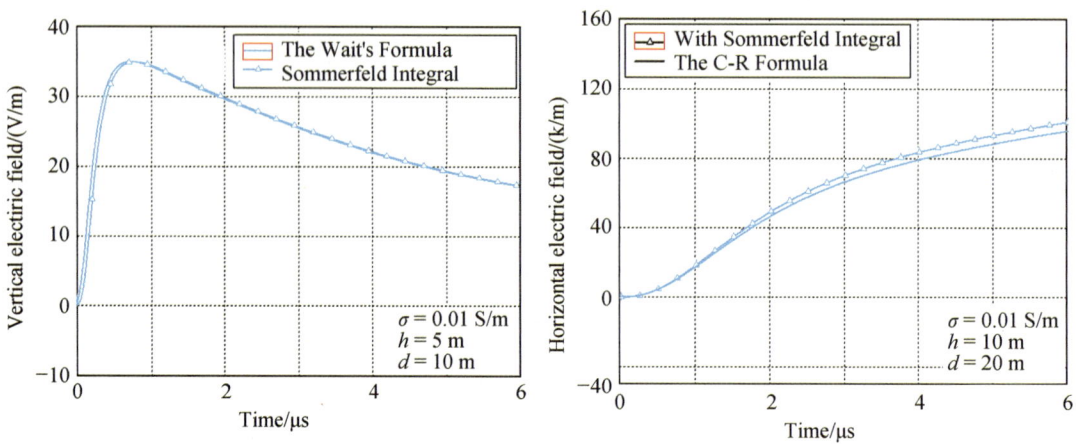

（c）精确解算法与 Wait 近似算法垂直电场对比　　（d）精确解算法与 C-R 近似算法水平电场对比

图 1.3　sommerfeld 精确解算法与三维 FDTD 算法以及其他近似算法的对比

1.4　电导率水平分层情况下的垂直电场近似算法

如图 1.4 所示，当土壤电导率呈水平分层时，距地闪回击通道水平距离 d 处的地面垂直电场为：

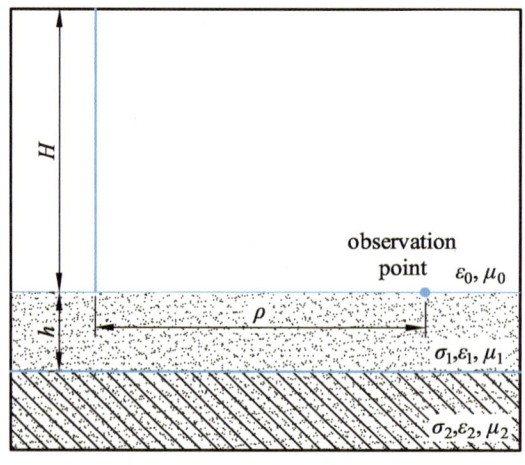

图 1.4　回击通道与两层土壤示意图

$$E_v(0,d,t) = \int_0^t E_{v,\infty}(0,d,t-\tau)W(0,d,\tau)\mathrm{d}\tau \quad (1.9)$$

其中，$E_{v,\infty}(0,d,t)$ 是将土壤考虑为理想导体时的垂直电场；$W(0,d,t)$ 为雷电电磁场沿有耗地表面传播的衰减因子。

1）Wait 1 近似算法

Wait（1967，1974）给出的分层土壤电导率情况时的衰减因子为式（1.10）~式（1.15）：

$$W(0,d,j\omega) = 1 - j\sqrt{\pi p}\exp(-p)erfc(j\sqrt{p}) \tag{1.10}$$

$$P = -\frac{j\omega d}{2c}\Delta_{\text{eff}}^2 \tag{1.11}$$

其中，"$erfc$" 为误差函数；d 为观测点与回击通道底部间的距离；ω 为角频率；c 为光速；$j=\sqrt{-1}$；Δ_{eff} 为两层土壤电导率时的等效表面阻抗。

$$\Delta_{\text{eff}} = \sqrt{\frac{\varepsilon_0}{\mu_0}}k_1\frac{k_2 + k_1\tanh(u_1h)}{k_1 + k_2\tanh(u_1h)} \tag{1.12}$$

$$k_1 = \frac{\sqrt{\gamma_1^2 - \gamma_0^2}}{\sigma_1 + j\omega\varepsilon_0\varepsilon_{r1}} \tag{1.13}$$

$$k_1 = \frac{\sqrt{\gamma_2^2 - \gamma_0^2}}{\sigma_2 + j\omega\varepsilon_0\varepsilon_{r2}} \tag{1.14}$$

$$\gamma_1 = \sqrt{j\omega\mu_0(\sigma_1 + j\omega\varepsilon_0\varepsilon_{r1})} \tag{1.15}$$

2）Wait 2 近似算法

Wait（1967，1974，1998）还定义了另一种两层土壤电导率时的等效表面阻抗，计算公式如下：

$$\Delta_{\text{eff}} = \eta_1\frac{\eta_2 + \eta_1\tanh(\gamma_1h)}{\eta_1 + \eta_2\tanh(\gamma_1h)} \tag{1.16}$$

$$\eta_1 = \sqrt{\frac{j\omega\mu_0}{\sigma_1 + j\omega\varepsilon_0\varepsilon_{r1}}} \tag{1.17}$$

$$\eta_2 = \sqrt{\frac{j\omega\mu_0}{\sigma_2 + j\omega\varepsilon_0\varepsilon_{r2}}} \tag{1.18}$$

3）Cooray's 近似算法

Cooray 给出了不同的等效表面阻抗计算：

$$\Delta_{\text{eff}} = \Delta_1 \frac{k_1 + k_2 \tanh(k_1 h)}{k_2 + k_1 \tanh(k_1 h)} \quad (1.19)$$

$$\Delta_1 = \frac{k_0}{k_1}\left(1 - \frac{k_0^2}{k_1^2}\right)^{1/2} \quad (1.20)$$

$$k_1 = k_0(\varepsilon_1 - \mathrm{j}60\sigma_1\lambda_0)^{1/2} \quad (1.21)$$

$$k_2 = k_0(\varepsilon_2 - \mathrm{j}60\sigma_2\lambda_0)^{1/2} \quad (1.22)$$

图 1.5 给出了上述三种近似方法在 1 km 处衰减因子的幅值随频率的变化。从图 1.5（a）中可以看出：当土壤电导率为第一种分层情况时，三种近似方法的衰减因子的幅值区别很小，仅在低频段出现一些微小差异。但当土壤电导率为第二种分层情况时，三种近似方法的衰减因子的幅值差异很大。如图 1.5（b）所示，两种 Wait 衰减因子基本一致，但二者与 Cooray 衰减因子差别很大。尤其值得注意的是，频率在 1 mHz 及以上时，两种 Wait 算法得到的衰减因子幅值都可能大于 1，这与 Cooray 近似算法不同。造成这种高频成分增加的原因可能是底层土壤的复折射指数大于表层土壤，1 mHz 及以上频率由于电磁波的干涉效应会有选择性地增大。

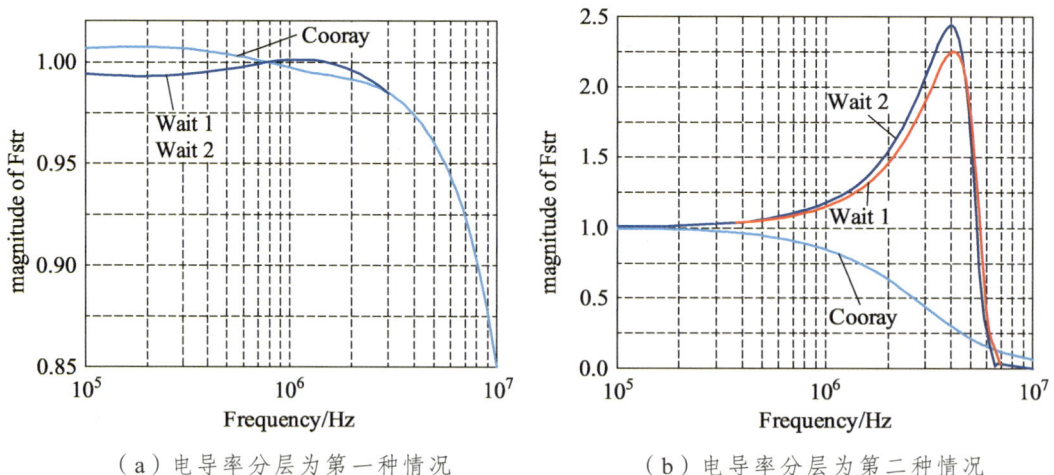

（a）电导率分层为第一种情况　　　（b）电导率分层为第二种情况

图 1.5　不同近似算法衰减因子的幅值（表层土壤厚度 2 m，距闪电通道 1 km）

1.5 电导率呈垂直分层情况下的水平电场近似算法

混合路径水平场的计算一直是难点，通过精细钻研，提出了一种近似算法。该新算法从形式看类似于 C-R 算法，但其物理参量是完全不同的。如图 1.6 所示，当电导率垂直分层时，C-R 可推广为：

$$E_{h,\sigma}(z,d,j\omega) = -H_{\phi,\infty}(0,d,j\omega) \cdot W(0,d,j\omega) \cdot Z_2 + E_{s,\infty}(z,d,j\omega) \tag{1.23}$$

其中，第一项为表面阻抗法（SIT），第二项为理想地表面以上的水平场，$W(0,d,j\omega)$ 为衰减因子（Wait，1963，1974）：

$$W(0,d,j\omega) = W_1(0,d,j\omega) - \left(\frac{d\gamma_0}{2\pi}\right)^{1/2} [\Delta_2 - \Delta_1] \int_0^{dl} \frac{W_1(0,d-x,j\omega)W_2(0,x,j\omega)}{[x(d-x)]^{1/2}} dx \tag{1.24}$$

$$\gamma_0 = j\omega\sqrt{\mu_0\varepsilon_0} \tag{1.25}$$

其中，$W_1(0,d,j\omega)$ 和 $W_2(0,d,j\omega)$ 分别为第一层和第二层的衰减因子（Wait，1998；Hill and Wait，1980）。

$$W_n(0,d,j\omega) = 1 - j\sqrt{\pi p_n} \exp(-p_n) erfc(j\sqrt{p_n}) \tag{1.26}$$

$$p_n = -\frac{j\omega d}{2c} \Delta_n^2 \tag{1.27}$$

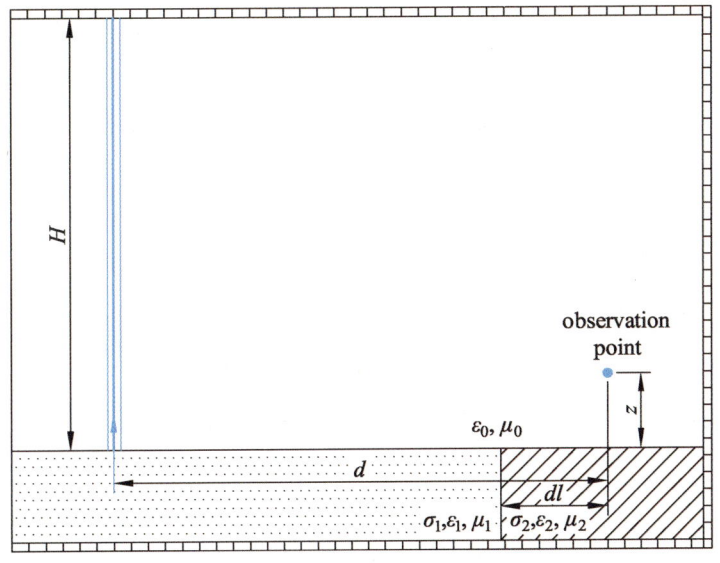

图 1.6 电导率垂直分布示意图

如图 1.7 所示是距观测点距离为 d = 100 m、200 m、500 m 和 1 000 m，离地面 2 m 处的水平场近似算法和 FDTD 对比结果。电参数设置，第一层：σ_2 = 0.001 S/m，ε_{r2} = 1；第二层：σ_1 = 4 S/m，ε_{r1} = 80。可以看出，被推广的 C-R 算法具有比较好的计算精度，不过，当第一层和第二层的电导率互换，即观测点电导率大于闪击点时，会出现较大的误差。

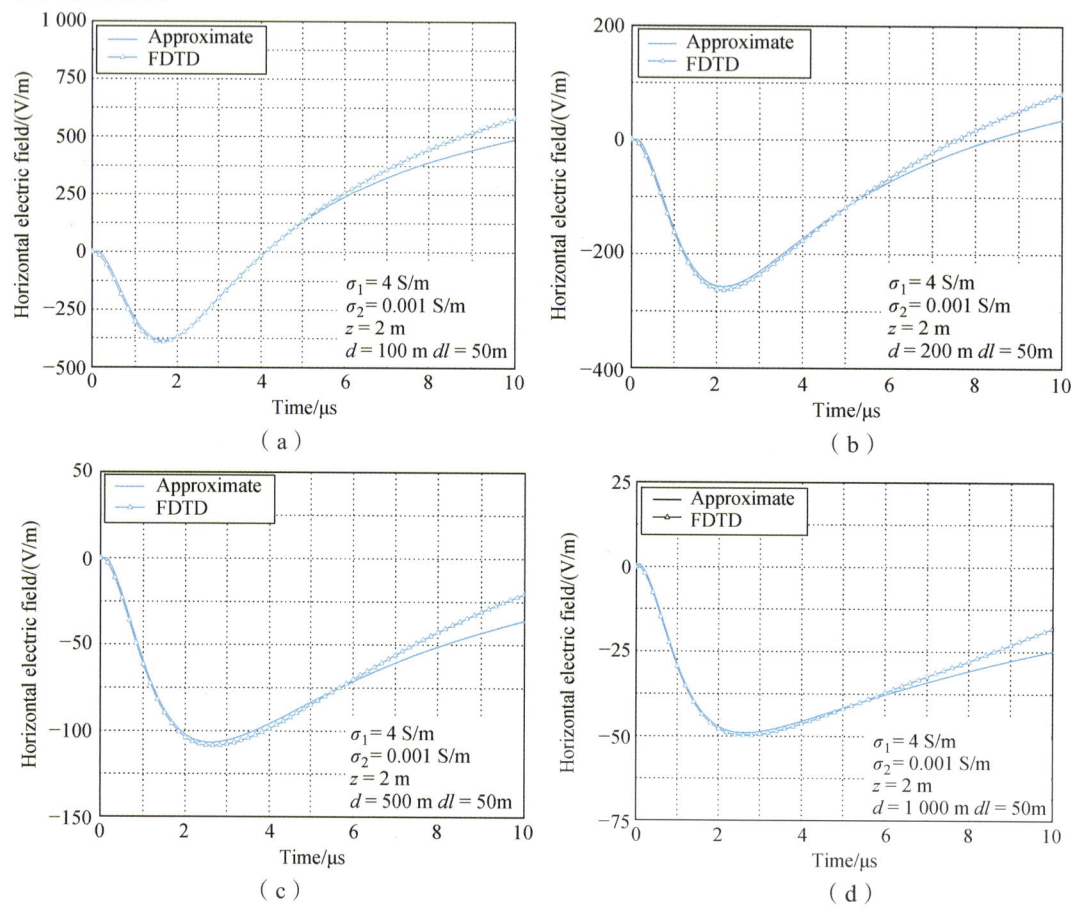

图 1.7 混合路径近似算法的检验

1.6 分形粗糙地表雷电垂直电场的近似算法

根据二维分形布朗运动模型，粗糙地表的平均高度谱密度为（Falconer，1990）：

$$V(\gamma,\eta)=V_0(\gamma^2+\eta^2)^{-a/2} \tag{1.28}$$

1.6 分形粗糙地表雷电垂直电场的近似算法

图 1.8 给出了利用蒙特卡洛方法,基于布朗运动模型模拟的粗糙地表,参数选取:分形维数 $D = 2.3$,相关长度 $L = 200$ m,均方高分别为 $h = 5$ m 和 10 m。

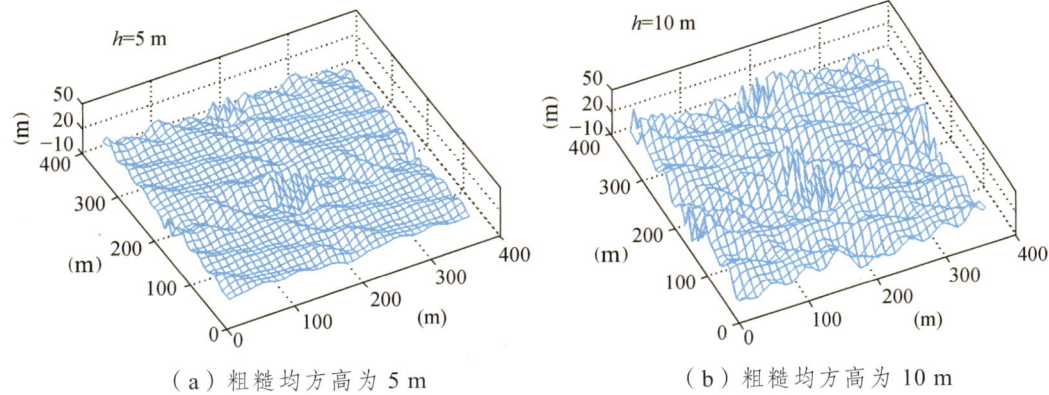

(a) 粗糙均方高为 5 m   (b) 粗糙均方高为 10 m

图 1.8 利用分形方法模拟的粗糙地表

根据 Barrick(1971)理论,粗糙地表阻抗可表示为:

$$\Delta_{\text{eff}} = \Delta + \Delta' \tag{1.29}$$

$$\Delta = \frac{k_0}{k}\left(1 - \frac{k_0^2}{k^2}\right)^{1/2} \tag{1.30}$$

$$k = k_0(\varepsilon_r - \text{j}60\sigma\lambda_0)^{1/2} \tag{1.31}$$

$$k_0 = \omega(\mu_0\varepsilon_0)^{1/2} \tag{1.32}$$

其中,Δ 是光滑地表的阻抗,Δ' 是粗糙地表引起的额外阻抗(Barrick,1971)。

$$\Delta' = \frac{1}{4}\int_{-\infty}^{+\infty}\text{d}\gamma\int_{-\infty}^{+\infty}G(\gamma,\eta)V(\gamma,\eta)\text{d}\eta \tag{1.33}$$

$$G(\gamma,\eta) = \frac{\gamma^2 + b\cdot\Delta\cdot(\gamma^2 + \eta^2 - \omega\gamma/c)}{b + \Delta\cdot(b^2+1)} + \frac{\Delta\cdot(\gamma^2 - \eta^2)}{2} + \Delta\cdot\omega\cdot\gamma/c \tag{1.34}$$

$$b = \frac{c}{\omega}\left[\left(\frac{\omega}{c}\right)^2 - \left(\gamma^2 + \frac{\omega}{c}\right)^2 - \gamma^2\right]^{1/2} \tag{1.35}$$

图 1.9 给出了粗糙地表对雷电电磁场传播的影响,曲线 1 表示理想地表的结果,曲线 2 表示光滑地表,曲线 3 和 4 分别表示粗糙度均方高为 5 m 和 10 m。电参数:$\sigma = 0.1$ S/m,$\varepsilon_r = 10$。结果表明:粗糙地表引起的额外衰减随着电导率的减小而减小。当电导率小于 0.001 S/m 时,均方高度小于 10 m 的粗糙地表和光滑地表是一致的;但当电导率为 0.1 S/m 时,2 mHz 以上的高频成分快速衰减,这比光滑地表的衰减要大很多。

第 1 章 云南地区复杂地形对雷电电磁场传播的影响

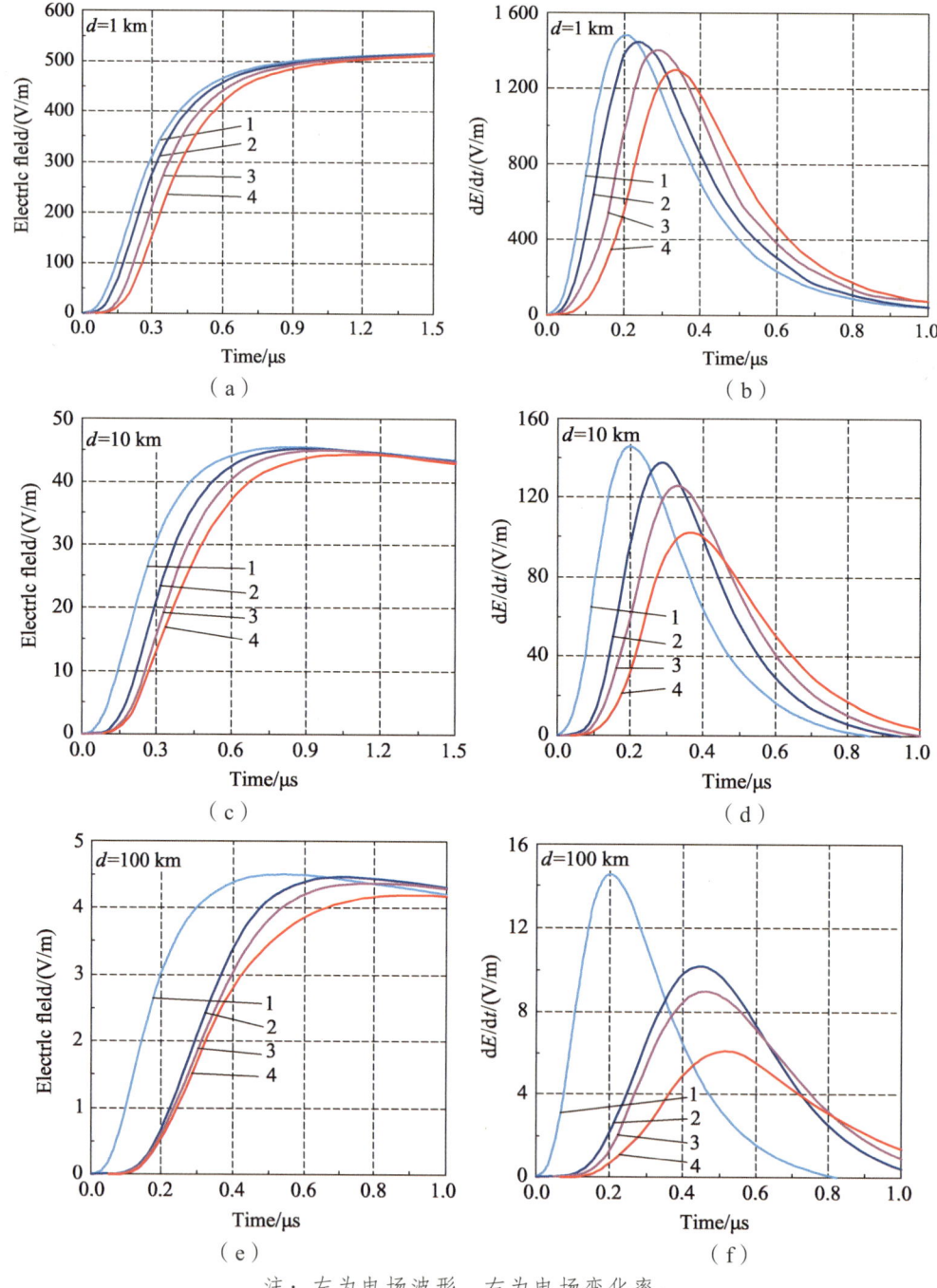

注：左为电场波形，右为电场变化率。

图 1.9 粗糙地表对雷电电磁场传播的影响

1.7 分形粗糙海面对雷电垂直电场的影响

根据改进的二维分形海面模型，利用表面阻抗法和 Cooray 算法研究粗糙海面对地闪回击电磁场传播的影响。同时，为了分析海风方向对雷电电磁波传播的衰减，本书仅讨论海风与电磁波向观测点传播方向垂直的情况，这种情况下的衰减是最小的。根据王运华等人（2001）的研究结果，改进的二维分形模型可表示为：

$$\begin{aligned} f(x,y,t) &= \tau\chi \sum_{m=0}^{N-1} a^{-(d-\xi)m} \sin\{k_0 a^m[(x+v_x t)\cos\beta_{1m}+(y+v_y t)\sin\beta_{1m}]-\Omega_m t+a_{1m}\} \\ &= \tau\chi \sum_{m=0}^{N-1} b^{(d-3)n} \sin\{k_0 b^m[(x+v_x t)\cos\beta_{2m}+(y+v_y t)\sin\beta_{2m}]-\Omega_n t+a_{2m}\} \end{aligned} \quad (1.36)$$

其中，τ 为海面的起伏高度均方根，$\tau = 0.021\,2\zeta \cdot v_{19.5}^2/4$，$v_{19.5}^2$ 是距离海面 19.5 m 处的风速；χ 为归一化因子；d 为形模型的分维数；ξ 为正幂率因子；k_0 是基波波浪的空间波数，$k_0 = 0.877^2 g/v_{19.5}^2$；$N$ 为迭代次数；a 是空间波数小于基频时的尺度因子；b 为空间波数大于基频时的尺度因子；v_x、v_y 是雷达平台在 x 和 y 方向上的运动速度；β_{1m}、β_{2m} 为波浪的运动方向角，一般为与时间有关的函数，在较短的时间内可以认为和时间无关，且满足 $E[\beta_{1m}] = E[\beta_{2m}] = \beta_0$，$\beta_0$ 是风向和电磁波传播方向的夹角；Ω_m、Ω_n 为第 m、n 个谱分量的角速度；a_{1m}、a_{2m} 是在 $[-\pi,\pi]$ 上均匀分布的随机相位。式中归一化因子的表达式为：

$$\chi = \left\{\frac{2[1-a^{-2(d-\xi)}][1-b^{2(d-3)}]}{[1-a^{-2(d-\xi)N}][1-b^{2(d-3)}]+[1-a^{-2(d-\xi)}][1-b^{2(d-3)N}]}\right\}^{1/2} \quad (1.37)$$

图 1.10 是根据式（1.37）模拟的二维分形粗糙海面。海风 $v_{19.5} = 10$ m/s，引起的浪高均方根 τ 为 0.9 m，尺度因子 $b = 1.015$，$a = 1/b$，分维数 $d = 2.62$，正幂率因子 $\xi = 3.9$，迭代次数 $N = 400$，$v_x = 15$ m/s，$v_y = 15$ m/s，$\beta_0 = 90°$。箭头所指方向为雷电电磁波向观测点的传播方向。可以看出，由于本书假定雷电电磁波的传播方向与海风方向垂直，因此，沿这个方向传播时，电磁波的衰减最小。

假定 $v_x = v_y = 0$，王运华等人（2001）经过冗长的数学推导得到改进的二维分形粗糙面模型的空间相关函数，然后对相关函数进行二维傅里叶变换，最终获得的高度谱密度为：

第 1 章　云南地区复杂地形对雷电电磁场传播的影响

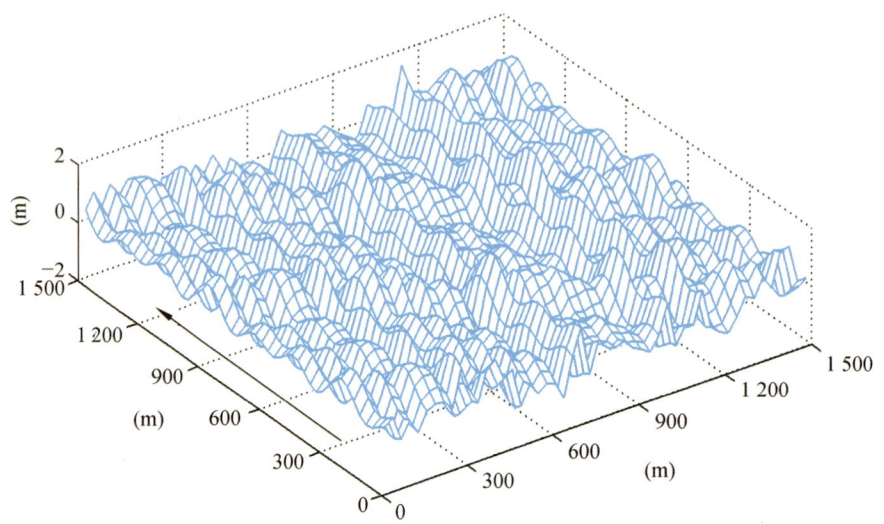

图 1.10　粗糙海面的模型（风速为 10 m/s，引起的浪高均方根为 0.9 m）

$$S(\gamma,\eta) = V(\gamma,\eta)D(\gamma,\eta,\phi) \tag{1.38}$$

其中，$V(\gamma,\eta)$ 为各项同性海谱，$D(\gamma,\eta,\phi)$ 为方向分布函数，具体如下：

$$V(\gamma,\eta) = \begin{cases} \dfrac{\tau^2 \chi^2}{2\ln a} k_0^{2(d-\xi)} (\sqrt{\gamma^2+\eta^2})^{[-2(d-\xi)-1]}, & \sqrt{\gamma^2+\eta^2} < k_0 \\ \dfrac{\tau^2 \chi^2}{2\ln b} k_0^{-2(d-3)} (\sqrt{\gamma^2+\eta^2})^{[2(d-3)-1]}, & \sqrt{\gamma^2+\eta^2} \geqslant k_0 \end{cases} \tag{1.39}$$

其中，$\tau = 0.0212\zeta \cdot v_{19.5}^2/4$；$\chi$ 为归一化因子；$k_0 = \dfrac{0.877^2 g}{v_{19.5}^2}$；$\zeta$ 为修正系数，其值为 1.65；正幂率因子 $\xi = 3.9$；尺度因子 $b = 1.015$，$a = 1/b$；分维数 $d = 2.62$；迭代次数 $N = 400$；$v_{19.5}$ 是距海平面高度为 19.5 m 处的风速。

$$D(\gamma,\eta,\phi) = 1 + 4\pi \sum_{l=1}^{\infty} \left[\frac{1}{2\pi} \int_{-\pi}^{\pi} P_n(\psi) \exp(-jl\psi) d\psi \right] \cos[2l(\phi-\beta_0)] \tag{1.40}$$

其中，ϕ 为海面波浪运动方向与风向的夹角；β_0 为风向与电磁波向观测点传播方向的夹角。考虑到风向的影响，令 $\phi = 0°$，$\beta_0 = 90°$，此时海面起伏对电磁波造成的衰减作用最小。式（1.40）中，$P_n(\gamma,\eta,\psi)$ 为 Donelan 方向函数模型：

$$P_n(\gamma,\eta,\psi) = \frac{1}{2}\alpha_0 \sec h^2(\alpha_0 \psi) \tag{1.41}$$

其中：

1.7 分形粗糙海面对雷电垂直电场的影响

$$\begin{cases} \alpha_0 = 2.61 \left(\dfrac{\sqrt{\gamma^2+\eta^2}}{\kappa_0} \right)^{1.3} & 0.65 \leqslant \dfrac{\sqrt{\gamma^2+\eta^2}}{\kappa_0} \leqslant 0.95 \\ \alpha_0 = 2.28 \left(\dfrac{\sqrt{\gamma^2+\eta^2}}{\kappa_0} \right)^{-1.3} & 0.95 < \dfrac{\sqrt{\gamma^2+\eta^2}}{\kappa_0} \leqslant 1.6 \\ \alpha_0 = 1.24 & \text{其他} \end{cases} \qquad (1.42)$$

根据 Barrick 理论，图 1.11 给出了改进的二维分形粗糙海面的等效表面阻抗和衰减因子。海水电导率为 4 S/m，相对介电常数为 81，衰减因子的幅值是 0 dB（$20\log_{10}|W(0,d,\mathrm{j}\omega)|$），0 dB 表示 1 V$\mathrm{m}^{-1}$ Hz^{-1}，幅值越大则意味着衰减越大。图 1.11（a）中虚线和实线分别表示 1 km 和 10 km 处的衰减因子，曲线 1 表示海面光滑，曲线 2、3 和 4 分别表示风速为 4 m/s（海浪高度均方根约 0.14 m）、10 m/s（海浪高度均方根约 0.9 m）和 15 m/s（海浪高度均方根约 2.0 m）时的等效阻抗和衰减因子幅值。

可以看出，随风速的增大（即粗糙度增大），等效表面阻抗增大，从而引起电磁波衰减增大；随着距离增大，电磁场衰减程度也增大。大致来说，当频率超过 10 mHz 时，粗糙海面的影响明显增大；不同的粗糙程度，影响不同。因此，海面尽管是比较理想的雷电电磁波传播路径，但不同风速对 10 mHz 以上电磁场传播的影响不可忽视。

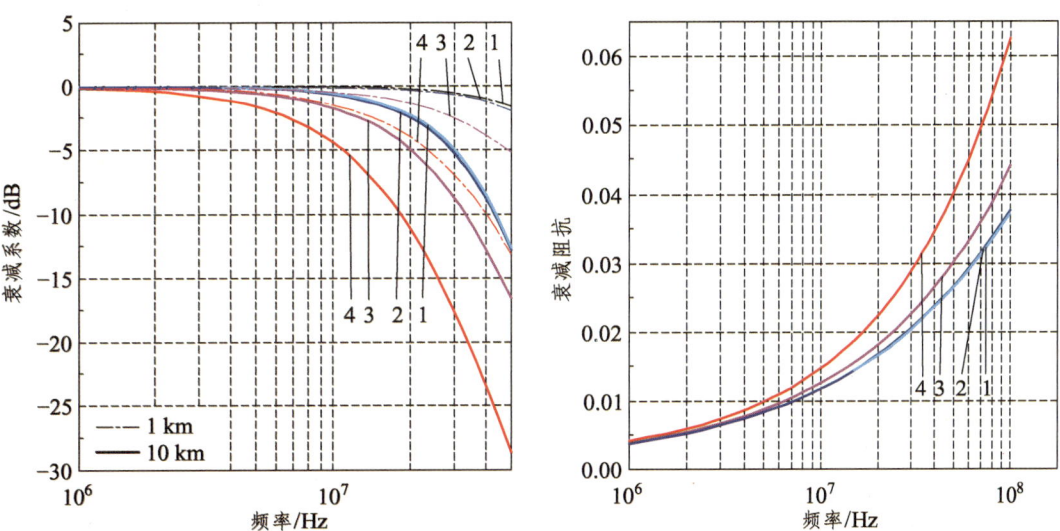

图 1.11 改进的二维分形粗糙海面等效阻抗和衰减因子。左为等效阻抗，右为 1 km 和 10 km 处的衰减因子幅值（$20\log_{10}|W(0,d,\mathrm{j}\omega)|$），电磁波传播沿风速方向

采用 MTLL 回击模式，假定闪电通道笔直且垂直于地面，通道高度取 $H=5$ km，回击速度取 1.9×10^8 m/s。通道底部电流采用 Heidler（1985）双指数模拟，其中，击

第 1 章 云南地区复杂地形对雷电电磁场传播的影响

穿电流 i_{BD} = 10.7 kA，u_1 = 1.3，τ_1 = 0.05 μs，τ_2 = 2.5 μs；电晕电流 i_c = 6.5 kA，u_2 = 1.2，τ_1 = 0.1 μs，τ_2 = 230 μs。

$$i(0,t) = \frac{i_0}{u} \frac{(t/\tau_1)^2}{[(t/\tau_1)^2 + 1]} e^{-t/\tau_2} \tag{1.43}$$

图 1.12 给出了利用 MTLL 模式计算的粗糙海面对 1 km、10 km 和 100 km 处地闪回击垂直电场及其变化率的影响，假定电磁场传播方向与风向垂直。曲线 1 表示电导率无限大的理想地表，曲线 2、3、4 和 5 分别表示海面光滑，风速为 4 m/s、10 m/s 和 15 m/s。可以看出，粗糙地表对垂直电场峰值几乎没有影响，但引起波形的上升沿时间增大，且粗糙度越大，影响越明显，这是因为高频成分优先衰减。粗糙地表对电场变化率的影响较大，1 km 以外，影响更加显著，峰值减小而半峰值宽度增大。另外，通过计算发现，粗糙海面对水平电场存在影响，但水平电场太小，完全可以忽略，如 1 km 处的水平电场与垂直电场之比小于 0.5%，海水表面的电磁场可看作是 TEM 波。

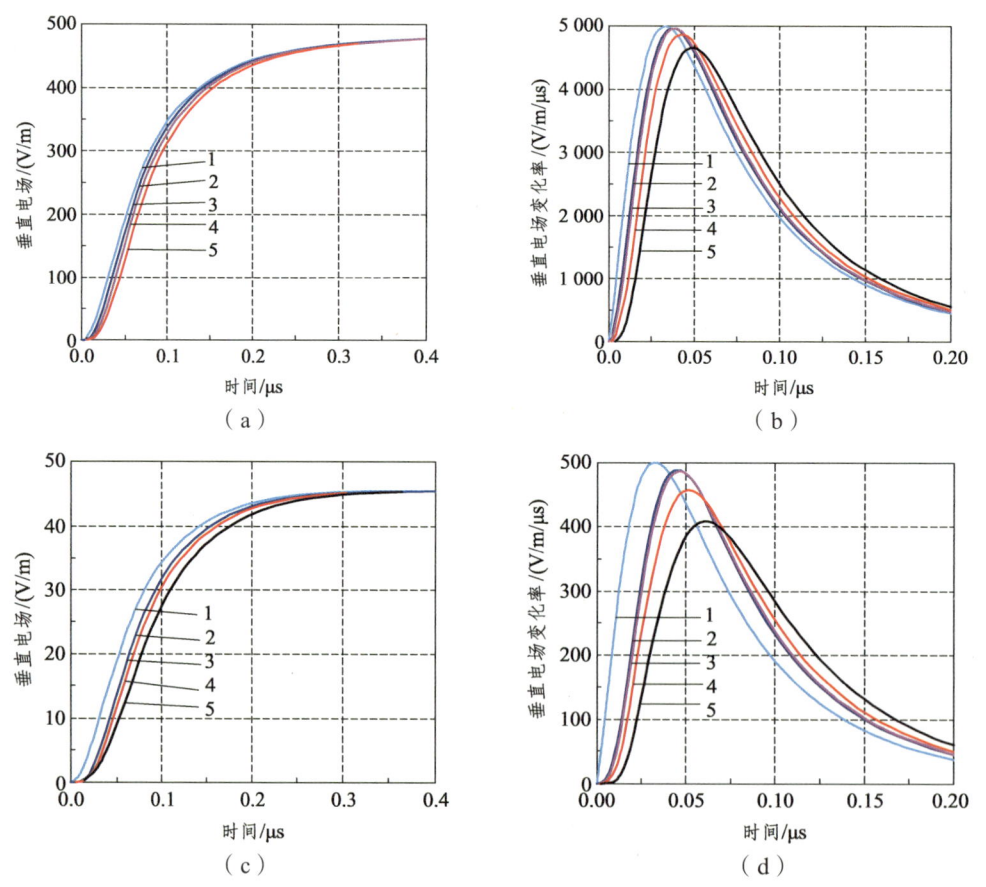

1.7 分形粗糙海面对雷电垂直电场的影响

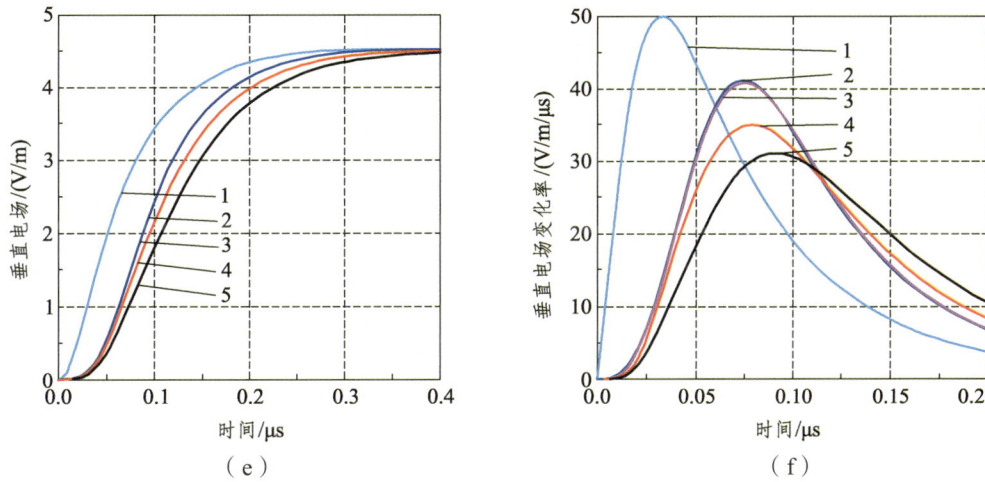

（e） （f）

图 1.12 粗糙海面对距闪电通道 1 km、10 km 和 100 km 处的垂直电场及其变化率的影响。左为垂直电场；右为垂直电场变化率

从 Weidman 等人（1987，1989）的观测结果看出，地闪回击电磁波谱超过 10 mHz，则按照 $1/f^2$ 快速衰减（f 为频率）。为了讨论这个现象是否由粗糙海面所致，图 1.13 给出了地闪回击电磁波频谱与粗糙度的关系，电磁波传播方向与风向垂直。曲线 1 表示电导率无限大的理想地表，曲线 2、3、4 和 5 分别表示海面光滑，风速为 4 m/s、10 m/s 和 15 m/s。从图中看出，粗糙海面对电磁波谱的影响主要集中在 10 mHz 以上，超过 10 mHz，电磁波衰减明显加快，粗糙度越大，影响越明显，这与 Weidman 等人的观测结果是一致的。因此，地闪回击电磁波谱超过 10 mHz 的快速衰减现象可能不是雷电频谱

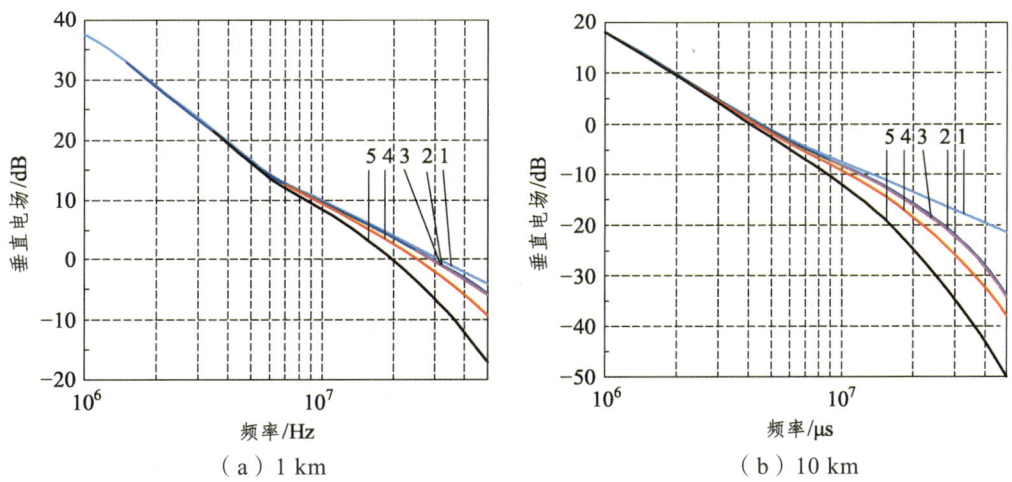

（a）1 km （b）10 km

第 1 章 云南地区复杂地形对雷电电磁场传播的影响

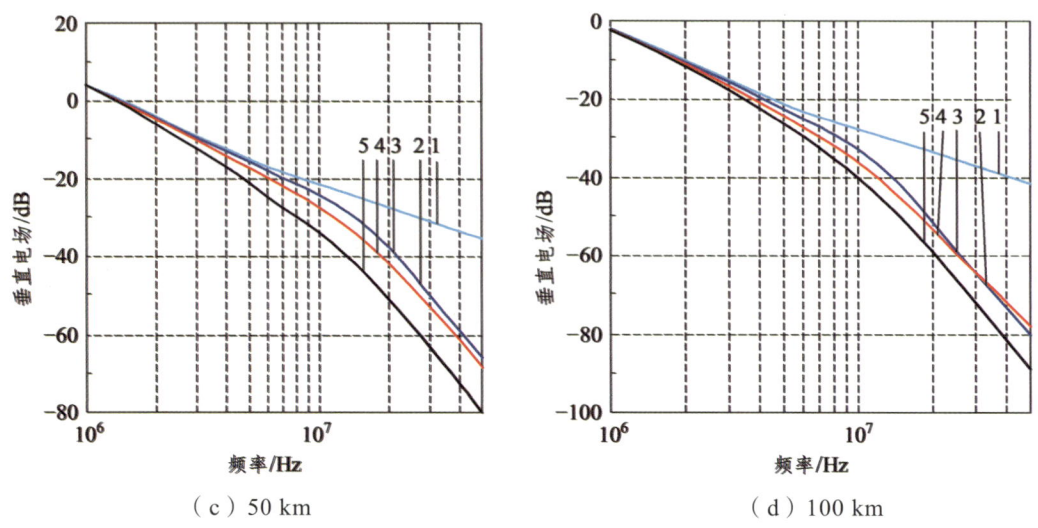

（c）50 km （d）100 km

图 1.13 粗糙度对地闪回击垂直电场频谱的影响

具有的特点，而是由于传播路径的影响。同时，由于 Weidman 等人（1981，1986）的观测设备距海面有几十到几百米距离，这段海-陆混合传播路径对高频电磁波谱也会产生明显的影响，这也在一定程度上说明在地面附近观测雷电电磁波谱存在困难。

1.8 分形粗糙海-陆混合路径雷电水平的近似算法

将分形粗糙海面和陆地模型结合，研究了海-陆混合路径对水平场的影响。模拟的粗糙海-陆混合路径如图 1.14 所示，图 1.15 进一步给出了粗糙海面和粗糙陆地部分的高度谱密度函数。

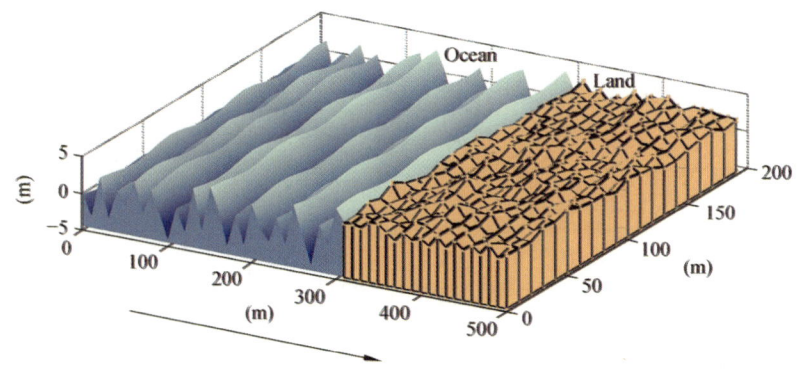

图 1.14 分形粗糙海-陆混合路径

1.8 分形粗糙海–陆混合路径雷电水平的近似算法

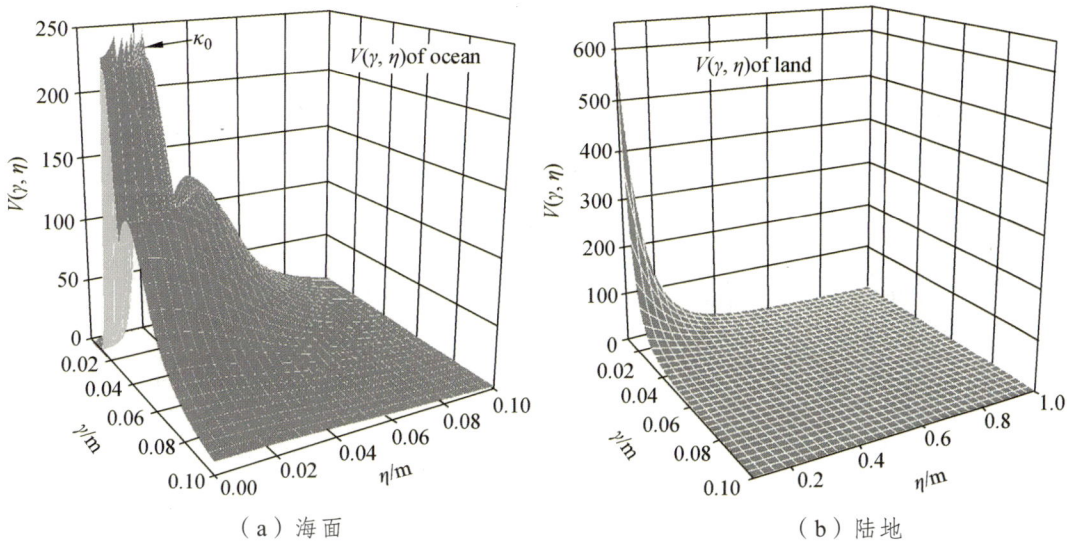

（a）海面　　　　　　　　　　　（b）陆地

图 1.15　海-陆混合传播高度谱密度函数

图 1.16 和图 1.17 给出了粗糙海-陆混合路径对地闪回击水平电场的影响，曲线 1～4 的参数如表 1.3 所示。模拟结果表明，由于海水和陆地的电导率差异较大，陆地表面的电导率远比海表面的要大。陆地越粗糙，尽管等效阻抗增大，但衰减也增大。因此，粗糙度越小，水平场越大；反之越小。

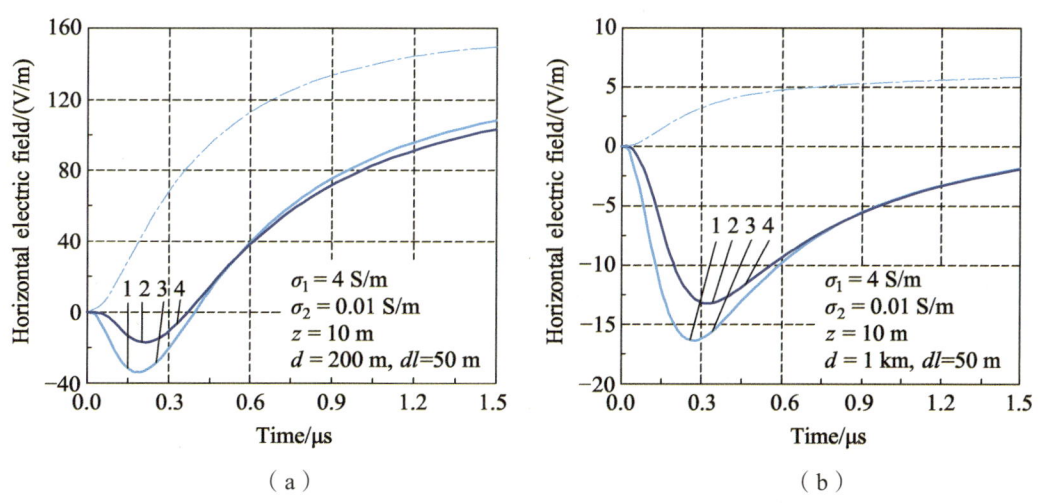

（a）　　　　　　　　　　　　（b）

图 1.16　海-陆混合路径表面的水平场

（观测点在陆地，$\sigma_1 = 4\,\text{S/m}$，$\varepsilon_{r1} = 80$，$\sigma_2 = 0.01\,\text{S/m}$，$\varepsilon_{r2} = 10$）

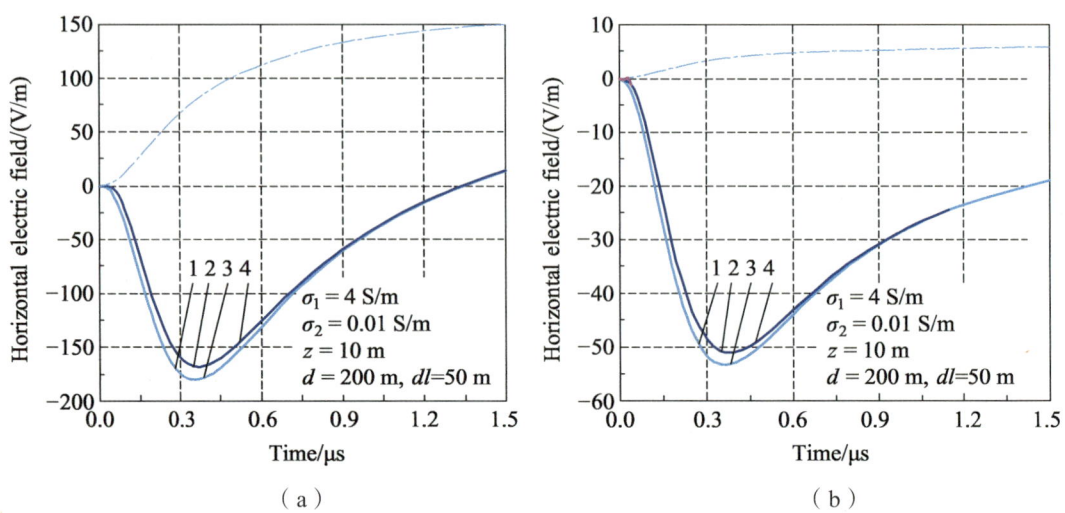

图 1.17 海-陆混合路径表面的水平场
（观测点在陆地，$\sigma_1 = 4$ S/m，$\varepsilon_{r1} = 80$，$\sigma_2 = 0.001$ S/m，$\varepsilon_{r2} = 10$）

表 1.3 海-陆混合路径的参数

曲线	海水均方高	陆地均方高
1	0 m	1 m
2	0 m	5 m
3	2 m	1 m
4	2 m	5 m

1.9 分形粗糙海-陆混合路径雷电垂直电场的近似算法

图 1.18 给出了粗糙海-陆混合传播路径对雷电电磁场传播的影响。曲线 1～4 具体参数见表 1.4，点画线为光滑均匀海面传播（不考虑陆地）。选取的回击电磁波频率范围为几 Hz 至 30 MHz，计算的频率幅值采用 dB 表示方法（对幅值取自然对数后再乘以 20），单位为 Vm^{-1}Hz^{-1}。海面电导率和电容率分别为：$\sigma_1 = 4$ S/m，$\varepsilon_{r1} = 80$；陆地电导率和电容率分别为：$\sigma_2 = 0.01$ S/m，$\varepsilon_{r2} = 10$。可以看出，粗糙海-陆混合路径对电

1.9 分形粗糙海-陆混合路径雷电垂直电场的近似算法

磁场幅值几乎没有影响,但对上升沿时间的影响很大。这是因为随着粗糙度的增大,高频分量快速衰减。比较点画线和曲线 1~4 可以看出,陆地部分对电磁波的衰减远远大于海面,超过 2 MHz 的电磁波受陆地部分的衰减很明显。海面传播 99 km,陆地传播 1 km,陆地部分的衰减远大于海面。另外,由曲线 1~4 可以看出,随着陆地粗糙度的增加,高频衰减有增大的趋势。

表 1.4 海-陆混合路径的粗糙度

曲线	海面平均高程(粗糙度)	陆地平均高程(粗糙度)
1	0 m	0 m
2	0 m	5 m
3	2 m	0 m
4	2 m	5 m

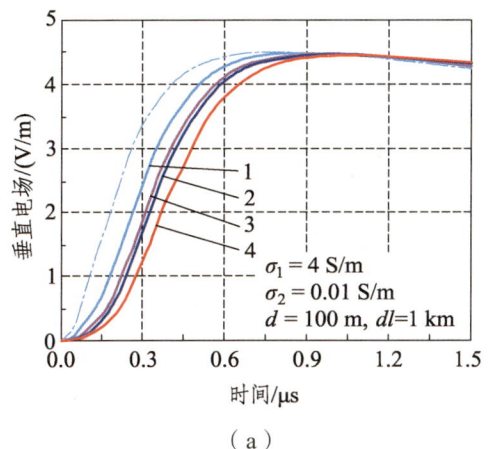 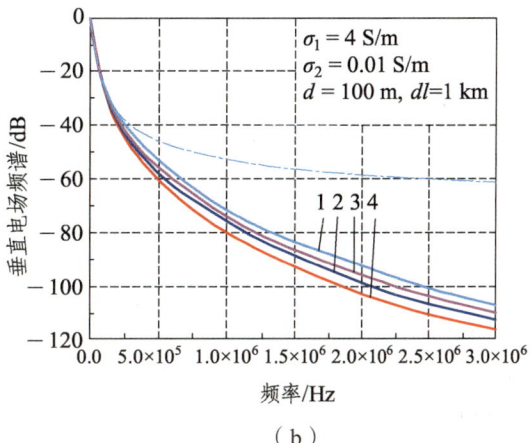

(a) (b)

图 1.18 粗糙海-陆混合路径对地闪继后回击电磁场传播的影响

图 1.19 给出了混合路径中陆地部分长度(图中的 dl)对电磁场传播的影响。图中海面传播路径为 50 km($d-dl=50$ km),dl 分别为 0 m,1 m,10 m,20 m,50 m 和 100 m,其中 $dl=0$ m 表示传播路径全部是海面。可以看出,即使陆地部分仅为几十米,其对 2 MHz 以上高频段的衰减也不容忽视。

第1章 云南地区复杂地形对雷电电磁场传播的影响

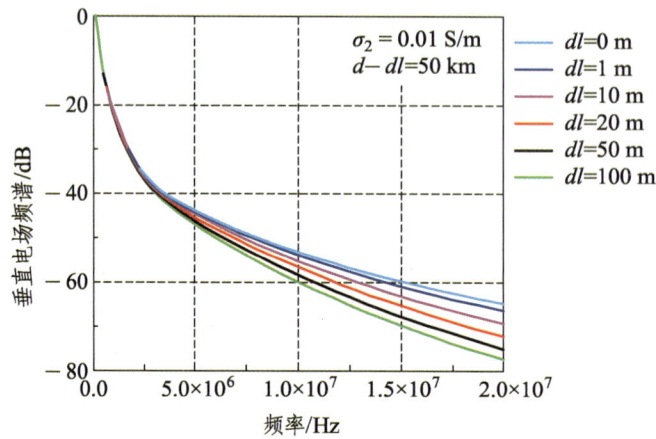

图 1.19 混合路径中陆地部分长度（dl）对电磁场传播的影响

图 1.20 进一步给出了雷电电磁波从海面到陆地[图 1.20（a）]或从陆地到海面[图 1.20（b）]传播时，在边界面附近的突变情况。可以看出，当雷电发生在海面，电磁波从海面向陆地传播时，在边界面附近，垂直电场突然减小。这是由于陆地的电导率远远小于海水，高频分量迅速衰减造成的。不过，当雷电发生在陆地，从陆地向海面传播时，在交界面附近电场有一个相对增大的区域，范围可达几百千米。随着两层介质电导率差异的增大以及频率的增高，两种介质的边界效应越明显。

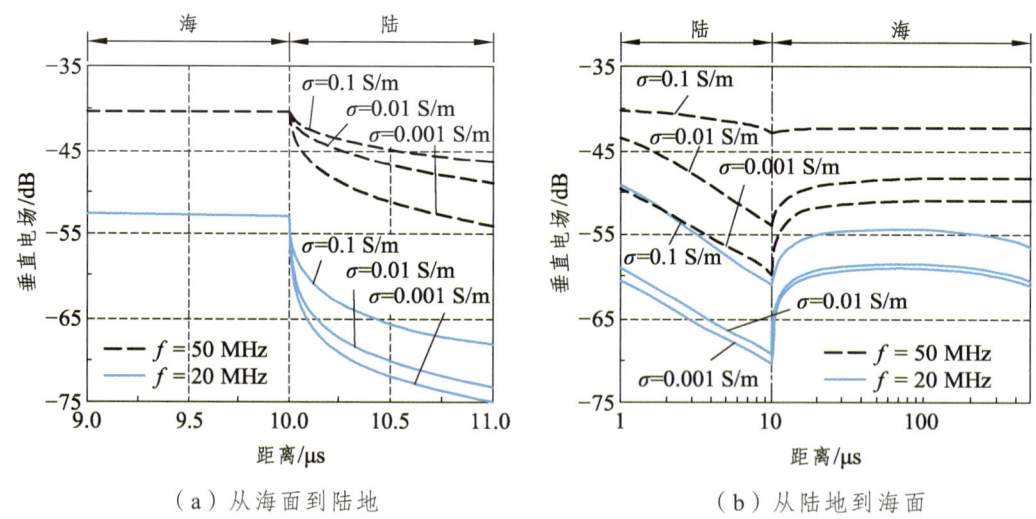

（a）从海面到陆地　　　　　　　（b）从陆地到海面

图 1.20 电磁场在海-陆混合路径边界的突变

综上所述，利用 Barrick 等效表面阻抗法和 Wait 近似算法等研究发现，当雷电发生在海面，电磁场沿海-陆混合路径传播时，长度仅为几十米的陆地部分对 2 MHz 以上电磁波的影响不容忽视。当我们关注的频段超过 10 MHz 时，还需要考虑浪高的影响。因此，Weidman 等人在海边附近测量的雷电电磁波谱可能需要考虑海-陆混合路径传播的影响，如他们发现超过 1 MHz 频段的快速衰减现象可能不是雷电自身的特征，而是海-陆混合传播路径造成的。

1.10　雷击锥形山体对近距离电磁场环境的影响

从国内外相关研究现状中可以看出，目前雷电电磁场研究多考虑地表为平坦光滑的情况，而对地形起伏带来的影响讨论较少。山区地形作为一种典型的不平坦地形，研究该地形条件下雷电电磁场的传播特征可为闪电定位算法修订、电力系统线路防雷设计等方面提供重要的理论参考。本节将建立雷击锥形山体模型，通过在二维 FDTD 算法中引入共形网格技术来对山体地形进行精确建模，进而计算雷电电磁场并讨论山体倾角和土壤有限电导率改变产生的影响。

图 1.21 给出了雷击锥形山体情况下雷电电磁场的计算模型，模拟区域大小为 3 000 m × 2 000 m，以 2 m × 2 m 的正方形网格作剖分，即模拟的空间步长 $\Delta r = \Delta z = 2$ m，同时为满足 Courant 数值稳定性条件，时间步长 Δt 取 3.33 ns。假定雷电回击通道垂直于水平地面，为保证计算过程中回击电流不在通道顶端发生反射，通道高度取 1 500 m，锥形山体倾角设为 θ，高度和宽度分别设为 H 和 W，观测点位于水平地面上方的 10 m 高度处，其与回击通道间的水平距离设为 d。此外，在模拟过程中采用一阶 Mur 吸收边界来减少边界处的电磁反射。

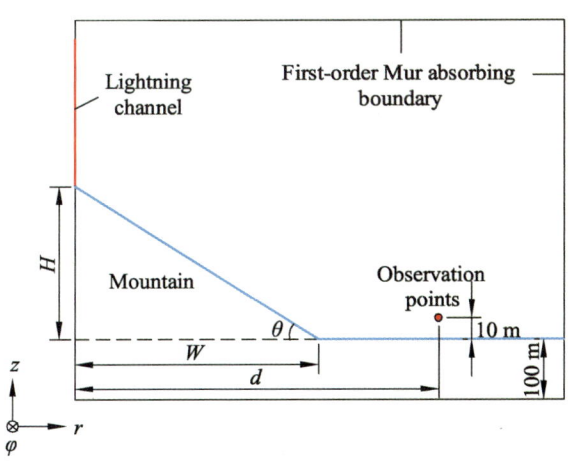

图 1.21　计算模型示意图

1.10.1 回击模型

在计算雷电回击电磁场时,首先需要选择合适的回击模型来描述通道电流的时空分布,本节采用由 Nucci 等人提出的 MTLE 模型(Modified Transmission Line model with Exponential current decay with height),假定回击电流幅值随通道高度以指数形式衰减,t 时刻通道 z' 高度处的雷电流可表示为:

$$i(z',t) = e^{-z'/\lambda} i(0, t - z'/v) \tag{1.44}$$

式中:$e^{-z'/\lambda}$ 为指数衰减系数;λ 为衰减因子,取 2 000 m;v 为回击速度,取 1.5×10^8 m/s。

通道底部的基电流波形采用双 Heidler 函数模型,它将回击电流分为击穿电流和电晕电流两部分,并对每一部分均用 Heidler 函数表示,从而可以反映出回击过程中先导电荷被中和的不同快慢程度,具体表达式为:

$$i(0,t) = \frac{i_{01}}{\eta_1} \frac{(t/\tau_{11})^2}{[(t/\tau_{11})^2 + 1]} e^{-t/\tau_{12}} + \frac{i_{02}}{\eta_2} \frac{(t/\tau_{21})^2}{[(t/\tau_{21})^2 + 1]} e^{-t/\tau_{22}} \tag{1.45}$$

$$\eta_1 = \exp\left[-\left(\frac{\tau_{11}}{\tau_{12}}\right)\left(2 \cdot \frac{\tau_{12}}{\tau_{11}}\right)^{1/2}\right] \tag{1.46}$$

$$\eta_2 = \exp\left[-\left(\frac{\tau_{21}}{\tau_{22}}\right)\left(2 \cdot \frac{\tau_{22}}{\tau_{21}}\right)^{1/2}\right] \tag{1.47}$$

式中:i_{01}、i_{02} 分别为击穿电流和电晕电流的电流峰值;η_1、η_2 为对应的电流峰值修正因子;τ_{11}、τ_{12} 分别为击穿电流的上升沿和下降沿时间;τ_{21}、τ_{22} 为电晕电流的上升沿和下降沿时间。本节选取典型继后回击的基电流波形(见图 1.22,其中雷电流幅值约为 12 kA,最大上升沿陡度约为 40 kA/μs)来进行研究,表 1.5 中列出了上述各参数的具体取值。

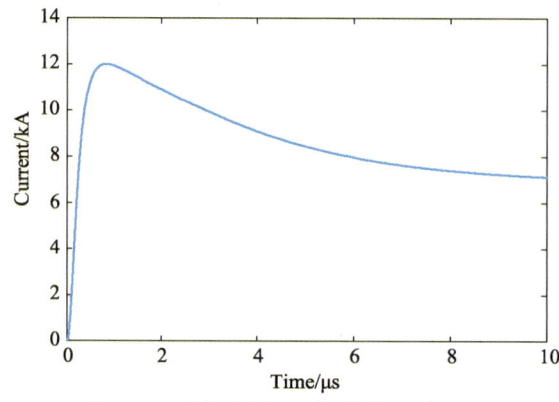

图 1.22 典型继后回击的基电流波形

表 1.5 典型继后回击波形对应的参数取值

参数	i_{01}/kA	τ_{11}/μs	τ_{21}/μs	i_{02}/kA	τ_{12}/μs	τ_{22}/μs
数值	10.7	0.25	2.5	6.5	2	230

1.10.2 锥形山体的模拟

常规的 FDTD 算法在计算雷电回击电磁场时，由于 Yee 元胞的特殊几何结构，通常所能模拟的最小尺度为一个网格，因而直接利用其对锥形山体进行处理时必然会引起阶梯近似误差。大幅度地缩小网格尺寸，在降低误差的同时也会导致计算所需内存和时间的增加，故本节基于二维 FDTD 算法，引入共形网格技术来对山体进行精确建模。在该算法中，模拟区域内的多数网格仍保持较大尺寸，通过修正局部网格（即共形网格）的差分形式来减小误差、提高计算精度。

在本节的计算模型中，共形网格是指同时包含山体和空气两种介质在内的网格，其余均为非共形网格。非共形网格对应的雷电回击电磁场按照常规 FDTD 递推公式进行计算，而共形网格则需要进行特殊处理，且处理方式根据所处边界的不同会有所区别，具体分为理想导体边界和介质边界两种情况：

$$E_r^{n+1}\left(i+\frac{1}{2},j\right) = \frac{2\varepsilon - \sigma\Delta t}{2\varepsilon + \sigma\Delta t} \cdot E_r^n\left(i+\frac{1}{2},j\right) + \frac{2\Delta t}{(2\varepsilon + \sigma\Delta t)\Delta z} \cdot$$
$$\left[H_\varphi^{n+\frac{1}{2}}\left(i+\frac{1}{2},j+\frac{1}{2}\right) - H_\varphi^{n+\frac{1}{2}}\left(i+\frac{1}{2},j-\frac{1}{2}\right)\right] \quad (1.48)$$

$$E_z^{n+1}\left(i,j+\frac{1}{2}\right) = \frac{2\varepsilon - \sigma\Delta t}{2\varepsilon + \sigma\Delta t} \cdot E_z^n\left(i,j+\frac{1}{2}\right) + \frac{2\Delta t}{(2\varepsilon + \sigma\Delta t)r_i\Delta r} \cdot$$
$$\left[r_{i+\frac{1}{2}}H_\varphi^{n+\frac{1}{2}}\left(i+\frac{1}{2},j+\frac{1}{2}\right) - r_{i-\frac{1}{2}}H_\varphi^{n+\frac{1}{2}}\left(i-\frac{1}{2},j+\frac{1}{2}\right)\right] \quad (1.49)$$

$$H_\varphi^{n+\frac{1}{2}}\left(i+\frac{1}{2},j+\frac{1}{2}\right) = H_\varphi^{n-\frac{1}{2}}\left(i+\frac{1}{2},j+\frac{1}{2}\right) + \frac{\Delta t}{\mu_0 \Delta r} \cdot \left[E_z^n\left(i+1,j+\frac{1}{2}\right) - E_z^n\left(i,j+\frac{1}{2}\right)\right] -$$
$$\frac{\Delta t}{\mu_0 \Delta z} \cdot \left[E_r^n\left(i+\frac{1}{2},j+1\right) - E_r^n\left(i+\frac{1}{2},j\right)\right] \quad (1.50)$$

假定锥形山体为理想导体，边界上的某一共形网格如图 1.23 所示，灰色区域表示山体，空白区域表示空气。对于该共形网格，其电场节点的递推公式不变，仅磁场节点需要特殊处理。首先假设磁场节点仍处于共形网格中心，根据积分形式的 Maxwell 方程：

$$\oint_l \boldsymbol{E} \cdot \mathrm{d}l = -\mu_0 \frac{\mathrm{d}}{\mathrm{d}t} \iint_s \boldsymbol{H} \cdot \mathrm{d}s \tag{1.51}$$

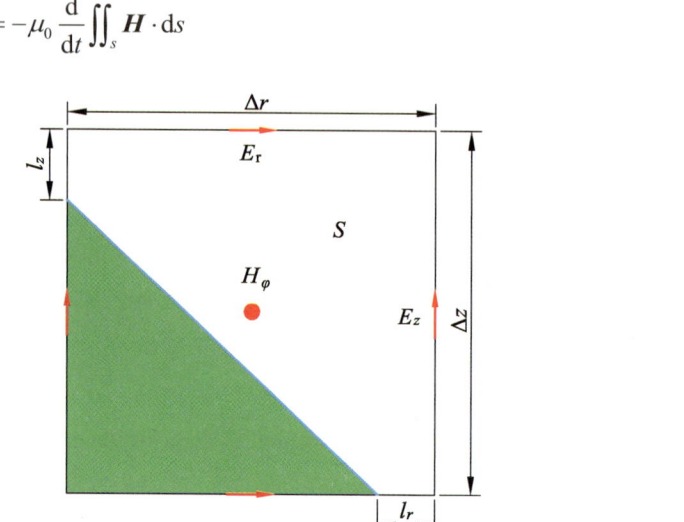

图 1.23　理想导体共形网格

由于理想导体内部电场为零，故在计算磁场时只需考虑共形网格中理想导体以外部分的电场贡献，相应地，上述磁场递推公式（2.7）可修正为：

$$\begin{aligned} H_\varphi^{n+\frac{1}{2}}\left(i+\frac{1}{2},j+\frac{1}{2}\right) = & H_\varphi^{n+\frac{1}{2}}\left(i+\frac{1}{2},j+\frac{1}{2}\right) - \frac{\Delta t}{\mu_0 S\left(i+\frac{1}{2},j+\frac{1}{2}\right)} \cdot \Bigg[E_r^n\left(i+\frac{1}{2},j+1\right) \cdot \\ & \Delta r\left(i+\frac{1}{2},j+1\right) - E_r^n\left(i+\frac{1}{2},j\right) \cdot l_r\left(i+\frac{1}{2},j\right) - E_z^n\left(i+\frac{1}{2},j+\frac{1}{2}\right) \cdot \\ & \Delta z\left(i+1,j+\frac{1}{2}\right) + E_z^n\left(i,j+\frac{1}{2}\right) \cdot l_z\left(i,j+\frac{1}{2}\right) \Bigg] \end{aligned} \tag{1.52}$$

式（1.52）中新引入了三个参数 S、l_r 和 l_z，其中 S 表示共形网格中非理想导体部分的面积，l_r 和 l_z 分别表示水平电场和垂直电场节点处的边上非理想导体部分的长度。利用共形网格在理想导体外部的有效回路面积和有效回路长度来代替整个回路面积和长度，从而区分了不同介质的电磁特性，且当 $l_r = \Delta r$、$l_z = \Delta z$ 时，$S(i,j) = \Delta r \Delta z$，共形网格转化为常规网格。

1.10 雷击锥形山体对近距离电磁场环境的影响

假定锥形山体为有限电导率介质，对于该边界上的共形网格，则需要在相应的电磁场节点处重新引入等效介质参数。图 1.24 给出了介质共形网格中电磁参数的等效示意，设介质 1（山体）和介质 2（空气）的电磁参数分别为 ε_1、σ_1、μ_1、σ_{m1} 和 ε_2、σ_2、μ_2、σ_{m2}，A、B 为水平电场节点，C、D 为垂直电场节点，F 为水平磁场节点。

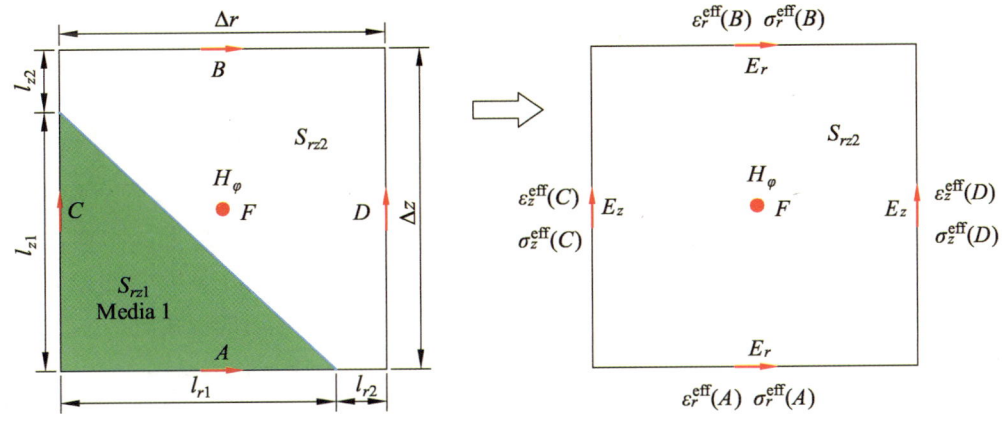

图 1.24 介质共形网格电磁参数等效

由于电场节点位于网格边上的中点，则各电场节点处的介电常数 ε 和电导率 σ 的等效值可以由相应边上不同介质所占长度的加权平均得到，因而图 1.24 中 A、B、C 和 D 这四个节点处的等效介电常数和等效电导率分别为：

$$\left.\begin{aligned}
\varepsilon_r^{\text{eff}}(A) &= \frac{l_{r1}\varepsilon_1 + l_{r2}\varepsilon_2}{\Delta r} & \sigma_r^{\text{eff}}(A) &= \frac{l_{r1}\sigma_1 + l_{r2}\sigma_2}{\Delta r} \\
\varepsilon_r^{\text{eff}}(B) &= \varepsilon_2 & \sigma_r^{\text{eff}}(B) &= \sigma_2 \\
\varepsilon_z^{\text{eff}}(C) &= \frac{l_{z1}\varepsilon_1 + l_{z2}\varepsilon_2}{\Delta z} & \sigma_z^{\text{eff}}(C) &= \frac{l_{z1}\varepsilon_1 + l_{z2}\varepsilon_2}{\Delta z} \\
\varepsilon_z^{\text{eff}}(D) &= \varepsilon_2 & \sigma_z^{\text{eff}}(D) &= \sigma_2
\end{aligned}\right\} \quad (1.53)$$

式中：l_{r1} 和 l_{r2} 分别表示电场节点 A 所在边上介质 1 和介质 2 所占的长度；l_{z1} 和 l_{z2} 分别表示电场节点 C 所在边上介质 1 和介质 2 所占的长度。

对于磁场节点 F，由于其位于共形网格中心处，相应的等效导磁系数和磁导率可以由网格内不同介质所占面积的加权平均得到：

$$\left.\begin{aligned}
\mu_\varphi^{\text{eff}}(F) &= \frac{S_{rz1}\mu_1 + S_{rz2}\mu_2}{\Delta r \Delta z} \\
\sigma_{m\varphi}^{\text{eff}}(F) &= \frac{S_{rz1}\sigma_{m1} + S_{rz2}\sigma_{m2}}{\Delta r \Delta z}
\end{aligned}\right\} \quad (1.54)$$

式中：S_{rz1} 和 S_{rz2} 分别表示磁场节点 F 所在网格内介质 1 和介质 2 所占的面积。

将上述得到的等效介质参数代入到常规的 FDTD 递推式中，即可得到介质边界上的共形网格对应的电磁场递推公式。

1.10.3 算法准确性验证

为验证本节所提出的引入共形网格技术来模拟计算雷击锥形山体情况下雷电电磁场的算法准确性，在参数取值完全相同的前提下，将计算结果与 Paknahad 等人在文献中利用 COMSOL 仿真软件给出的结果进行对比。锥形山体宽度 W 固定取 200 m，分别改变山体倾角 θ 为 0°（即平地）、15°、30°、45°、60° 和 75°，在距离雷电回击通道 200 m 处的水平磁场波形对比情况如图 1.25 所示，观察发现两者波形变化趋势非常相似，幅值也十分接近，这说明本节算法是有效的，并且具有较高的准确性。

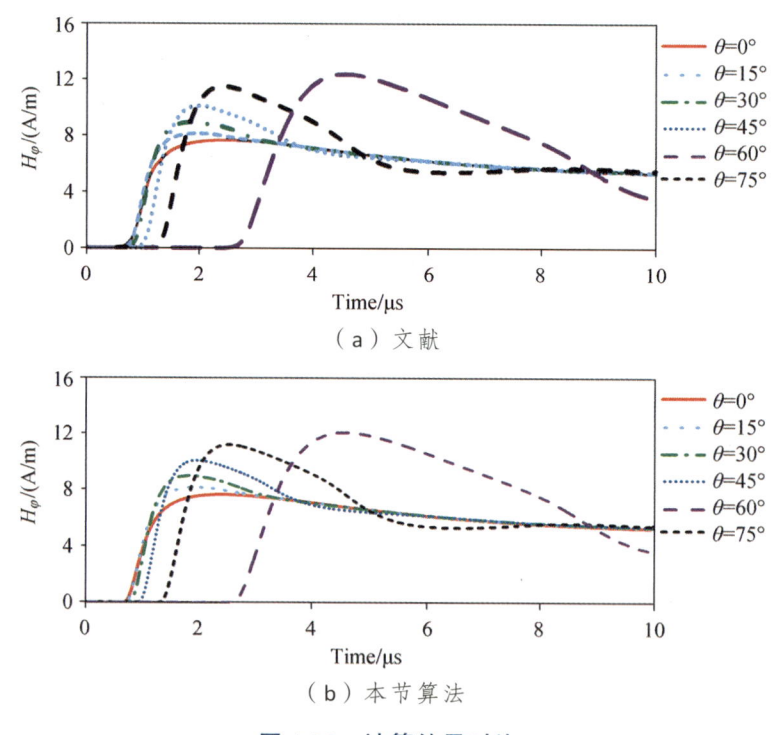

图 1.25 计算结果对比

以上结果是在保持锥形山体宽度 W 不变的前提下模拟得到的，此时对于同一观测点，当山体倾角 θ 改变时，同时变化的还有雷击点（即山顶）与观测点之间的距离。

1.10 雷击锥形山体对近距离电磁场环境的影响

因此，为排除该距离不一致对观测点处雷电电磁场产生的影响，本节将在锥形山体高度 H 固定的情况下来研究山体倾角和土壤有限电导率改变对雷电电磁场的影响。

1.10.4 模拟结果分析

雷击锥形山体情况下，在如图 1.21 所示的计算模型中，假定山体高度 H 固定为 200 m，改变山体倾角 θ 分别为 0°（即平地）、15°、30°、45°和 60°来进行对比分析。锥形山体及平地的土壤相对介电常数 $\varepsilon_r = 10$，电导率 σ 考虑 0.01 S/m 和 0.001 S/m 两种情况，观测点与雷击点之间的水平距离 d 分别为 500 m 和 1 000 m。

1. 山体倾角对水平电场的影响

锥形山体倾角发生改变时，水平电场的模拟结果如图 1.26 所示，从中可以看出：当土壤为有限电导率介质时，雷击平地和雷击锥形山体的两种情况下，水平电场波形均呈现双极性变化特征，且当土壤电导率减小时，水平电场负峰值会明显增大。利用 C-R 算法分析可知，当回击电磁场沿有损地表传播时，距离通道任意远处的水平电场都是由正极性的理想场项和负极性的表面阻抗项两部分构成的，因而会出现双极性变化，且随着土壤电导率减小，等效表面阻抗变大，从而导致负峰值显著增大。进一步比较图 1.26（a）、（c）或（b）、（d）发现，水平距离 $d = 500$ m 处，当 σ 由 0.01 S/m 减小为 0.001 S/m 时，$\theta = 0°$ 对应的水平电场幅值由 20.49 V/m 变化为 76.39 V/m（此处仅描述数值，不包含正负号），增大了 3.73 倍，而对于 $\theta = 30°$、45°和 60°，幅值分别只增大了 2.01、2.11 和 2.10 倍；水平距离 $d = 1 000$ m 处，相比于 $\theta = 0°$，倾角增加后对应的幅值增大倍数同样也有明显下降。由此可见，通常情况下土壤电导率减小会增大水平电场幅值，但在山区地形中这种影响会减弱。

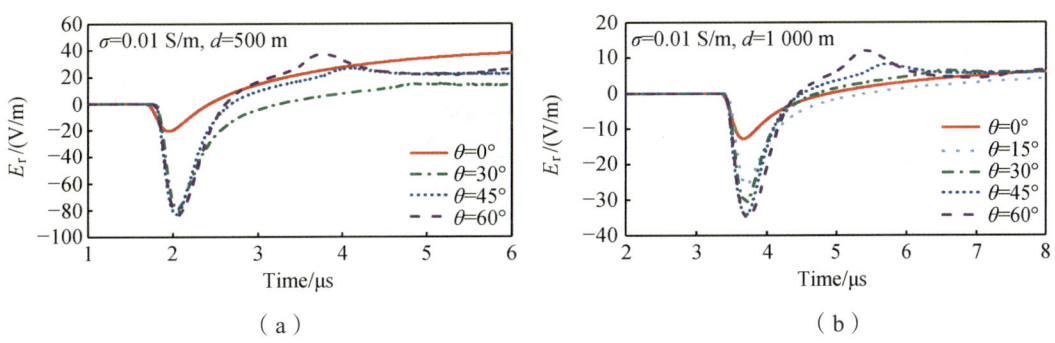

（a） （b）

第1章 云南地区复杂地形对雷电电磁场传播的影响

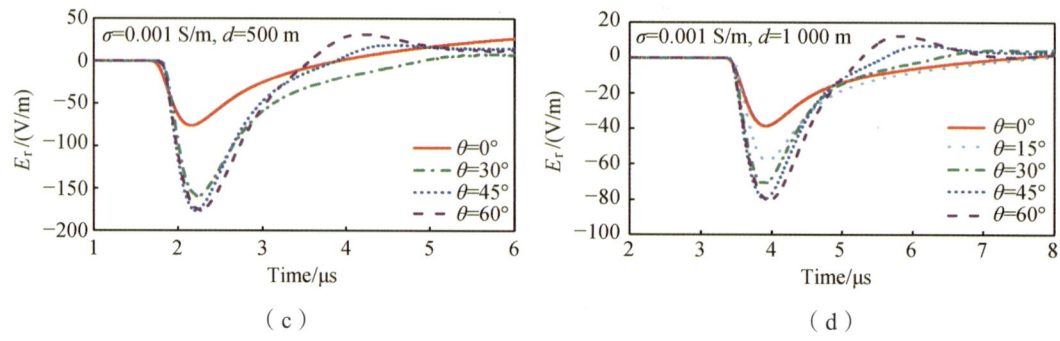

图 1.26 水平距离 d = 500 m、1 000 m 处对应的水平电场波形

此外，从图 1.26 中可以发现山体倾角增加会使水平电场幅值增大，如 σ = 0.001 S/m 时，水平距离 d = 500 m 处，θ = 30°、45°和 60°对应的幅值分别为 θ = 0°的 2.09、2.30 和 2.31 倍；水平距离 d = 1 000 m 处，θ = 15°、30°、45°和 60°对应的幅值分别为 θ = 0°的 1.50、1.84、2.06 和 2.09 倍，并且在雷击锥形山体情况下，当倾角达到 45°后，继续增大对观测点处的水平电场幅值影响较小。进一步比较还发现：由于山体地形影响，观测点处的水平电场出现了时间延迟[见图 1.26（a）和图 1.26（c）]，且当观测点与回击通道间的水平距离增大时，山高相对较小，其对到达时间的影响会减弱，即时间延迟不明显[见图 1.26（b）和图 1.26（d）]。图 1.27 给出了土壤电导率 σ = 0.001 S/m 时，雷击平地和雷击锥形山体（以 θ = 45°为例）两种情况下水平电场的时空演变过程，观察发现：两种情况下水平电场的空间分布均分为正负两个区域，且主要为正极性区域（本节认为水平电场方向向右为正极性），区别在于雷击锥形山体的情况下水平电场明显增大。

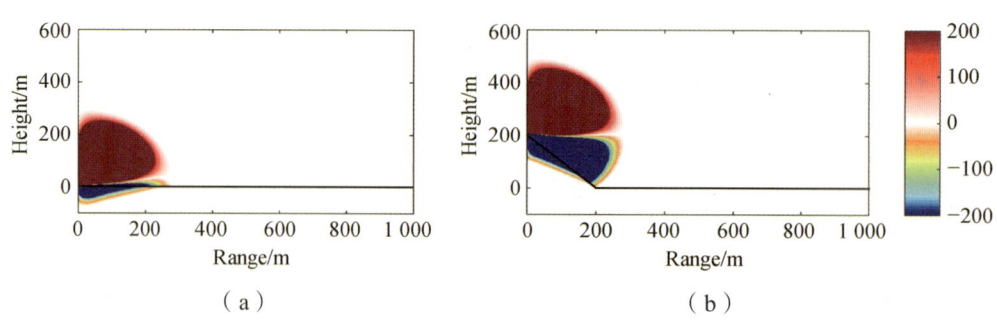

1.10 雷击锥形山体对近距离电磁场环境的影响

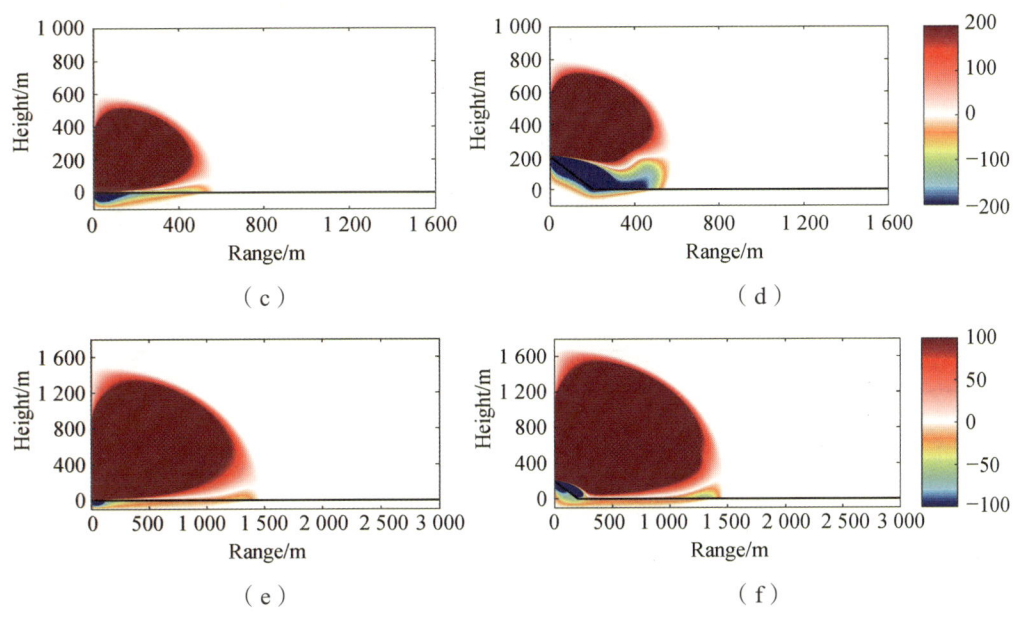

图 1.27 水平电场的时空演变情况：$\theta = 0°$（左）和 $\theta = 45°$（右）

2. 山体倾角对垂直电场的影响

图 1.28 为模拟计算得到的水平距离 d 分别为 500 m 和 1 000 m 处对应的垂直电场波形，对比土壤电导率 σ 分别取 0.01 S/m 和 0.001 S/m 的两种情况[见图 1.28（a）、图 1.28（c）或图 1.28（b）、图 1.28（d）]发现，无论山体是否存在，σ 减小均对垂直电场幅值几乎没有影响。而当锥形山体倾角发生改变时，不仅会严重影响垂直电场的幅值大小，而且还会改变垂直电场的波形特征。雷击锥形山体情况下，垂直电场波形均有明显的峰值点，且随着倾角增加，幅值持续增大，并且不同于水平电场变化，当 θ 由 45°继续增加为 60°时，幅值变化仍然显著。分析原因发现：一方面，山体地形引起电场（静电场）畸变，山体倾角越大（山体越尖），电场畸变越明显；另一方面，雷电辐射场在山体和平地之间的过渡处产生了反射，入射电场与反射电场叠加导致电场幅值变大，倾角越大，过渡处的反射也越显著。其中，近距离处电场畸变是主要原因。另外，当山体存在时，垂直电场也出现了明显的时间延迟[见图 1.28（a）、图 1.28（c）]，当观测距离增大为 1 000 m 时，山体影响减弱，延迟也相应减少，几乎可忽略不计[见图 1.28（b）、图 1.28（d）]。

第 1 章　云南地区复杂地形对雷电电磁场传播的影响

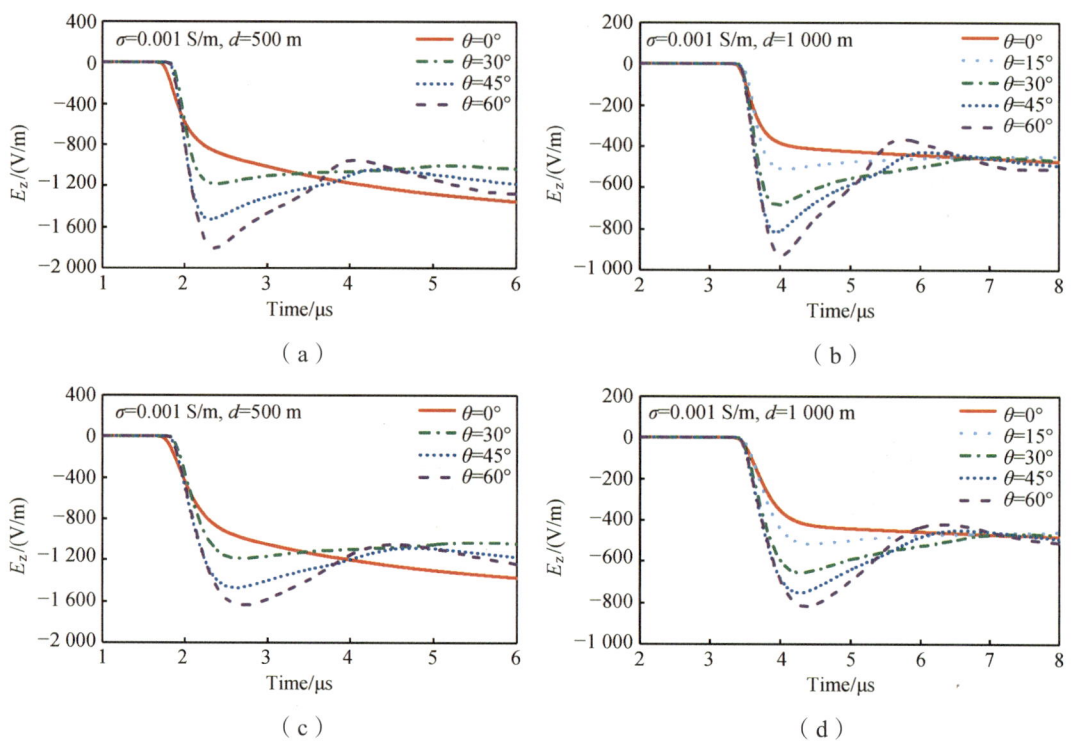

图 1.28　水平距离 $d=500\text{ m}$、$1\,000\text{ m}$ 处对应的垂直电场波形

图 1.29 给出了土壤电导率 $\sigma=0.001\text{ S/m}$ 时，雷击平地和雷击锥形山体（以 $\theta=45°$ 为例）两种情况下垂直电场的时空演变过程。从中可以看出，两种情况下的空间分布均明显分为极性相反的两个区域：正极性的头部和负极性的底部（本节认为垂直电场方向向上为正极性）。正极性区域分布在雷击点附近，主要是静电场分量，从静电场角度来看，如图 1.30 所示，负地闪相当于正电荷沿回击通道向上传播，其产生的静电场分量方向与相应的镜像电荷相反，由于该区域接近正电荷，因而最终垂直静电场分量表现为正极性；同理，可说明底部的垂直静电场分量为负极性。

另外，从图 1.29（d）中可以看出，锥形山体与平地之间的过渡处及其附近的垂直电场明显小于周围区域，这是由山体地形的静电屏蔽效应造成的。为了更充分地说明这一现象，图 1.31 给出了倾角 $\theta=45°$ 时，水平距离 d 分别为 200 m（对应山体和平地之间的过渡处）和 1 000 m 处的垂直电场波形。观察发现：因静电屏蔽效应而减小的过渡处垂直电场远小于雷击平地情况下产生的垂直电场[见图 1.31（a）]。而 $d=1\,000\text{ m}$ 处则相反，雷击锥形山体情况下的垂直电场幅值由于电场畸变作用而增大，从而大于雷击平地情况下的垂直电场[见图 1.31（b）]。

1.10 雷击锥形山体对近距离电磁场环境的影响

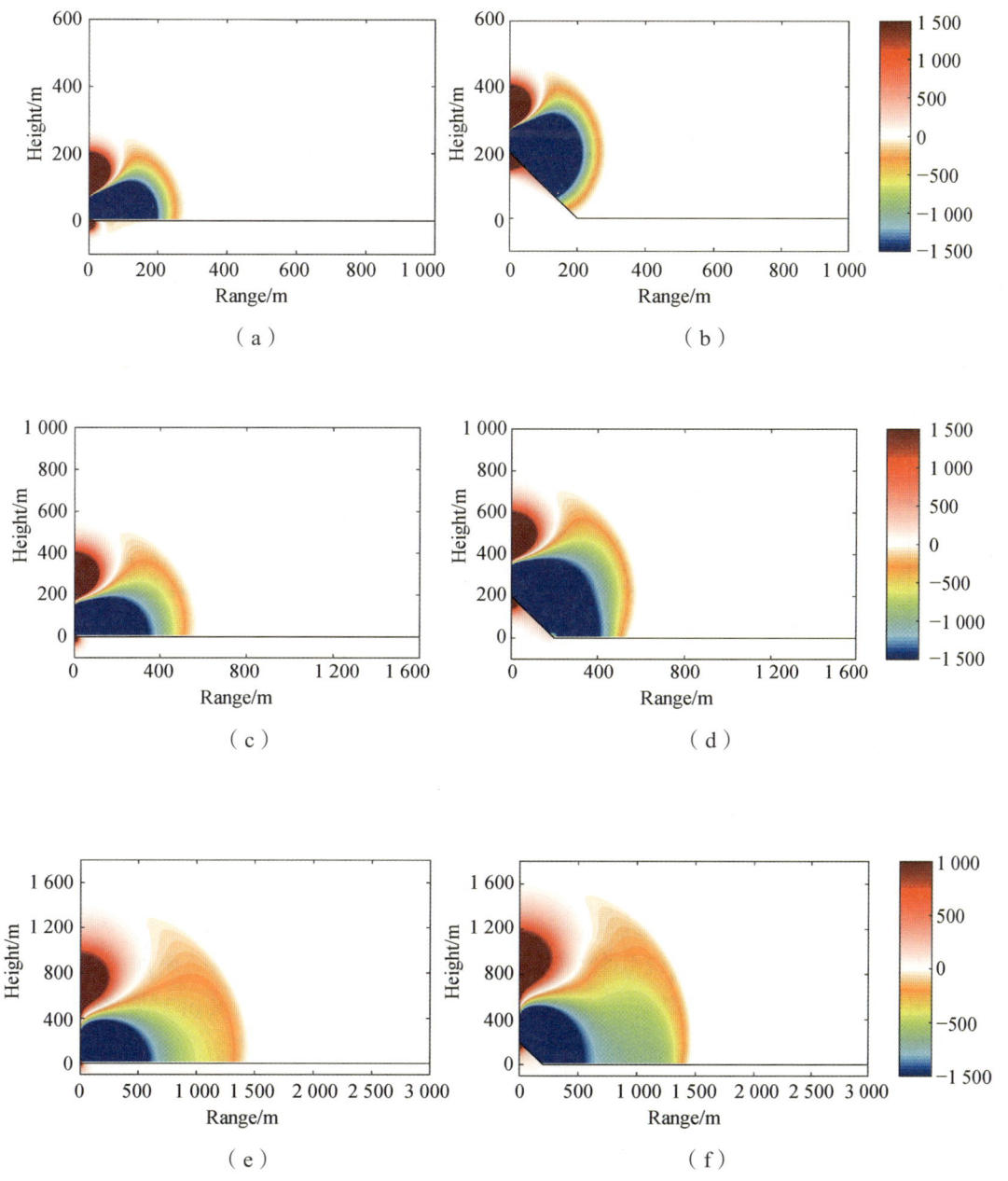

图 1.29 垂直电场的时空演变情况：$\theta = 0°$（左）和 $\theta = 45°$（右）

第1章 云南地区复杂地形对雷电电磁场传播的影响

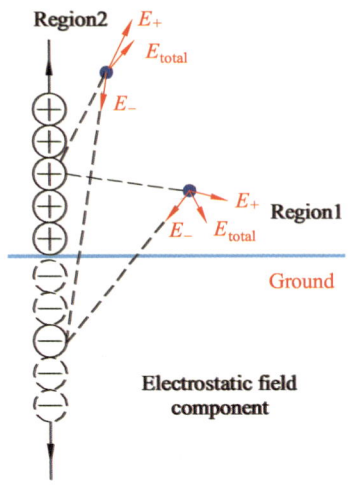

图 1.30 静电场分量极性示意图

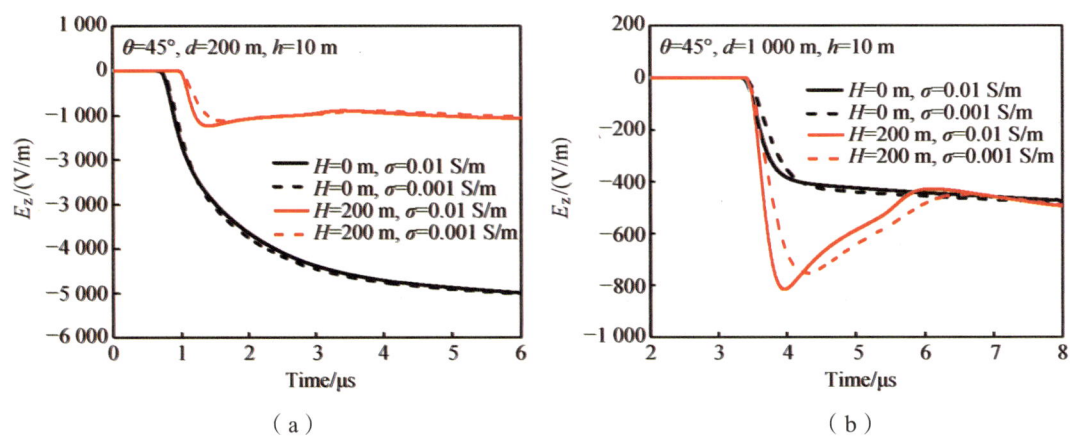

（a） （b）

图 1.31 水平距离 $d = 200$ m、$1\,000$ m 处对应的垂直电场波形

3. 山体倾角对水平磁场的影响

不同土壤电导率的情况下，山体倾角发生改变时水平磁场的模拟结果如图 1.32 所示。从中可以看出：水平距离 $d = 500$ m 处，雷击平地时，$\sigma = 0.01$ S/m 对应的水平磁场幅值为 2.51 A/m，$\sigma = 0.001$ S/m 对应的幅值为 2.53 A/m，几乎没有变化；而雷击锥形山体情况下，以 $\theta = 45°$ 为例，当 σ 由 0.01 S/m 减小为 0.001 S/m 时，对应的水平磁场幅值由 4.35 A/m 变化为 4.12 A/m，略有减小；水平距离 $d = 1\,000$ m 处也可以观察到同样的结果，这说明无论山体是否存在，土壤有限电导率改变对水平磁场幅值的影响均较小。

1.10 雷击锥形山体对近距离电磁场环境的影响

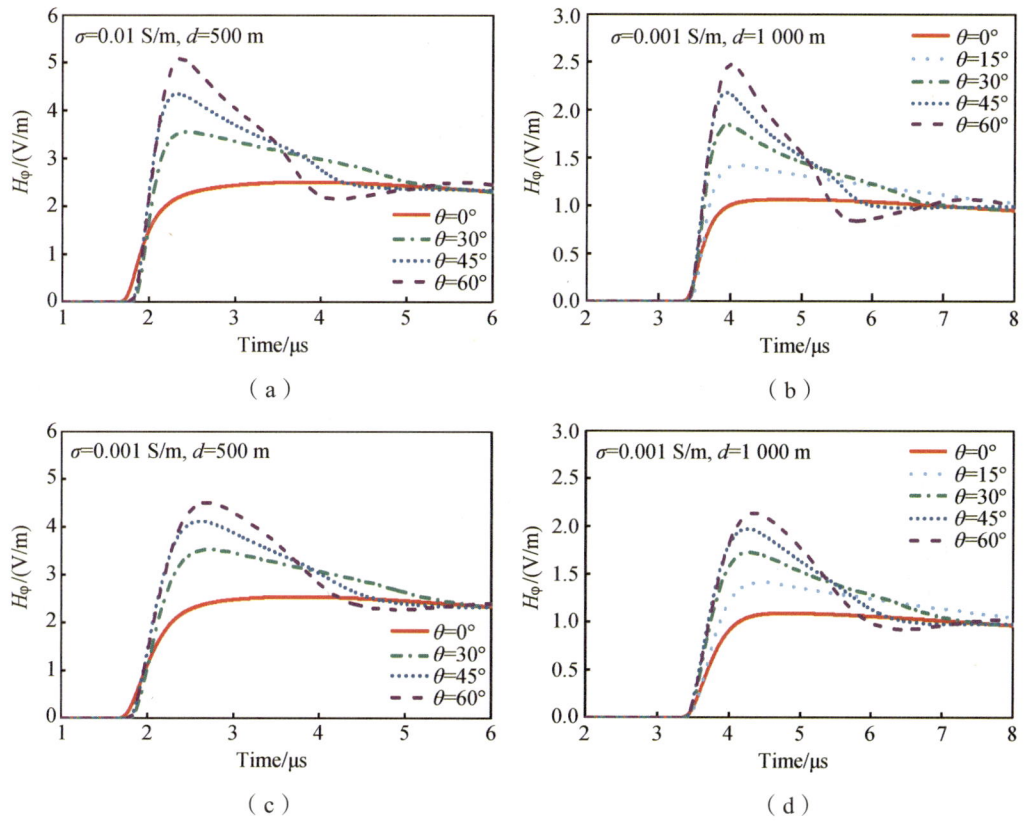

图 1.32 水平距离 $d=500$ m、1 000 m 处对应的水平磁场波形

以 $\sigma=0.001$ S/m 时对应的波形进行分析，如图 1.32（c）、图 1.32（d）所示，雷击锥形山体情况下得到的水平磁场远大于雷击平地的情况，且随着山体倾角增加，相应的幅值持续增大，如水平距离 $d=500$ m 处，$\theta=30°$、45°和 60°对应的幅值分别为 $\theta=0°$ 的 1.39、1.62 和 1.78 倍；另外，当山体存在时，水平磁场也出现了明显的时间延迟现象[见图 1.32（a）、图 1.32（c）]，当观测距离增大为 1 000 m 时，山体影响减弱，延迟也相应减少，几乎可忽略不计[见图 1.32（b）、图 1.32（d）]。

图 1.33 给出了土壤电导率 $\sigma=0.001$ S/m 时，雷击平地和雷击锥形山体（以 $\theta=45°$ 为例）两种情况下水平磁场的时空演变过程，观察发现：两种情况下，水平磁场均呈辐射状向外扩展，随着高度和水平距离的增加，强度逐渐减小，并且雷电回击通道上方区域的磁场近似为零；横向对比同一时刻的水平磁场空间分布情况，可以明显地看出雷击锥形山体情况下的水平磁场有所增大。

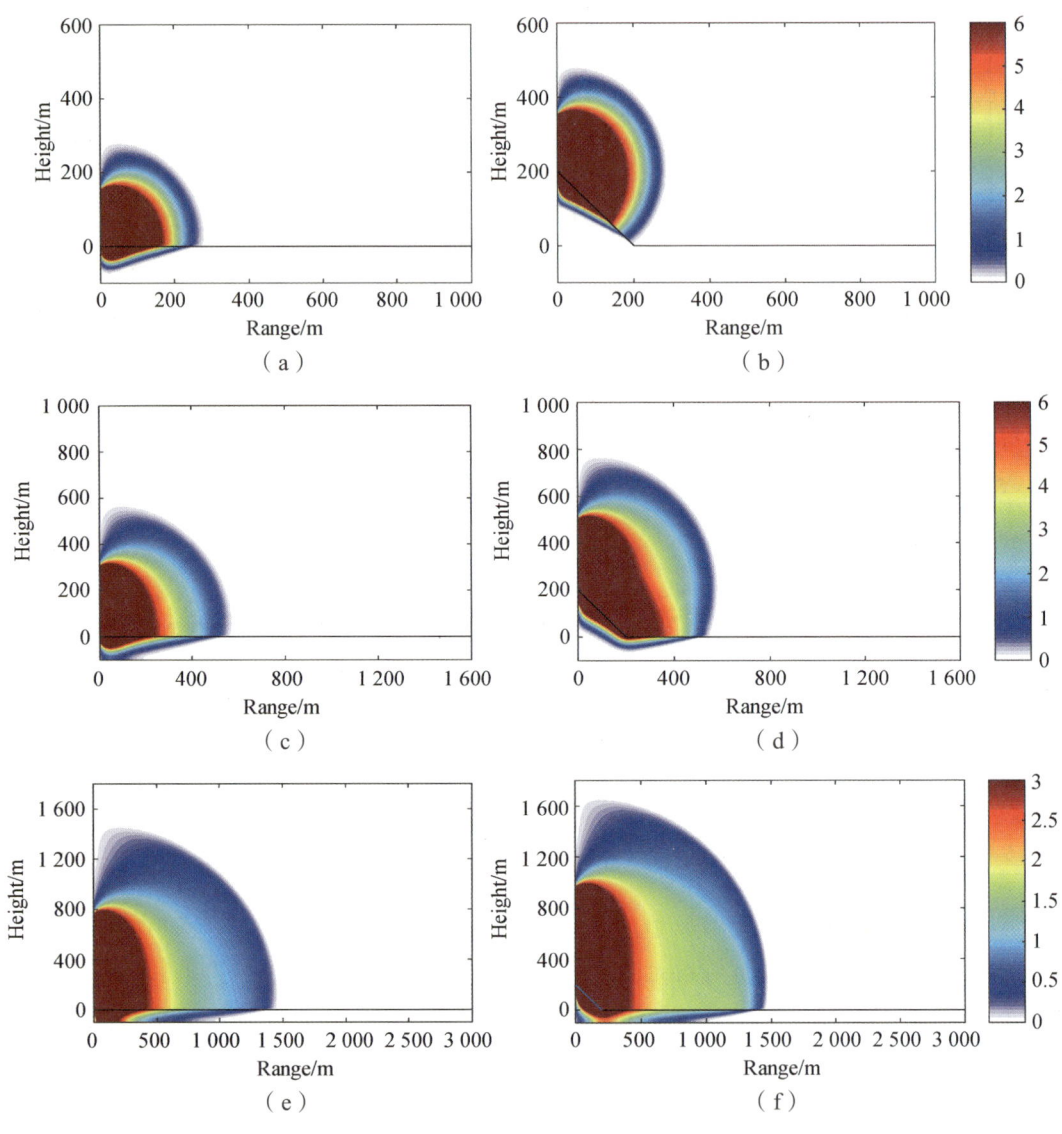

图 1.33　水平磁场的时空演变情况[$\theta = 0°$（左）和 $\theta = 45°$（右）]

1.11　云南地区的真实地形对多站时差定位精度的影响

图 1.34 给出了三个假想的闪电发生位置。A 点为站网内部的一点，B 点到多数测站会经过多座高山，C 点则位于站网外部的一座高山上，下面分别对 3 格点的模拟及

1.11 云南地区的真实地形对多站时差定位精度的影响

定位结果进行分析。时间差的计算均默认以1号站为参考，真实地形下1号站的时间偏差可能为定位结果引入额外的误差。

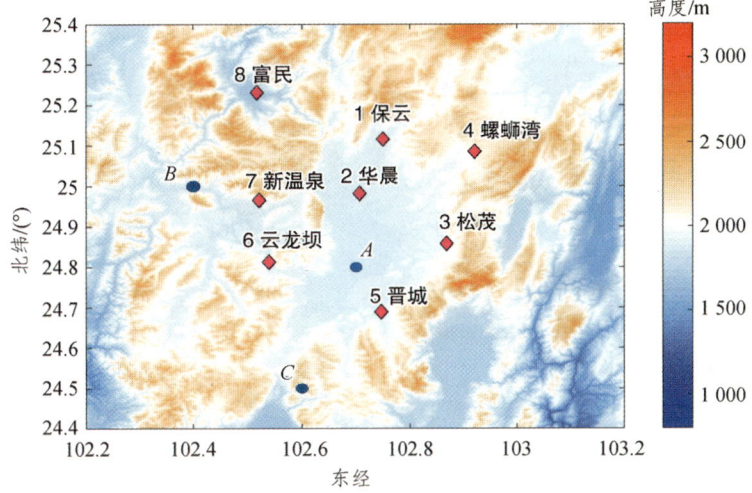

图 1.34 模拟的雷击点位置分布

图 1.35 给出了雷击点 A 到不同测站的地形剖面，图上的数字表示站点标号，红色 $*$ 号为测站所在位置。图 1.36 为各测站对应的磁场波形。由于真实地形的复杂性，测站接收到的电磁信号波形呈现出不同程度的变化。

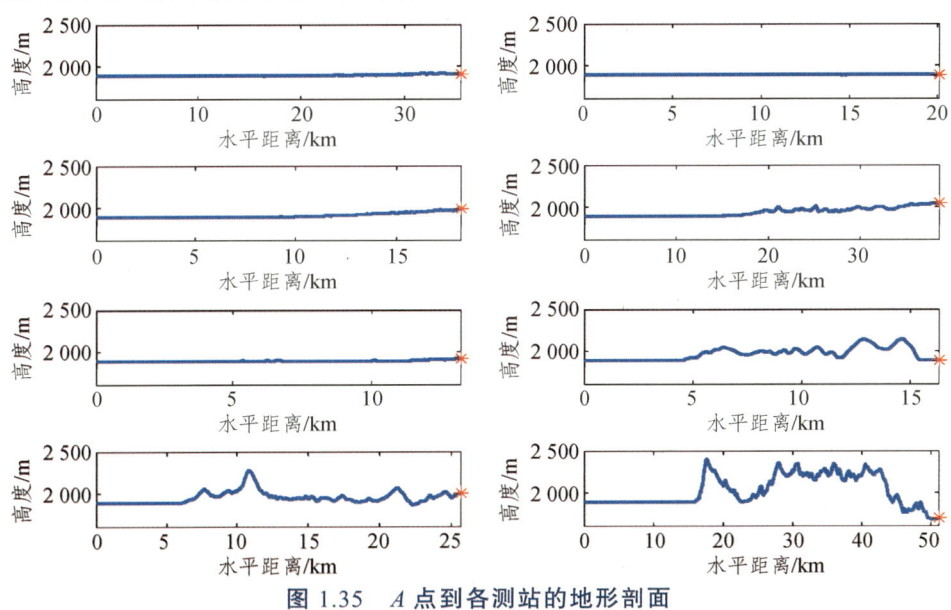

图 1.35 A 点到各测站的地形剖面

第1章 云南地区复杂地形对雷电电磁场传播的影响

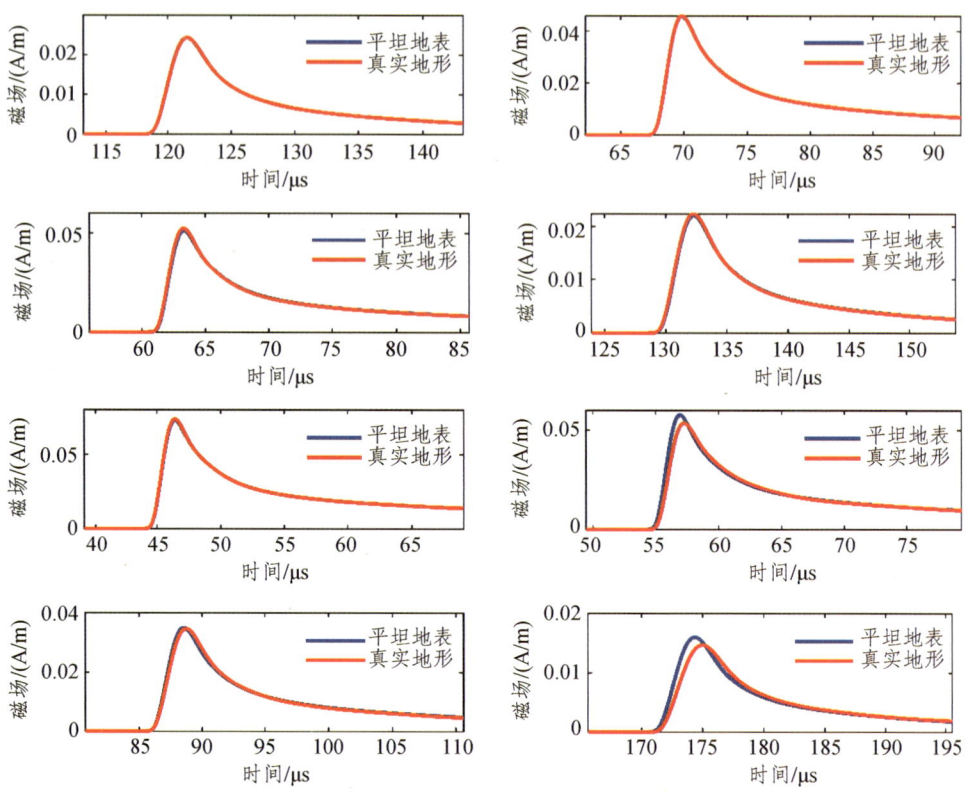

图1.36 A点到各测站的水平磁场

图1.37的左图给出了8个子站的高程标准差（浅蓝折线）以及子站到雷击点的水平距离（深蓝折线）。图1.37的右图给出了3种时间差计算方法下，各站点真实地形和平坦地表的信号到达时间差异。右图时间偏差的计算中，10%峰值和峰值法的时间偏差均为真实地形的波形时间减去平坦地表的波形时间，而互相关算法计算的是各测站与对应情况下的1号站（中心参考站）之间的时间差，图上互相关的时间偏差还包含了真实地形的1号站波形与平坦地表的1号站波形之间的偏差。

图1.38给出了A点的时间补偿和测站剔除的效果对比。左图为时间补偿法对3种不同时间差计算方法的修正效果，黄色为平坦地表时8站同步数据计算得到的水平定位偏差，绿色为真实地形时8站同步数据的水平定位偏差，紫色为对真实地形数据进行时间补偿后的水平定位偏差。右图为测站剔除法对10%峰值时间差计算方法的修正效果对比，横坐标表示参与TOA定位测站数量，依次将高程标准差最大的测站数据进行剔除。

1.11 云南地区的真实地形对多站时差定位精度的影响

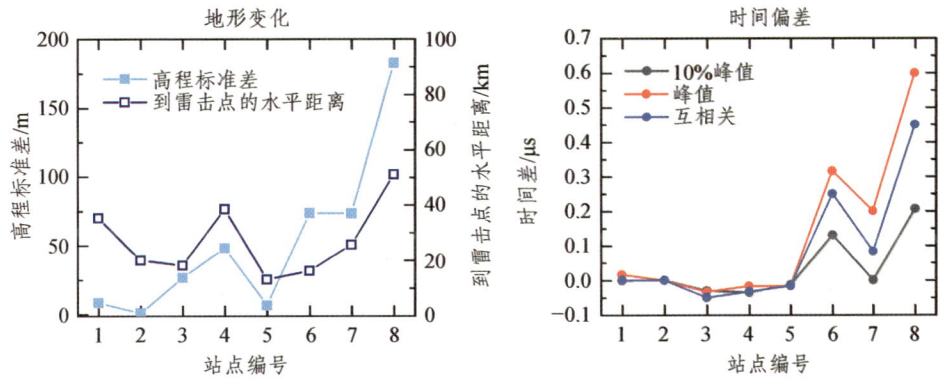

图 1.37 测站地形变化与信号到达时间偏差

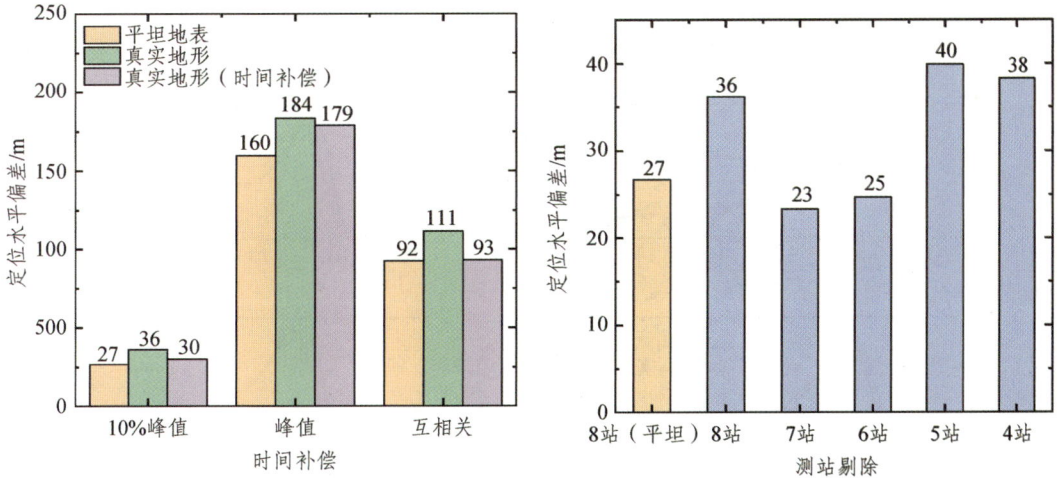

图 1.38 时间补偿和测站剔除的效果对比

图 1.39 给出了雷击点 B 到不同测站的地形剖面。图 1.40 为各测站对应的磁场波形。B 点的位置在站网的外侧，B 到测站的路径中，路径呈现出两边低中间高的形态，即电磁信号向测站传播的过程中会穿越一座或多座山体，真实地形剖面下测站接收到的水平磁场波形出现了不同程度的衰减。受传播路径中山体的影响，8 个测站的水平磁场波形基本都出现了峰值下降和上升沿变缓的现象，其中 5 号站的地形在 8 个测站中相对平缓，其水平磁场受地形的影响较小。

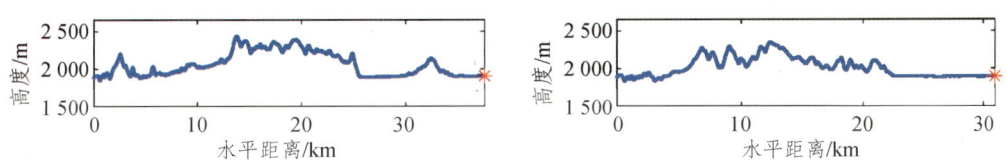

第 1 章 云南地区复杂地形对雷电电磁场传播的影响

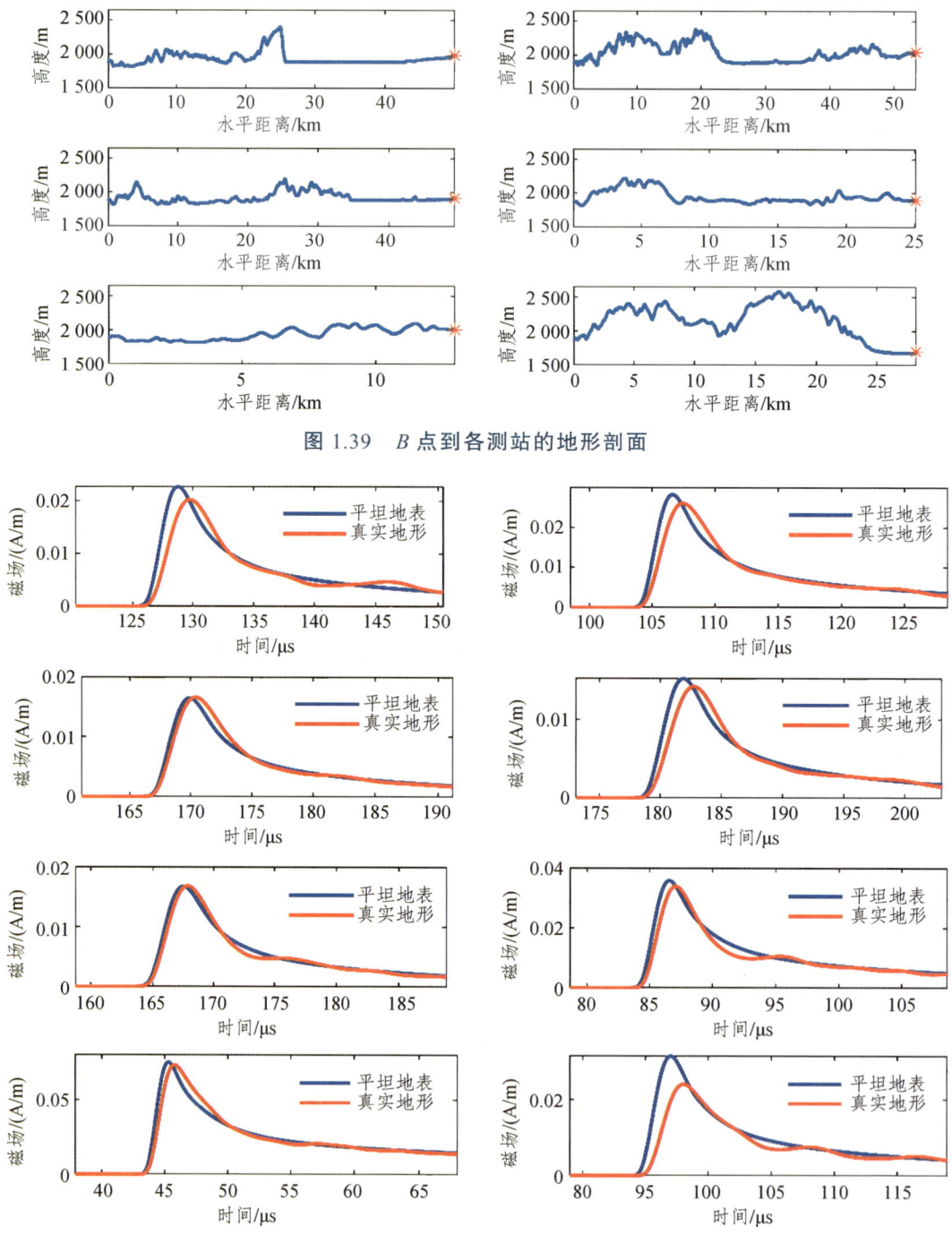

图 1.39 B 点到各测站的地形剖面

图 1.40 B 点到各测站的水平磁场

1.11 云南地区的真实地形对多站时差定位精度的影响

图 1.41 给出了测站地形与信号到达时间偏差的变化情况。对于雷击点 B，测站地形的高程标准差与时延的大小之间有比较好的一致性。在 3 种方法中，10%峰值和互相关方法计算得到的时间序列与理想平坦地表的时间序列都相对接近，峰值法的时间序列偏差最大。

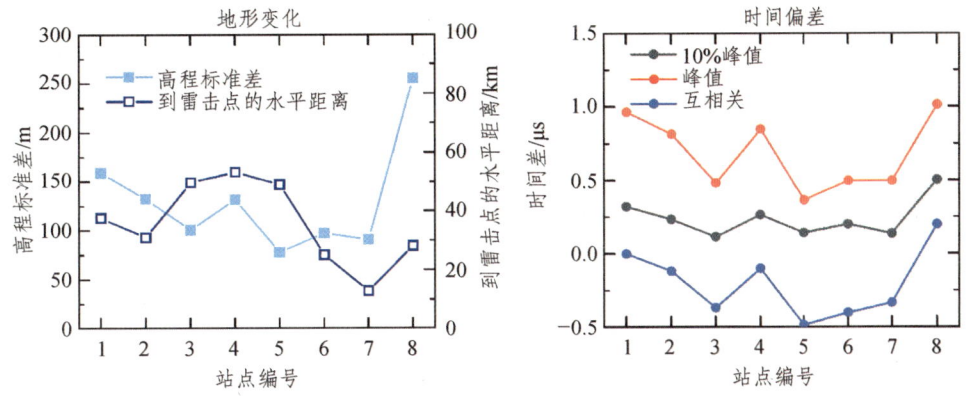

图 1.41 测站地形变化与信号到达时间偏差

图 1.42 给出了 B 点的时间补偿和测站剔除的效果对比，10%峰值的定位偏差最小。时间补偿法对 10%峰值定位结果有一定程度的优化效果，但反而引起逐峰和互相关定位结果的准确性下降。对于测站剔除的方法，随着站点的剔除，定位结果的水平偏差先增大再减小，直接剔除偏差最大的 8 号站数据并不能提高定位结果，只有将地形起伏较大的 1、2、4 和 8 号站的数据都剔除时，定位结果才有所提高。

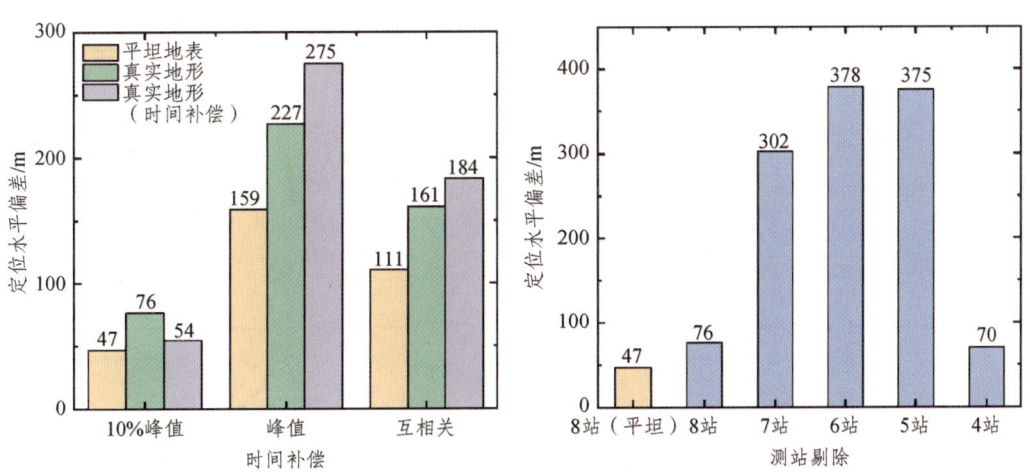

图 1.42 时间补偿和测站剔除的效果对比

第1章 云南地区复杂地形对雷电电磁场传播的影响

图1.43给出了雷击点C到不同测站的地形剖面。图1.44为各测站对应的磁场波形。

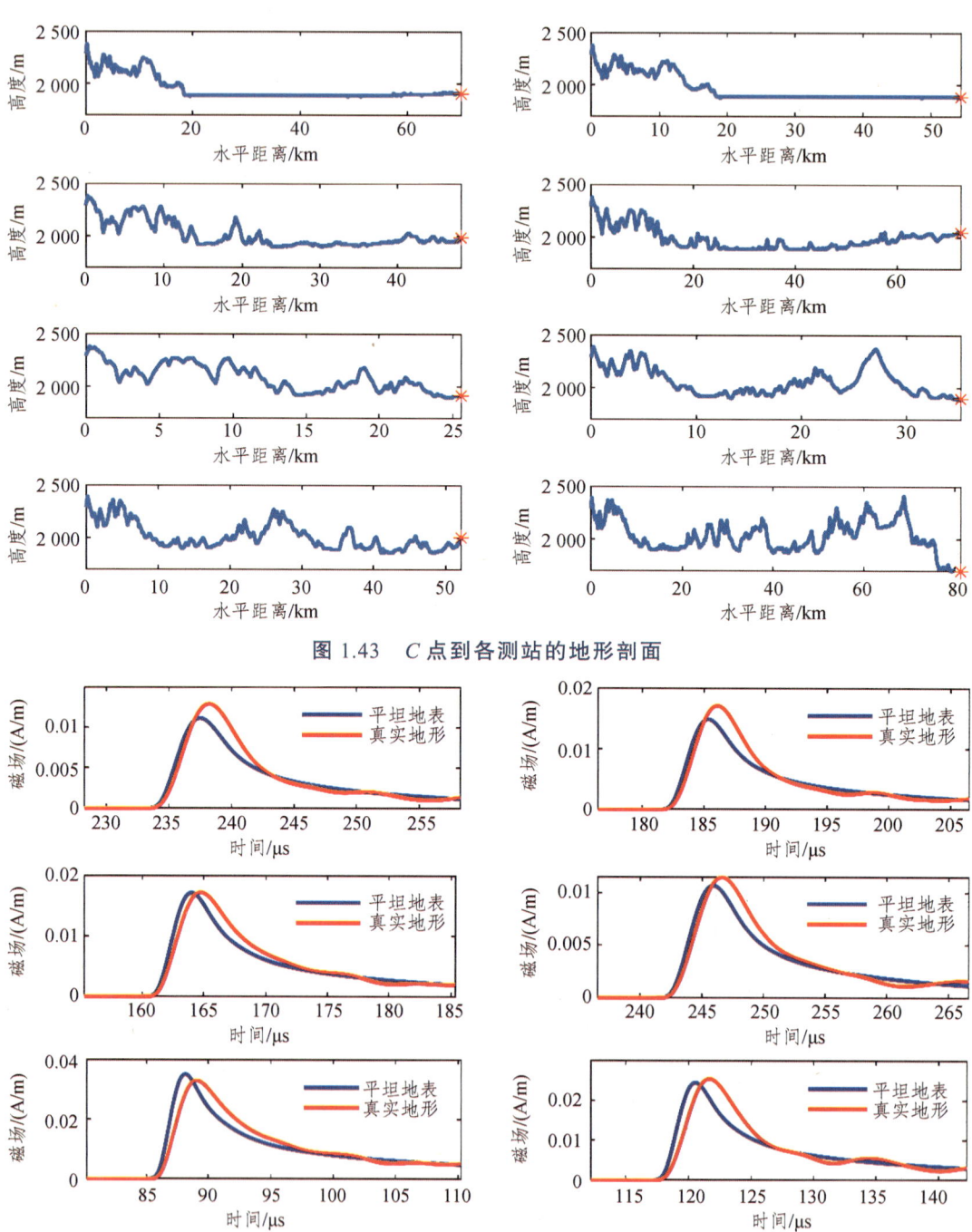

图1.43 C点到各测站的地形剖面

1.11 云南地区的真实地形对多站时差定位精度的影响

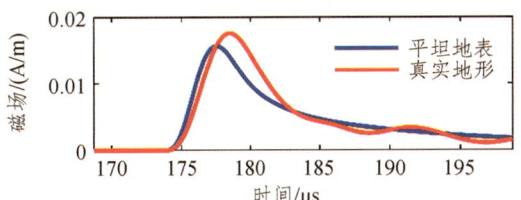
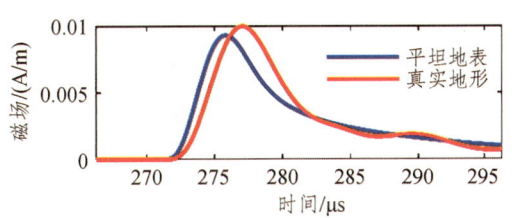

图 1.44　C 点到各测站的水平磁场

C 点模拟了雷击山顶的情况，雷击点与测站之间存在较大的高度落差，最大落差约 730 m（8 号站）。C 点到 8 个测站的地形起伏都相对较大，地形对水平磁场的影响与雷击山顶的波形变化结论一致。雷击山顶时由于山脚的反射增强作用，测站接收到的水平磁场幅值虽然峰值位置延后，但峰值大小增强。

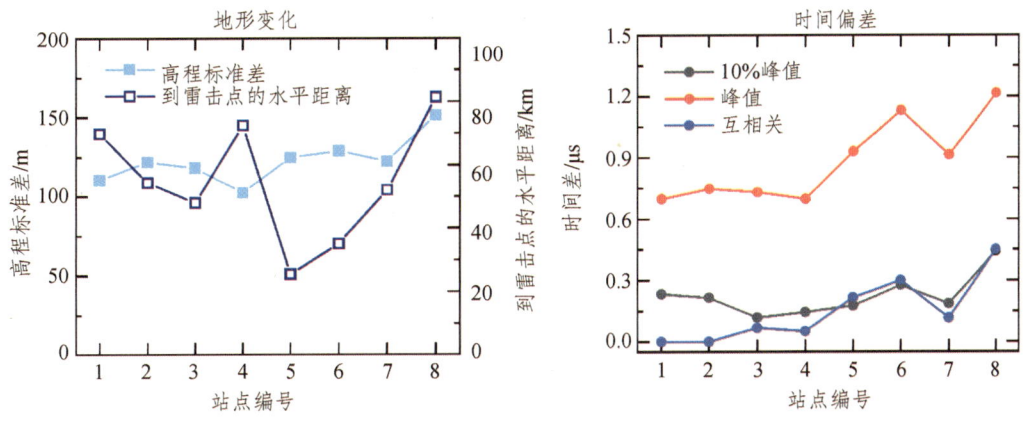

图 1.45　测站地形变化与信号到达时间偏差

图 1.45 给出了测站的地形变化与信号到达时间的偏差。C 点高程标准差都超过了 100 m。虽然 5 号站和 6 号站的高程标准差相近，但是 6 号站波形上有着更大的时延，结合地形剖面，6 号站在距离雷击点约 27 km 处还存在另一座山体，导致了信号传播时延的增大。图 1.46 右侧的时间差异对比中，可以看到逐峰法时间差对地形变化更加敏感，对比 A 和 B，C 点较大的地形起伏引起波形峰值的位置出现明显的滞后。

第 1 章 云南地区复杂地形对雷电电磁场传播的影响

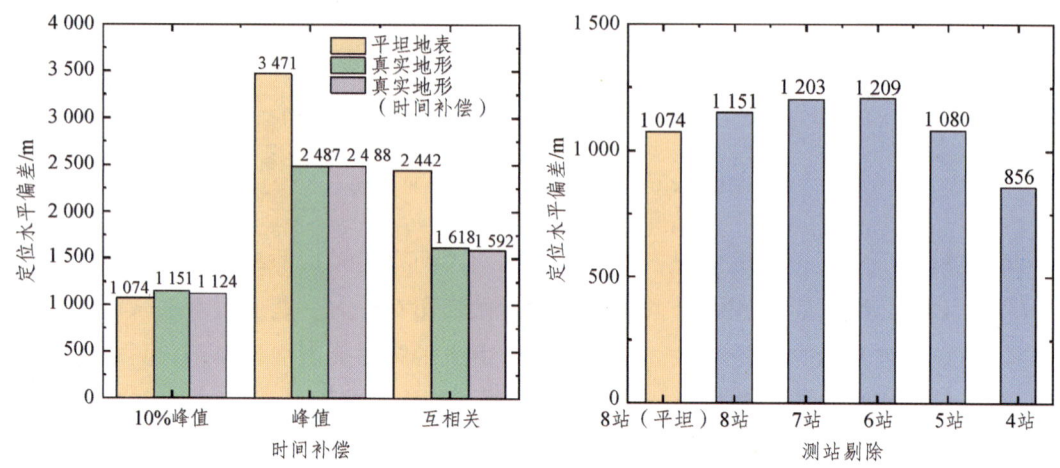

图 1.46 时间补偿和测站剔除的效果对比

1.12 时间补偿法在雷击跳闸中的应用

2018 年 08 月 21 日 17 时 56 分,云南昆明供电局厂普Ⅰ回线路出现一次断路跳闸事故,昆明供电局提供了此次事故相关的报告。报告指出经查线后发现 220 kV 厂普Ⅰ回线#23 中台线(B 相)大号侧绝缘子串从横担侧起第一片绝缘子雷击闪络,在第一片绝缘子和联板处有明显的放电痕迹,事故原因判断为雷电直接击中杆塔导致。报告的雷击跳闸点位于东经 102.696 601 9°,北纬 25.176 9°处。

为了查找这次闪电,首先把这次跳闸时刻前后 1 min 内的所有地闪回击都找出来,但在线路跳闸时刻前后 1 min 内、在跳闸点 3 km 范围内,只有一次较强的地闪回击。图 1.47 给出了这次闪电的四站同步波形,从同步波形看,这是典型的地闪回击波形。从四站时差定位结果看,采用不同的定位算法时,回击脉冲信号的发生时间为 17 时 55 分 56.096 952 秒,距离线路跳闸点的偏差范围为 113~233 m。这次地闪回击的发生时间和位置与雷击跳闸点都非常吻合,因此认为厂普Ⅰ回线的跳闸事故可能由该回击引起。

1.12 时间补偿法在雷击跳闸中的应用

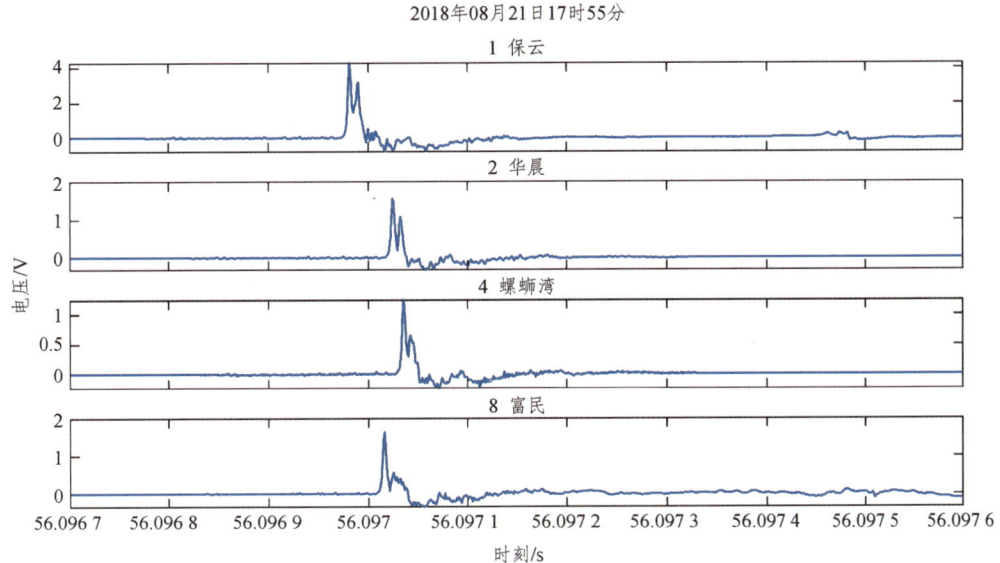

图 1.47　2018 年 08 月 21 日 17 时 55 分 56 秒发生的一次地闪回击四站同步波形

为了进一步提高定位精度，本节利用时间补偿法进行修订。具体做法是：根据初步定出的闪电位置（东经 102.695 603°，北纬 25.174 936°），计算其到保云、华晨、螺蛳湾和富民这四个不同测站的包络传播路径长度，并计算出时间延迟（与光滑地面对比，传播速度为光速），然后把这个时间延迟数据在多站时差定位算法中考虑进去。如图 1.48 所示，当采用 10%峰值法定位时，修订之前的偏差为 113 m，修订之后为 74 m；当采用逐峰法定位时，修订之前的偏差为 212 m，修订之后为 122 m；当采用互相关算法时，修订之前的偏差为 233 m，修订之后为 135 m。可以看出，考虑时间补偿法后，定位结果都明显提高了。

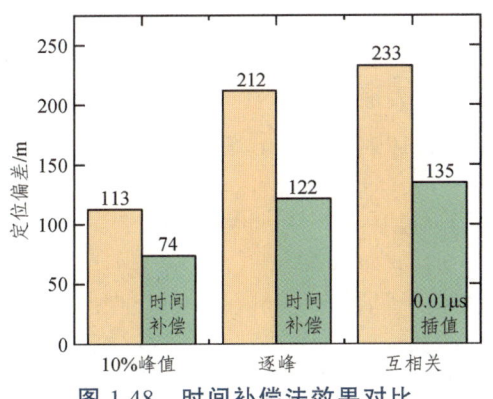

图 1.48　时间补偿法效果对比

第 2 章 地球电离层空腔雷电电磁场广域传播特征

单一的模型或算法无法满足对多频段、多空间尺度下雷电电磁波传播问题的研究，本章将采用解析法来研究雷电低频地波沿光滑地面传播的问题。这主要是因为数值算法在计算几百到上千千米低频段电磁波传播时会存在不同程度的数值色散，从而影响计算精度。此外，由于时域有限差分（FDTD）算法中能够相对方便地考虑各种复杂媒介，因此本章将采用 FDTD 算法研究几十到上百千米范围内复杂传播路径情况下的地波传播问题，以及考虑各向异性电离层后雷电 VLF/ELF 频段电磁波的传播问题。

本章将首先介绍雷电电磁场计算的解析算法，包括理想地面情况下雷电电磁场的计算方法以及考虑传播效应后垂直电场和水平切向磁场的算法，并针对几百至上千千米范围内的雷电 LF/VLF 频段地波传播问题提出一种新的近似算法。其次，介绍一般情况下 FDTD 算法的基本原理，并在模拟地波传播的 FDTD 算法中引入移动窗口技术，以提高算法的模拟效率。最后，将电离层视为磁化等离子体，考虑电子、正离子和负离子三种带电粒子的运动，建立一套完整的时域有限差分算法，用于模拟雷电 LF/VLF/ELF 频段电磁波在地球电离层波导中的传播。

2.1 Wait 算法

当雷电电磁波沿着有耗地表传播时，地面电导率对雷电电磁场有衰减作用，即传播效应。考虑传播效应后，地表面处的垂直电场和水平切向磁场的辐射场分量可以分别表示为（Cooray and ming，1994；Shoory 等，2011）：

$$E_{v,\sigma}(0,d,t) = \int_0^t E_{v,\infty}(0,d,t-\tau)w(0,d,\tau)\mathrm{d}\tau \tag{2.1}$$

$$H_{\varphi,\sigma}(0,d,t) = \int_0^t H_{\varphi,\infty}(0,d,t-\tau)w(0,d,\tau)\mathrm{d}\tau \tag{2.2}$$

其中：d 为观测点与闪电通道之间的水平距离；$E_{v,\infty}(0,d,t)$ 和 $H_{\varphi,\infty}(0,d,t)$ 分别为理想地

表面情况下的垂直电场和水平磁场；$E_{v,\sigma}(0,d,t)$ 和 $H_{\varphi,\sigma}(0,d,t)$ 分别为考虑衰减后的垂直电场和水平磁场；$w(0,d,t)$ 为时域衰减因子，为频域里衰减因子 $W(0,d,\omega)$ 的时域波形，其中 ω 为电磁波的角频率。在不同地表面电导率分布情况下（如均匀地面电导率、地面电导率水平分层情况、地面电导率垂直分层情况等），频域里衰减因子 $W(0,d,\omega)$ 也不同。由于均匀地面电导率情况可视为水平分层或垂直分层的特例，因此，此处给出土壤电导率水平分层情况下衰减因子的近似计算方法。

当地面电导率水平分层时，衰减因子可以表示为（Wait，1998）：

$$W_1(0,d,\mathrm{j}\omega) = 1 - \mathrm{j}\sqrt{\pi p}\exp(-p)\mathit{erfc}(\mathrm{j}\sqrt{p})$$

$$P = -\frac{\mathrm{j}\omega d}{2c}\Delta^2$$

$$\Delta = \sqrt{\frac{\varepsilon_0}{\mu_0}}k_1\frac{k_2 + k_1\tanh(u_1 h)}{k_1 + k_2\tanh(u_1 h)}$$

$$k_1 = \frac{u_1}{\sigma_1 + \mathrm{j}\omega\varepsilon_0\varepsilon_{r1}}, k_2 = \frac{u_2}{\sigma_2 + \mathrm{j}\omega\varepsilon_0\varepsilon_{r2}}$$

$$u_1 = \sqrt{\gamma_1^2 - \gamma_0^2}, u_2 = \sqrt{\gamma_2^2 - \gamma_0^2}$$

$$\gamma_0 = \mathrm{j}\omega\sqrt{\mu_0\varepsilon_0}$$

$$\gamma_1 = \sqrt{\mathrm{j}\omega\mu_0(\sigma_1 + \mathrm{j}\omega\varepsilon_0\varepsilon_{r1})}, \gamma_2 = \sqrt{\mathrm{j}\omega\mu_0(\sigma_2 + \mathrm{j}\omega\varepsilon_0\varepsilon_{r2})} \quad (2.3)$$

其中：h 为第一层（上层）土壤的厚度；σ_1 和 σ_2 分别为上层和下层土壤的电导率；ε_{r1}，ε_{r2} 分别为上层和下层土壤的相对介电常数；Δ 为地面归一化表面阻抗；"erfc" 为互补误差函数；ω 为角频率；$\mathrm{j} = \sqrt{-1}$。对于均匀电导率情况，只需将上下两层土壤电参数设为一致即可。

当雷电电磁波沿地球表面传播至数百千米时，地球的弯曲（凸起）会带来额外的衰减。当考虑地球曲率、地面电导率以及辐射源和观测点的高度时，衰减函数可以表示为（Wait，1960，1974；Shao and Jacobson，2009）：

$$W_2 = \mathrm{e}^{-\mathrm{j}\pi/4}\sqrt{\pi x}\sum_{s=1}^{\infty}\frac{\mathrm{e}^{-\mathrm{j}xt_s}}{t_s - q^2}\frac{w_1(t_s - y_1)}{w_1(t_s)}\frac{w_1(t_s - y_2)}{w_1(t_s)}$$

$$x = (k_0 R_E/2)^{1/3}(d/R_E)$$

第 2 章 地球电离层空腔雷电电磁场广域传播特征

$$q = -\mathrm{j}(k_0 R_E/2)^{1/3}\Delta \tag{2.4}$$

$$\Delta = k_0/k\sqrt{1-(k_0/k)^2}$$

$$k = \omega\sqrt{\varepsilon_r\varepsilon_0\mu_0 - \mathrm{j}\sigma\mu_0/\omega}$$

其中，$y_1 = k_0 h_1\left(\dfrac{2}{k_0 R_E}\right)^{1/3}$，$y_2 = k_0 h_2\left(\dfrac{2}{k_0 R_E}\right)^{1/3}$；$h_1$ 和 h_2 分别为源和观测点的高度；Δ 为归一化地面表面阻抗；k 为土壤中电磁波的波数；R_E 为地球半径；ω 为角频率；ε_0, μ_0 分别为真空中的介电常数和磁导率；ε_r，σ 分别为地面的相对介电常数和电导率；t_s 为复数方程的解，该复数方程为：

$$w_1'(t) - q w_1(t) = 0 \tag{2.5}$$

其中：$w_1(t) = \sqrt{\pi}[Bi(t) - \mathrm{j}Ai(t)]$，$Ai(t)$ 和 $Bi(t)$ 为 Airy 函数。

图 2.1 给出了不同频率电磁波传播不同距离时的衰减函数。其中，实线为考虑地球曲率影响后的衰减因子，虚线为仅包含地面电导率的影响。黑线线条为 Shao and Jacobson（2009）计算结果，红线为本节计算结果，可以看出本节计算结果与 Shao and Jacobson 计算结果完全一致，从而验证了本节算法的可靠性。同时，从图 2.1 中可以看出，当观测距离大于 200 km 时，地球曲率对各个频段的电磁波的衰减作用非常明显，甚至超过地面有限电导率对场的衰减作用。

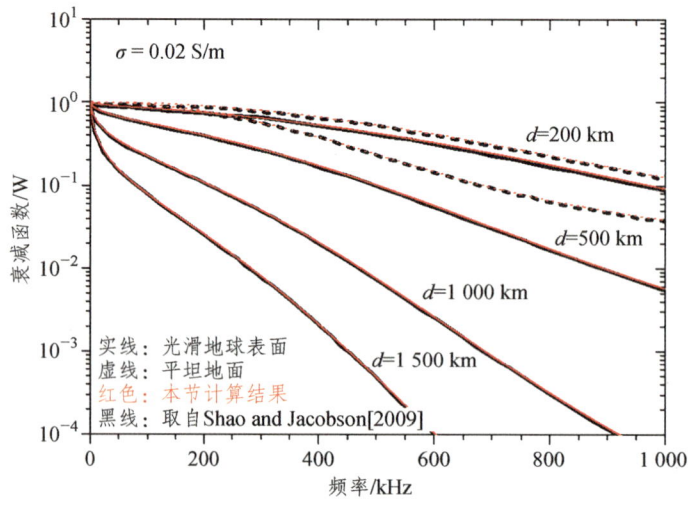

图 2.1 不同频率电磁波传播不同距离时的衰减函数

实线为利用式（2.4）计算出的考虑地球曲率影响后的衰减因子，虚线为利用式（2.3）计算的结果，仅包含了地面电导率（0.02 S/m）的影响。

2.2 地波传播新近似算法及验证

当源和观测点都位于地表面时，式（2.5）中的第一式可简化为：

$$W_{Wait} = e^{-j\pi/4}\sqrt{\pi x}\sum_{s=1}^{\infty}\frac{e^{-jxt_s}}{t_s - q^2} \tag{2.6}$$

式（2.6）中同时考虑了地球曲率和地面电导率带来的衰减。本节提出一种新的近似算法，将总的衰减因子分解为地面电导率因子项和地球曲率因子项，即：

$$W_{new} = W_{\sigma}W_{\rho} \tag{2.7}$$

其中，W_{σ} 和 W_{ρ} 分别代表了由于有限地面电导率（σ）和地球曲率（ρ）带来的场的衰减因子。地面电导率衰减因子项 W_{σ} 中仅包含地面电导率对场的衰减作用：

$$W_{\sigma} = 1 - j\sqrt{\pi p}\exp(-p)erfc(j\sqrt{p}) \tag{2.8}$$

地球曲率衰减因子项 W_{ρ} 中仅包含了由于地球曲率带来的衰减，对应地面电导率为无限大，因此，土壤归一化阻抗 Δ 为 0。此时，式（2.4）中 q 为 0，式 W_2 简化为：

$$W_{\rho} = e^{-j\pi/4}\sqrt{\pi x}\sum_{s=1}^{\infty}\frac{e^{-jxt_s}}{t_s} \tag{2.9}$$

其中：t_s 为方程 $w_1'(t)=0$ 的解。Sollfery（1968）给出了该方程解的近似表达式，即：

$$t_s = e^{-j\pi/3}(3\pi v_s/2)^{2/3} \tag{2.10}$$

$$v_s = s - \frac{3}{4} - \frac{0.00795}{\left(s-\dfrac{3}{4}\right)} \quad s=1,2,\cdots \tag{2.11}$$

将式（2.10）和式（2.11）代入式（2.9）中即可得到地球曲率对场的衰减因子项。因此，结合式（2.8）和式（2.9）可以直接计算得到包含有限电导率和地球曲率影响的总的衰减因子。

第 2 章 地球电离层空腔雷电电磁场广域传播特征

图 2.2 中对比了利用近似算法计算出的雷电垂直电场波形以及利用原始公式计算出的波形,观测点与闪电通道之间的距离为 500 km 和 1 000 km。图 2.2(a)和(b)为典型首次回击对应结果,图 2.2(c)和(d)为典型继后回击对应结果。模拟中采用 MTLE 回击模式,回击速度为 1.5×10^8 m/s。从图中可以看出,当雷电电磁波沿着海面传播时($\sigma = 4$ S/m),本节新近似算法计算出的场与利用式(2.4)中原始公式计算出的场的波形完全重叠。在地面电导率非常小的情况下,近似算法计算出的场的波形与利用原始公式计算出的场的波形也十分相近。

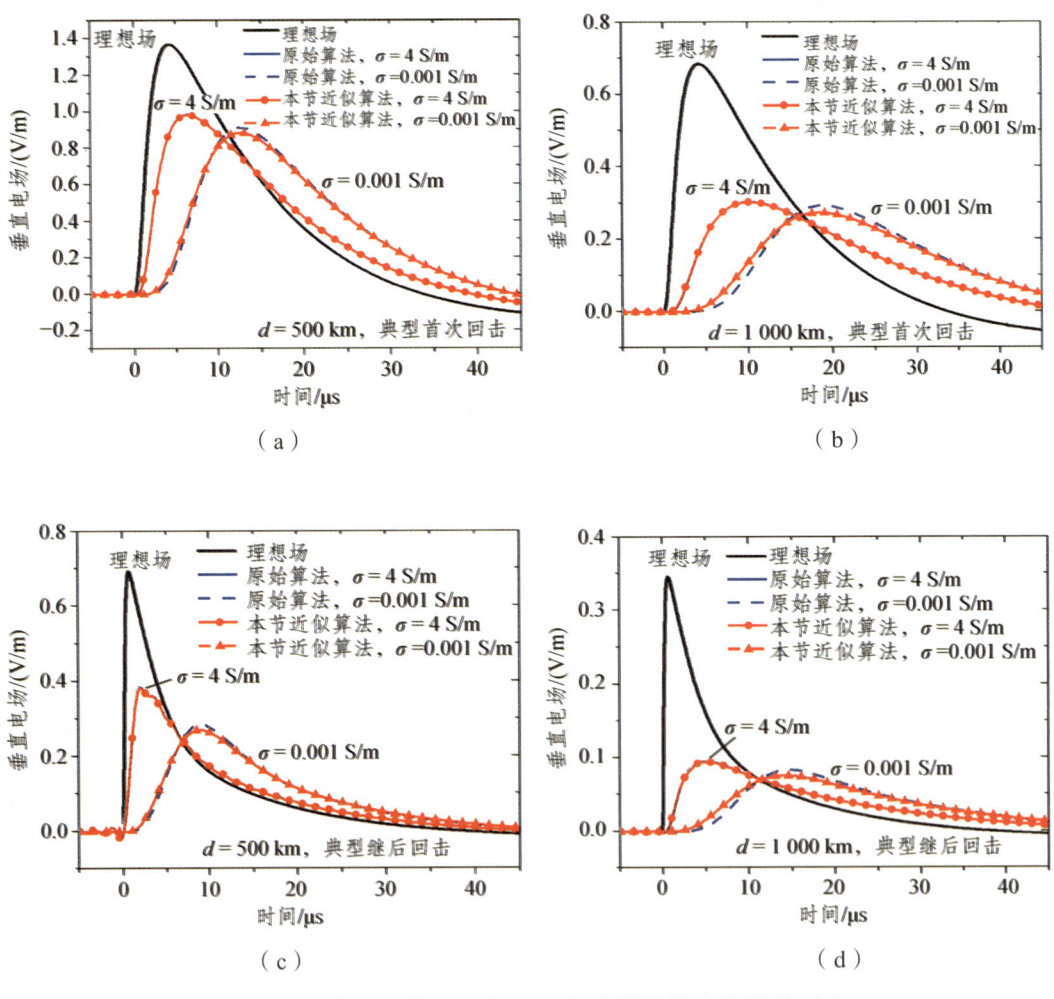

图 2.2 本节近似算法与式(2.4)中原始算法结果的对比

2.2.1 FDTD 算法的基本原理

时域有限差分（FDTD）算法最早由 Yee（1966）提出，其核心思想是对空间中的场分量分布进行格点化，对时间进行离散化，利用差分代替麦克斯韦方程组中的导数项。当假定雷电通道垂直于地面时，雷电辐射出的电磁场分量对于雷电通道所在的垂线呈轴对称分布。因此，可以利用柱坐标系下的时域有限差分算法求解雷电电磁波传播问题。

当不考虑电离层时，雷电电磁波在地球电离层波导中的传播问题简化为地波的传播。由于二维 FDTD 算法已经被广泛应用于雷电地波的模拟中，已有大量文献对该方法进行了介绍，因此本节中将简要介绍二维柱坐标系下 FDTD 的基本原理。此外，为了研究真实地表对雷电电磁波传播的影响，本章将采用共形网格技术，本节中也将简要介绍该技术的基本原理。最后，在常规 FDTD 模型中引入移动计算域技术，以提高 FDTD 求解雷电地波传播问题时的效率。

FDTD 的基本思想是将空间中的场和时间离散化。图 2.3 给出了二维柱坐标系下空间中场分量的离散示意图。对于本节所研究的问题，垂直的闪电通道在空间中辐射出的场分量包含 E_r、E_z 和 H_ϕ 三个分量（TM 波）。图 2.3（a）中标记了每个场分量所在的位置，最左侧为对称轴。图 2.3（b）中特别标记了格点化后场分量位置的计数方法。

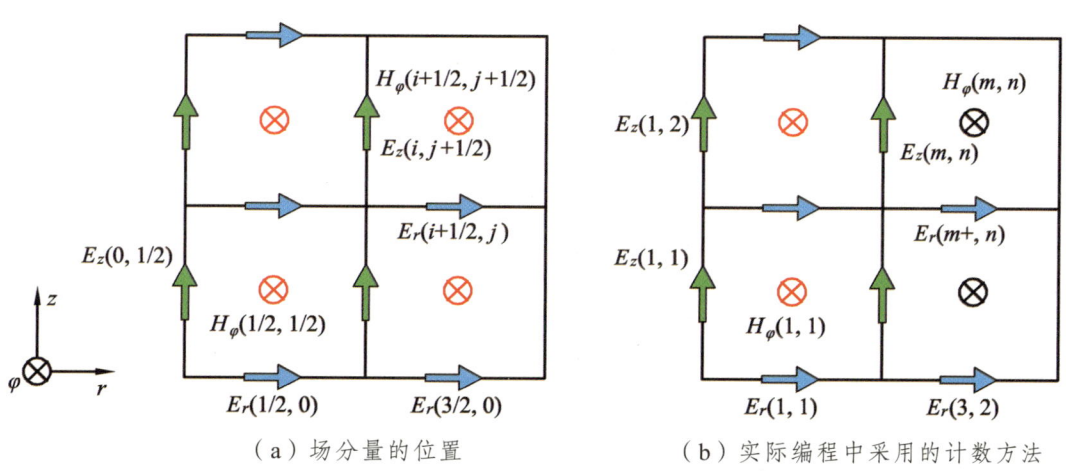

（a）场分量的位置　　　　　　　（b）实际编程中采用的计数方法

图 2.3　二维柱坐标系下 FDTD 空间中场分量的离散示意图。

二维柱坐标系下无源区域中场的迭代方程如下（葛德彪和闫玉波，2010）：

第 2 章　地球电离层空腔雷电电磁场广域传播特征

$$E_r^{n+1}\left(i+\frac{1}{2},j\right) = \frac{2\varepsilon - \sigma\Delta t}{2\varepsilon + \sigma\Delta t} \cdot E_r^n\left(i+\frac{1}{2},j\right) + \\ \frac{2\Delta t}{(2\varepsilon + \sigma\Delta t)\Delta z} \cdot \left[H_\varphi^{n+1/2}\left(i+\frac{1}{2},j+\frac{1}{2}\right) - H_\varphi^{n+1/2}\left(i+\frac{1}{2},j-\frac{1}{2}\right)\right]$$
(2.12)

$$E_z^{n+1}\left(i,j+\frac{1}{2}\right) = \frac{2\varepsilon - \sigma\Delta t}{2\varepsilon + \sigma\Delta t} \cdot E_z^n\left(i,j+\frac{1}{2}\right) + \\ \frac{2\Delta t}{(2\varepsilon + \sigma\Delta t)r_i\Delta r} \cdot \left[r_{i+1/2}H_\varphi^{n+1/2}\left(i+\frac{1}{2},j+\frac{1}{2}\right) - r_{i-1/2}H_\varphi^{n+1/2}\left(i-\frac{1}{2},j+\frac{1}{2}\right)\right]$$
(2.13)

$$H_\varphi^{n+1/2}\left(i+\frac{1}{2},j+\frac{1}{2}\right) = H_\varphi^{n-1/2}\left(i+\frac{1}{2},j+\frac{1}{2}\right) + \\ \frac{\Delta t}{\mu_0 \Delta r} \cdot \left[E_z^n\left(i+1,j+\frac{1}{2}\right) - E_z^n\left(i,j+\frac{1}{2}\right)\right] - \\ \frac{\Delta t}{\mu_0 \Delta z} \cdot \left[E_r^n\left(i+\frac{1}{2},j+1\right) - E_r^n\left(i+\frac{1}{2},j\right)\right]$$
(2.14)

对称轴上场的迭代方式需要进行特殊处理。在对称轴上的无源区域，垂直电场分量的迭代方程如下（Yang and Zhou，2004）：

$$E_z^{n+1}\left(0,j+\frac{1}{2}\right) = \frac{2\varepsilon - \sigma\Delta t}{2\varepsilon + \sigma\Delta t} \cdot E_z^n\left(0,j+\frac{1}{2}\right) + \frac{8\Delta t}{(2\varepsilon + \sigma\Delta t)\Delta r} H_\varphi^{n+1/2}\left(\frac{1}{2},j+\frac{1}{2}\right)$$
(2.15)

根据安培定律可以得到有源区域（即闪电通道所在位置处）场的迭代方程为：

$$E_z^{n+1}\left(0,j+\frac{1}{2}\right) = \frac{2\varepsilon - \sigma\Delta t}{2\varepsilon + \sigma\Delta t} \cdot E_z^n\left(0,j+\frac{1}{2}\right) + \frac{8\Delta t}{(2\varepsilon + \sigma\Delta t)\Delta r} H_\varphi^{n+1/2}\left(\frac{1}{2},j+\frac{1}{2}\right) - \\ \frac{4\Delta t}{\pi\varepsilon_0 \Delta r^2} I\left(0,j+\frac{1}{2}\right)$$
(2.16)

上述时域有限差分算法中的网格都是规则的四边形。当模拟雷电电磁波沿不规则地表传播时，同一个网格里可能包含多种不同的介质（如空气和地面或山体）。一种简单的近似处理方法是将山体形状随着网格进行网格化，这时山体的边缘将被近似为阶梯状。为了提高模拟的精确性，本节采用共形网格技术在 FDTD 模型中加入不规则地表。

2.2.2　基于移动计算域技术的 FDTD 算法及验证

众所周知，随着 FDTD 模拟域的增大，模拟的运算量也会大幅增加，模拟所需时

2.2 地波传播新近似算法及验证

间将增大。目前,已有部分研究者提出了一些处理技术和方法,以提高 FDTD 的模拟效率并减少模拟所需的计算机资源,例如:移动窗口 FDTD(moving window FDTD,MWFDTD)(Fidel 等,1997)、长路径分割技术(the segmented longpath propagation technique)以及基于 GPU 的并行运算。然而这些方法均需要对原有的 FDTD 迭代方式进行较大的改变。为了提高 FDTD 在模拟 VLFLF 频段电磁波在地球电离层波导腔中传播时的运算效率,Bérenger(2002)提出了一种移动计算域的技术(Moving Computational Domain Technique,MCDT),每一次迭代过程中仅更新迭代一小部分空间区域中的场分量,而无须对整个空间中的场分量进行更新。本节将在 2.2.1 节中建立的地波 FDTD 算法中引入移动计算域技术,详细分析该技术在求解复杂传播路径上地波传播问题时的应用方法,并评估引入该技术后 FDTD 效率的提升率。

图 2.4 中展示了二维柱坐标系下模拟雷电地波传播的 FDTD 模型。模型中闪电通道置于对称轴上,计算域的下边界为复杂的山体(也可设为平坦的地面),模拟域的上边界和右边界设置吸收边界。本节模拟地波传播的 FDTD 模型中均采用 CPML 吸收边界(Convolutional Perfectly matched Layer absorbing boundary)(Roden and Gedney,2000)。地面或者不规则地形的电导率和相对介电常数分别为 σ 和 ε_r。

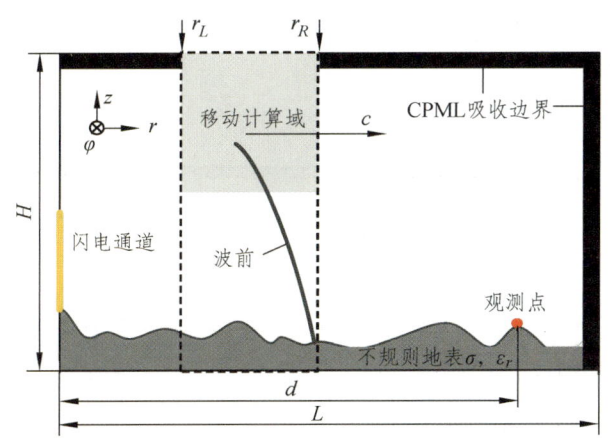

图 2.4 引入移动计算域技术(MCDT)后的 FDTD 模型

从图 2.4 中的计算结果可以看出,在几百千米观测距离以内,雷电产生的远距离电磁场波形具有上升快下降慢的特点。其波头时间通常为几微秒,因此,在大多数雷电地波传播问题中,研究者往往仅关注波前到达观测点后几十微秒以内的电磁场波形。这部分时间段内的雷电电磁波能量也仅仅分布在空间中的局部位置,且随着电

第 2 章　地球电离层空腔雷电电磁场广域传播特征

磁波波前的传播向前移动，因此实际 FDTD 计算中仅需更新该空间（窗口）中场分量即可（见图 2.4 中阴影部分）。电磁波的传播速度最大为光速 c，因此，该窗口的右边界可设为：

$$r_R(t) = \min[ct, L] \tag{2.17}$$

其中：t 为 FDTD 中当前迭代时刻；L 为 FDTD 模拟域的宽度。假设仅关注雷电电磁波到达观测点后初始 t_w 时间段内的电磁场波形，则窗口的左边界可定义为：

$$r_L(t) = \max[0, c(t - t_w)] \tag{2.18}$$

其中，t_w 为电磁波到达观测点后所关心的波形时间长度，由用户根据需要自定义。

图 2.5 给出了利用式（2.17）和式（2.18）得到的不同时刻移动窗口的位置和大小。在 FDTD 初始迭代阶段，计算窗口随时间的增大逐渐变宽，随后窗口大小保持不变并随着波向前移动，当窗口右侧边界到达 FDTD 边界时，窗口的宽度逐渐减小。

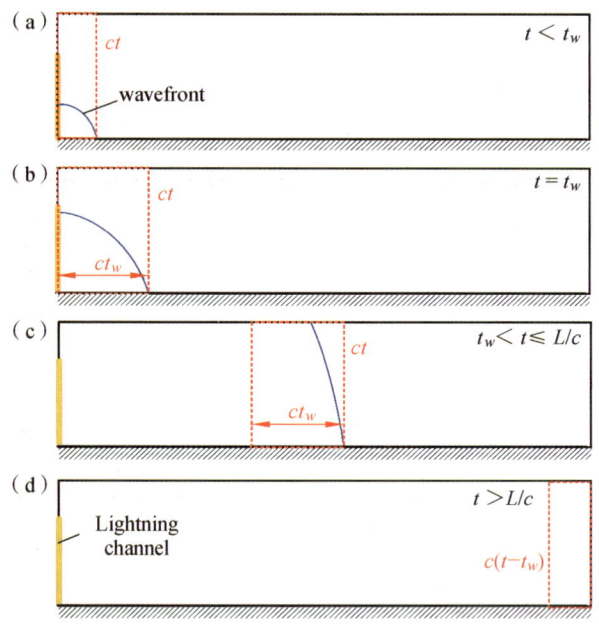

图 2.5　移动计算域技术示意图

然而，当雷电电磁波沿着有耗地面或者不规则地表传播时，电磁波到达观测点的时间和 d/c（其中 d 为观测点与闪电通道之间的水平距离）相比有一定的时间延迟。因此，式（2.18）中定义的左边界需要向左侧拓展，拓展后的左边界位置至少应为：

2.2 地波传播新近似算法及验证

$$r_L(t) = \max[0, c(t - t_w - t_{\text{delay}})] \qquad (2.19)$$

其中：t_{delay} 为电磁波到达时间与 d/c 相比的延迟量，该值通常为数微秒。在实际 FDTD 应用中也可直接将式（2.18）中定义的左边界直接向左侧拓展 1~3 km。下面将分析引入移动计算域方法后 FDTD 计算效率的提升率，并与常规 FDTD 计算结果比较，验证其准确性。

将未采用 MCDT 时 FDTD 模型的计算时间与采用 MCDT 后 FDTD 模拟时间的比值定义为模拟效率的提高率。图 2.6 中给出了采用移动计算域技术后 FDTD 计算效率提高率随窗口宽度（L_w）以及模拟域宽度（L）的变化。FDTD 模型中模拟域的高度固定为 10 km，网格大小取为 $\Delta r = \Delta z = 10$ m，时间步长取为 $\Delta t = 166$ ns。当窗口宽度 L_w 取 3 km、6 km 以及 15 km 时，对应所关注的波形时间长度 t_w 分别为 10 μs、20 μs 和 50 μs。每种情况下 FDTD 的迭代步数为：$n = (L/c$ 或 $L_w/c)/\Delta t$。从图 2.6 可以看出，随着模拟域宽度的增加，采用移动计算域技术后 FDTD 模拟效率的提升率逐渐增大。换言之，FDTD 模拟域的空间尺度越大，MCDT 对 FDTD 的模拟效率提升越大，最大可以提升约 4 倍。例如，在移动窗口的宽度为 6 km（对应所关注的波形时间长度约为 20 μs）情况下，当模拟的空间尺度大于 150 km 时，采用 MCDT 后的 FDTD 模拟时间仅为未采用 MCDT 时的 1/5。

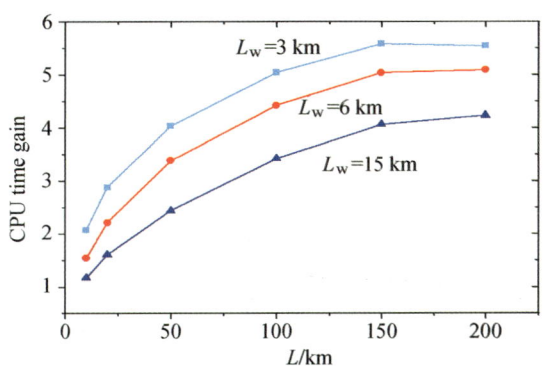

图 2.6 采用 MCDT 技术后 FDTD 模拟效率的提高率随窗口宽度（L_w）以及模拟域宽度（L_g）的变化

下面将通过与常规 FDTD（未采用 MCDT）计算结果相比较，验证采用 MCDT 后的 FDTD 计算结果的准确性。图 2.7 中给出了 FDTD 中采用的复杂地波传播路径，该复杂地形选自瑞士 Säntis 山附近区域。模拟中采用典型继后回击雷电流波形，采用

第 2 章　地球电离层空腔雷电电磁场广域传播特征

MTLE 回击模式，电流衰减速率取 $\lambda = 2$ km。网格大小取为 $\Delta r = \Delta z = 10$ m，时间步长取为 $\Delta t = 166$ ns。选取 $A \sim D$ 4 个不同的观测点，观测点与雷电通道之间的水平距离分别为 15 km、80 km、124 km 和 240 km。所关心的波形时间长度取为 20 μs，移动窗口的宽度取为 7 km，迭代时间步数取 49 400。未采用 MCDT 时，计算机模拟时长为 279 h，而采用 MCDT 后模拟时间仅为 53 h，计算效率提高了 4 倍。

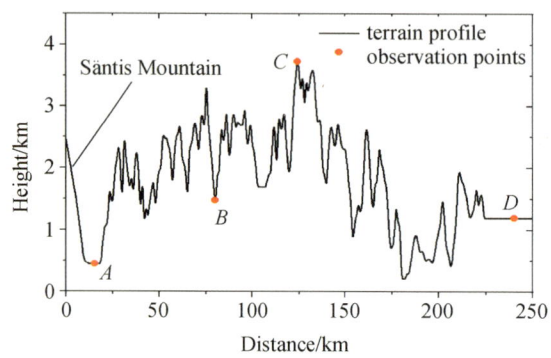

图 2.7　FDTD 中采用的复杂地波传播路径

图 2.8 中给出了利用 FDTD 算法模拟出的 4 个观测点处的垂直电场波形，其中蓝色线条为未采用 MCDT 时的模拟结果，红色线条为采用 MCDT 后的模拟结果。从图中可以看出，在电磁波到达观测点后的初始 20 μs 以内，采用 MCDT 后的 FDTD 算法模拟结果与未采用 MCDT 的 FDTD 算法模拟结果完全重叠。该结果表明，采用移动计算域技术在提高 FDTD 算法计算效率的同时并不会影响其模拟精度。

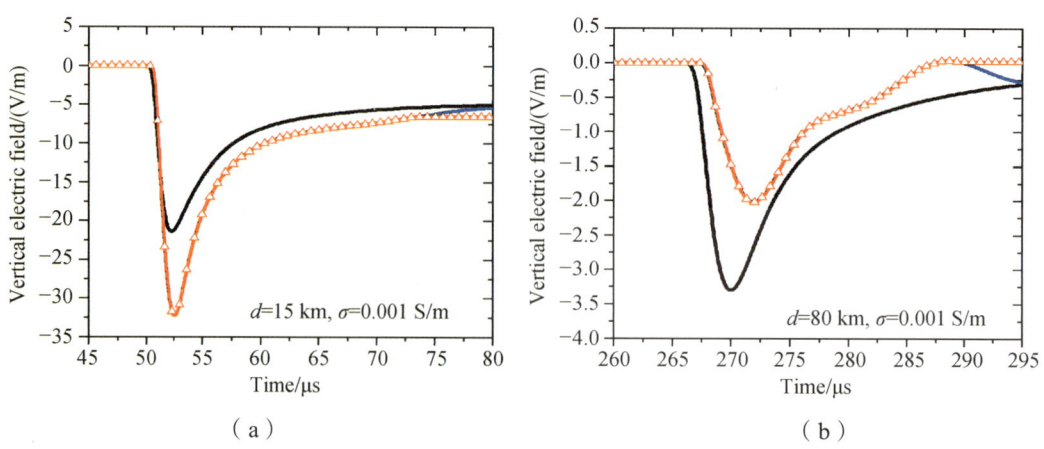

（a）　　　　　　　　　　　（b）

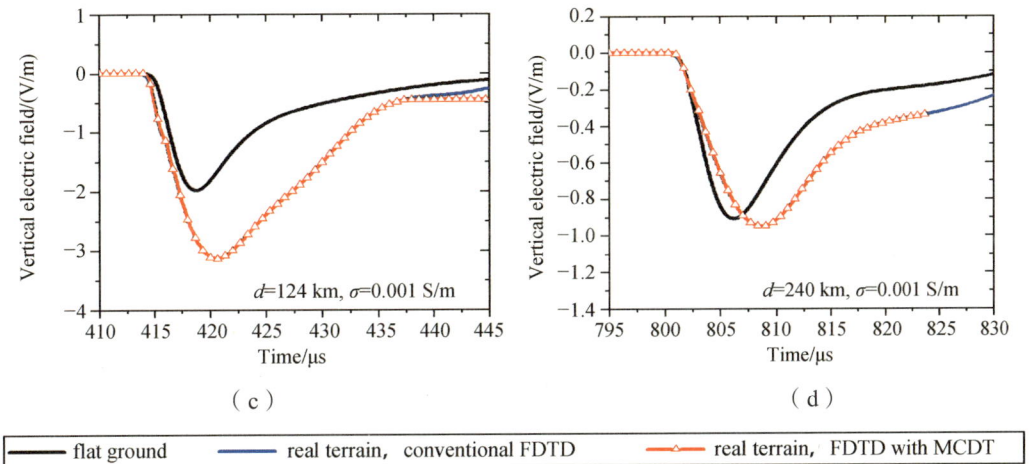

图 2.8 A、B、C、D 四个观测点处的垂直电场波形，蓝色线条为利用常规 FDTD 模拟结果，红色线条为采用 MCDT 后的 FDTD 模拟结果

2.3 考虑各向异性电离层的时域有限差分算法的建立

电离层是地球大气中被电离的那一部分，是等离子体。在电离层中，主要有三种带电粒子：自由电子、正电荷和负电荷，这些带电粒子在电场和地磁场驱动下运动会产生电流，所以它们都会在不同程度上影响电磁波在地球电离层波导中的传播。因此，本节综合考虑这 3 种带电粒子与电磁场的相互耦合作用，建立如下方程组来求解低温等离子体中的电磁波传播问题（hu and Cummer，2006；Marshall 等，2010）：

$$\nabla \times \vec{E} = -\mu_0 \frac{\partial \vec{H}}{\partial t} \quad (2.20)$$

$$\nabla \times \vec{H} = \varepsilon_0 \frac{\partial \vec{E}}{\partial t} + \vec{J}_{tot} + \vec{J}_s \quad (2.21)$$

$$\frac{\partial \vec{J}_n}{\partial t} + v_n \vec{J}_n = \frac{q_n}{|q_n|}\omega_{Bn}(\vec{J}_n \times \vec{b}_E) + \varepsilon_0 \omega_{Pn}^2 \vec{E} \quad (2.22)$$

式中，下标 n 代表了 3 种带电粒子（下面用下标 e 代表电子，pi 代表正离子，ni 代表负离子）；$\vec{J}_{tot} = \sum_n \vec{J}_n$ 为各种粒子产生的总电流密度；$\vec{J}_s$ 为雷电电流源；v_n 为第 n 种粒子的碰撞速率；$\omega_{Bn} = |q_n \vec{B}_0|/m_n$ 为第 n 种粒子的回旋频率；$\vec{b}_E$ 为地磁场 $\vec{B}_0$ 的单位矢量；$\omega_{Pn} = \sqrt{q_n^2 N_n / \varepsilon_0 / m_n}$ 为等离子频率；m_n、q_n 和 N_n 分别为第 n 种粒子的质量、带电量和数密度。

第 2 章　地球电离层空腔雷电电磁场广域传播特征

本节采用二维柱坐标下的 FDTD 对上面的方程组进行差分迭代求解。图 2.9 给出了整个 FDTD 模型的示意图。该模型中，将闪电通道置于柱坐标的对称轴上，计算空间的上部和右侧分别设置 NPML 吸收边界来模拟开域电磁波的传播，计算空间的下部为地表面，可设为理想导体边界或表面阻抗边界来分别模拟理想地面（电导率无限大）和地面电导率有限两种情况。下面将对模型中的差分迭代方式、电离层和电流源参数进行详细说明。

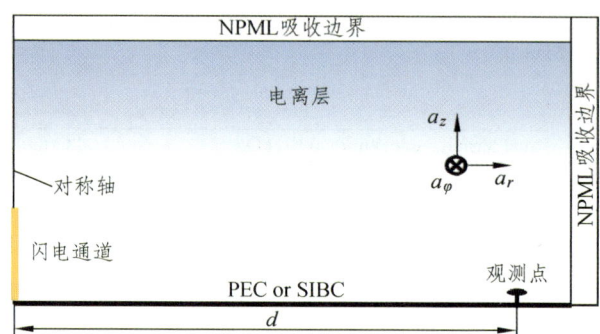

图 2.9　FDTD 模型配置闪电通道置于柱坐标的对称轴上，计算空间的上部和右侧分别设置 NPML 吸收边界，模拟域的下边界为理想导体边界条件（PEC）或者表面阻抗边界条件（SIBC）

2.3.1　电离层参数

电离层作为地球电离层波导的上边界，其参数（特别是电子密度分布以及碰撞速率）对雷电电磁波的传播特征有决定性作用。由于电离源的不稳定性，一天中电离层的状态和特征也是时刻变化的。根据电离层电子密度的垂直分布特征，电离层从下往上可以分为 D 层、E 层、F1 层和 F2 层。其中，D 层是最低的电离层，一般处于高度为 50 ~ 90 km 的区域，主要的电离源是太阳 X 射线；E 层处于高度为 90 ~ 130 km 的区域，F 层处于高度为 130 km 直到几千千米的广大区域，有时可分出 F1 层和 F2 层两部分。

电离层 D 层这一区域高度范围较低，气体分子密度较高，中性粒子与电子的碰撞速率较高，无线电波在这一层中的衰减比较严重。形成 D 层的电离辐射源主要是太阳辐射中的莱曼 α 辐射和 X 射线辐射，到了夜间，D 层电离层基本消失，只有宇宙辐射的微弱作用，使得 D 层维持了较低的电子密度。所以，白天和夜间 D 层中的电子密度分布有很大的差别。本章所有的模拟中，电离层 D 层的电子密度分布采用双参数指数型函数表示，其表达式如下（Thomson，1993）：

$$N_e(h) = 1.43 \times 10^{13} e^{-0.15h'} e^{(\beta-0.15)(h-h')} \quad (\text{m}^{-3}) \tag{2.23}$$

其中：h 为距离地面的高度，单位为 km；h' 为电离层参考高度，单位为 km；β 为电离层电子密度随高度的变化率。在中纬度地区，典型白天情况下 h' 通常取值为 70 km，β 取值为 0.3 km^{-1}；典型夜间情况下 h' 通常取值为 85 km，β 取值为 0.5 km^{-1}（Wait and spies，1964；Thomson，1993；Cummer，1997）。在 FDTD 模型中，正离子密度等于电子密度，但正离子密度的最小值在夜间和白天情况下分别设为 200 cm^3 和 100 cm^3。负离子的密度为电子密度与正离子密度之差。此外，本模型中电离层 E 层和 F 层中电子密度分布将利用 International Reference Ionosphere IRI 2016 模型计算得到。

100 km 高度以下的电子的碰撞主要是与中性分子之间的碰撞，因此其碰撞速率与中性分子的密度正相关，而在 100 km 高度以上，电子与离子之间的碰撞不容忽略。本节 FDTD 模型中，110 km 高度以下电子的碰撞速率（v_e）和离子的碰撞速率（v_i）分别设为（Wait and spies，1964；Cummer 等 1998）：

$$v_e(h) = 1.816 \times 10^{11} e^{-0.15h} \quad (\text{m/s}) \tag{2.24}$$

$$v_i(h) = 4.54 \times 10^9 e^{-0.15h} \quad (\text{m/s}) \tag{2.25}$$

在 110~200 km 高度处，电子的碰撞速率和离子的碰撞速率分别设为：

$$v_e(h) = 2.8 \times 10^6 e^{-0.49h} \quad (\text{m/s}) \tag{2.26}$$

$$v_i(h) = 1.748 \times 10^5 e^{-0.0509h} \quad (\text{m/s}) \tag{2.27}$$

式（2.26）和式（2.27）中的参数取值是对 Cummer（1997）中碰撞速率的拟合结果。图 2.10 给出了 FDTD 模型中使用的电子碰撞速率和离子碰撞速率随高度的变化。

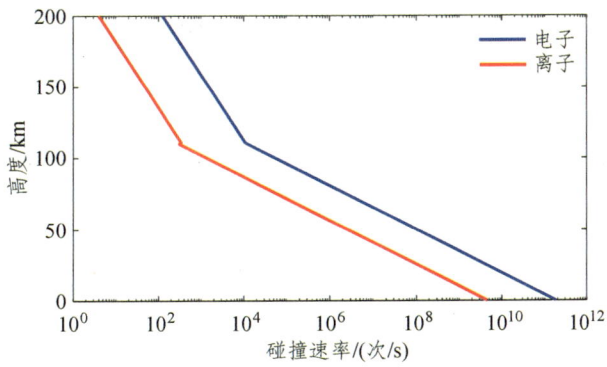

图 2.10 电子碰撞速率和离子碰撞速率随高度的变化

2.3.2 模型检验

利用本节中建立的时域有限差分算法可以模拟雷电电磁波在地球电离层波导中的传播过程，本小节中将利用已有文献中对雷电远场的模拟结果和观测结果对该 FDTD 算法进行检验。

图 2.11 中给出了本节 FDTD 程序模拟结果与 Hu and Cummer（2006）模拟结果的对比。观测点与闪电通道之间的距离为 894 km，电离层 D 层电子密度采用式（2.25）中双参数指数型函数表示，式中电离层参考高度 h' 取值为 842 km，β 取值为 0.5 km^{-1}。地磁场强度为 5×10^5 T，地磁场水平分量与电磁波传播方向之间的夹角为 90°（即雷电电磁波向东传播），地磁倾角为 70°。模拟中空间网格尺寸为：$\Delta r = \Delta z = 1$ km，时间步长为：$\Delta t = 2$ μs。激励源采用 Hu and Cummer（2006）文献提供的电流矩表达式。

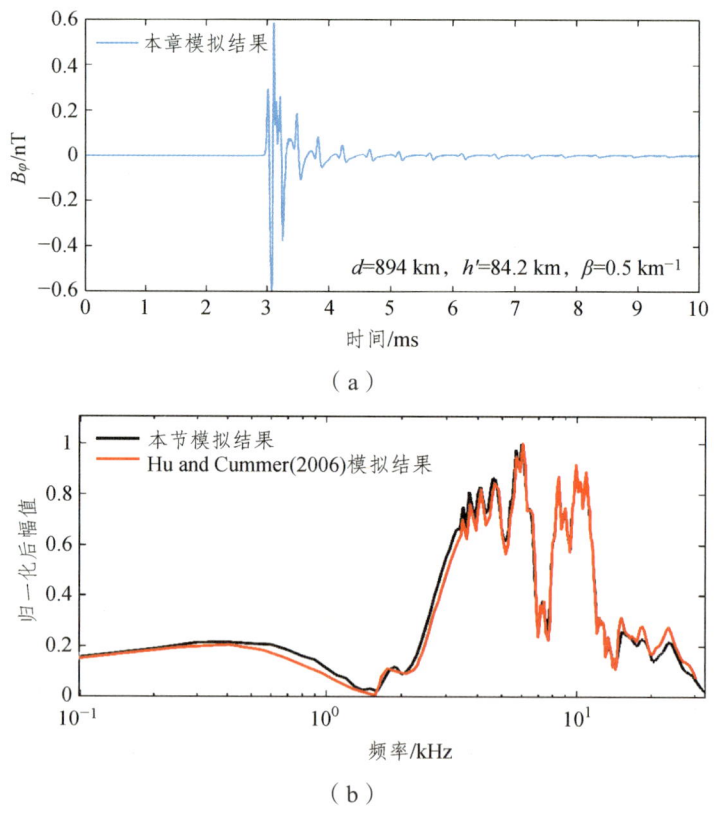

图 2.11 本章 FDTD 程序模拟结果与 Hu and Cummer（2006）模拟结果的对比

2.3 考虑各向异性电离层的时域有限差分算法的建立

图 2.11（a）中给出了本章 FDTD 模拟出的水平切向（横向）磁场 B_φ 的波形（Hu 未给出时域波形），图 2.11（b）为 B_φ 的频谱，其中黑色线条为本章计算结果，红色线条为 Hu and Cummer（2006）模拟结果。从图中可以看出，FDTD 模拟结果与 Hu and Cummer（2006）模拟结果整体上基本一致。在 VLF 频段，可以明显看出不同模态电磁波的干涉效应造成的幅值的振荡，本章模拟出的幅值增强和减弱的频点与 Hu and Cummer（2006）模拟结果完全一致。特别地，在小于 1 kHz 的 ELF 频段，本章模拟结果与 Hu 模拟结果也十分吻合。总之，通过与 Hu and Cummer（2006）模拟结果的对比可知本章建立的 FDTD 模型具有较高的精度，可以用于模拟研究雷电 VLF/ELF 频段电磁波在地球电离层波导中的传播特性。

Lu 等人（2018）利用北美地区观测到的 VLF/ULF 频段雷电磁场波形数据对中高层放电与地闪放电之间的关系进行了研究。探测站位于 Duke Forest（35.971°N，−79.094°E），包含两组正交的磁天线。其中，超低频磁天线带宽的下限小于 1 Hz，频带上限为 400～500 Hz（Li，2010；Lu 等，2018）；甚低频磁天线的带宽一般为 50 Hz～30 kHz。部分公开的观测数据见 https://zenodo.org/record/1436268#.XlSuIGgzY2x。图 2.12 中给出了超低频磁天线观测到的一次负地闪放电在 1 580 km 处产生的水平横向磁场波形，观测时间为 2013 年 11 月 6 日 04:43:35（UTC）。该闪电放电的脉冲电荷矩为 418 C·km。图 2.12（b）中红色虚线为利用本章 FDTD 模拟出的电荷矩为 418 C·km 的脉冲型放电产生的磁场波形，图中波形为经过截止频率为 500 Hz 的 6 阶巴特沃斯低通滤波后的结果。FDTD 的网格大小为 1 km，时间步长为 2 μs。图 2.12（a）为 FDTD 模拟时采用的电离层电子密度分布廓线。从图中可以看出，本章模拟结果与观测结果基本吻合，因此可以说明本书中 FDTD 算法可以用于模拟研究雷电产生的 ELF 频段电磁波在地球电离层波导中的传播。

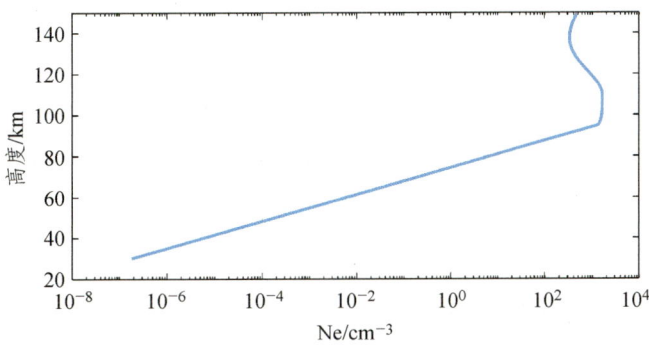

（a）FDTD 模型中采用的电离层电子密度分布

第 2 章 地球电离层空腔雷电电磁场广域传播特征

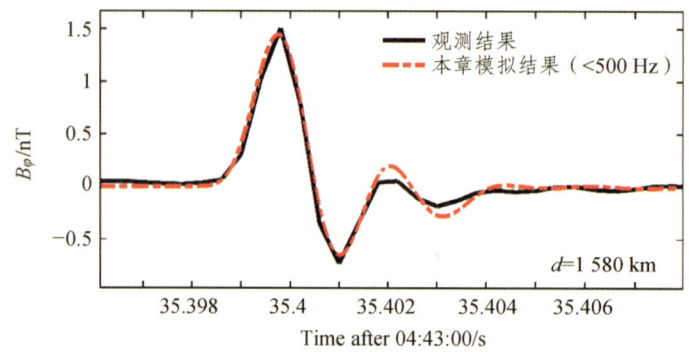

（b）一次负地闪放电在 1 580 km 处产生的水平磁场（B_φ）波形的观测和模拟结果

图 2.12　FDTD 模拟结果与实际观测结果的对比

图 2.13 中给出了利用本章 FDTD 模拟的雷电垂直电场波形与 Qin 等人（2017）在不同距离和不同方位处观测到的雷电垂直电场波形的对比。其中红色线条为本章 FDTD 模拟结果，而黑色线条为 Qin 等人（2017）的观测结果。模拟域的高度为 100 km，仅考虑电子运动产生的电流密度，电离层电子密度最大值为 10^9 m^3。地磁场强度为 48×10^5 T，地面电导率为 0.005 S/m。模拟中采用的雷电电流矩波形为单 Heidler 函数形式，上升沿和下降沿时间分别为 10 μs 和 45 μs。由于该闪电电流矩包含大量 LF 频段成分，因此模拟中采用较精细的网格对计算域进行剖分，FDTD 网格尺寸取为 100 m。各图中标注了具体使用的电离层 D 层电子密度参数以及传播方向。从图中可以明显看出，利用本章 FDTD 模型模拟的一次天波和二次天波的波形与观测结果基本一致，说明该 FDTD 模型不仅可以用于模拟 VLF/ELF 频段雷电电磁波的传播，也可用于模拟 LF 频段雷电电磁波在地球电离层波导中的传播。

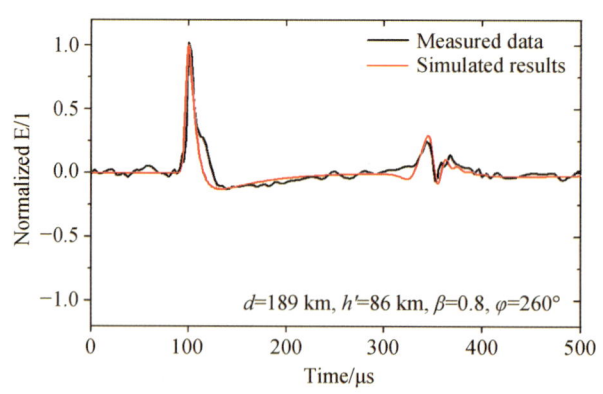

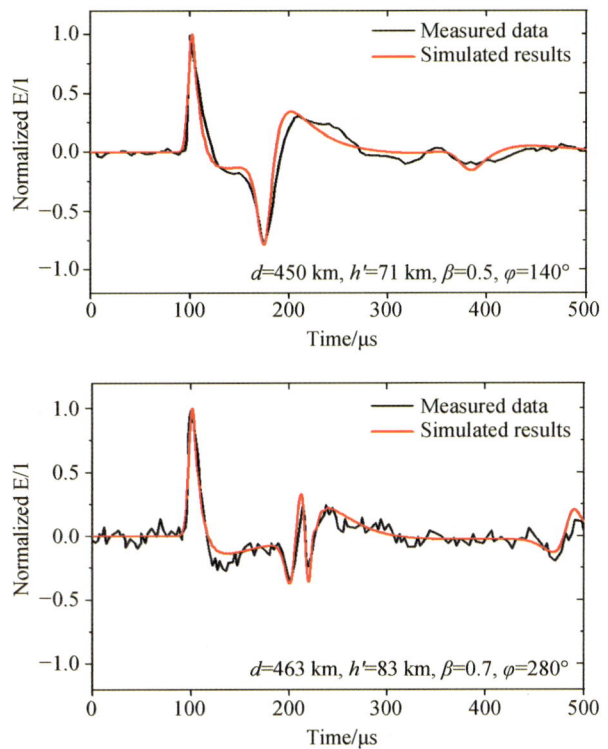

图 2.13　利用本章 FDTD 模拟的雷电垂直电场波形与 Qin 等
（2017）观测波形的对比

2.3.3　考虑地球曲率影响后雷电远场的衰减

表 2.1 中总结了不同电导率和回击电流波形情况下，考虑电导率和地球曲率影响后远场峰值（$E_{\sigma,\mathrm{curv}}^{\mathrm{peak}}$）与理想地面情况下远场峰值（$E_0^{\mathrm{peak}}$）的比值，定义该比值为 $A = E_{\sigma,\mathrm{curv}}^{\mathrm{peak}} / E_0^{\mathrm{peak}}$。图 2.14 中分别给出了比值 A 与观测距离之间的关系。可以看出，随着观测距离的增加，传播效应导致的场峰值衰减近似以指数函数增大。对于首次回击，传播效应使得 500 km 和 1 000 km 观测距离处场的峰值分别衰减了 30%和 56%；对于继后回击，传播效应使得 500 km 和 1 000 km 观测距离处场的峰值分别衰减了 50%和 73%。从图中也可以看出，对于海面上雷电电磁波传播情况，其场的衰减情况近似与地面电导率为 0.01 S/m 时的情况一致，这与本节中所研究的频率上限为 500 kHz 有关。

表 2.1　考虑电导率和地球曲率影响后远场峰值与理想地面情况下远场峰值之比

回击类型	电导率/(S/m)	观测距离/km						
		100	200	300	500	600	800	1 000
首次回击	4	0.97	0.91	0.85	0.72	0.66	0.54	0.44
	0.01	0.97	0.91	0.85	0.72	0.66	0.55	0.45
	0.001	0.93	0.86	0.79	0.67	0.61	0.51	0.43
继后回击	4	0.89	0.81	0.72	0.56	0.47	0.36	0.27
	0.01	0.91	0.79	0.69	0.54	0.47	0.36	0.28
	0.001	0.70	0.59	0.52	0.41	0.37	0.30	0.24

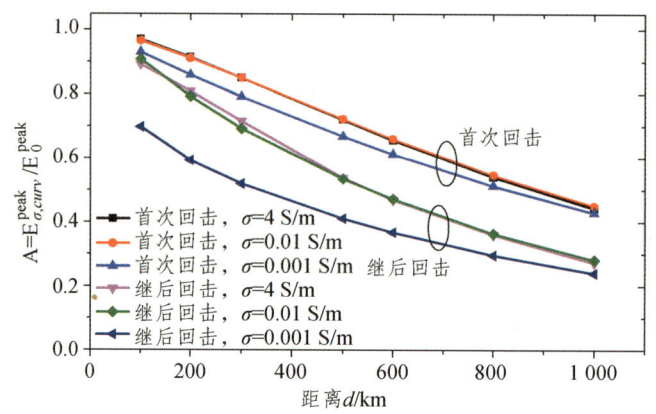

图 2.14　同时考虑电导率和地球曲率因素后垂直电场峰值与理想场峰值比值（$A = E_{\sigma,curv}^{peak} / E_0^{peak}$）

采用指数函数 $\exp(d/\alpha)$ 对衰减系数 A 进行拟合，拟合中待定参量为 α。对图 2.15 中各种情况下计算结果拟合后得到的参数 α 取值见表 2.2。从表中看出，当下垫面的电导率或者电流源不同时，待定参量 α 不同，这符合传播效应的特性，即电导率越小，电流陡度越大，衰减越大。当雷电电磁波沿陆地表面传播时，标准首次回击和标准继后回击对应的参数 α 平均值分别为 1 314 km 和 674 km，平均值为 994 km。当雷电电磁波沿海面传播时，参数 α 平均值约为 1 100 km。当观测距离在 800 km 范围以内时，参数 α 取 994 km 和 1 100 km 时衰减系数 A 的值相差小于 5%，因此实际计算中可以不区分海面和陆地的情况，参数 α 可统一取 1 000 km。

2.3 考虑各向异性电离层的时域有限差分算法的建立

表 2.2 不同电导率和回击电流波形情况下待定参量 α 的取值

回击类型	首次回击			继后回击		
电导率/(S/m)	4	0.01	0.001	4	0.01	0.001
α/km	1 394	1 412	1 216	809	804	544

值得注意的是，由于远距离雷电垂直电场和水平磁场的衰减特性基本一致，因此，上述衰减因子同样适用于雷电放电产生的水平磁场。当采用 TL 回击模式时，雷电放电产生的远距离理想场峰值可以近似用式（2.28）和式（2.29）计算（Uman and mcLain，1969；Cooray，2003；qie 等，2013；Chen 等，2015）：

$$E_0^{\text{peak}}(d) = \frac{v}{2\pi\varepsilon_0 c^2 d} I^{\text{peak}} \tag{2.28}$$

$$B_0^{\text{peak}}(d) = \frac{\mu_0 v}{2\pi c d} I^{\text{peak}} \tag{2.29}$$

其中：I^{peak} 为雷电流的峰值，d 为观测距离，v 为回击速度。观测结果表明，当回击速度 v 取 $1\times10^8 \sim 2\times10^8$ 时，利用上式反演得到的雷电流强度与人工引雷中实测雷电流强度十分吻合（Mallick 等，2014）。结合上述对衰减函数的模拟研究，修正后的表达式如下：

$$E^{\text{peak}}(d) = \frac{v}{2\pi\varepsilon_0 c^2 d} I^{\text{peak}} \exp(-d/\alpha) \tag{2.30}$$

$$B^{\text{peak}}(d) = \frac{\mu_0 v}{2\pi c d} I^{\text{peak}} \exp(-d/\alpha) \tag{2.31}$$

其中，$\alpha = 1\,000$ km。

除理论计算外，衰减函数 A 中的待定参量 α 也可利用实际观测数据计算得到。对于同一闪电，假设测站 1 与闪电通道之间的距离为 d_1，测站 2 与闪电通道之间的距离为 d_2，两个测站收到的水平切向磁场的峰值之比 k 可以表示为：

$$k = \frac{B^{\text{peak}}(d_1)}{B^{\text{peak}}(d_2)} = \frac{\exp(-d_1/\alpha)/d_1}{\exp(-d_2/\alpha)/d_2} \tag{2.32}$$

利用实际观测到的两个测站的峰值之比 k 以及式（2.31）即可计算出待定参量 α。下面将利用本研究组建立的雷电探测站观测到的雷电水平磁场数据反演雷电电磁波沿陆地表面传播时对应的参量 α。

2.3.4 考虑地球曲率影响后远场波形到达时间的延迟

图 2.15（a）中总结了不同回击电流波形以及不同电导率情况下，在不同距离处利用 10%峰值法求出的波形到达时间相比 d/c（其中 d 为观测距离，c 为光速）的延迟量。图 2.15（b）中总结了峰值到达时间相比 d/c 的延迟量。由于本研究中只关注 500 kHz 以下雷电电磁波，在计算继后回击电磁波沿海面传播时，计算出的结果由于低通滤波原因出现振荡，因此图中并未给出该情况下的结果。

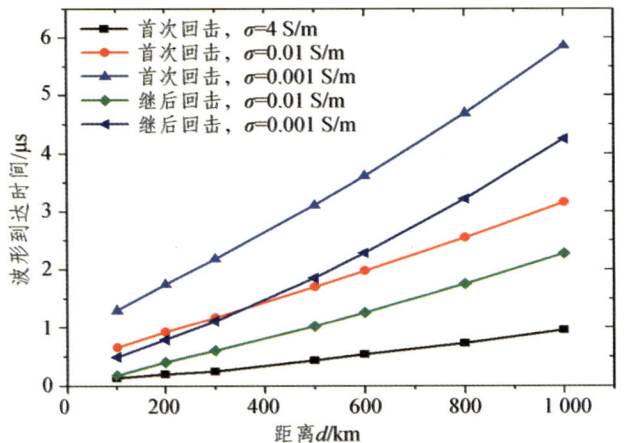

（a）不同回击电流波形以及不同电导率情况下，在不同距离处利用 10%峰值法求出的波形到达时间相比 d/c（其中 d 为观测距离，c 为光速）的延迟量

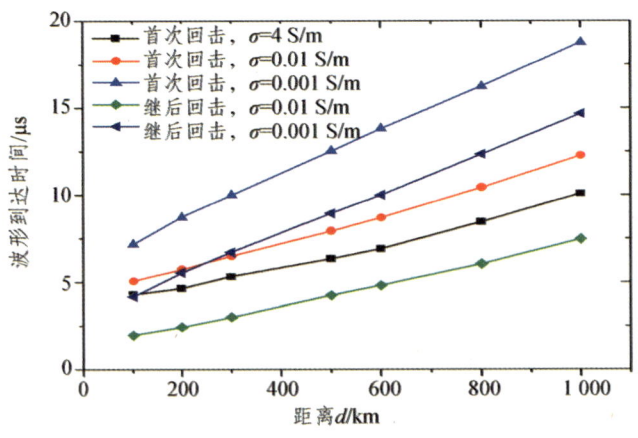

（b）峰值到达时间相比 d/c 的延迟量

图 2.15　不同延迟量

2.3 考虑各向异性电离层的时域有限差分算法的建立

从图 2.15 中明显看出，随着观测距离的增加，波形到达时间和峰值到达时间均线性增加。首次回击电流波形的上升沿时间和继后回击相比较长，包含的高频分量较少，因此首次回击波形的到达时间和峰值时间大于相同电导率情况下继后回击波形的到达时间和峰值的到达时间。对电导率为 4 S/m 情况下的波形到达时间和峰值时间的散点进行线性拟合后得到：当雷电电磁波沿海面传播时，传播距离每增加 100 km，波形到达时间和峰值时间分别延迟 0.1 μs 和 0.64 μs。对电导率为 0.01 S/m 和 0.001 S/m 情况下的波形到达时间和峰值时间的散点进行线性拟合后得到：当雷电首次回击电磁波沿陆面传播时，传播距离每增加 100 km，波形到达时间和峰值时间分别平均延迟 0.39 μs 和 1.03 μs；当雷电继后回击电磁波沿陆面传播时，传播距离每增加 100 km，波形到达时间和峰值时间分别平均延迟 0.32 μs 和 0.88 μs。雷电电磁波沿陆地表面传播时，传播距离每增加 100 km，波形到达时间平均延迟 0.36 μs，峰值到达时间平均延迟 0.96 μs。因此，在几百千米范围以内雷电定位中，应充分考虑由于传播效应带来的时延问题，特别是利用峰值到达时间进行定位时，应对观测到的峰值到达时间进行订正后再用于 TOA 时差定位。

2.3.5 Wait 算法和 FDTD 算法的对比

首先考虑理想电场的对比。在用解析法计算理想电场时，由于考虑的是远距离处的电场波形，因此静电场分量与感应场分量几乎全部衰减掉，只需计算辐射场分量即可。FDTD 算法在计算理想场时，需要将地面电导率参数设置为无穷大。图 2.16 给出了利用两种算法计算出的理想电场对比图，距离分别为 300 km、500 km、1 000 km、1 500 km。从图 2.16（a）、(b) 中可以看出，在距离观测点较近处，两种算法计算的理想电场波形相近，而在计算距离达到 1 000 km 以上时，由于 FDTD 的色散效应，导致两种波形幅值大小不同，且有时间的错位现象，如不修正此误差，之后计算出的衰减场是无法进行对比的。两种算法只有采用相同幅值的理想电场，才能对传播一定距离后的衰减电场进行误差分析。因此需要对计算出的理想电场进行修正，使两种方法计算出的理想电场相近，以便进行后面的衰减结果分析。

图 2.17 给出了两种算法计算的理想磁场。可以看出，与计算理想电场时存在的问题相同，远距离处 FDTD 的色散效应影响了磁场波形的一致性，因此对 FDTD 计算的理想磁场也要进行修正处理。

第 2 章 地球电离层空腔雷电电磁场广域传播特征

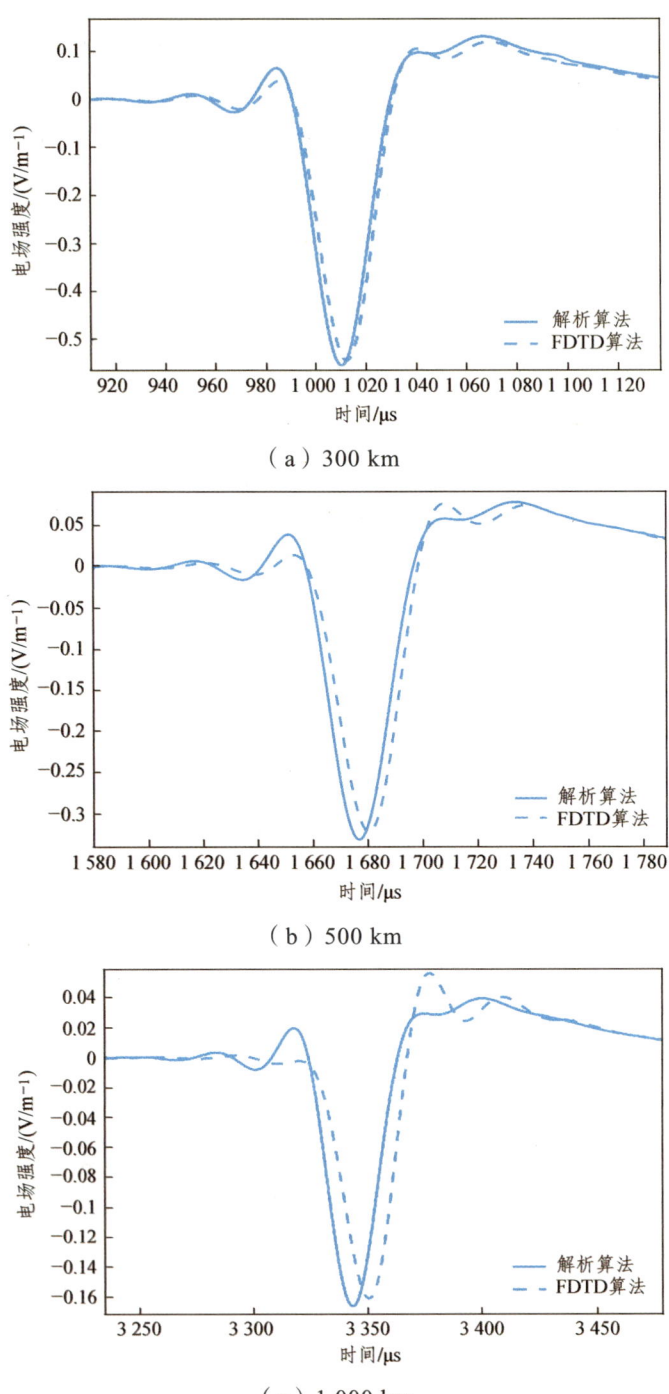

(a) 300 km

(b) 500 km

(c) 1 000 km

2.3 考虑各向异性电离层的时域有限差分算法的建立

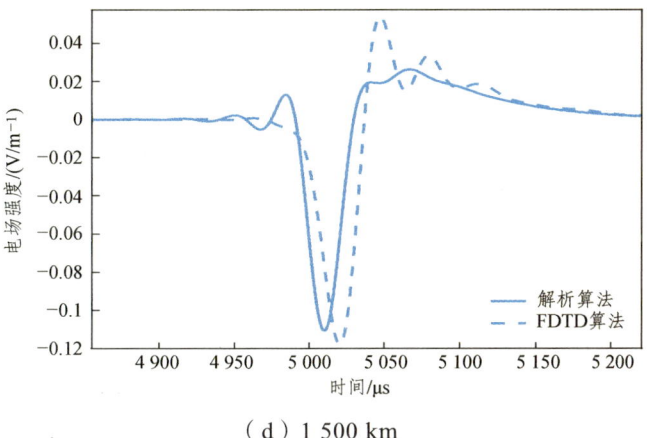

（d）1 500 km

图 2.16 不同距离处两种算法计算理想电场对比图

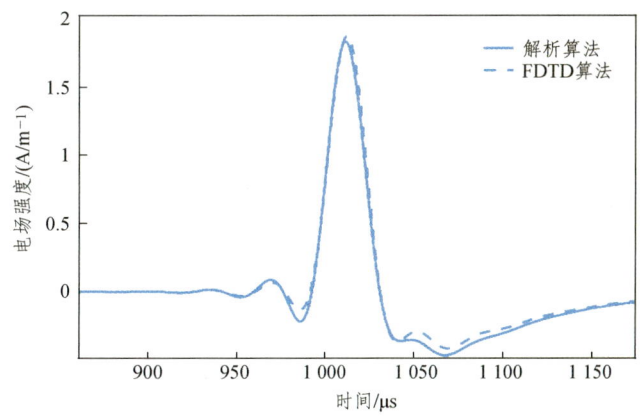

（a）300 km

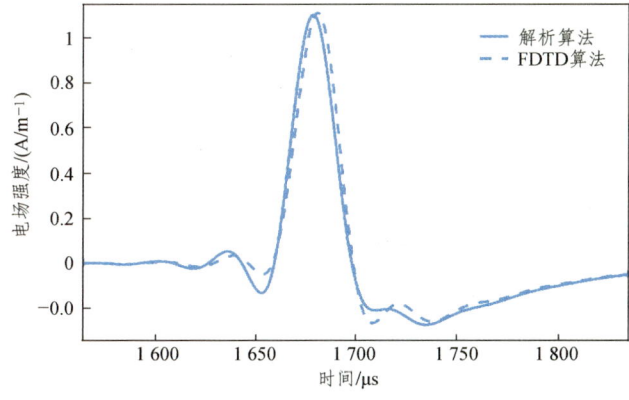

（b）500 km

第 2 章 地球电离层空腔雷电电磁场广域传播特征

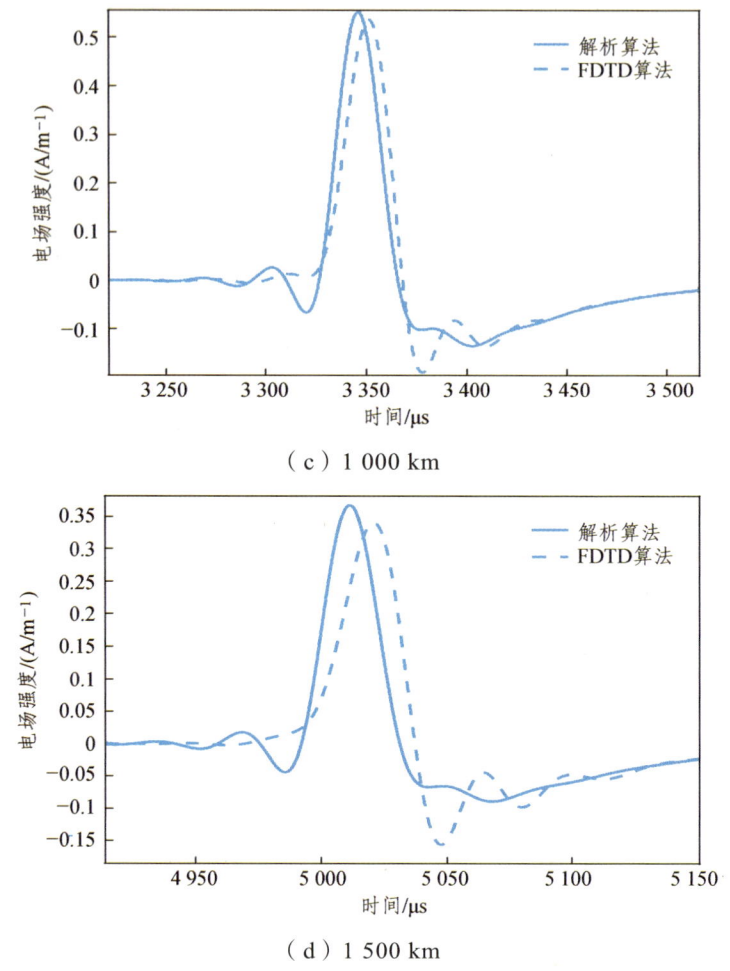

（c）1 000 km

（d）1 500 km

图 2.17 不同距离处两种算法计算理想磁场对比图

理想电场与理想磁场的修正方法是相同的，现以理想电场为例进行说明，具体修正方法如下：将解析算法计算到的理想电场定义为 E_{0j}，将 FDTD 算法得到的理想电场定义为 E_{0f}。首先分别找到用解析算法得到的理想电场峰值 E_{0jmax} 和 FDTD 算法得到的理想电场峰值 E_{0fmax}，得出二者之间的比例系数。由图 2.17 可以看出，解析算法得到的理想场要略大于 FDTD 计算所得，为减小之后的计算误差，将 FDTD 算得的理想电场 E_{0f} 乘以比例系数得到修正的理想电场，即修正后的理想场具有相同的幅值，便于下一步衰减场的计算。但此处只能修正幅值带来的误差，波形间的错位是由于 FDTD 的色散效应导致的，此误差不易修正。

2.3 考虑各向异性电离层的时域有限差分算法的建立

在采用相同幅值的理想场后,接下来就要对两种算法计算得到的衰减电场和衰减磁场进行对比分析。首先考虑电场的衰减,图 2.18 给出了土壤电导率为 0.01 S/m 时两种算法求得的 300 km、500 km、800 km、1 000 km、1 200 km、1 500 km 处电场波形图。从图 2.18 中可以看出,近距离处两种算法算出的结果相近,解析算法计算的电场峰值要大于 FDTD 算法的峰值。当计算距离达到 800 km 以上时,两种算法的峰值接近,且两波形有较为明显错位现象,这一点和理想场是类似的。

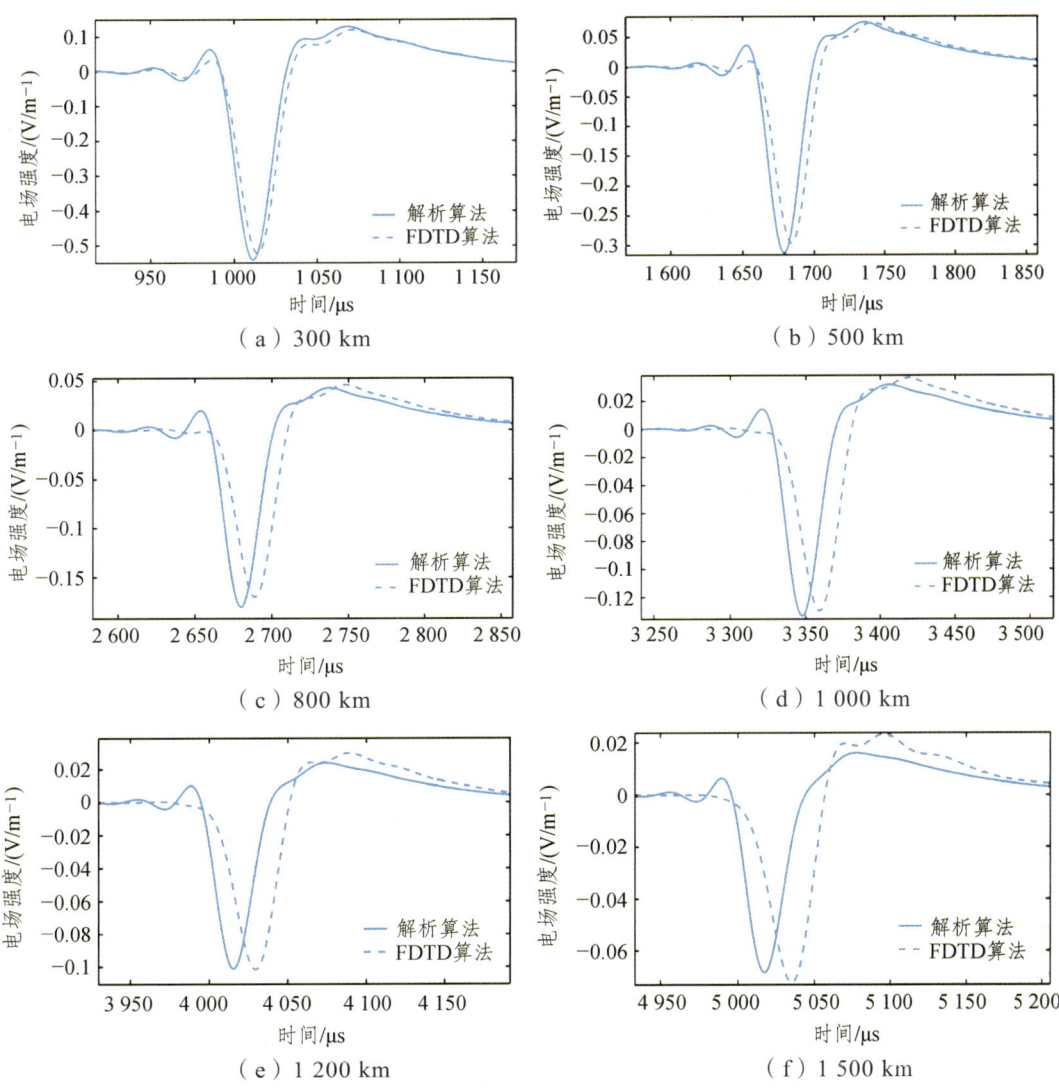

图 2.18 不同距离处两种算法计算衰减电场对比图

第 2 章 　地球电离层空腔雷电电磁场广域传播特征

值得注意的一点是，图 2.18（f）中解析算法计算的衰减电场峰值要小于 FDTD 计算所得的衰减电场。这是由于当传播距离很远时，算法中曲率衰减因子 W_2 将起主导作用，而在衰减场计算中，曲率衰减因子 W_2 对电场的衰减效果要明显强于电导率衰减因子 W_1，这就导致了图 2.18（f）中解析算法计算的衰减场小于 FDTD 的计算结果。

图 2.19 给出了不同距离处两种算法所得的衰减电场相对误差曲线。曲线使用 Smoothing spline 拟合得出，平滑参数 $p = 2 \times 10^6$。通过曲线可以看出，在 1 000 km 距离内，两种算法的误差在 4% 左右，在计算距离为 1 200 km 时误差最小。总体来看，两种算法得到的电场波形具有良好的一致性。

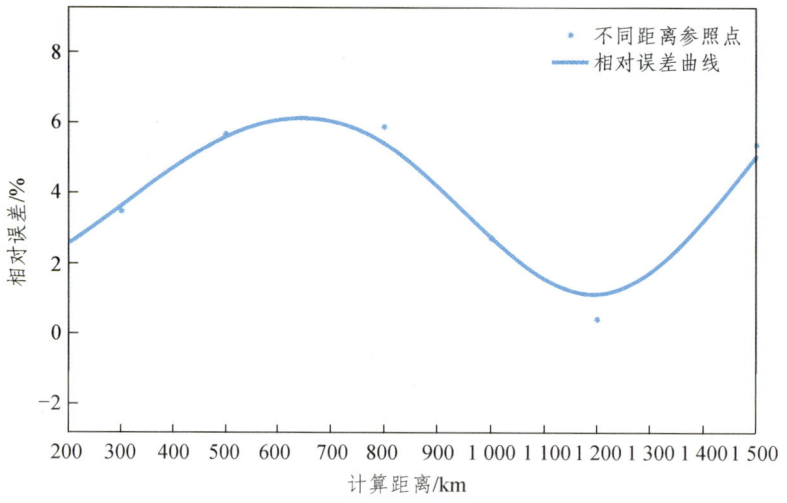

图 2.19 　电场相对误差曲线

当计算采用的土壤电导率不同时，两种算法的误差也不相同。表 2.3 给出了详细的对比结果。从表 2.3 中可以看出，土壤电导率越大，两种算法的相对误差越小，本节提出的解析算法计算精度越高。从表 2.3 中还可以看出，在本节选取的参数范围内，解析算法计算垂直电场初始峰值的误差在 72% 以内。当给定计算误差时，即在可接受的误差范围内计算远距离传播电磁场，参照表 2.3 可以决定是否采用本节提出的新算法进行计算。

衰减磁场的计算结果与电场类似。图 2.20 给出了两种算法计算的 300 km、500 km、800 km、1 000 km、1 200 km、1 500 km 处磁场的衰减结果。可以看出，近距离处两种算法得到的磁场是一致的，而在远距离处，相比于电场结果，磁场计算得到的相对误差更大。

2.3 考虑各向异性电离层的时域有限差分算法的建立

表 2.3 两种算法在不同电导率下的相对误差

水平距离/km	电导率/(S·m^{-1})	FDTD 初始峰值/(V·m^{-1})	解析算法初始峰值/(V·m^{-1})	相对误差/%
300	0.010	0.524	0.542	35
	0.001	0.499	0.532	66
500	0.010	0.297	0.314	57
	0.001	0.281	0.305	85
800	0.010	0.170	0.180	59
	0.001	0.161	0.172	68
1 000	0.010	0.130	0.133	27
	0.001	0.123	0.126	24
1 200	0.010	0.101	0.101	04
	0.001	0.097	0.095	21
1 500	0.010	0.072	0.068	54
	0.001	0.069	0.064	72

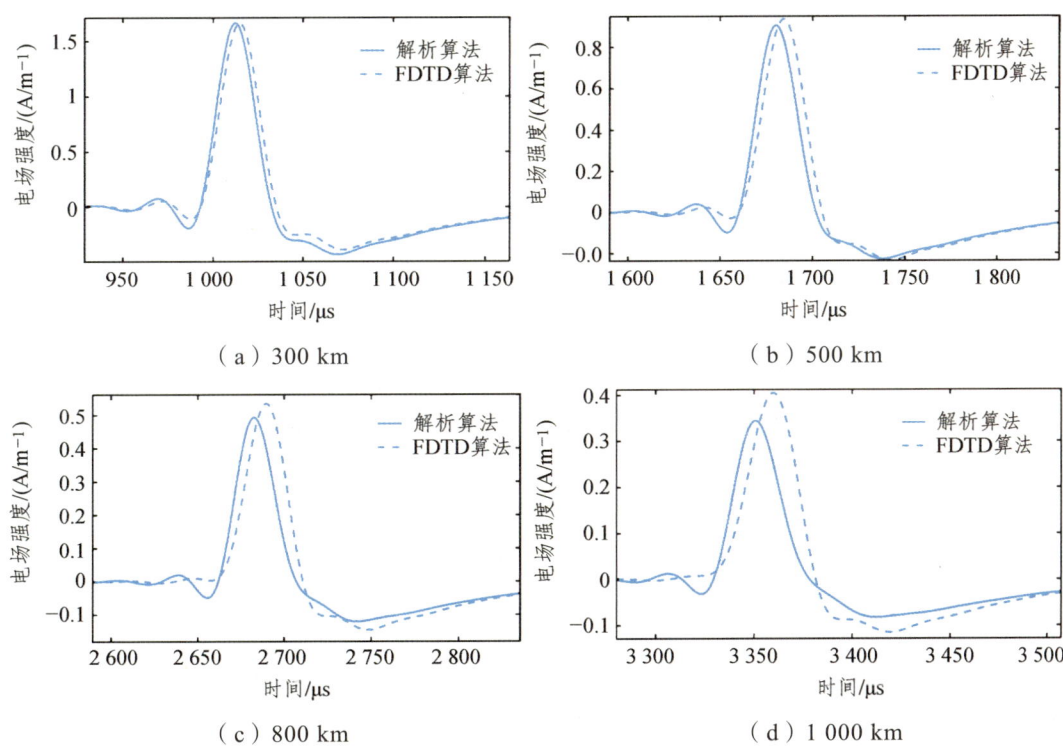

(a) 300 km (b) 500 km (c) 800 km (d) 1 000 km

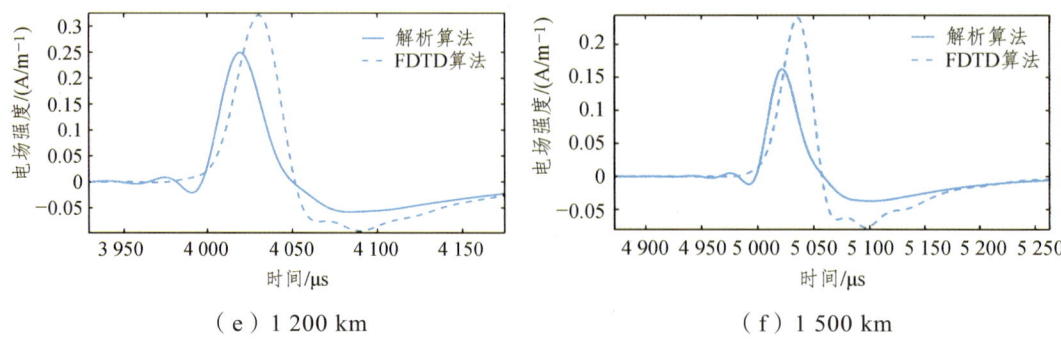

(e) 1 200 km (f) 1 500 km

图 2.20 不同距离处两种算法计算衰减磁场对比图

图 2.21 是两种算法求得的磁场相对误差曲线,曲线使用 polynomial 方法拟合得出,此曲线的误差公式为:

$$f(x) = -4.7 \times 10^{-11} x^4 + 1.6 \times 10^{-7} x^3 + 2 \times 10^{-4} x^2 + 0.082x - 13.49 \quad (2.35)$$

式中: x 表示距离, $f(x)$ 表示相对误差值。通过曲线可以看出,随着计算距离的增加,两种算法的相对误差是逐渐递增的。当计算距离到 1 000 km 时,相对误差达到了 15%,解析算法精度已经无法保证。可见本节的解析算法并不适用于远距离磁场的计算,且距离越远,计算精度越差。但在 800 km 范围内,相对误差可以保证在 8% 以内,计算该范围内的磁场可以保证有一定的准确性。

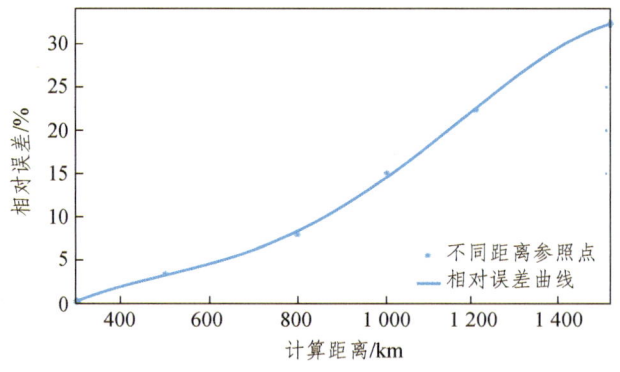

图 2.21 磁场相对误差曲线

2.4　FDTD 算法在雷电时差定位方面的应用

内蒙古自治区处于内蒙古高原,地势较高,一般海拔 1 000 ~ 1 200 m,南高北低,最低海拔降至 600 m 左右。本节采用来自 SRTM(Shuttle Radar Topography Mission)

2.4 FDTD 算法在雷电时差定位方面的应用

的地形数据 SRTM3,该数据由美国航空航天局和国防部国家测绘局联合测量得到,数据文件里每相邻两个采样点间隔 90 m。模拟时采用的雷击点到内蒙古实际观测站的地形剖面图见图 2.22[(a)~(k)分别表示东胜、临河、化德、土左旗、清水河、丰镇、察右中旗、满都拉、达茂、大佘太、四子王旗]。

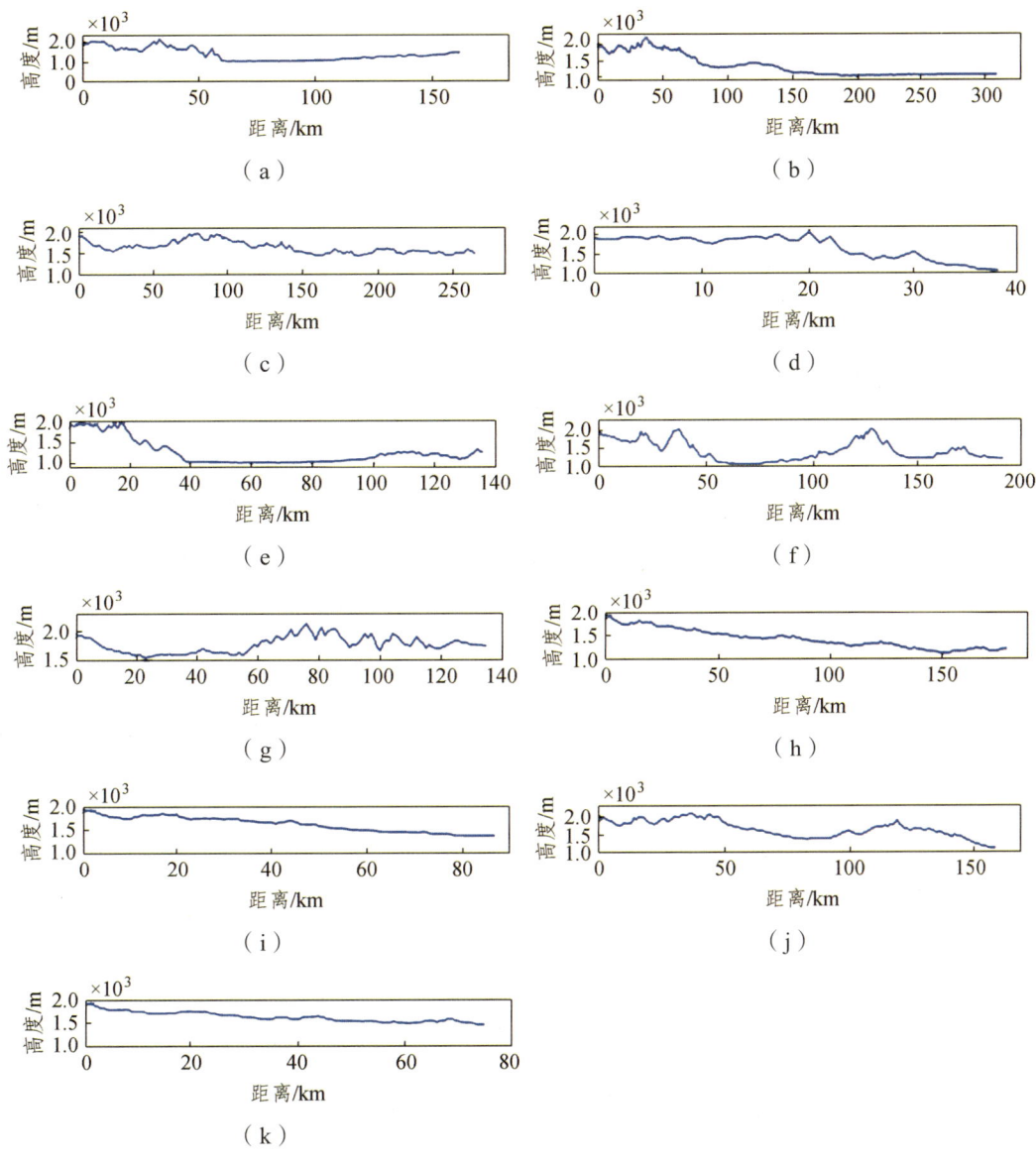

图 2.22　模拟雷击点到各实际观测站的地形剖面图

第 2 章 地球电离层空腔雷电电磁场广域传播特征

本研究采用二维球坐标系时域有限差分模型，模拟雷击电磁脉冲在地电离层波导中的传播。图 2.23 所示为该方法的整体构型，以地球中心为原点建立球坐标。闪电通道位于仿真域的左边缘，上下边界被卷积完全匹配层（Convolutional Perfect Match Layer，CPML）吸收边界包围。假定土壤均匀，电导率为 σ_r，相对介电常数为 ε_r。地表以上的区域是空气和电离层。

网格长度取 50 m，考虑到算法不发生色散的条件是最高频率电磁波对应的波长大于 10 倍的网格长度，故计算中可以模拟的电磁波最高频率为 600 kHz，包含了实际仪器所使用的频段。雷电回击采用 MTLE 模型。

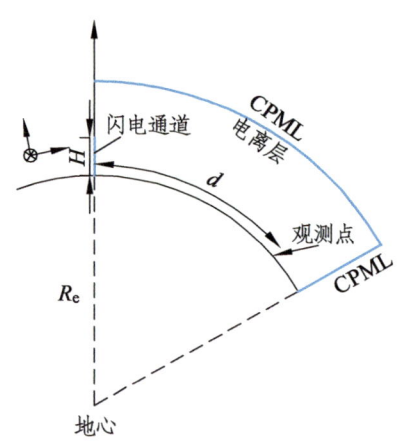

图 2.23 二维球坐标时域有限差分法整体构型

为验证本节采用的二维球坐标时域有限差分法的计算有效性，将我们的计算结果与 Tran 等人（2017）的计算结果进行了比较。由于 Tran 等人（2017）没有考虑地球的曲率，因而本节在计算中设置了一个非常大的地球半径值来表示平坦地面。图 2.24 是在平坦、完全电导地面考虑电离层夜间情况下 200 km 处计算出的波形对比。从图 2.24 中可以看出，本节方法计算的波形与用 Tran 等人（2012）计算的波形基本一致，从而验证了我们使用方法的有效性。

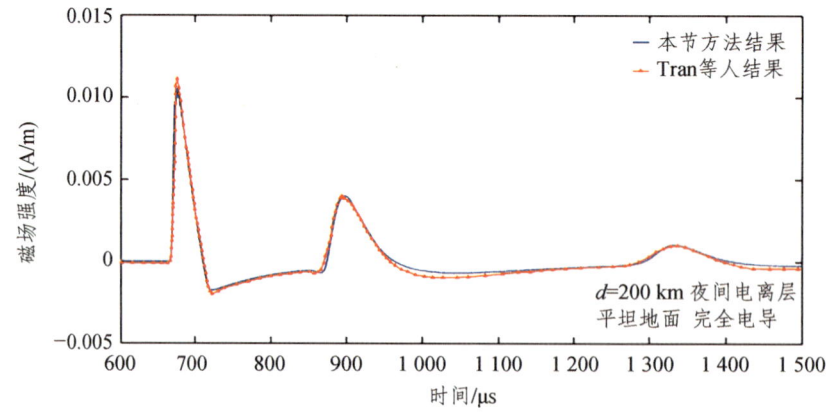

图 2.24 本节计算结果与 Tran 等人的计算结果比较

2.4　FDTD 算法在雷电时差定位方面的应用

2.4.1　结果分析

图 2.25 展现的是 FDTD 方法计算出的磁场结果，其中蓝色实线表示考虑曲率的真实地形情况下的磁场波形，绿色虚线表示不考虑曲率的平坦地面情况下的磁场波形，红色虚线表示考虑曲率平坦地面情况下的磁场波形。从图 2.25（a）~（k）则可以明显看出真实地形带来的影响，由于高大山体对高频信号的阻碍作用，地闪回击电磁场整体波形中高频信号减小，低频分量相对增大，波形上升沿时间相较于平坦地表明显滞后且上升缓慢。在闪电与测站之间距离小于 100 km 时曲率的影响可以忽略，但在 300 km 左右时，相应的时延已经接近 1 μs。

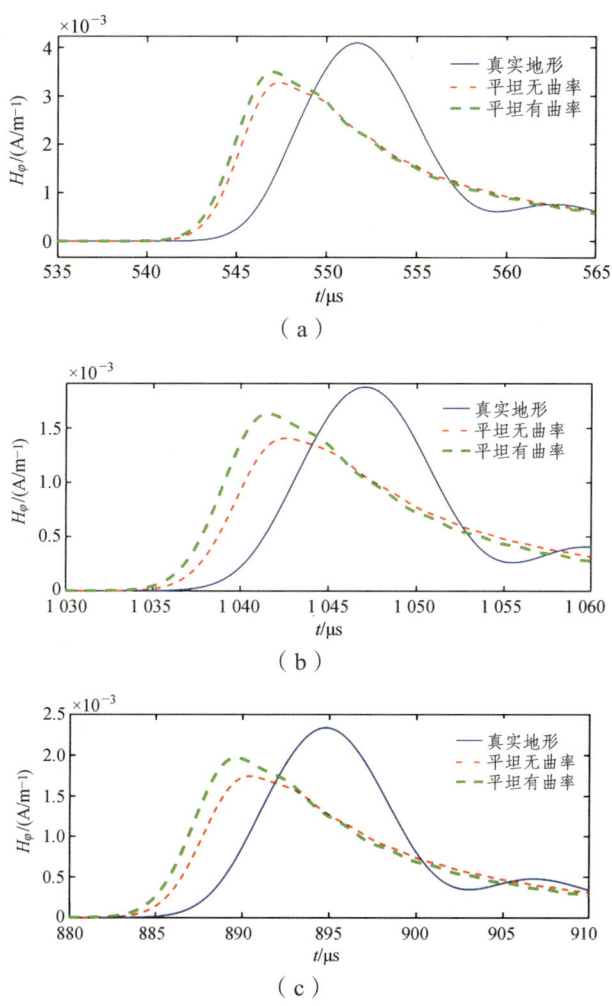

（a）

（b）

（c）

第 2 章 地球电离层空腔雷电电磁场广域传播特征

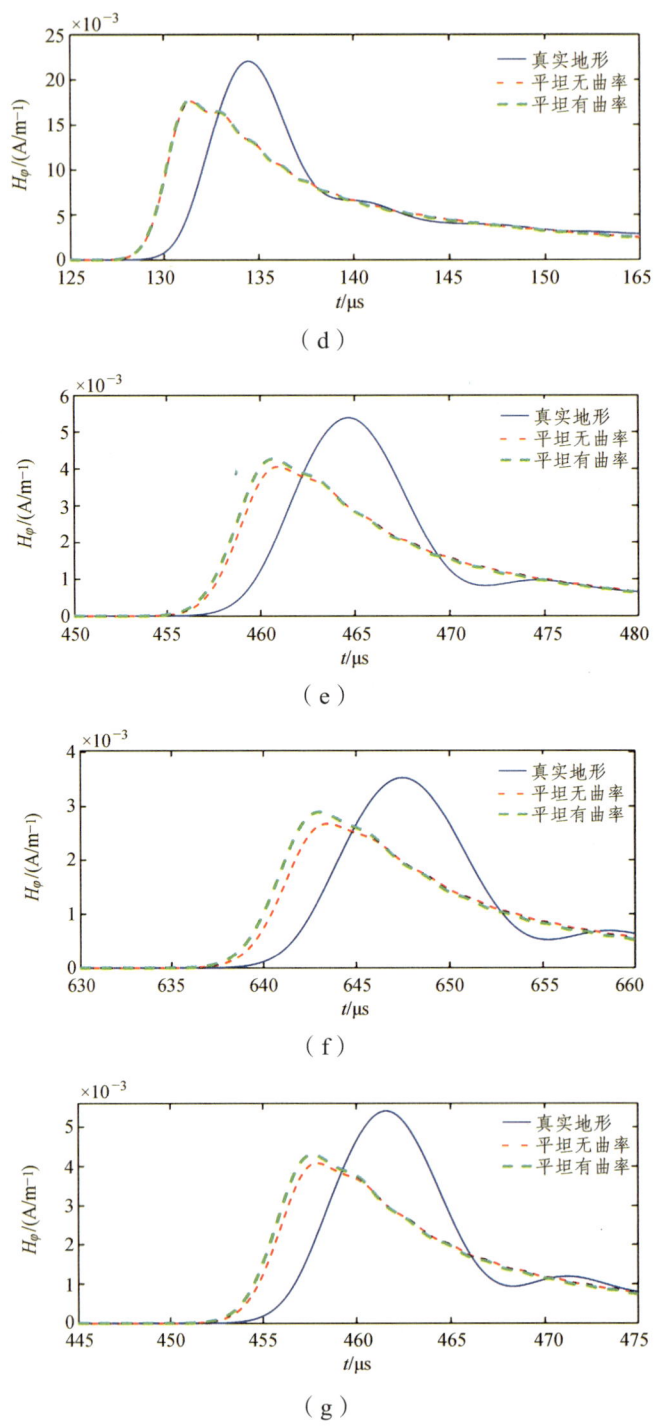

(d)

(e)

(f)

(g)

2.4 FDTD算法在雷电时差定位方面的应用

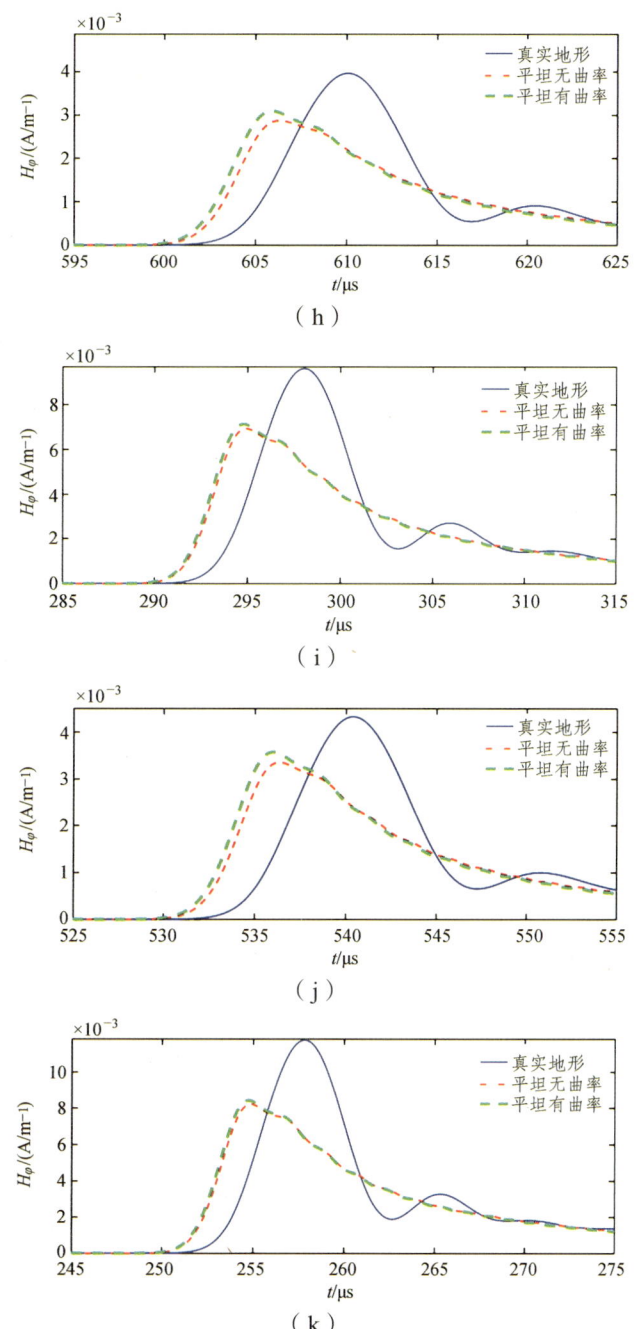

图 2.25 二维球坐标 FDTD 方法计算出的各站雷磁场波形[（a）~（k）分别表示东胜、临河、化德、土左旗、清水河、丰镇、察右中旗、满都拉、达茂、大佘太、四子王旗]

第 2 章 地球电离层空腔雷电电磁场广域传播特征

在磁场峰值方面，地球曲率会带来磁场幅值的衰减，该衰减随着距离的增加而增大，将模拟结果中考虑曲率与不考虑曲率的平坦地面的结果相对比，最远的临河站衰减可以达到 13.78%，显然此时这一影响不应忽视，如图 2.26 所示。值得注意的是，将模拟结果与平坦地面相比，所有真实地形地貌都使得地闪回击磁场峰值有所增大，对比考虑曲率时平坦地面的峰值，在四子王旗处增大的百分比最大，达到了 42.98%；东胜站处最小，为 24.95%；平均增大约 33.08%。很显然，地球曲率和真实地形地貌对峰值的这些影响需要在对雷电参数反演中加以订正，这样才能得到准确的闪电相关参数。针对雷电和测站的相对位置有多种情况，可以利用本章中模拟的方法，选取更多合理点进行模拟，得到相应的数值增大表，在实际反演中可利用表内数据对相关参数进行订正。

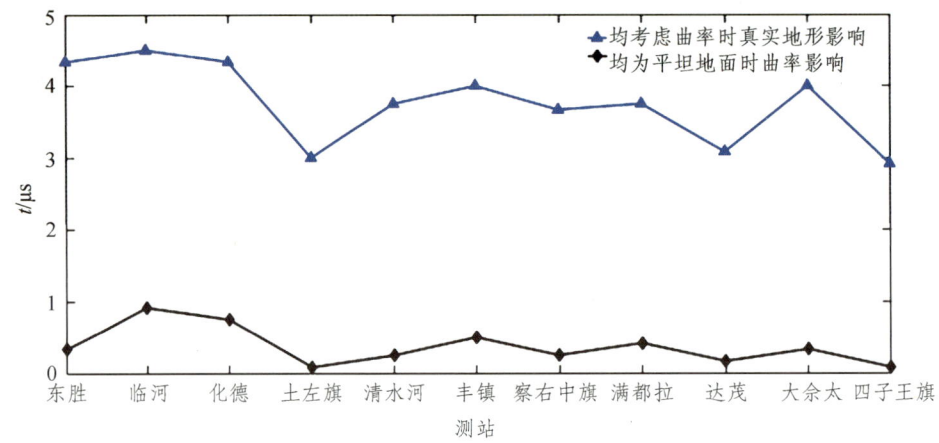

图 2.26　地球曲率、真实地形分别在各测站带来的时延

从上述结果中可以看出，在测站间距比较大的各测站组网观测时，除了考虑地面电导率带来的影响，真实地形与地球曲率造成的影响也不容忽视。

第 3 章　雷电流测量及其反演

雷电流波形的测量是雷电物理研究和雷电防护技术中的一个重要参数,为了对雷电流进行直接测量,通常采取在高塔顶端安装雷电流测量设备进行观测。但由于自然闪电发生发展的随机性,能利用高塔直接测量雷电流的概率很小,如果没有长达几年的连续观测,很难积累大量的样本数。因此,雷电流参数的统计分析通常借助远距离雷电电磁场进行反演。

3.1　雷电流的测量技术

罗氏线圈测量电流的理论依据是电磁感应定律和安培环路定律。如图 3.1 所示,当被测电流沿轴线通过线圈时,在环形绕组所包围的体积内产生相应变化的磁场 H。由安培环路定律得:

$$\oint H \mathrm{d}l = I(t) \qquad (3.1)$$

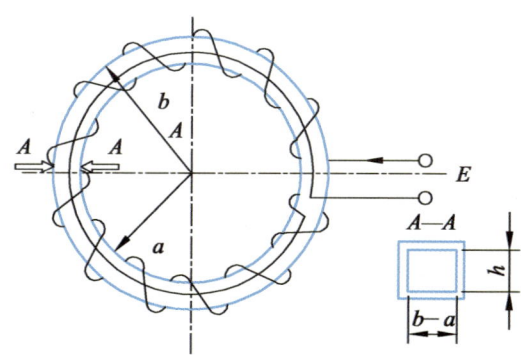

图 3.1　环形天线 From Tumanski[2007]

由 $B = \mu H$,$V = \dfrac{\mathrm{d}\phi}{\mathrm{d}t}$,可得线圈两端的电压为:

$$V(t) = \mathrm{d}(N \int B \mathrm{d}S)/\mathrm{d}t = M \mathrm{d}I(t)/\mathrm{d}t \tag{3.2}$$

当测量线圈为环形，其截面为矩形时，互感系数 M 的值为：

$$M = \mu N h \ln(b/a)/2\pi \tag{3.3}$$

式中，H 为线圈内部的磁场强度；B 为线圈内部的磁感应强度；N 为线圈匝数。

互感系数 M 与线圈匝数以及线圈的具体尺寸有关，增加匝数以及线圈尺寸，可以有效地增大 M。但是匝数过大会引起线圈内阻的增加，因此匝数选取应该适当。将细的漆包线均匀密绕在环形绝缘骨架上且均匀密绕。

3.2 雷击建筑物电流暂态响应

雷击建筑物电流分流是雷电防护和建筑电气技术电磁兼容领域非常关注的问题。目前，各类建筑物防雷规范是直接采用 IEC 国际标准，但对这些标准的适用性和局限性都是基于实验室高压冲击测试数据，没有严格的野外实验检验和评估，IEC 建筑物雷电防护系统（LPS）规范的防护效果是值得商榷的。

目前，直接雷防护包括接闪器、引下线、地网等，建筑物、电源设备以及电子产品安装开关型和压敏型 SPD 雷电浪涌保护器。当建筑物遭雷击后，自然雷电流沿建筑物防护系统（LPS）流动。不过，由于雷电流强度大、频谱宽等特点，建筑物雷击产生的冲击阻抗与实验室或工频冲击的差异较大，直接采用 IEC 标准可能存在缺陷。

如根据 IEC61312-1 标准，三类和四类民用建筑物可以利用增加垂直接地体的根数来达到泄放电流的目的。如图 3.2 所示，IEC 61024-1 规范对三类和四类建筑物的接地电阻没有要求，这样的建筑物仅要求至少两个接地极，要么是 2.5 m 的垂直接地极，要么是 5 m 的水平接地体，无论土壤电导率是多少。规范规定如果用一根垂直接地极，则能将总电流的 50%泄放到大地，如图 3.2（a）所示；如果增加为两根垂直接地体，则泄放电流的能力为 75%，仅有 12.5%的电流进入室内电气设备。不过，上述设计方案完全是基于工频，因为工频对应的电磁波波长达到几千千米，远远大于建筑物尺寸。因此，整个 LPS 系统各分支电位相等，此类问题完全可以利用电路的概念来理解。但实际上，当雷电流闪击到建筑物 LPS 防护系统时，由于雷电流频谱宽、强度大，整个防护系统的冲击接地阻抗与工频或冲击电流存在很大差异。

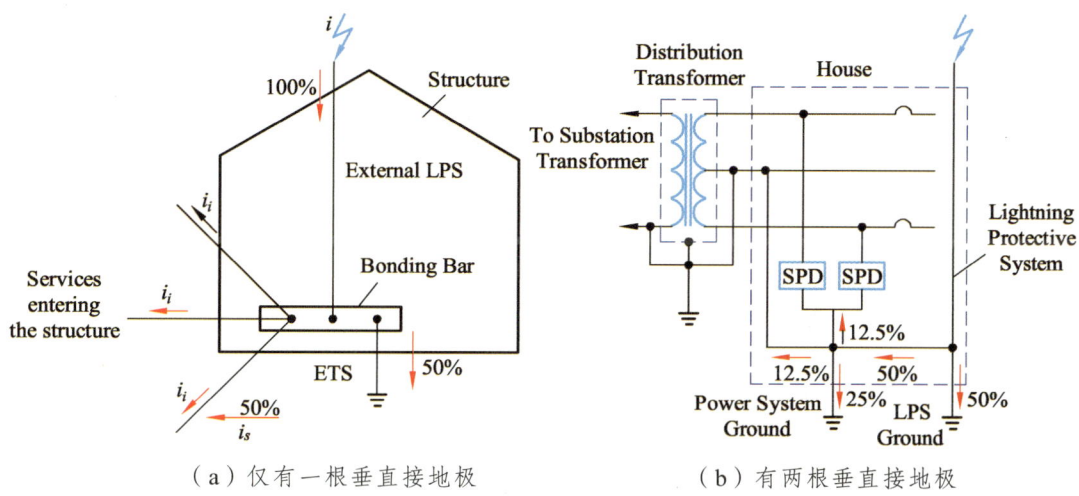

图 3.2 根据 IEC61312-1 规范标准建筑物 LPS 的系统设计

3.3 雷击高塔电流测量

雷电是发生在雷暴天气条件下的一种瞬时放电现象。雷电尤其是云地雷电（简称地闪）过程的大电流及其所伴随的高温、冲击波和强烈的电磁辐射等效应，可对人畜、电力、通信、森林、核电站、空间飞行器及地面建筑等设施造成严重威胁和损害（王道洪，等，1999）。近年来，随着城市高层建筑的兴起、微电子设备的大量采用，雷电流及其强电磁辐射所造成的危害愈来愈严重。目前，尽管多种雷电保护措施的采用在一定程度上防止了直击雷害和间接雷害的发生，但由于对雷电的发生机制、物理过程及其基本参量的认识和积累不足，直接影响了雷电防护设计的发展和完善。

自从 1939 年 McEachron 等在美国帝国大厦、1975 年 Berger 等在瑞士首次获得自然雷电流以来，世界不同地区的研究者已经取得了自然雷电和人工引发雷电流的大量数据，但国内仍没有一个自己测量到的完整自然雷电流波形及其同步电磁场变化资料。从目前所观测的数据看，不同地区的雷暴强弱不同，相应的雷电强弱也不同。如瑞士和意大利观测的下行雷电首次回击电流峰值分别为 30 kA 和 33 kA，比巴西（45 kA）和南非（44 kA）的结果小约 50%。因为南非和巴西地处热带地区，雷暴活动比较频繁。我国地形地貌千差万别，不同地区的雷电强弱差别可能很大。如何因地制宜地进行科学的雷电防护，制定出具有我国自主知识产权的防雷标准，不同地区雷电流及其电磁场数据的不断积累是十分重要的。

第 3 章 雷电流测量及其反演

由于自然雷电在一定时空尺度上发生、发展的随机性和瞬时性，击中某一固定目标物的概率很低，对雷电流及其近距离电磁场的直接测量十分困难，对其物理过程的认识和科学的防护也因此受到制约。因此，本章将主要借助于时间和空间可控状态下的人工引发雷电技术，对雷电流及其近距离电磁场变化特征进行观测研究和详细分析，并针对雷电主放电通道的弯曲、推迟势效应和地面电导率等因素对电磁辐射和传输的影响进行理论探讨。

在雷电电磁辐射的观测研究中，由于地闪回击过程的大电流及其强烈的电磁辐射，使得地闪回击过程成为雷电物理最感兴趣的研究内容和防护工程设计最关注的对象。下面主要从雷电流及其电磁辐射与传输的观测研究等方面对国内外的研究进展作一简单回顾。

关于自然雷电流的系统观测研究，最早是 Berger 等在 1975 年将电流测量装置安装在瑞士的两座高为 70 m、相隔 400 m 的铁塔顶上进行的。塔位于 Lugano 的 Monte san salvatore 山顶上，山顶海拔高度为 915 m，高出山脚的湖水面 640 m。塔的高度是中等高度，但由于山体高度的影响，塔的等效高度估计为 350 m。结果表明塔顶观测到的雷电 85%是上行雷，下行雷仅为 15%。图 3.3 和图 3.4 分别给出了 Berger 等（1975）所观测到的下行雷电流波形及其峰值分布，可以看出负地闪和正地闪首次回击电流峰值的几何平均值为 30 kA，负地闪继后回击电流峰值的几何平均值为 12 kA。

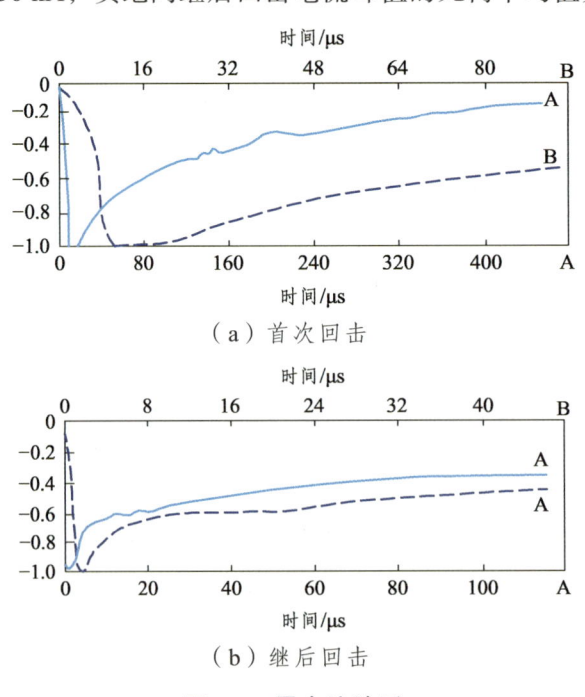

（a）首次回击

（b）继后回击

图 3.3 雷电流波形

3.3 雷击高塔电流测量

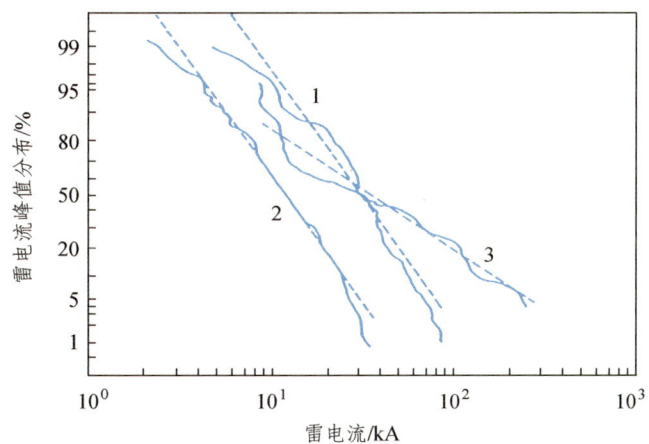

曲线 1—负地闪首次回击；曲线 2—负地闪继后回击；曲线 3—正地闪回击。

图 3.4 雷电流峰值分布

采取与 Berger 相同的方法，1978 年 Eriksson 等在南非较平坦地区的一座 60 m 高塔上进行了雷电流测量，发现 50% 是下行雷。山体高度对塔的有效高度存在一定的影响，山越高，塔的等效高度越高，在塔顶发生的上行雷概率可能越大。随后，1982 年 Garbagnati 等在意大利、1992 年 Berierl 等在德国、1996 年 Janischewskyi 等在加拿大、2000 年 Narita 等在日本相继开展了一系列自然雷电流的测量工作。表 3.1 是不同作者在不同地区观测到的自然雷电回击电流参量。从表中看出，不同地区下行雷电首次回击电流峰值的几何平均值为 30～45 kA，下行雷电继后回击为 12～18 kA，上行雷电回击电流为 8～10 kA，首次回击电流峰值明显大于继后回击和上行雷电。

表 3.1 不同地区的自然雷电回击电流

回击类型	地区	样本数	几何平均/kA	中和电荷量/C	作者（时间，测量位置）
下行雷电首次回击	Switzerland	101	30	0.77	Berger 等（1975，塔顶）
	South African	12	44	—	Eriksson（1978，塔底）
	Italy	42	33	—	Garbagnati 等（1982，塔顶）
	Brazil	29	45	—	Pinto 等（2005，塔底）
下行雷电继后回击	Switzerland	135	12	0.95	Berger 等（1975，塔顶）
	South African	8	18	—	Eriksson（1978，塔底）
	Italy	33	18	—	Garbagnati 等（1982，塔顶）
	Brazil	59	18	—	Pinto 等（2005，塔底）

续表

回击类型	地区	样本数	几何平均/kA	中和电荷量/C	作者（时间，测量位置）
上行雷电	Switzerland	176	10	0.77	Berger 等（1975，塔顶）
	South African	1	10	0.15	Eriksson（1979，塔底）
	Italy	142	8	—	Garbagnati 等（1982，塔顶）
	Brazil	12	10	—	Pinto 等（2005，塔底）

自然雷电击中某一固定建筑物的概率很小，且高大建筑物对雷电流波形会造成一定的影响。如被广泛应用的 Berger 等（1975）电流结果，由于其观测的塔等效高度为 370 m，无论在塔顶还是在塔底，雷电流的观测结果都可能受到塔本身不同程度的影响（Janischewskj，1999），因为雷电流最终是通过建筑物释放到大地，建筑物代替了雷电接近地面的一段通道，从而有可能增大了电磁辐射场（如果是金属类建筑物，影响的程度更大）。目前，对雷电流及其同步电磁场的观测研究，主要借助于时间、空间可控状态下的人工引发雷电技术。因为从发生、发展的物理过程及其强度上，人工引发雷电与自然雷电继后回击基本是一致的（郄秀书，2007），这为深入研究自然雷电的物理机制和确定其放电参量提供了条件。

1993 年 Fisher 等（1993）在 Florida 和 Alabama 对人工引发雷电流进行了观测研究，结果表明 Florida 的回击电流峰值、10%～90%上升时间和半峰值宽度的几何平均值分别为 15 kA、0.59 μs 和 23 μs，而 Alabama 的相应结果分别为 11 kA、0.34 μs 和 17 μs，两个地区的观测结果是不同的。一次回击过程中和的电荷量最小为 0.2 C，最大为 64 C，几何平均值为 2.1 C；一次回击过程作用积分的最小值为 0.12 A^2 s，最大为 6 400 A^2 s，几何平均值为 3 500 A^2 s。2005 年 Rakov 等对美国 Florida 的十年人工引发雷电实验研究进行了总结，发现 64 次引发雷电流的几何平均值为 14.5 kA，10%～90%上升时间为 0.2 μs。表 3.2 给出了不同作者在不同地区的观测结果。从表中看出，传统引发雷电的回击电流峰值为 10～17 kA，几何平均值约 12 kA，为数不多的空中引发雷电流为 24～33 kA（共成功测量到 3 次雷电流，9 次回击过程），空中引发雷电的强度有大于传统方式的趋势。

表 3.2　人工引发雷电的回击电流波形特征参数

作者 （时间、地区）	样本数	回击类型	I_p/kA	$t_{30\%\sim90\%}$ (μs)/σ_{kg}	t_{HPW} (μs)/σ_{kg}
Rakov 等 （Florida，2005）	64	传统引发	14.5	0.2/0.29	10.5/0.3
Fisher 等 （Alabama，1993）	37	传统引发	11	0.2/0.28	40
（Brazil，2005）	7	空中引发	33	—	—
Depasse 等 （Florida，1994）	305	传统引发	12	—	—
Depasse 等 （France，1994）	54	传统引发	10	—	—
Laroche 等 （Florida，1991）	2	空中引发	24	—	—

3.3.1　雷击高塔电流数据

对自然雷电流的测量通常是将测量设备安装在易遭雷击的高大建筑物顶端，如 Berger（1975）等人将电流测量装置安装在瑞士的两座高为 70 m、相隔 400 m 的铁塔顶上；Eriksson（1978）等人将 Rogowski 线圈安装在 60 m 高的铁塔上测量雷电流；Schroeder（1985）在巴西的一座高约 1.43 km 的山顶上安装了一座 60 m 的铁塔，在塔底进行雷电流的测量；Fuchs（1998）将雷电流测量系统安装在 168 m 高的钢筋混凝土结构的 Peissenberg 电视塔的顶部，对雷电流及其变化率进行观测。表 3.3 给出了不同作者在不同地区的雷电放电电流测量结果。

表 3.3　基于高塔的自然雷电回击电流测量结果

作者	地点	塔高/m	测量位置	样本数	继后回击	I_p/kA
Gorin 等（1975）	俄罗斯	540	533 m 处	58	继后回击	9
	俄罗斯	540	47 m 处	76	继后回击	18
Hagenguth and Anderson（1952）	美国	410	塔顶	84	继后回击	10
Anderson 和 Eriksson（1980）	瑞士	70	塔顶	114	继后回击	12.0
Fuchs（1998）	德国	160	塔顶	35	继后回击	8.5
Berger 等（1975）	瑞士	70	塔顶	135	继后回击	12.0
				101	首次回击	30.0
Eriksson 等（1989）	南非	60	塔顶	12	首次回击	44.0
Garbagnati 和 Piparo（1982）	意大利			42	首次回击	33.0

图 3.5 是击中 553 m 高的加拿大多伦多 CN 塔的一次闪电回击电流波形及其变化率。其实验的目的有两个：一是利用高塔遭雷击数据对闪电定位系统进行标定；二是采集记录自然雷电流波形。测量雷电流的仪器都是 Rogowski 线圈，分别安装在距塔顶 44 m 和 79 m 处（Lafkovici，等，2008），图中的结果是距塔顶 44 m 处的结果。距塔顶为 79 m 处的 Rogowski 是 1990 年安装的，线圈周长为 3 m，测量带宽为 40 MHz。距塔顶为 44 m 处的 Rogowski 是 2005 年安装的，线圈周长为 6 m，测量带宽为 20 MHz，信号通过光纤传输，然后利用 LeCroy 示波器设备采集记录。从图 3.5（a）中看出，回击电流波形变化率出现多次振荡，对应电流波在塔顶和塔底的多次反射。将电流变化率波形积分后的电流波形大致呈两个峰值（小的脉冲是干扰产生的），如图 3.5（b）所示，第二个峰值大于第一个峰值，第二个峰值对应电流波在塔底部的反射，这是高塔测量雷电流具有的普遍特点。

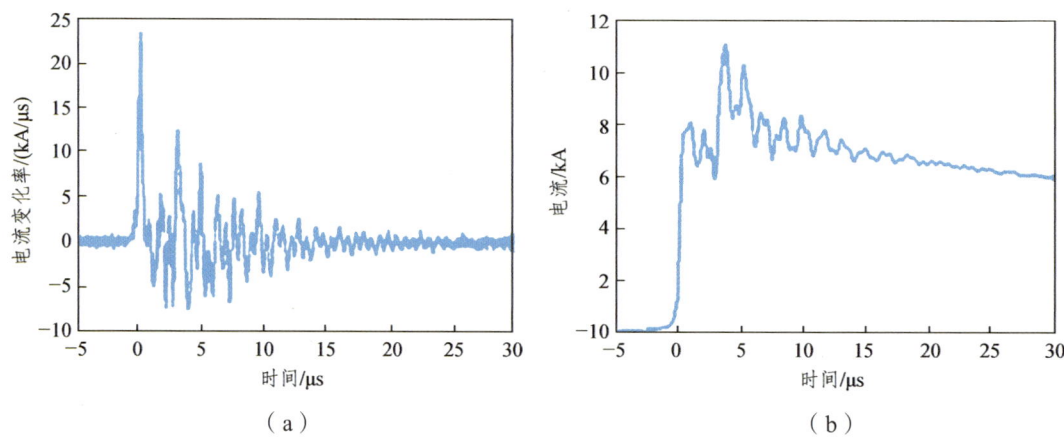

图 3.5　一次击中 553 m 高的多伦多 CN 塔的闪电回击电流变化率及其时间积分得到的电流波形
（Lafkovici 等，2008）

但值得注意的是，利用地面高塔进行雷电流的测量尽管增大了获取雷电流的概率，但由于高塔对雷电流瞬态过程的影响，测量的雷电流及其同步电磁场可能受到不同程度的影响。在塔底测量的结果和塔顶差异很大，如图 3.6 所示是 Gorin（1975）等在 Moscow 塔不同高度处测量的雷电流波形。可以看出，在塔三个不同高度上表现出不同的波形，通道底部电流峰值是顶部的 3 倍左右。不过，Rakov（2003）等认为靠近底部的测量结果可能偏大，应该是顶部的 2 倍左右。高塔对雷电流的影响是由于高塔本身的阻抗、塔的接地阻抗和雷电通道阻抗三者不匹配，使得瞬态雷电过程在塔内存在反射，因此在塔的不同位置测量的雷电流不同。

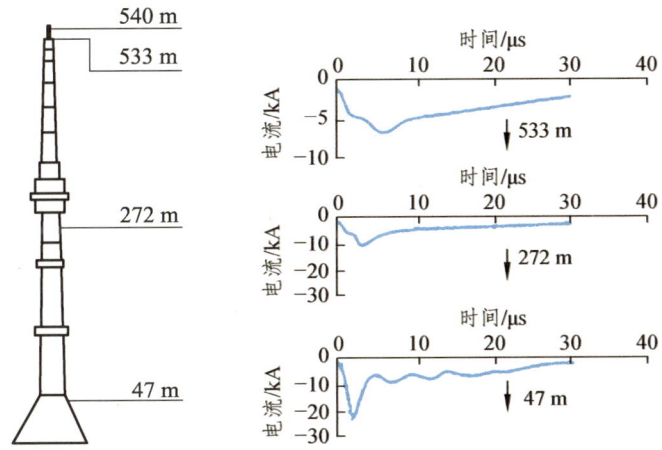

图 3.6 Moscow 塔上不同高度处测量的雷电流波形（Gorin et al.，1975）

不过，由于自然雷电发生、发展的随机性，对雷电流的直接测量是不容易的，更多的雷电流数据是通过雷电定位系统反演得到的。利用高塔直接测量的自然雷电流首次回击电流峰值不超过 150 kA（Berger，等，1975；Takami and Okabe，2007；Visacro，等，2004），而利用雷电定位系统反演的首次回击雷电流强度最大达到 600 kA。Kochtubajda（2008）等利用一千多万个雷电定位数据，分析了加拿大不同地区的雷电流强度，发现最大的负地闪首次回击峰值为 537～598 kA，而正地闪峰值为 540～574 kA。Lyons（1996）利用一百多万个雷电定位数据，发现 52 个负地闪和 12 个正地闪的峰值超过 400 kA，最大的负地闪和正地闪峰值分别为 957 kA 和 580 kA。Cooray 和 Rakov（2012）认为地闪回击电流峰值的大小与雷暴云和大地之间的环境电场大小有关，二者满足 $I_p = kE^{0.967}$，其中，I_p 和 E 分别为回击电流峰值和环境电场大小，k 为系数。如果假定雷暴云下部环境电场的最大值为 150 kV/m，温带地区最大的负地闪回击电流峰值的估算值为 300 kA，热带地区的最大估算值为 450～500 kA。估算的最小回击电流为 1.5～3 kA，最可能的值为 2 kA。不过，由于地面附近高大树木、尖端和建筑顶端的电晕放电的屏蔽作用，减弱了陆地表面的环境电场，实际发生的地闪回击电流峰值可能比上述估算值小。

3.3.2 雷击高塔 Rachidi 电流源模型

高塔是真实的高大建筑物，同时也是复杂建筑物的简单模型，有关雷击高塔的暂态效应过程一直是研究的重点。目前，有关雷击高塔电流暂态效应的模式很多，最有代表性的有两种：Rachidi 电流源模式和 Baba 电压源模式。

按照闪击在地表面的 MTLE 回击电流模式而言，电流沿闪电通道的时空分布满足：

$$i(z,t) = e^{-z/\lambda} i(0, t - z/v) \tag{3.4}$$

式中，z 为离地面的高度；λ 为衰减常数；$i(0,t)$ 为通道底部电流；v 是回击速度。按照 Rachidi 和 Rakov（1990）的研究结果，MTLE 工程模式可以按照分布在通道中的无穷多个电流元来表达，如图 3.7 所示。这些电流元代表储存在先导电晕鞘内的电荷对雷电流的影响。当回击前沿到达某个电流元时，则该电流元瞬时启动，高度 z 处的电流元可表示为（Rachidi，等，2002）：

$$di_s(z',t) = 0 \quad t < z'/v \tag{3.5}$$

$$di_s(z',t) = f(t - z'/v) e^{-z'/\lambda} dz' \quad t \geqslant z'/v \tag{3.6}$$

式中，$f(t - z'/v)$ 为任意函数。因此，z 高度处的电流 $i(z,t)$ 可表示为：

$$i(z,t) = \int_z^H di_s\left(z', t - \frac{z'-z}{c}\right) = \int_z^H f\left(t - \frac{z'}{v} - \frac{z'-z}{c}\right) e^{-z/\lambda} dz' \tag{3.7}$$

式中，c 为光速；H 为 z 高度处"看到"的回击前沿高度，$H = (t + z/c)(1/v + 1/c)$。如果电流传播速度为无穷大，则 $H = vt$。

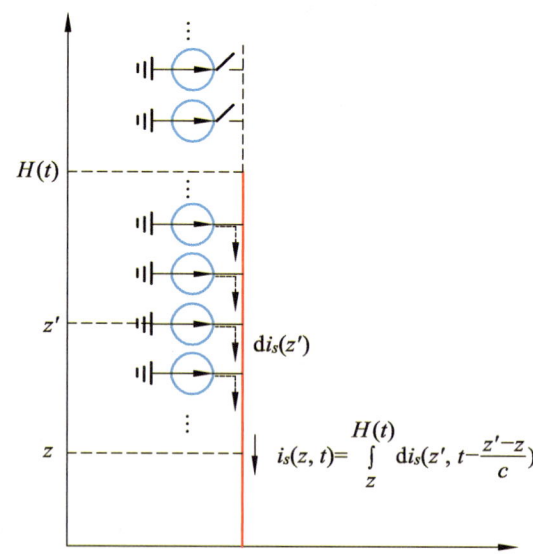

图 3.7　回击通道电流源分布示意图，假定闪击在地面且忽略地面反射

3.3 雷击高塔电流测量

通道底部电流为：

$$i(0,t) = \int_0^H f\left(t - \frac{z'}{v} - \frac{z'}{c}\right) e^{-z/\lambda} dz' \tag{3.8}$$

从式（3.7）和式（3.8）看出，通道底部电流的反射被忽略掉了，即假定雷电通道的等效阻抗和接地点的特征阻抗相同。

当闪击在高度为 h 的高塔时，由于闪电通道和高塔之间、高塔和接地系统之间阻抗的不匹配，电流波在这些端点处产生反射，如图 3.8 所示。图 3.8（a）仅考虑 z 高度以上通道电流源的贡献，而图 3.8（b）考虑 z 高度以下通道电流经过高塔反射后的贡献。

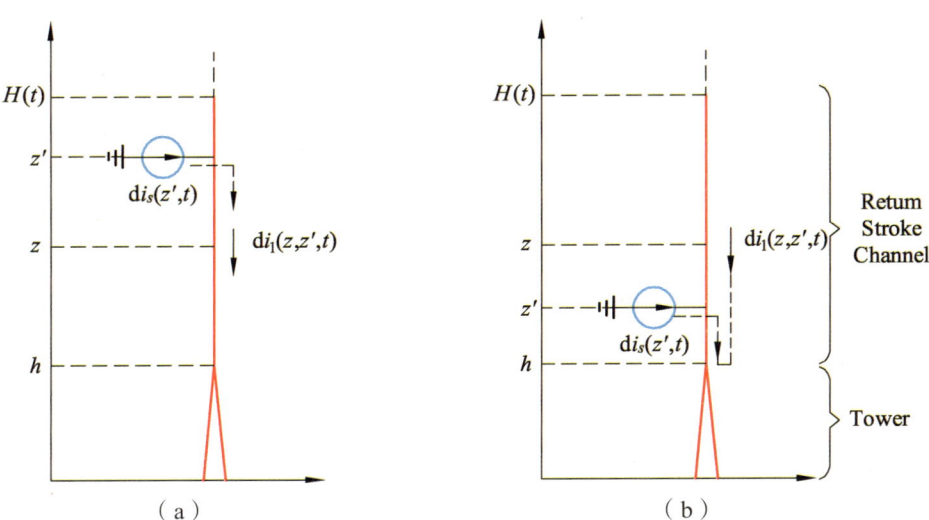

图 3.8　考虑了雷击高塔的反射影响

如图 3.9 所示，假定雷电通道的等效阻抗、地面引雷体的特征阻抗和接地系统的等效阻抗分别为 Z_t、Z_{ch} 和 Z_g，则地面引雷体顶端向上和向下的电流反射系数 ρ_t 和 ρ_t^- 分别为：

$$\rho_t = \frac{Z_t - Z_{ch}}{Z_t + Z_{ch}} \qquad \rho_t^- = -\frac{Z_t - Z_{ch}}{Z_t + Z_{ch}} = -\rho_t \tag{3.9}$$

引雷体底部电流的反射系数为：

$$\rho_g = \frac{Z_t - Z_g}{Z_t + Z_g} \tag{3.10}$$

第 3 章 雷电流测量及其反演

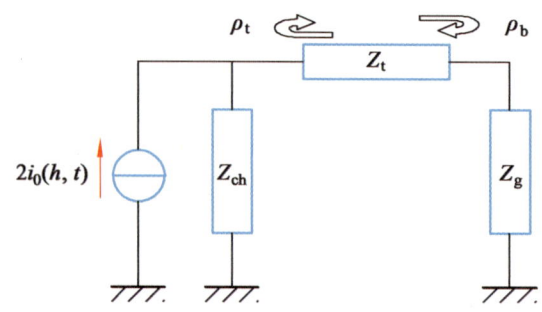

图 3.9 雷击高塔的电流源模型

1）沿高塔的电流分布

通道 z 高度处的电流由两部分组成：一部分是处于 z 高度以上的电流源的贡献，另一部分是 z 高度以下的电流经过高塔反射上来的贡献。首先，考虑 z 高度以上的电流源的贡献（即 $z' > z$）。忽略高大顶端和底部的反射系数，即假定 $\rho_t = 0$ 和 $\rho_g = 0$，可得：

$$\mathrm{d}i_1(z,z',t) = \mathrm{d}i_s\left(z', t - \frac{z-z'}{c}\right) = f\left(t - \frac{z'-h}{v} - \frac{z'-z}{c}\right)\mathrm{e}^{-(z'-h)/\lambda}\mathrm{d}z' \quad (3.11)$$

考虑到注入高塔的电流在高塔顶端和底部的多次反射，可得大于高度 z 处的通道部分 $z' > z$ 的电流贡献为：

$$\begin{aligned}
\mathrm{d}i_1(z,z',t) = \mathrm{e}^{-(z'-h)/\lambda}\mathrm{d}z' \Big\{ & f\left(t - \frac{z'-h}{v} - \frac{z'-z}{c}\right) - \\
& \rho_t f\left[t - \frac{z'-h}{v} - \frac{z'-z}{c} - \frac{2(z-h)}{c}\right] + \\
& (1-\rho_t)\rho_g(1+\rho_t)f\left(t - \frac{z'-h}{v} - \frac{z'-z}{c} - \frac{2z}{c}\right) + \\
& (1-\rho_t)\rho_g^2\rho_t(1+\rho_t)f\left(t - \frac{z'-h}{v} - \frac{z'-z}{c} - \frac{2z}{c} - \frac{2h}{c}\right) + \\
& (1-\rho_t)\rho_g^3\rho_t^2(1+\rho_t)f\left(t - \frac{z'-h}{v} - \frac{z'-z}{c} - \frac{2z}{c} - \frac{4h}{c}\right) + \\
& \cdots \Big\}
\end{aligned}$$

整理后为：

$$\begin{aligned}
\mathrm{d}i_1(z,z',t) = \mathrm{e}^{-(z'-h)/\lambda}\mathrm{d}z' \Big\{ & f\left(t - \frac{z'-h}{v} - \frac{z'-z}{c}\right) - \rho_t f\left[t - \frac{z'-h}{v} - \frac{z'-z}{c} - \frac{2(z-h)}{c}\right] + \\
& (1-\rho_t)(1+\rho_t)\sum_{n=1}^{\infty}\rho_g^n\rho_t^{n-1}f\left[t - \frac{z'-h}{v} - \frac{z'-z}{c} - \frac{2z}{c} - \frac{2(n-1)h}{c}\right] \Big\}
\end{aligned}$$

$$(3.12)$$

式中，n 为雷电流波在地面引雷体之间来回反射的次数。同时由于电流的反射，分布在观察点 z 以下的电流元 $z > z' > h$ 对观察点的贡献为：

$$\mathrm{d}i_2(z,z',t) = \mathrm{e}^{-(z'-h)/\lambda}\mathrm{d}z'\left\{-\rho_t f\left[t-\frac{z'-h}{v}-\frac{z'-z}{c}-\frac{2(z-h)}{c}\right]+\right.$$
$$\left.(1-\rho_t)(1+\rho_t)\sum_{n=1}^{\infty}\rho_g^n \rho_t^{n-1} f\left[t-\frac{z'-h}{v}-\frac{z'-z}{c}-\frac{2z}{c}-\frac{2(n-1)h}{c}\right]\right\} \quad (3.13)$$

因此，z 高度处的电流由式（3.12）和式（3.13）合成，即：

$$i(z,t) = \int_z^H \mathrm{d}i_1(z,z',t) + \int_h^z \mathrm{d}i_2(z,z',t) \quad (3.14)$$

为了上述公式进行简化，需要进行一些简化运算。首先，从雷击地面可知：

$$i\left(0,t-\frac{z}{v}\right)\mathrm{e}^{-z/\lambda} = \int_z^H f\left(t-\frac{z'}{v}-\frac{z'-z}{c}\right)\mathrm{e}^{-z/\lambda}\mathrm{d}z' \quad (3.15)$$

此时，需要引入一个"理想电流"概念，定义引雷体顶端和底部电流反射系数为零时的电流为"理想电流"，即可以在通道和高塔任一位置处得到的相同的电流，即：

$$i_0\left(h,t-\frac{z-h}{v}\right)\mathrm{e}^{-(z-h)/\lambda} = \int_z^H f\left(t-\frac{z'-h}{v}-\frac{z'-z}{c}\right)\mathrm{e}^{-(z-h)/\lambda}\mathrm{d}z' \quad (3.16)$$

因此，将式（3.12）和式（3.13）代入式（3.14），同时考虑到式（3.16），可得地面引雷体高度 h 以上通道的电流分布满足：

$$i(z,t) = \mathrm{e}^{-(z'-h)/\lambda}i_0\left(h,t-\frac{z-h}{c}\right) - \rho_t i_0\left(h,t-\frac{z-h}{c}\right) +$$
$$(1-\rho_t)(1+\rho_t)\sum_{n=1}^{\infty}\rho_g^n \rho_t^{n-1} i_0\left(h,t-\frac{z-h}{c}-\frac{2nh}{c}\right) \quad (3.17)$$

从式（3.17）看出，当 $n=1$，$\rho_t=0$ 和 $h=0$ 时，即为从地面始发的传输线电流模式，只不过考虑了雷电流在地面的反射，即：

$$i(z,t) = \mathrm{e}^{-z/\lambda}i_0(0,t-z/v) + \rho_g i_0(0,t-z/c) \quad (3.18)$$

式中，$\rho_g = \dfrac{Z_{ch} - Z_g}{Z_{ch} + Z_g}$，$i_0(0,t) = \int_z^H f\left(t-\dfrac{z'}{v}-\dfrac{z'}{c}\right)\mathrm{e}^{-z'/\lambda}\mathrm{d}z'$。

2）雷电流沿高塔的电流分布

类似于自然通道内电流的分布，可得自然通道每个电流源大于塔内 z 高度处电流的贡献为：

$$\begin{aligned}
\mathrm{d}i(z,z',t) = \mathrm{e}^{-(z'-h)/\lambda}\mathrm{d}z' \bigg\{ &(1-\rho_t)f\left(t-\frac{z'-h}{v}-\frac{z'-z}{c}\right) + \\
&\rho_g(1-\rho_t)f\left(t-\frac{z'-h}{v}-\frac{z'-z}{c}-\frac{2z}{c}\right) + \\
&\rho_g\rho_t(1-\rho_t)f\left(t-\frac{z'-h}{v}-\frac{z'-z}{c}-\frac{2h}{c}\right) + \\
&\rho_g^2\rho_t(1-\rho_t)f\left(t-\frac{z'-h}{v}-\frac{z'-z}{c}-\frac{2z}{c}-\frac{2h}{c}\right) + \\
&\rho_g^2\rho_t^2(1-\rho_t)f\left(t-\frac{z'-h}{v}-\frac{z'-z}{c}-\frac{4h}{c}\right) + \\
&\rho_g^3\rho_t^2(1-\rho_t)f\left(t-\frac{z'-h}{v}-\frac{z'-z}{c}-\frac{2z}{c}-\frac{4h}{c}\right) + \\
&\cdots \bigg\}
\end{aligned} \quad (3.19)$$

整理后可得：

$$\begin{aligned}
\mathrm{d}i(z,z',t) = &(1-\rho_t)\mathrm{e}^{-(z'-h)/\lambda}\mathrm{d}z' \\
&\left\{\sum_{n=0}^{\infty}\left[\rho_g^n\rho_t^n f\left(t-\frac{z'-h}{v}-\frac{z'-z}{c}-\frac{2nh}{c}\right) + \right.\right. \\
&\left.\left. \rho_g^{n+1}\rho_t^n f\left(t-\frac{z'-h}{v}-\frac{z'-z}{c}-\frac{2z}{c}-\frac{2nh}{c}\right)\right]\right\}
\end{aligned} \quad (3.20)$$

因此，高塔内 z 高度处的电流为（$0<z<h$）：

$$i(z,t) = \int_h^H \mathrm{d}i(z,z',\mathrm{t}) \quad (3.21)$$

此处，再次应用理想电流波形与通道电流源之间的关系，即：

$$i_0(0,t) = \int_h^{H(t)} ft-\frac{z'-h}{v}\left(-\frac{z'-h}{c}\right)\mathrm{e}^{-(z'-h)/\lambda}\mathrm{d}z' \quad (3.22)$$

将式（3.20）带入式（3.21），考虑式（3.22）可得高塔内的电流分布（$0<z<h$）满足：

$$i(z,t) = (1-\rho_t)\sum_{n=0}^{\infty}\left[\rho_g^n \rho_t^n i_0\left(h, t - \frac{h-z}{c} - \frac{2nh}{c}\right) + \rho_g^{n+1}\rho_t^n i_0\left(h, t - \frac{h+z}{c} - \frac{2nh}{c}\right)\right] \quad (3.23)$$

其中，反射系数为：

$$1 - \rho_t = 1 - \frac{Z_t - Z_{ch}}{Z_t + Z_{ch}} = \frac{2Z_{ch}}{Z_t + Z_{ch}}$$

对式（3.23）而言，当 $n=1$，$z=0$，$\rho_t=0$ 和 $\rho_g=1$，则 $z(0,t) = 2i_0(h, t-h/c)$；当 $h=0$ 时，$z(0,t) = 2i_0(0,t)$，即短路电流是理想电流的 2 倍。

3) 其他工程模式的电流分布

对其他模式而言，电流沿通道的分布为（Rakov and Uman，1998）：

$$i(z,t) = P(z)i(0, t - z/v) \quad (3.24)$$

其中，$P(z)$ 为衰减因子，具体见表 3.4。

表 3.4 不同电流模式的衰减因子 $P(z)$ 和电流传播速度 v^*

Model	$P(z)$	v^*
BG	1	∞
TL	1	v
TCS	1	$-c$
MTLL	$1 - z/H_{tot}$	v
MTLE	$\exp(-z/\lambda)$	v

按照 Cooray（2002）的研究结果，不仅 MTLE 工程可看作是分布在闪电通道中的一系列电流源组成，其他模式都具有类似的特点，即：

$$di_s(z,t) = \left[-\frac{\partial i(z,t)}{\partial z} + \frac{1}{c}\frac{\partial i(z,t)}{\partial t}\right]dz \quad (3.25)$$

将式（3.24）带入式（3.25），可得 $di_s(z,t)$，然后类似 MTLE 模式的推导过程，可得其他模式沿高塔的电流分布与 MTLE 一样，而自然通道的分布为：

$$i(z,t) = \left\{P(z-h)i_0\left(h, t - \frac{z-h}{v^*}\right) - \rho_t i_0\left(h, t - \frac{z-h}{c}\right) + (1-\rho_t)(1+\rho_t)\sum_{n=1}^{\infty}\rho_g^n \rho_t^{n-1} i_0 \cdot \left[h, t - \frac{z}{c} - \frac{(2n-1)h}{c}\right]\right\}u(t - z/v) \quad (3.26)$$

图 3.10 给出了利用式（3.26）和式（3.27）模拟的雷击高塔电流分布。通道底部回击电流波形参数通道底部电流采用 Rachidi（2001）等参数，塔高 $h = 553$ m，高塔两端的反射因子为 $\rho_t = -0.5$，$\rho_g = 0.48$。可以看出，高塔对首次回击电流波形的影响比继后回击大；塔顶的测量误差比塔底小。由于继后回击电流波头较短，从顶部测量的电流波形出现次峰振荡。

其实，如果塔的高度远小于雷电流最小的特征波长，则高塔影响可忽略。简单作一估算，如果继后回击电流波形上升沿时间取 0.5 μs（对应的频率为 2 MHz，最小波长为 150 m），只有建筑物高度大于 15 m 时应该考虑建筑物的影响。而对首次回击，如果取电流波形上升沿时间为 10 μs（对应的频率为 100 kHz，最小波长为 3 km），则当建筑物高度大于 300 m 时应该予以考虑。

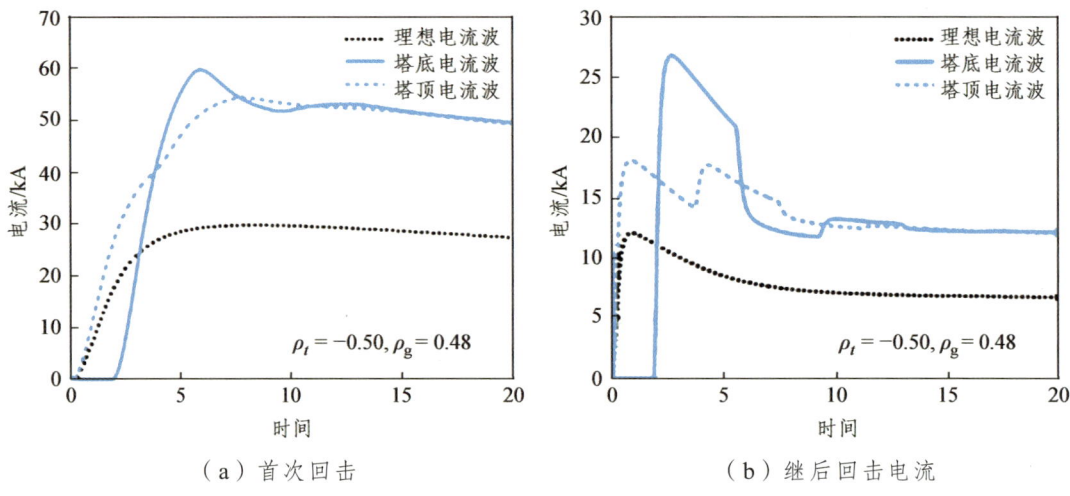

（a）首次回击　　　　　　　　（b）继后回击电流

图 3.10　高塔对自然雷电流测量的影响

3.3.3　雷击高塔电压源分布模式

如图 3.11 所示为 TL 传输线通道闪击在电压源为雷击地面和雷击高塔的示意图，其中 $V_0(0,t)$ 为雷击地面的电压源，$V_0(h,t)$ 为雷击高塔顶端的电压源，Z_{ch} 为闪电通道的特征阻抗，Z_{ob} 为高塔的特征阻抗，Z_{gr} 为接地系统阻抗。在高塔顶端和地面的反射系数与 Rachidi 类似。图 3.12 所示是等效电路图，其中，I_{sc} 为短路电流，即等于闪电通道的等效电压和通道的特征阻抗之比。

3.3 雷击高塔电流测量

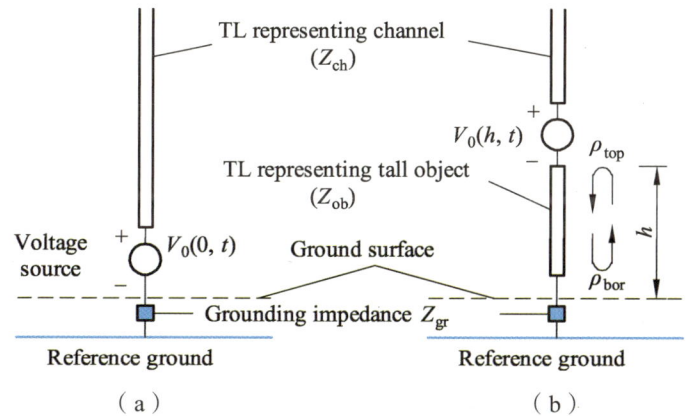

图 3.11 TL 传输线通道闪击在电压源为雷击地面和雷击高塔的示意图

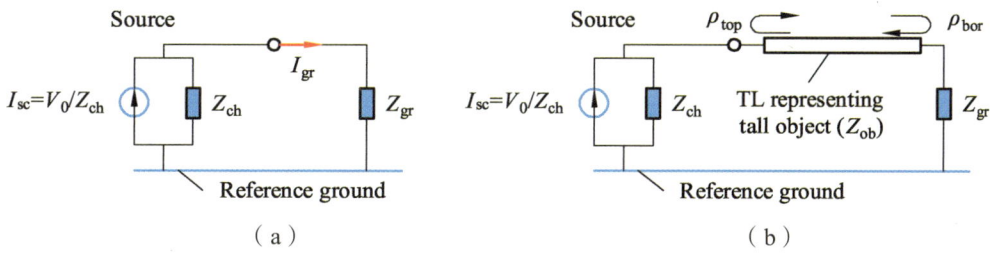

图 3.12 雷击地面和雷击高塔等效电路图

对雷击地面而言：

$$i(z,t) = \frac{1}{Z_{ch}+Z_g}V_0(0,t-z/v) = \frac{Z_{ch}}{Z_{ch}+Z_g}i_0(0,t-z/v) \quad (3.27)$$

当 $z=0$，即通道底部电流为：

$$i_{sc}(0,t) = \frac{V_0(0,t)}{Z_{ch}} \quad (3.28)$$

地闪回击短路电流可定义为忽略高塔影响时在通道底部测量的电流，即满足 $Z_{gr}=0$ 或 $Z_{gr} \ll Z_{ch}$。在人工引发雷电和高塔顶端测量的自然雷电大多数是短路电流，因为通常由于高塔接地很好，闪电通道阻抗远远大于高塔阻抗。短路电流代表了闪电通道放电时，忽略各种情况下"看到"的闪击点阻抗不连续等问题，因此，利用短路电流可以很好地比较不同阻抗的高塔对雷电流的影响。由此，式（3.27）可写为：

$$i(z,t) = \frac{Z_{ch}}{Z_{ch}+Z_g} I_{sc}(0, t-z/v) = \frac{1+\rho_{gr}}{2} i_{sc}(0, t-z/v)$$
$$= \frac{1}{2}[i_{sc}(0,t-z/v) + \rho_{gr} i_{sc}(0,t-z/v)] \tag{3.29}$$

通常情况下，$\rho_{gr} = 1$，即闪电通道阻抗（约为百欧姆至上千欧姆）远大于接地阻抗，即式（3.29）可写为：

$$i(z,t) = i_{sc}(0, t-z/v) \tag{3.30}$$

比较发现，式（3.30）和 TL 传输线模式一致，这表明在 TL 回击电磁场计算中，通道底部输入的电流，如 Rachidi 标准电流波形实际上是通道底部测量的短路电流。Rakov（1998）研究表明，在人工触发闪电和高塔顶端测量的电流（高塔的接地通常良好）以及高度小于 60 m 的底部测量的电流都基本上是短路电流，可以忽略高塔的影响（Rakov，2001，2003；Miyazaki and Ishii，2004；Visacro，等，2004）。因此，雷击高塔时，在高塔内部和闪电通道中的电流分布分别为：

$$\begin{aligned}
I(z',t) &= \frac{1}{Z_{ch}+Z_{ob}} V_0\left(h, t-\frac{h-z'}{c}\right) + \\
&\quad \rho_{bot}\frac{1}{Z_{ch}+Z_{ob}} V_0\left(h, t-\frac{h+z'}{c}\right) + \\
&\quad \rho_{top}\rho_{bot}\frac{1}{Z_{ch}+Z_{ob}} V_0\left(h, t-\frac{h-z'}{c}-\frac{2h}{c}\right) + \\
&\quad \rho_{bot}\rho_{top}\rho_{bot}\frac{1}{Z_{ch}+Z_{ob}} V_0\left(h, t-\frac{h+z'}{c}-\frac{2h}{c}\right) + \\
&\quad \cdots \\
&= \sum_{n=0}^{\infty} \left[\begin{array}{l} \rho_{bot}^n \rho_{top}^n \dfrac{1}{Z_{ch}+Z_{ob}} V_0\left(h, t-\dfrac{h-z'}{c}-\dfrac{2nh}{c}\right) + \\ \rho_{bot}^{n+1} \rho_{top}^n \dfrac{1}{Z_{ch}+Z_{ob}} V_0\left(h, t-\dfrac{h+z'}{c}-\dfrac{2nh}{c}\right) \end{array}\right] \\
&= \frac{1-\rho_{top}}{2}\sum_{n=0}^{\infty} \left[\begin{array}{l} \rho_{bot}^n \rho_{top}^n I_{sc}\left(h, t-\dfrac{h-z'}{c}-\dfrac{2nh}{c}\right) + \\ \rho_{bot}^{n+1} \rho_{top}^n I_{sc}\left(h, t-\dfrac{h+z'}{c}-\dfrac{2nh}{c}\right) \end{array}\right]
\end{aligned} \tag{3.31}$$

当满足 $0 \leqslant z' \leqslant h$ 时：

$$\begin{aligned}
I(z',t) &= \frac{1}{Z_{ch}+Z_{ob}}V_0\left(h,t-\frac{z'-h}{v}\right)+ \\
&\begin{bmatrix}
(1+\rho_{top})\rho_{bot}\dfrac{1}{Z_{ch}+Z_{ob}}V_0\left(h,t-\dfrac{z'-h}{v_{ref}}-\dfrac{2h}{c}\right)+ \\
(1+\rho_{top})\rho_{bot}\rho_{top}\rho_{bot}\dfrac{1}{Z_{ch}+Z_{ob}}V_0\left(h,t-\dfrac{z'-h}{v_{ref}}-\dfrac{4h}{c}\right)+ \\
(1+\rho_{top})\rho_{bot}\rho_{top}\rho_{bot}\rho_{top}\rho_{bot}\dfrac{1}{Z_{ch}+Z_{ob}}V_0\left(h,t-\dfrac{z'-h}{v_{ref}}-\dfrac{6h}{c}\right)
\end{bmatrix}\times \\
&u\left(t-\frac{z'-h}{v}\right)
\end{aligned} \quad (3.32)$$

$$= \frac{1}{Z_{ch}+Z_{ob}}V_0\left(h,t-\frac{z'-h}{v}\right)+$$

$$\sum_{n=1}^{\infty}\rho_{bot}^n\rho_{top}^{n-1}(1+\rho_{top})\rho_{bot}\frac{1}{Z_{ch}+Z_{ob}}V_0\left(h,t-\frac{z'-h}{v_{ref}}-\frac{2nh}{c}\right)\times u\left(t-\frac{z'-h}{v}\right)$$

$$= \frac{1-\rho_{top}}{2}\begin{bmatrix} I_{sc}\left(h,t-\dfrac{z'-h}{v}\right)+ \\ \sum_{n=1}^{\infty}\rho_{bot}^n\rho_{top}^{n-1}(1+\rho_{top})I_{sc}\left(h,t-\dfrac{z'-h}{v_{ref}}-\dfrac{2nh}{c}\right) \end{bmatrix}u\left(t-\frac{z'-h}{v}\right)$$

$$= \frac{1}{2}\begin{bmatrix} I_{sc}\left(h,t-\dfrac{z'-h}{v}\right)-\rho_{top}I_{sc}\left(h,t-\dfrac{z'-h}{v}\right)+ \\ (1-\rho_{top})(1+\rho_{top})\sum_{n=1}^{\infty}\rho_{bot}^n\rho_{top}^{n-1}I_{sc}\left(h,t-\dfrac{z'-h}{v_{ref}}-\dfrac{2nh}{c}\right) \end{bmatrix}\times$$

$$u\left(t-\frac{z'-h}{v}\right)$$

从式（3.31）中看出，雷电闪击高塔时，一部分电流向上传播，另一部分电流向下传播进入高塔，这两部分电流是相同的，为 $(1-\rho_t)i_{sc}(h,t)/2$。取典型值：$\rho_t=-0.5$，$\rho_b=1$（即 $Z_{ch}=900\ \Omega$，$Z_{ob}=300\ \Omega$ 和 $Z_{gr}=0\ \Omega$），则 $(1-\rho_t)i_{sc}(h,t)/2=0.75i_{sc}(h,t)$。当 $\rho_t=0$，即 $Z_{ob}=Z_{ch}$，则从高塔顶端双向传播的初始电流为 $i_{sc}(h,t)/2$。当 $\rho_t=0$ 且 $\rho_g=1$，在通道底部测量的电流为 $(1-\rho_t)i_{sc}(h,t)/2=i_{sc}(h,t)$。

3.3.4 考虑连接先导的雷击高塔模型

当下行负先导接近地面时，地面高大建筑物尖端始发正极性连接先导，正是由于

第 3 章　雷电流测量及其反演

连接先导的始发对下行先导产生了吸引作用，因此通常越高的建筑物遭受雷击的概率越大。不过，上述电流源和电压源模式中没有考虑连接先导对回击电流的影响。下面根据 Baba 和 Rakov（2007）的研究结果，对考虑连接先导影响的回击模型进行介绍。如图 3.13 所示四种情况分别为：（a）考虑连接先导的雷击高塔模型；（b）不考虑连接先导的雷击高塔模型；（c）考虑连接先导的雷击地面模型；（d）不考虑连接先导的雷击地面模型。下面主要介绍（a）和（c）两种情况。

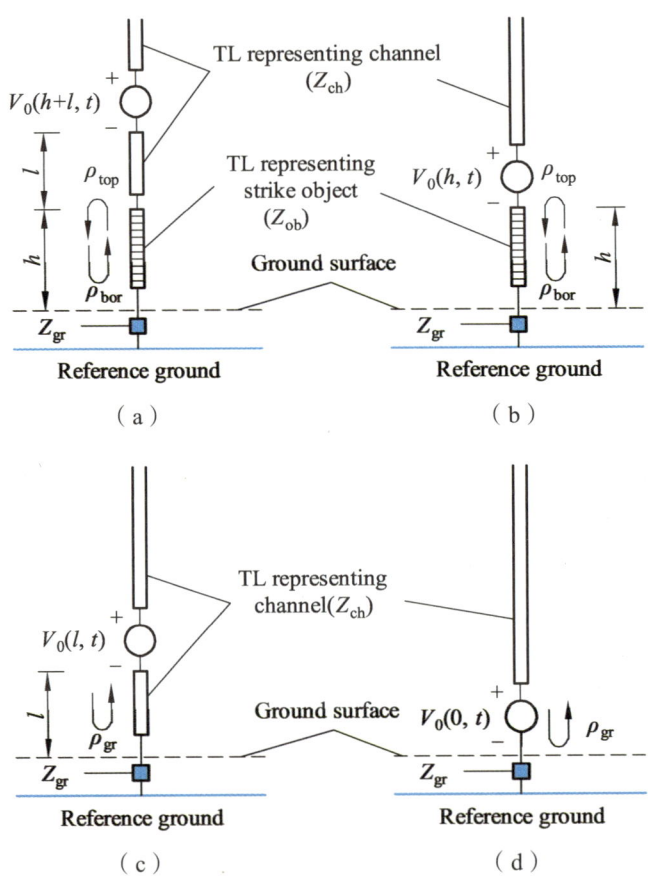

图 3.13　不同情况的雷击模型

1）考虑连接先导影响的雷击高塔模型

忽略下行先导和连接先导通道的阻抗差异，则可得沿下行先导通道、连接先导通道和高塔三部分的电流分布分别为：

$$I(z',t) = \frac{1}{2}I_{sc}\left(h+l, t - \frac{z'-(h+l)}{v}\right) -$$
$$\rho_{top}\frac{1}{2}I_{sc}\left(h+l, t - \frac{z'-(h+l)-2l}{v}\right) +$$
$$\frac{1}{2}(1+\rho_{top})(1-\rho_{top})\sum_{n=1}^{\infty}\rho_{top}^{n-1}\rho_{bot}^{n}I_{sc} \times$$
$$\left(h+l, t - \frac{z'-(h+l)-2l}{v} - \frac{2nh}{c}\right) \quad (3.33)$$

for $z' \geqslant h+l$。

$$I(z',t) = \frac{1}{2}I_{sc}\left(h+l, t - \frac{(h+l)-z'}{v}\right) -$$
$$\rho_{top}\frac{1}{2}I_{sc}\left(h+l, t - \frac{l+z'-h}{v}\right) +$$
$$\frac{1}{2}(1+\rho_{top})(1-\rho_{top})\sum_{n=1}^{\infty}\rho_{top}^{n-1}\rho_{bot}^{n}I_{sc} \times$$
$$\left(h+l, t - \frac{l+z'-h}{v} - \frac{2nh}{c}\right) \quad (3.34)$$

for $h \leqslant z' \leqslant h+l$。

$$I(z',t) = \frac{1}{2}I(1-\rho_{top})$$
$$\sum_{n=0}^{\infty}\left[\rho_{top}^{n}\rho_{bot}^{n}I_{sc}\left(h+l, t - \frac{l}{v} - \frac{h-z'}{c} - \frac{2nh}{c}\right) +\right.$$
$$\left.\rho_{top}^{n}\rho_{bot}^{n}I_{sc}\left(h+l, t - \frac{l}{v} - \frac{h+z'}{c} - \frac{2nh}{c}\right)\right] \quad (3.35)$$

for $0 \leqslant z' \leqslant h$ (along the strike object)。

其中:
$$i_{sc}(h+l,t) = V_0(h+l,t)/Z_{ch} \quad (3.36)$$

2）考虑连接先导的雷击水平地面

基于式（3.35）和式（3.36），假定连接先导长度 $L = 0$，则可得:

$$I(z',t) = \frac{1}{2}I_{sc}\left(l, t - \frac{z'-l}{v}\right) + \frac{1}{2}\rho_{gr}I_{sc}\left(l, t - \frac{z'-3l}{v}\right) \quad (3.37)$$

for $z' \geqslant l$。

$$I(z',t) = \frac{1}{2} I_{sc}\left(l, t - \frac{l-z'}{v}\right) + \frac{1}{2} \rho_{gr} I_{sc}\left(l, t - \frac{l+z'}{v}\right) \quad (3.38)$$

for $0 \leqslant z' \leqslant l$。

$$I(0,t) = \frac{1+\rho_{gr}}{2} I_{sc}\left(l, t - \frac{l}{v}\right)$$

3.3.5 雷击高塔电流分布的数值模拟研究

值得注意的是，上述模型都简单假定高塔是没有电磁损耗的传输线，形状呈线性。无论是向上传播还是向下传播，除了反射系数不同之外，电流的传播是一致的。而实际上，高塔是锥形的，由于这种独特的形状可能导致雷电流向下和向上传播时存在差异。因此，本节将利用 3D-FDTD 技术讨论不同形状的高塔形状可能带来的影响。不过，由于计算域的大小对数值计算的限制，本书仅讨论空间尺度很小的微型塔情况。

3.3.5.1 算法介绍

将微型塔看作理想导体，由于趋肤效应，塔体中电流主要分布在塔体表面薄层中。由麦克斯韦方程组中的安培环路定律可得：

$$\oint_L \vec{H} \cdot d\vec{l} = I_f + \frac{d}{dt}\int_S \vec{D} \cdot d\vec{S} \quad (3.39)$$

即：

$$I_f = \oint_L \vec{H} \cdot d\vec{l} - \frac{d}{dt}\int_S \vec{D} \cdot d\vec{S} \quad (3.40)$$

其中，I_f 是通过狭长边界面 S 的面总电流，如图 3.14 所示；$\vec{H}$ 为磁场分量；$d\vec{l}$ 为单位线元；$\vec{D}$ 是电位移矢量。图中 H_{1t}、H_{2t} 分别表示塔体和空气的边界处的磁场切向分量。

根据边界条件，由于薄层厚度趋于零，即 $\frac{d}{dt}\int_S \vec{D} \cdot d\vec{S} = 0$，所以：

$$I_f = \oint_L \vec{H} \cdot dl \quad (3.41)$$

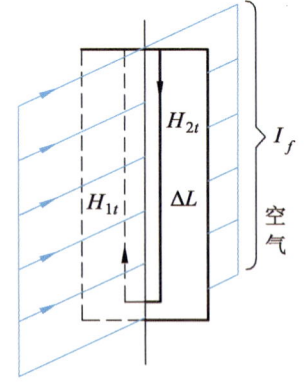

图 3.14 微型塔体表面电流求解示意图

由于将塔体看成理想导体，故 $H_{1t}=0$，则通过狭长回路内的总自由电流为：

$$I_f = \oint_L \vec{H} \cdot dl = (H_{2t} - H_{1t})\Delta L = H_{2t}\Delta L \tag{3.42}$$

3.3.5.2 计算模型的建立

计算域大小为：300 cm×300 cm×45 cm，上下边界均采用 PEC 边界，四个侧边界采用 PML（Perfectly Matched Layer）吸收边界。微型塔模型形状为：高为 45 cm，底面半径为 9.0 cm 的锥形塔[见图 3.15（a）]。在利用 3D-FDTD 算法进行计算时，空间步长 $\Delta x = \Delta y = \Delta z = 1.0$ cm，时间步长取 $dt = 0.01$ ns，二者满足稳定性条件：

$$c \cdot \Delta t \leqslant \frac{1}{\sqrt{\frac{1}{(\Delta x)^2 + (\Delta y)^2 + (\Delta z)^2}}} \tag{3.43}$$

其中，c 是光速 3×10^8 m/s。激励源采用幅值为 1 A，半波宽度为 0.33 ns 的高斯脉冲：

$$I(t) = \alpha \exp\left[-\frac{\beta^2}{\tau^2}(t-\tau)^2\right] \tag{3.44}$$

其中，$\alpha = 1$ A，$\beta = 5$ ns，$\tau = 1$ ns。锥形塔的激励源放置在塔顶，高度为 1 cm，横截面面积为 2×2 cm^2；而圆柱形塔的激励源放置在圆柱顶端，高为 1 cm，横截面面积为 20×20 cm^2，如图 3.15（b）所示。

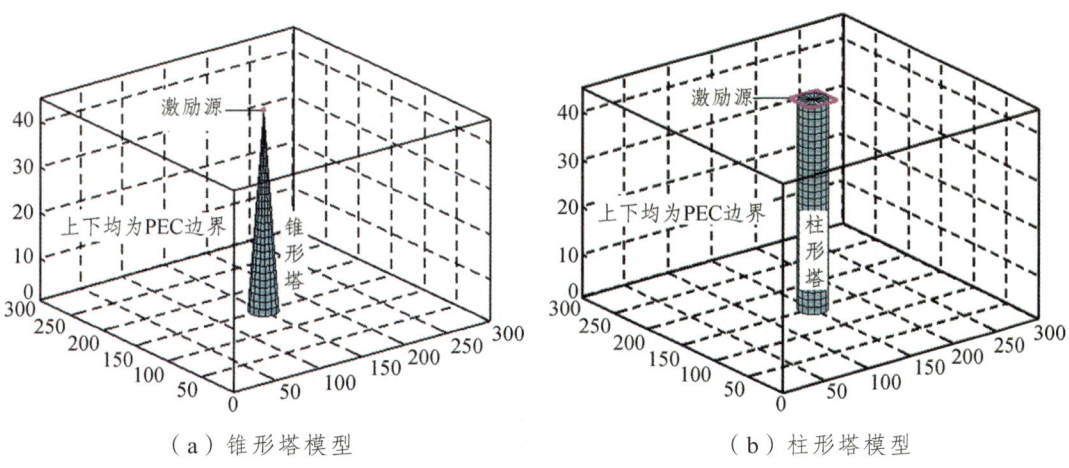

（a）锥形塔模型　　　　　　（b）柱形塔模型

图 3.15　微型塔模型（单位：cm）

3.3.5.3 模拟结果分析

为验证算法及模型的正确性，采用与 Shoory 等人相同的参数和模型。结果表明，本书算法与 Shoory 等人的结果一致，由此可见，本书建立的 3D-FDTD 的算法是合理的，仿真的结果是可靠的。

（1）模拟时间 t 小于电流在塔体中的传播时间（$t<h/c$），即没有考虑电流在塔两端的反射。如图 3.16（a）为激励源加在锥形塔底时，电流在塔体不同位置处的电流波形，可以看出，电流沿锥形塔底向上传播时存在明显衰减，衰减率为 0.1 A/cm。而当激励源加在锥形塔顶，如图 3.16（b）所示，电流沿着锥形塔顶向下传播时，电流无明显衰减。

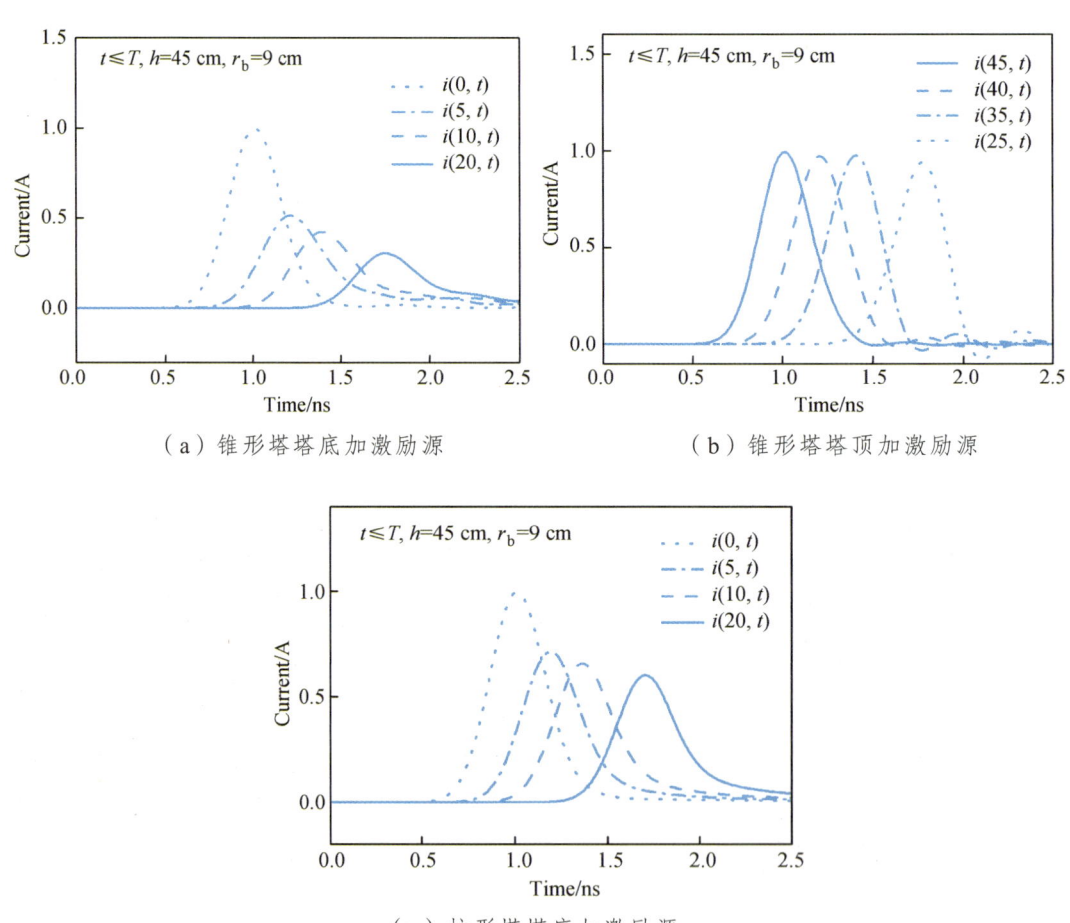

（a）锥形塔塔底加激励源

（b）锥形塔塔顶加激励源

（c）柱形塔塔底加激励源

图 3.16 微型塔表面电流分布（模拟时间小于塔体中的传播时间）

3.3 雷击高塔电流测量

为了对比，本书增加了脉冲电流沿圆柱体的传播特征，如图 3.16（c）所示。激励源加在柱形塔底，从波形可见，电流沿着柱形塔底向上传播时，有明显衰减，尤其在塔底部分，电流的衰减很大。

（2）模拟时间 t 大于电流在塔体中的传播时间（$t>h/c$），即考虑塔两端的反射影响。

雷电流在高塔中传播时，由于塔顶、塔底处阻抗的不连续性，电流在塔底和塔顶有反射现象。与图 3.16 类似，图 3.17 中的模拟时间大于电流在塔体中的传播时间 h/c，这样可以考虑塔体两端的反射影响。从图中看出，由于塔体两端的反射，塔体不同高度位置处的电流差异很大。进一步研究表明，改变塔体形状对电流传播存在比较大的影响。如锥体顶角的增大不影响向下传播的电流，但对从底部注入的电流衰减增大；随着圆柱体半径的增大，相应的电流衰减也增大。另外，发现随着激励源电流脉冲半峰值宽度的减小，相应的衰减也增大。这是因为高频分量的衰减所致。

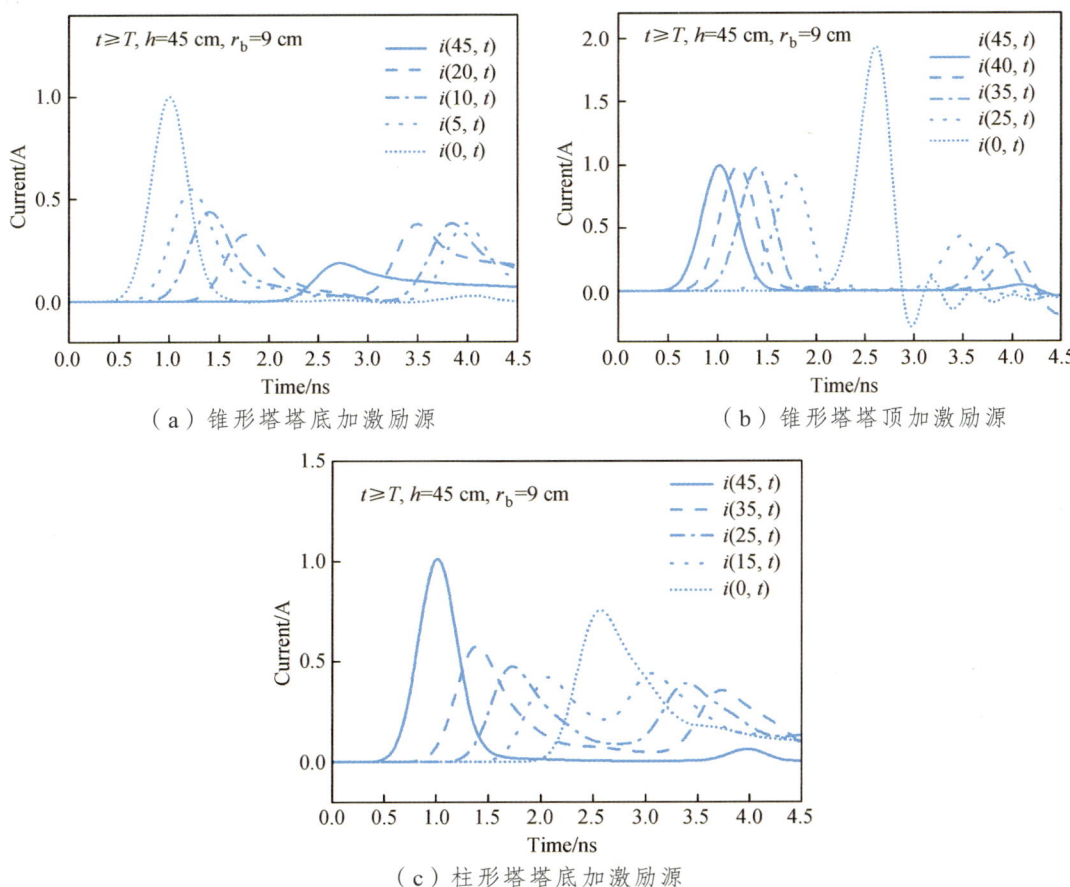

图 3.17 微型塔表面电流分布（模拟时间小于塔体中的传播时间）

由此可见，不同形状的塔体对电流的衰减不同。锥形塔中电流衰减具有方向性，当电流从塔底向上传播时，塔体的衰减很大，随着塔顶张角的增大，相应的衰减也增大，且电流在两端的衰减最明显。而当电流从锥形塔顶向下传播时，几乎没有衰减。对圆柱体而言，其对电流的衰减没有方向性，随着圆柱半径的增大，其对电流的衰减也增大。因此，第一，在回击模式计算中，通常将闪电通道假定为一段均匀的传输线，这样的传输线假定对电流是存在衰减影响的；第二，尽管塔体的形状都近似锥形，但可以利用均匀的圆柱来代替，因为二者对电流的衰减可以通过改变参数来等效。值得注意的是，通常，回击电流波形的频谱包括从几十米到几百米不同波长的电流频谱，这与实际高塔的高度具有可比性。而本节的微型塔尺度和激励电流源的波长也是接近的，这说明本书的模拟结果可以在一定程度上阐述雷击高塔和圆柱体的电流分布特征。

3.4 雷击高塔回击电磁辐射模拟

从上述研究看出，由于雷击高塔过程中的暂态效应，使得雷电流沿闪电通道和高塔分布不同于雷击地面的情况，因此，雷击高塔的电磁辐射效应与雷击地面可能存在较大的差异。下面进行具体阐述。

3.4.1 模型参数的选取

本书选取两个塔：一个是位于德国 168 m 高的 Peisenberg 塔，塔顶和塔底的反射系数分别为 $\rho_t = -0.53$ 和 $\rho_b = 0.7$；第二个是位于加拿大 553 m 高的 CN 塔，塔顶和塔底的反射系数 $\rho_t = -0.366$ 和 $\rho_b = 0.8$。回击速度为 $v = 1.2 \times 10^8$ m/s，电流用 Heidler 函数表示（1985）：

$$i_0(t) = \frac{I_0}{\eta} \frac{(t/\tau_{11})^2}{1+(t/\tau_{11})^2} \exp(-t/\tau_{12}) \tag{3.45}$$

其中，$I_0 = 9.5$ kA，$\eta = 0.882$，$\tau_{11} = 0.5$ μs，$\tau_{12} = 63$ μs，电流的上升沿时间是 1.2 μs，电流的半峰值时间是 50 μs。

3.4.2 结果分析

图 3.18 给出了雷击 168 m 高塔时，在地面不同距离范围（小于塔高）的电磁场分

布。可以看出,距离高塔的水平距离较近和较远时,地面垂直电场的极性出现了反转,如:小于 15 m,地面垂直电场为负;大于 15 m,地面垂直电场为正。而磁场的极性保持不变,没有出现极性反转的问题,均为正极性,无极性反转现象发生。

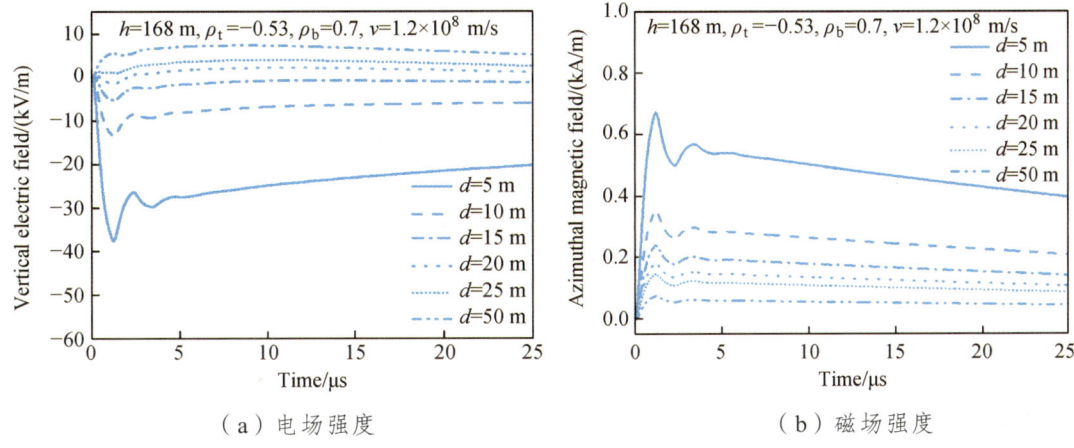

(a)电场强度　　　　　　　　　　　(b)磁场强度

图 3.18　雷击 168 m 高塔近场分布

图 3.19 给出了雷击 553 m 高塔,地表面不同水平距离处的电磁场,可以看出,水平距离大约超过 50 m 时,地表面垂直电场出现了极性反转,而磁场没有极性反转现象。电场反转的临界距离为 $d_c = (1-\rho_b)h/2$,其中,ρ_b 为高塔底部的电流反射系数,h 为高塔高度。粗略地看,大概在高塔高度的 1/10 距离附近是垂直电场的临界反转距离。

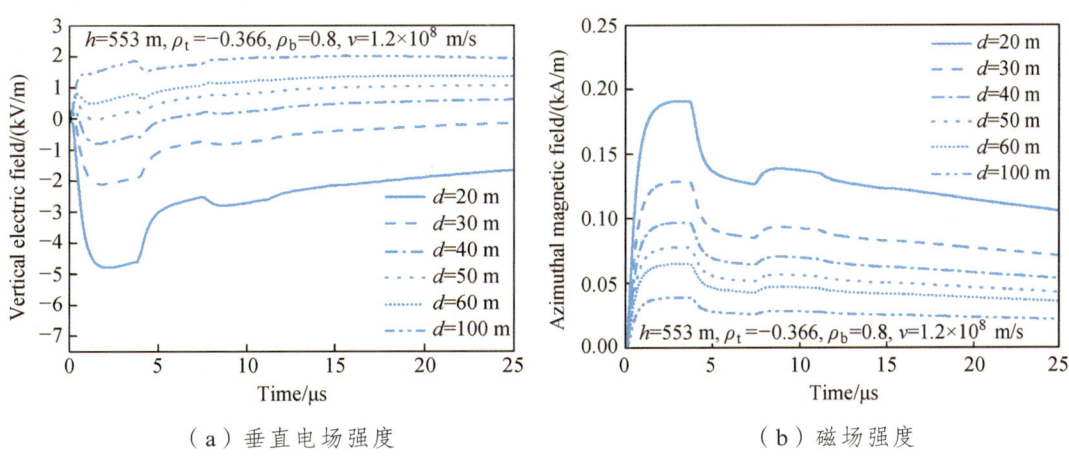

(a)垂直电场强度　　　　　　　　　　(b)磁场强度

图 3.19　雷击 553 m 高塔近场地面电磁场强度

图 3.20 进一步给出了不同回击速度和不同回击模式对垂直电场波形的影响，可以看出，回击速度和不同回击模式仅仅影响垂直电场波形尾部，并不影响初始峰值的极性问题。

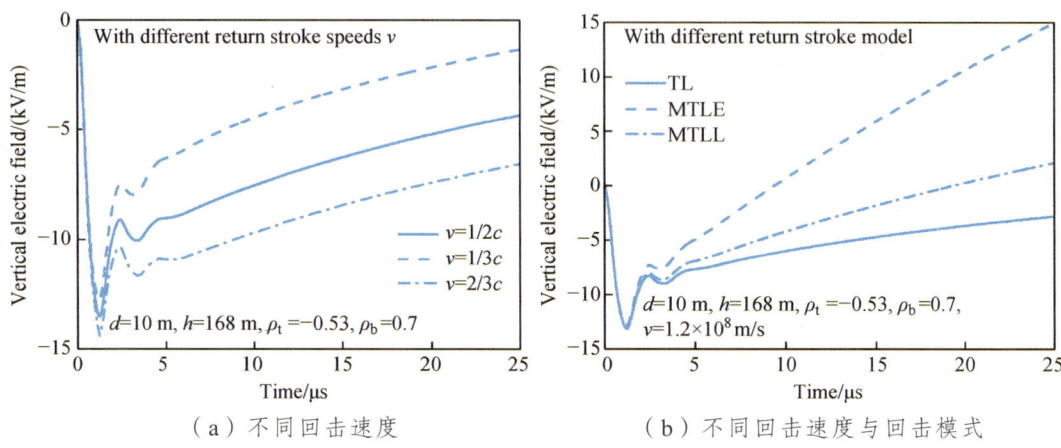

（a）不同回击速度　　　　　　　　　　（b）不同回击速度与回击模式

图 3.20　不同回击速度和回击电流模式对垂直电场波形的影响

图 3.21 给出了塔底反射系数 ρ_b 和塔顶反射系数 ρ_t 对垂直电场波形的影响，从图 3.21（a）中看出，垂直电场初始峰值受塔顶反射系数影响很大，随着反射系数 ρ_t 绝对值的减小，即意味着闪电通道和高塔之间的阻抗越接近，雷击高塔的暂态效应逐渐消失，因此初始峰值越小，但电场波形的极性不会发生改变。而从图 3.21（b）中看出，高塔底部反射系数 ρ_b 对电场波形的极性影响较大。当塔底反射系数等于 1.0 时，该处垂直电场变为正极性，而当反射系数为 0.7 时，电场波形的极性为负。

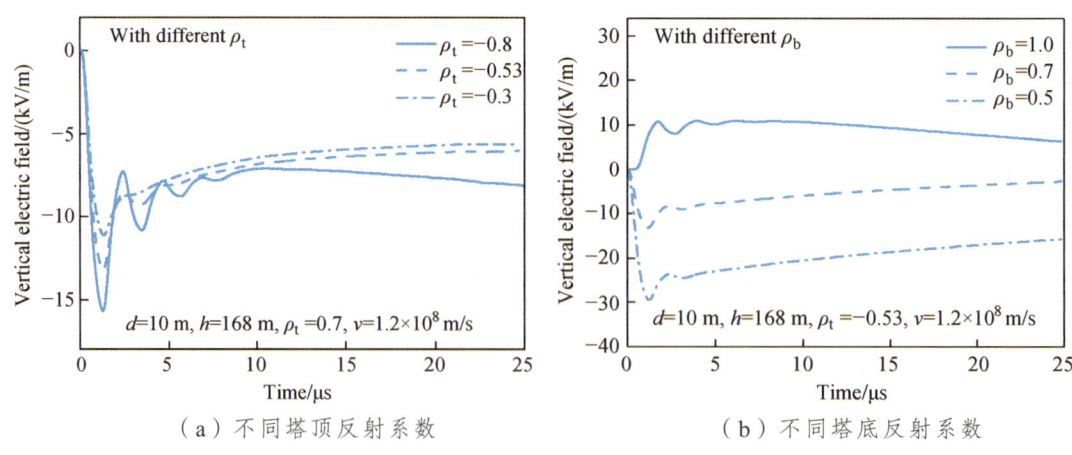

（a）不同塔顶反射系数　　　　　　　　　（b）不同塔底反射系数

图 3.21　不同反射系数对垂直电场极性的影响

总之，从上述模拟结果看出，影响雷击高塔近距离垂直电场极性反转的主要因素是塔底的电流反射系数，而其他参数，如回击速度、回击模式和塔顶反射系数都不会影响垂直电场的极性。

至于极近距离的垂直电场极性反转原因，可以这么理解。对负地闪而言，先导通道的负电荷不断注入大地，等效为正电荷的增加，相应地在地表面产生的静电场垂直于地面向下（假定为正）。对比雷击地面和雷击高塔两种情况，尽管注入大地的负电荷量相同，即静电场成分变化不是很显著，但由于高塔对电流的多次反射叠加效应，使得雷击高塔时的电流峰值明显大于雷击地面。因此，雷击高塔的感应场分量明显大于雷击地面，如图 3.22 所示。同时注意到，近距离感应场分量的极性为负，与静电场极性相反。因此，在大约小于高塔高度 1/10 的范围内，感应场分量大于静电场分量，总场为负，出现极性反转。

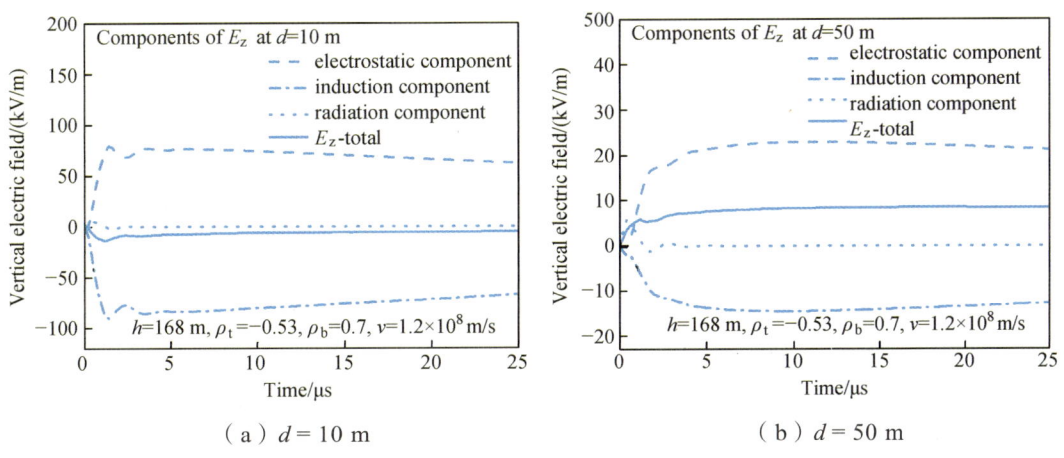

（a）$d = 10$ m　　　（b）$d = 50$ m

图 3.22　雷击 168 m 高塔在地面产生的电磁场

3.5　雷击高塔电流峰值反演

地闪回击电流峰值是雷电物理研究和雷电灾害防护以及雷电电磁兼容领域都非常关注的参量之一，但由于自然闪电发生、发展的随机性，利用高塔对自然雷电流测量的概率很低。要得到大样本的雷电强度统计结果，必须借助于雷电流反演算法，如闪电定位系统等。但由于雷电通常闪击到高层建筑物或者一些金属物体上，导致雷电电磁场不同于雷击地面。也就是说，通常的闪电闪击到地面和闪击到高层建筑物上时，产生的电磁辐射场是不同的，因此，利用测量的场反演得到的雷电流强度可能出现偏大。

3.5.1 计算模型介绍

假定 $I_{sc}(h,t)$ 为雷击高塔顶端测量的电流，这个电流可以看作是短路电流，因为自然闪电通道的阻抗远大于高塔阻抗。短路电流就是通常在雷电防护规范中的标准电流。另外，人工触发雷电流、雷击地面时在通道底部测量的电流以及高塔高度比较小或者高塔良好接地（阻抗远小于自然通道阻抗）时在高塔顶端测量的电流都接近短路电流。

取回击通道高度 $H = 7.5$ km，塔高 $h = 168$ m 或 300 m，塔顶的反射系数 $\rho_t = -0.53$，塔底反射系数取 $\rho_b = 1.0$ 或 $\rho_b = 0.7$，回击速度 $v = 1.5 \times 10^8$ m/s。短路电流波形利用标准双 Heidler 函数表示，即回击电流包括两部分击穿电流和电晕电流：

$$I_{sc}(h,t) = \frac{I_{01}}{\eta_1} \frac{(t/\tau_{11})^2}{1+(t/\tau_{11})^2} e^{(-t/\tau_{12})} + \frac{I_{02}}{\eta_2} \frac{(t/\tau_{21})^2}{1+(t/\tau_{21})^2} e^{(-t/\tau_{22})} \quad (3.46)$$

$$\eta_1 = \exp\left[-\frac{\tau_{11}}{\tau_{12}}\left(2\frac{\tau_{12}}{\tau_{11}}\right)\right]^{(1/2)} \qquad \eta_2 = \exp\left[-\frac{\tau_{21}}{\tau_{22}}\left(2\frac{\tau_{22}}{\tau_{21}}\right)\right]^{(1/2)}$$

其中，I_{01} 和 I_{02} 是击穿电流和电晕电流的峰值；η_1 和 η_2 是电流校对因子；τ_{11} 和 τ_{21} 决定击穿电流和电晕电流的上升时间；τ_{12} 和 τ_{22} 决定电流的衰减时间。

为研究高塔对不同雷电流波形的暂态效应，选取的短路电流峰值相同，波头上升沿时间不同，分别为 $RT = 0.28$ μs $(0.5h/c)$，$RT = 0.56$ μs $(1.0h/c)$，$RT = 0.84$ μs $(1.5h/c)$ 和 $RT = 1.12$ μs $(2.0h/c)$。其中，h 为塔高，c 为光速，RT 为电流波头 10%～90% 上升时间，这样选取参数的目的是讨论高塔多次反射的影响。如图 3.23 所示为高塔高度分别为 $h = 168$ m 和 300 m 时的雷电流 RT。

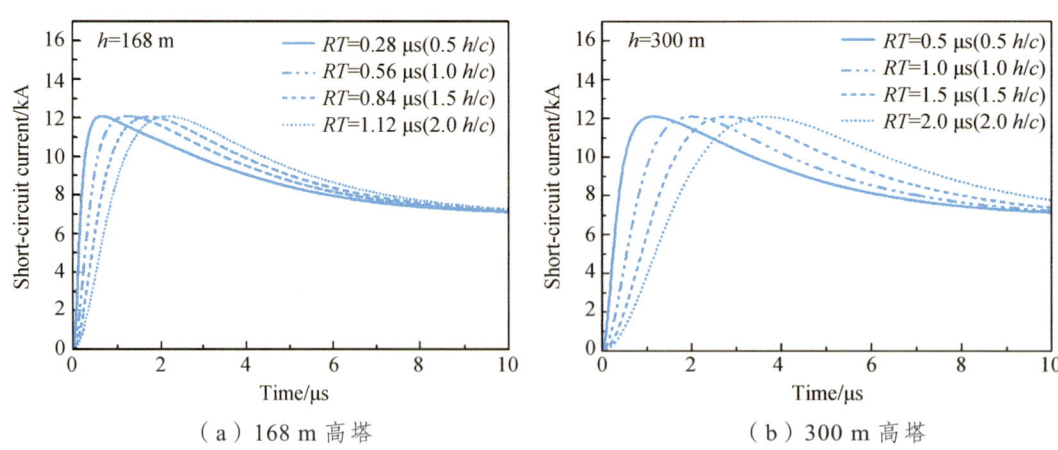

（a）168 m 高塔　　　　　　　　　　（b）300 m 高塔

图 3.23　塔高 $h = 168$ m 和 300 m 时所对应的电路电流 RT

3.5.2 雷击高塔对雷电流波形及其远距离电磁场的影响

图 3.24 给出了理想地表情况下，168 m 高塔对不同 RT 的雷电流波形以及 100 km 位置处电磁场的影响。图中实线表示短路电流 $I_{sc}(h,t)$；虚线是塔顶电流 $I_{top}(h,t)$；点画线表示塔底电流 $I_{bot}(0,t)$。由于高塔顶部、底部对雷电流的反射作用，使得雷电流在塔中传输的过程中不断地反射叠加，塔中的电流幅值显著增强。从图 3.24 中可知，当短路电流的上升沿时间 $RT \leqslant 1.0h/c$ 时，塔顶雷电流波形具有非常明显的初始峰值，而随着上升沿时间 RT 的增加，由于受到塔底反射电流的影响，初始峰值逐渐消失。因为按照 Baba 雷击高塔电压源模型，雷击高塔时，一部分电流向自然通道传播，另一部分注入高塔，这两部分电流波形幅值相同，但传播方向相反。当 RT 小于 h/c，电流波前没有到达高塔底部时，高塔顶端的电流峰值就达到了初始峰值；但当 RT 大于 h/c，从高塔顶端注入的电流没有达到初始峰值时，从高塔底部反射的电流进入顶端，从而在塔顶对初始峰值电流造成影响。当 $RT > 1.5h/c$ 时，塔顶电流的初始峰值几乎很难辨别。

另外，对比发现，雷击高塔导致远距离地表面处的磁场明显增大，当 RT 小于 h/c 时，在塔顶电流初始峰值出现的时刻，对应远距离磁场峰值的出现，即电磁场峰值是发生在雷击高塔顶端瞬间产生的，而通道底部的电流反射没有贡献。但当 RT 大于 h/c 时，通道底部对远距离电磁场峰值的贡献不容忽视。总体上，随着电流上升时间 RT 的增加，高塔对雷电流及其对应的磁场增强作用逐渐减弱。

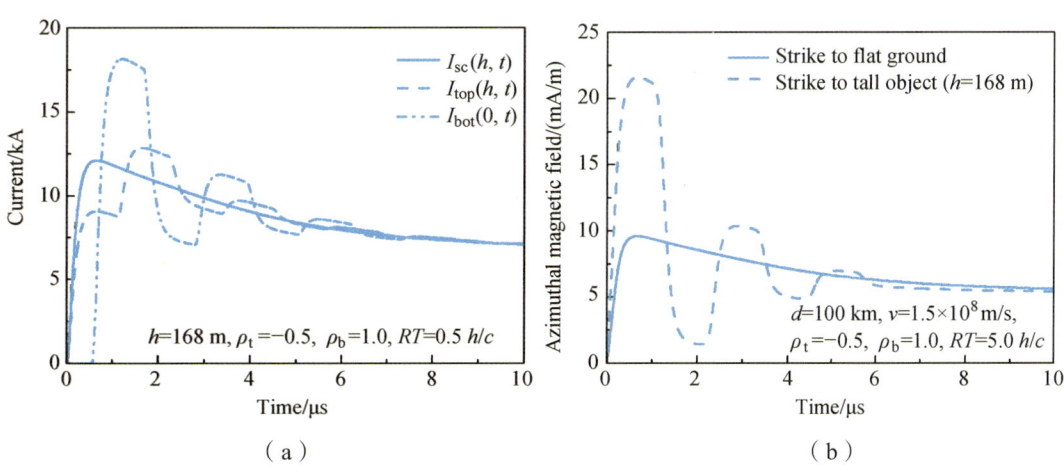

（a）　　　　　　　　　　　　　（b）

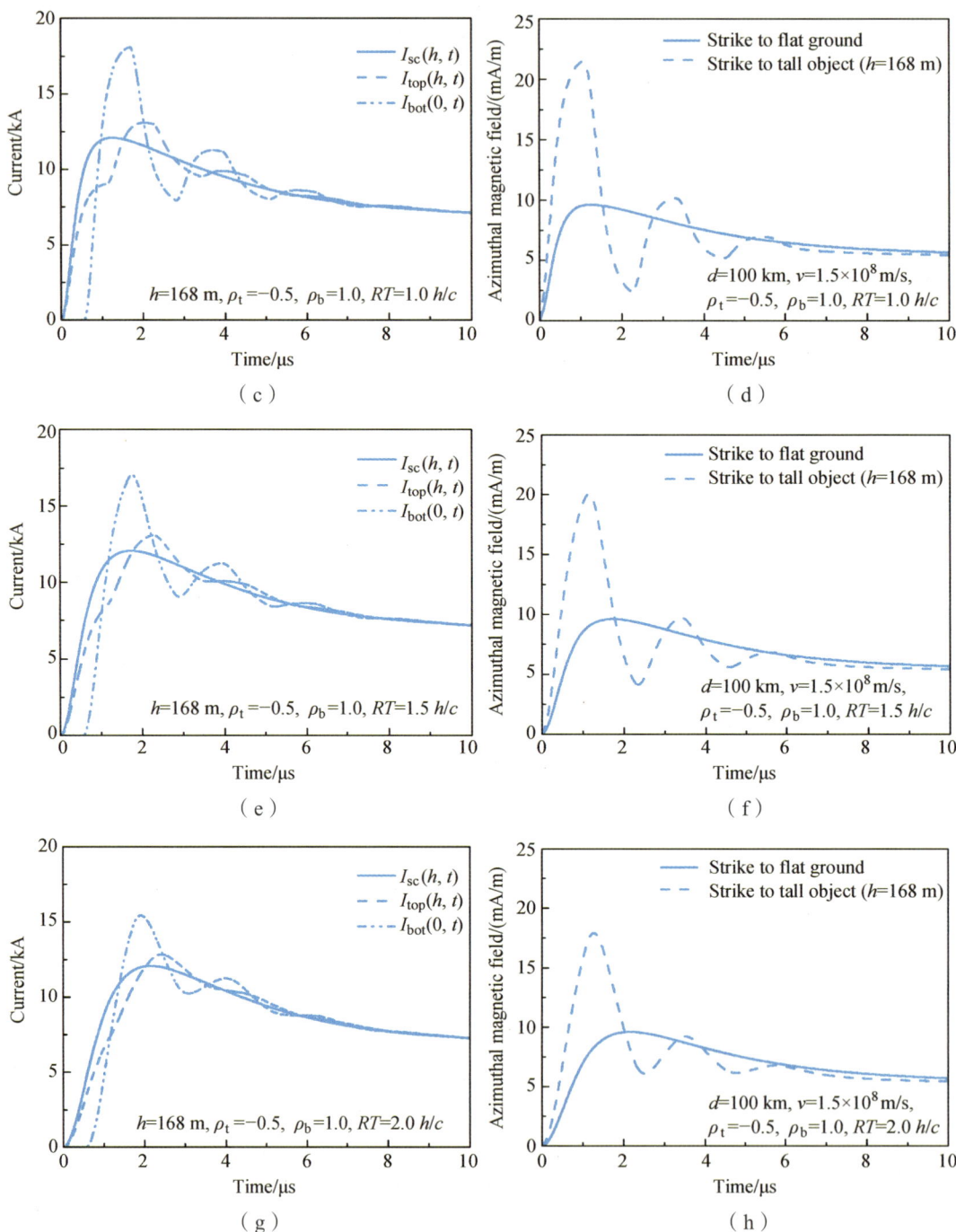

图 3.24 168 m 高塔对不同上升沿时间 RT 的短路电流波形及其 100 km 处磁场的影响

3.5.3 雷击高塔四种不同电流峰值的反演算法

雷击高塔瞬间，远距离电磁场由速度 v 和 c 向自然闪电通道和高塔传播的两列波共同产生。因此，当 $RT<h/c$ 时，远距离辐射磁场峰值 $H_{\infty.peak}$ 满足：

$$H_{\infty.peak} = \frac{1}{2\pi cd}(v+c)I_{top.ini.peak} = \frac{1}{2\pi cd}(v+c)(1-\rho_t)I_{sc.peak}/2 \quad (3.47)$$

所以，基于远距离磁场峰值的测量结果，估算雷击高塔过程中在高塔顶端出现的初始电流峰值 $I_{top.ini.peak}$ 和短路电流峰值 $I_{sc.peak}$ 的反演因子：

$$I_{top.ini.peak} = H_{\infty.peak}\frac{2\pi cd}{v}\frac{v}{v+c} \quad (3.48)$$

$$I_{sc.peak} = H_{\infty.peak}\frac{2\pi cd}{v}\frac{v}{v+c}\frac{2}{1-\rho_t} \quad (3.49)$$

而当短路电流 $I_{sc}(h,t)$ 的上升时间 RT 小于 $2.0h/c$ 时，高塔顶部电流峰值 $I_{top.peak}$ 和底部电流峰值 $I_{bot.peak}$ 与塔顶初始电流峰值 $I_{top.ini.peak}$ 之间满足：

$$I_{top.peak} \approx (1-\rho_t)/2 \times [1+\rho_b(1+\rho_t)]I_{sc.peak} = [1+\rho_b(1+\rho_t)]I_{top.ini.peak} \quad (3.50)$$

$$I_{bot.peak} \approx (1-\rho_t)/2 \times (1+\rho_b)I_{sc.peak} = (1+\rho_b)I_{top.ini.peak} \quad (3.51)$$

$$\rho_b = (Z_t - Z_g)/(Z_t + Z_g)$$

将式（3.50）和式（3.51）代入式（3.47），可得：

$$I_{top.peak} = H_{\infty.peak}\frac{2\pi cd}{v}\frac{v}{v+c}[1+\rho_b(1+\rho_t)] \quad (3.52)$$

$$I_{bot.peak} = H_{\infty.peak}\frac{2\pi cd}{v}\frac{v}{v+c}(1+\rho_b) \quad (3.53)$$

由此，利用雷击高塔远距离辐射磁场峰值来反演塔顶初始电流峰值 $I_{top.ini.peak}$、短路电流峰值 $I_{sc.peak}$、塔顶电流峰值 $I_{top.peak}$ 和塔底电流峰值 $I_{bot.peak}$ 的因子分别为：$(2\pi cd/v)[v/(v+c)]$，$(2\pi cd/v)[v/(v+c)][2/(1-\rho_t)]$，$(2\pi cd/v)[v/(v+c)][1+\rho_b(1+\rho_t)]$ 和 $(2\pi cd/v)[v/(v+c)](1+\rho_b)$。

值得注意的是，从理论上说，式（3.47）仅适用于 $RT \leqslant 1.0h/c$ 时，因为当 $RT > 1.0h/c$ 时，高塔顶端电流峰值出现时刻（$t=RT$），高塔底部反射的电流可能影响远距离磁场。由于回击电流在塔内的反射过程，使得不同高度处的电流波形不同且磁场峰值和塔顶或塔底电流峰值出现时间不同步，这与雷击平坦地面的情况是不同的。

因此，下面对四个电流参数的反演因子精度进行检验。首先，利用数值计算方法，得到 $I_{top.ini.peak}/H_{\infty.peak}$、$I_{sc.peak}/H_{\infty.peak}$、$I_{top.peak}/H_{\infty.peak}$ 和 $I_{bot.peak}/H_{\infty.peak}$ 四个值，以此作为分母，然后与对应的反演因子 $(2\pi cd/v)[v/(v+c)]$、$(2\pi cd/v)[v/(v+c)][2/(1-\rho_t)]$、$(2\pi cd/v)[v/(v+c)][1+\rho_b(1+\rho_t)]$ 和 $(2\pi cd/v)[v/(v+c)](1+\rho_b)$ 进行对比，如果结果接近 1，则意味着反演因子的精度很高，大于 1 则反演因子偏大，小于 1 则反演因子偏小。

图 3.25 是塔底反射系数分别为 1 和 0.7 时的反演因子的精度检验情况，考虑到塔顶初始电路峰值 $I_{top.ini.peak}$ 出现的有效时间为 $RT<1.0h/c$。因此，图中仅给出 $RT \leqslant 1.0h/c$ 时的 $I_{top.ini.peak}$ 的反演因子精度。可以看出，不同的反演因子的精度不同，且反演因子受塔底反射系数的影响。对我们最关心的短路电流峰值而言，当塔底反射系数 $\rho_b=1.0$ 时，反演因子的精度从偏小 18% 到偏大 5%；当塔底反射系数 $\rho_b=0.7$ 时，从偏小 25% 至偏大 5%。随着短路电流上升沿时间 RT 的增大，由于受到塔底反射的影响越来越大，反演因子的精确度下降。

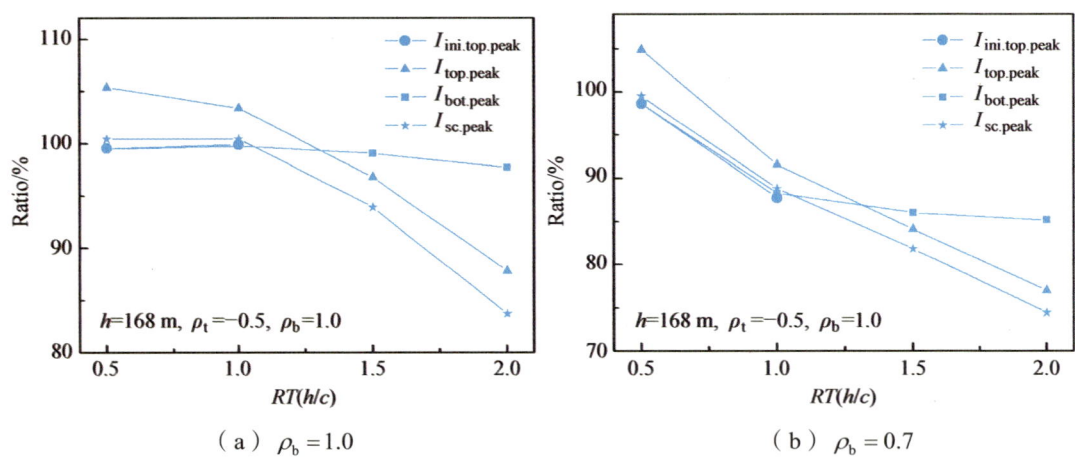

图 3.25　塔底反射系数分别为 1 和 0.7 时的反演因子的精度检验情况

图 3.26 进一步给出了雷击 300 m 高塔反演因子的精度分布，对比发现，雷击 168 m 和 300 m 高塔的反演因子精度比较接近。对短路电流峰值而言，当塔底反射系数 $\rho_b=1.0$ 时，反演因子从偏小 18% 至偏大 10%；而当塔底反射系数 $\rho_b=0.7$ 时，精度从偏小 25% 至偏大 10%。

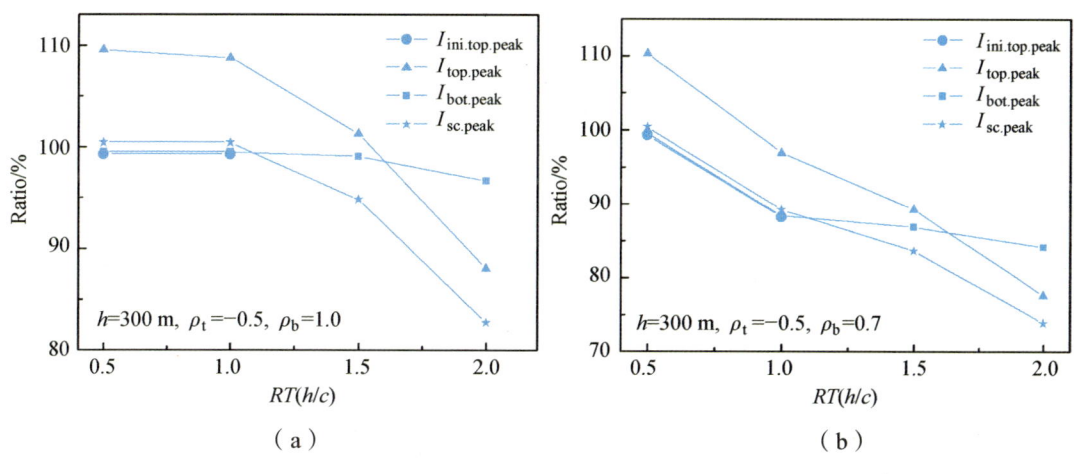

图 3.26　同图 3.25，但为雷击 300 m 高塔

不过，上述研究结果假定地表面是良导体，但实际上，地面电导率是有限的。有限的电导率会对雷电高频电磁场产生很大的影响，尤其是雷击高塔的过程中，由于高塔对雷电流的多次反射叠加效应与高塔空间尺度差不多的频段被加强，因此，这部分高频场受地表面的衰减效应很明显。下面具体分析有限电导率对雷击高塔电流反演因子的影响。当地面电导率有限时，地表面雷电电磁场的计算公式为：

$$H_\sigma(0,d,t) = \int_0^t H_\infty(0,d,t-\tau)w(0,d,t)\mathrm{d}\tau \tag{3.54}$$

其中，$H_\infty(0,d,t)$ 和 $H_\sigma(0,d,t)$ 分别是雷击高塔在理想导体地面和有限电导率地面产生的磁场强度，σ 是地面有限电导率，$w(0,d,t)$ 是时域减函数因子。

图 3.27 给出了不同土壤电导率对雷电电磁场传播的影响，为了对比，同时给出了雷击平坦地表面的情况。可以看出，高塔明显增大了远距离辐射场峰值，但受到有限电导率的影响更大。随着电导率的减小，在理想地表面出现的强大初始峰值消失了。比如，雷击高塔时，当 $RT = 0.5h/c$ 时，在 100 km 处，理想导体地面处的磁场峰值为 22 mA/m，约为电导率为 0.001 S/m 时的 2.53 倍。而雷击地面时，100 km 处的理想导体地面磁场峰值为 10 mA/m，约为地面有限电导率为 0.001 S/m 时的 1.24 倍。由此可以看出，有限电导率地面对雷击高塔磁场的传播影响远远大于雷击地面。

第 3 章 雷电流测量及其反演

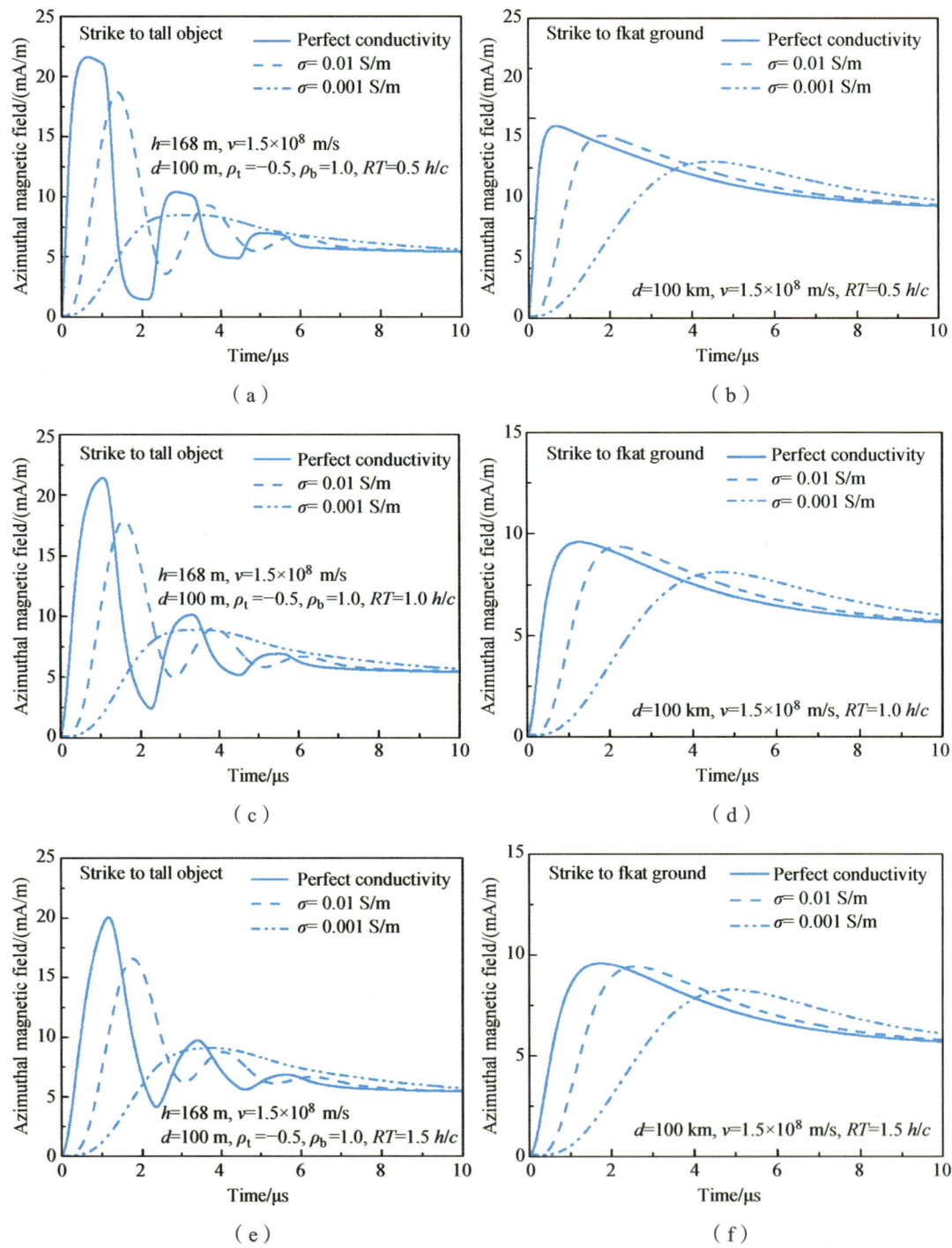

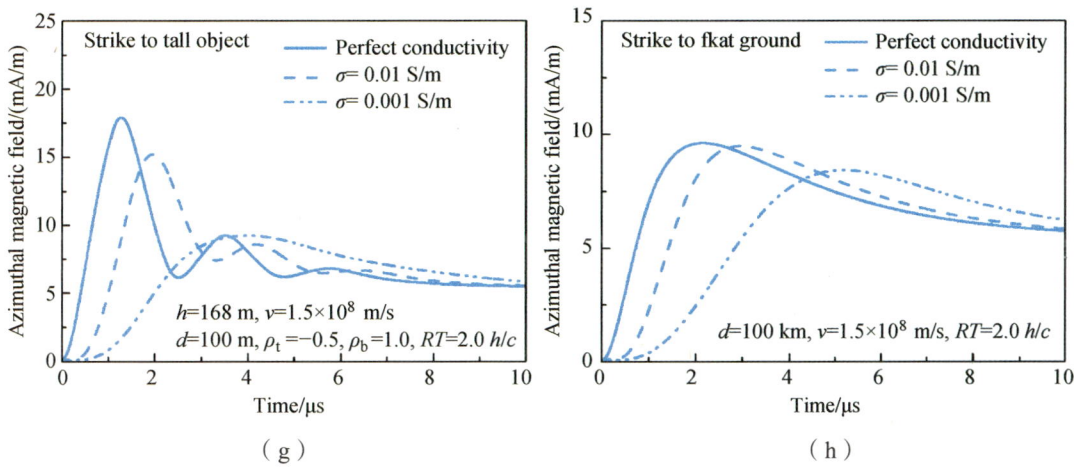

图 3.27 不同土壤电导率对雷电电磁场传播的影响（左为雷击高塔，右为雷击平坦地面，其中，相对电容率为 $\varepsilon_r = 5.0$）

因此，为了进一步研究不同土壤电导率雷击高塔电流反演因子的影响，不妨引入一个修订系数 f，即 $f = H_{\sigma\text{.peak}} / H_{\infty\text{.peak}}$，表示有限电导率和无限大电导率磁场峰值的比值。首先，利用数值计算方法分别计算雷击 168 m 高塔、不同土壤电导率、不同 RT 时的比值 f。然后，进行拟合得到平均修订系数为：

$$f(d) = -0.01\exp\left(\frac{-d}{6.05\times10^5}\right) + 1.00\exp\left(\frac{-d}{1.77\times10^6}\right) \quad \sigma = 0.01\,\text{S/m} \quad (3.55)$$

$$f(d) = 0.44\exp\left(\frac{-d}{3.85\times10^5}\right) + 0.53\exp\left(\frac{-d}{2.07\times10^6}\right) \quad \sigma = 0.001\,\text{S/m} \quad (3.56)$$

其中，d 为闪击点距离观测的距离，单位为 km，有效范围为 10～100 km。

因此，考虑有限电导率对雷击辐射场的衰减效应，可得有耗地表面的雷击高塔电流峰值反演因子分别为：

$$I_{\text{top.ini.peak}} / H_{\sigma\text{.peak}} = \frac{2\pi cd}{v} \frac{v}{v+c} \frac{1}{f(d)} \quad (RT \leqslant 1.0h/c) \quad (3.57)$$

$$I_{\text{sc.peak}} / H_{\sigma\text{.peak}} = \frac{2\pi cd}{v} \frac{v}{v+c} \frac{2}{1-\rho_t} \frac{1}{f(d)} \quad (RT \leqslant 2.0h/c) \quad (3.58)$$

$$I_{\text{top.peak}} / H_{\sigma\text{.peak}} = \frac{2\pi cd}{v} \frac{v}{v+c} [1+\rho_b(1+\rho_t)] \frac{1}{f(d)} \quad (RT \leqslant 2.0h/c) \quad (3.59)$$

$$I_{\text{bot.peak}} / H_{\sigma.\text{peak}} = \frac{2\pi cd}{v} \frac{v}{v+c}(1+\rho_b)\frac{1}{f(d)} \qquad (RT \leqslant 2.0h/c) \qquad (3.60)$$

图 3.28 和图 3.29 给出了有耗地表的电流反演因子式（3.57）~式（3.60）在地面电导率为 0.01 S/m 和 0.001 S/m 时的精度，参考是数值计算的结果（作为分母）。图中的虚线是 Baba 等提出的适用于理想地表的反演因子，实线是考虑土壤电导率的因子。可以看出，考虑有限电导率的耗散效应明显提高了反演精度。如电导率为 0.001 S/m 时，利用 Baba 的算法得到的结果偏小 50%左右，而本书提出的算法误差分布在偏小 10%至偏大 15%范围。

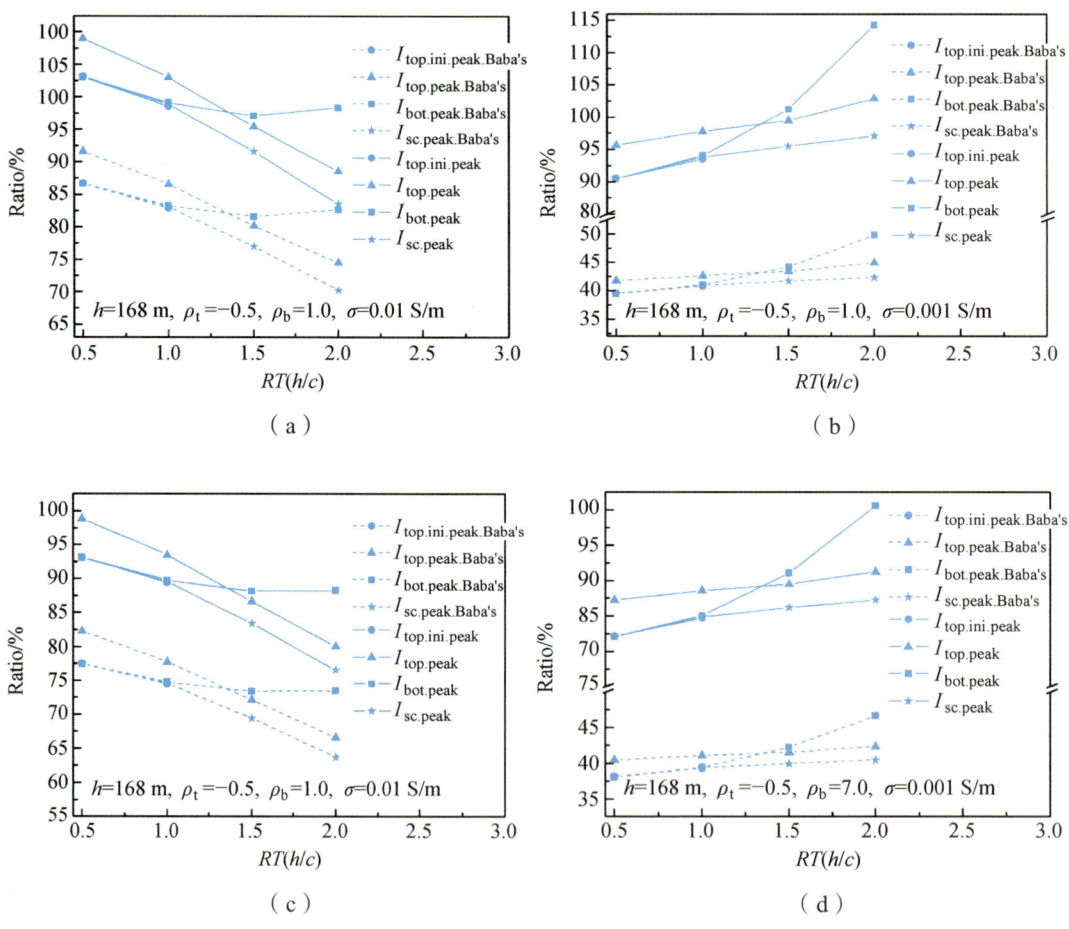

图 3.28　雷击 168 m 高塔时，不同土壤电导率对反演因子精度的影响

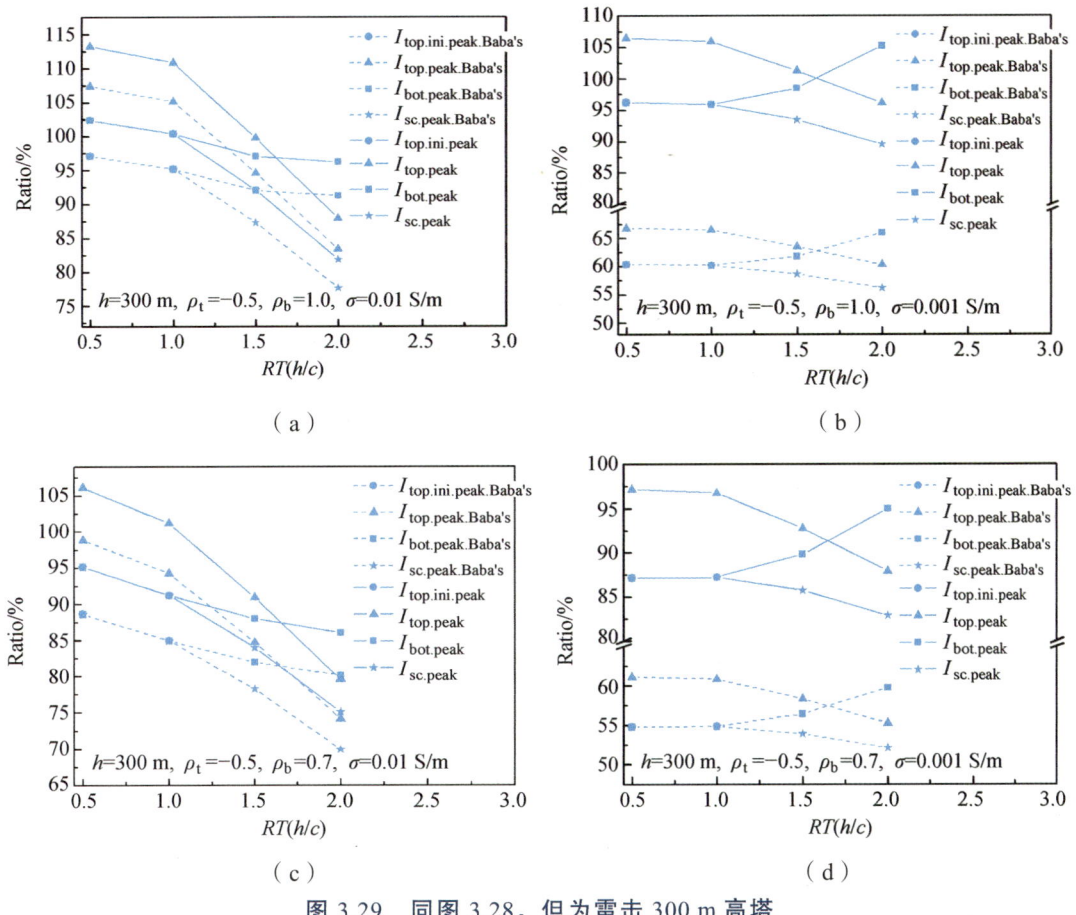

图 3.29　同图 3.28，但为雷击 300 m 高塔

3.6　雷击地面回击电流峰值反演

从地闪回击电磁场可知，时域回击垂直电场包含三部分，分别为静电场、感应场和辐射场，随着距离的增加，分别以距离倒数的三次方、二次方和一次方衰减，在远距离上回击电场主要是辐射场。时域磁场包含感应场和辐射场，远距离也主要是辐射场。因此，假定回击电流脉冲以速度 v 沿通道传播，当观测距离 d 远远大于雷电通道高度 H 时，地表面处的垂直辐射电场和水平磁场分别为：

$$E_v(d,t) = -\frac{\mu_0}{2\pi d}\int_0^H \frac{\partial i(z', t-d/c)}{\partial t} dz' \qquad (3.61)$$

$$B_\phi(d,t) = \frac{\mu_0}{2\pi cd} \int_0^H \frac{\partial i(z',t-d/c)}{\partial t} \mathrm{d}z' \tag{3.62}$$

根据传输线模式(Uman and McLain,1969):

$$i(z',t) = i(0, t - z'/v) \tag{3.63}$$

将式(3.63)代入式(3.62)和式(3.61),则:

$$E_v(d,t) = -\frac{\mu_0}{2\pi d} \int_0^H \frac{\partial i(0, t - z'/v - d/c)}{\partial t} \mathrm{d}z' \tag{3.64}$$

$$B_\phi(d,t) = \frac{\mu_0}{2\pi cd} \int_0^H \frac{\partial i(0, t - z'/v - d/c)}{\partial t} \mathrm{d}z' \tag{3.65}$$

假定回击速度随高度为一固定值,则:

$$\frac{\partial i(0, t - z'/v)}{\partial t} = -v \frac{\partial i(0, t - z'/v)}{\partial z'} \tag{3.66}$$

将式(3.66)代入式(3.64)和式(3.65),可得:

$$E_v(d,t) = -\frac{\mu_0 v}{2\pi d} \int_0^H \frac{\partial i(0, t - z'/v - d/c)}{\partial z'} \mathrm{d}z' \tag{3.67}$$

$$B_\phi(d,t) = \frac{\mu_0 v}{2\pi cd} \int_0^H \frac{\partial i(0, t - z'/v - d/c)}{\partial z'} \mathrm{d}z' \tag{3.68}$$

当 $t \leq H/v + d/c$ 时:

$$E_v(d,t) = -\frac{\mu_0 v}{2\pi d} i(0, t - d/c) \tag{3.69}$$

$$B_\phi(d,t) = -\frac{\mu_0 v}{2\pi cd} i(0, t - d/c) \tag{3.70}$$

式中,c 为光速;d 为观测距离。目前,式(3.69)和式(3.70)已被广泛用于地闪回击电流峰值的估算。不过,这两个公式是在理想情况下得到的。第一,这两个公式假定地闪回击电流沿通道分布满足传输线模式;第二,假定地面光滑、电导率无限大。而实际情况远比上述两个假定复杂得多。因此,为了利用测量的辐射电磁场估算地闪回击电流峰值,Rakov(1992)等给出的经验公式为:

3.6 雷击地面回击电流峰值反演

$$I_P = 1.5 - 0.037 E_P r \qquad (3.71)$$

式中，I_P 为地闪回击电流峰值（kA）；E_P 为距雷电通道 d（m）处的辐射电场峰值（kV/m）。对负地闪而言，E_P 为正；对正地闪而言，E_P 为负。

为了对 NLDN 闪电定位系统的电流反演精度进行检验，Mallick（2012）等利用人工触发闪电电流和同步电场测量结果，进行了相关实验研究。如图 3.30 所示是 Mallick（2010）等在美国 Florida 地区对人工引发雷电电流及两站电场的同步测量结果，近距离测站为 326 m，远距离测站为 45 km。图 3.30（b）是第一次回击电流及其对应的电场变化，326 m 处先导-回击电场呈明显的 V 字形，45 km 处呈典型的回击辐射场波形。可以看出，近距离范围电场主要为缓慢变化的静电场，随着距离的增加，电场主要为辐射场。

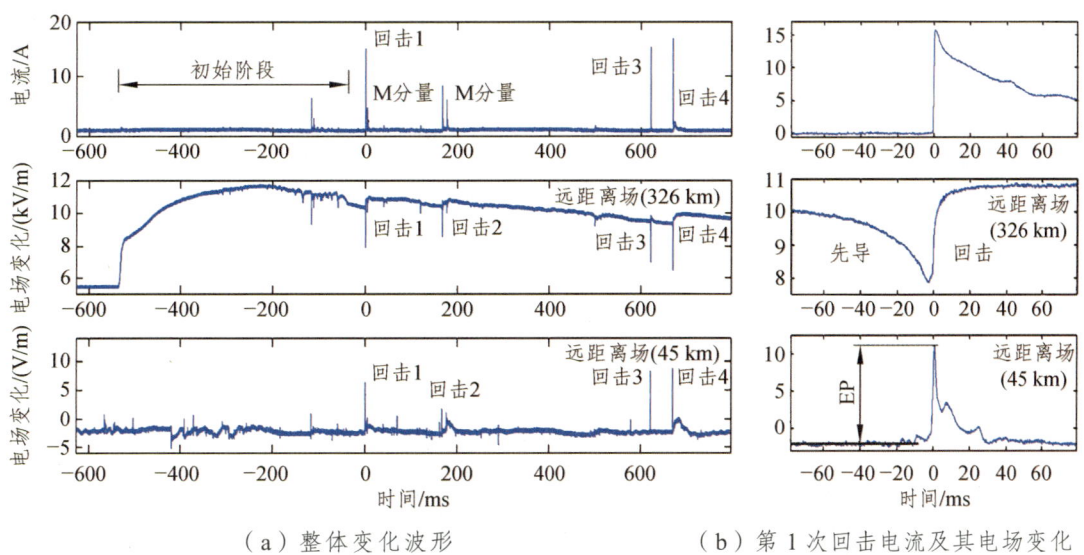

（a）整体变化波形 （b）第 1 次回击电流及其电场变化

图 3.30 人工引发雷电电流及其在距雷电通道 326 m 和 45 km 处的垂直电场变化
（Mallick 等，2010）

图 3.31（a）是利用式（3.71）近似估算公式和人工触发闪电的实测结果对比。图中水平轴表示实测的电流峰值，竖直轴表示反演的结果。绿色线表示数据拟合的曲线，而红色虚线表示理论预测和实测完全相同的理想曲线。可以看出，反演的雷电流峰值普遍偏大。图 3.31（b）统计了实测实验的误差分布，利用式（3.71）近似公式估算的雷电流峰值平均偏大的误差为 24%，最大 80%，最小 0%。

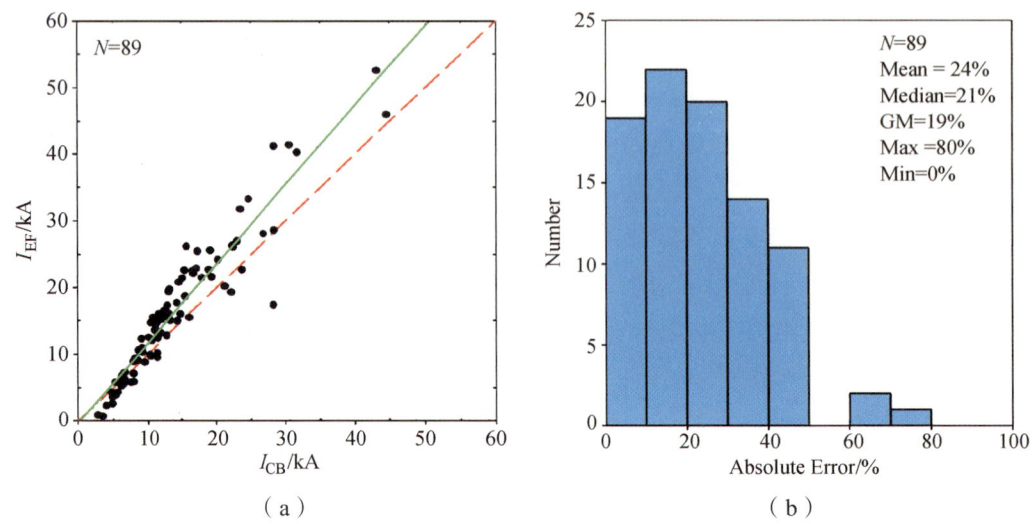

图 3.31 利用式（3.71）近似估算公式和人工触发闪电的实测结果对比

图 3.32 进一步给出了美国 NLDN 系统给出的雷电流峰值和触发闪电测量的结果对比，可以看出，NLDNG 的输出结果偏小，平均偏小的几何平均值为 16%，最大 127%，最小 0%。

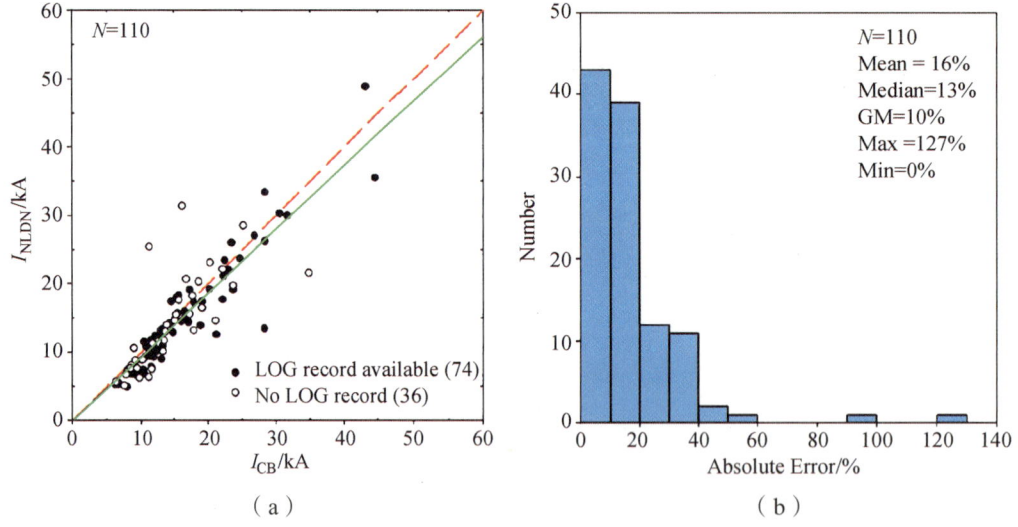

图 3.32 美国 NLDN 系统给出的雷电流峰值和触发闪电测量的结果对比

表 3.5 给出了利用理论公式（3.69）或式（3.70）估算的雷电流峰值和实测结果的对比。值得注意的是，不同的回击速度引起的误差分布不同。图 3.33 进一步给出了基

于 45 km 处的触发闪电垂直电场数据，利用公式（3.80）反演的雷电流峰值和实测结果的对比。从图 3.33 中看出，当回击速度介于光速的 1/2～2/3 时，实测与理论计算的结果比较一致，同时说明，利用传统的传输线模式反演雷电流时，回击速度的最佳取值范围为光速的 1/2～2/3。其实，回击速度可能并不是真实的回击速度，是综合考虑地表传播影响以及回击速度随通道高度变化的等效参数。因此，Mallick（2012）等对 Rakov 等的近似估算公式进行了修订，如下：

$$I_p = -0.66 - 0.028 E_p r \tag{3.72}$$

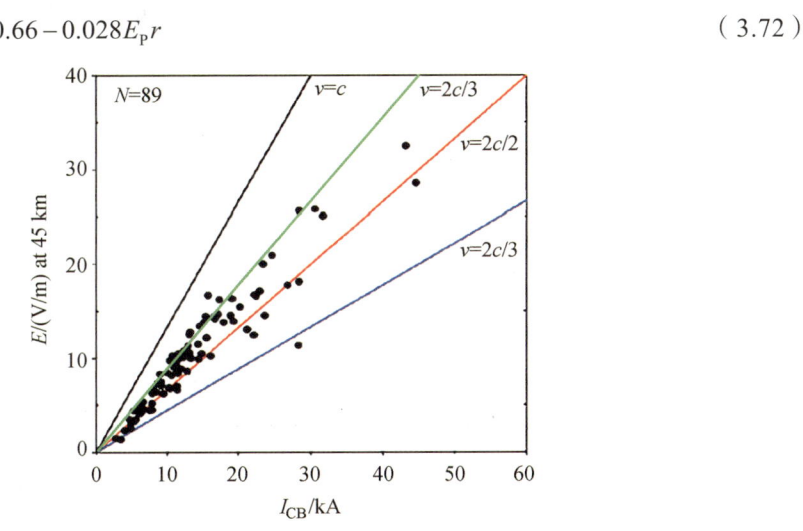

图 3.33　利用理论反演公式（3.80）反演的雷电流峰值和实测结果的对比

3.7　云闪 CID 放电参量反演

最近几年来，基于 VLF/LF 数据对云闪放电参量的反演引起了大家的关注（比如，Cummins and murphy，2009；Betz 等，2009），这就需要已知场-电流之间的关系。根据电磁场理论的基础知识，由于通道长度和形状的差异，相同电流将产生不同的场，因此，建立场-电流之间的关系就需要获得通道的信息。对地闪而言，闪电通道可能超过了 5 km，而对回击电流波形而言，当回击前沿在近地面 1 km 以内的通道时，其远距离电磁场峰值就达到了，也就是说地闪回击电磁场的峰值主要是近地面 1 km 以内的通道辐射产生的。不过，对云闪而言，由于其放电通道的长度可能小到 100 m 左右，因此，目前广泛适用于闪电定位系统的反演算法可能不适用于云闪短通道的电流反演。

3.7.1 电流矩模型

从袖珍闪电 NBE 的地面电磁场波形可以看出，云内脉冲电流在短通道两端（1 km 以内）来回反射，引起电场变化率产生突变。因此，可以利用电场叠加原理计算多次反射脉冲电流远距离电磁场，从而建立场-源关系。如图 3.34 所示是一次 NBE 辐射场计算示意图。根据电场叠加原理，空间任意位置处的场为不同时刻始发的电流 i_0、$i_0\rho_t$ 和 $i_0\rho_t\rho_g$ 等一系列电流脉冲的场叠加。因此，CID 闪电激发的电磁场为不同时刻的电流脉冲序列产生的电磁场叠加。

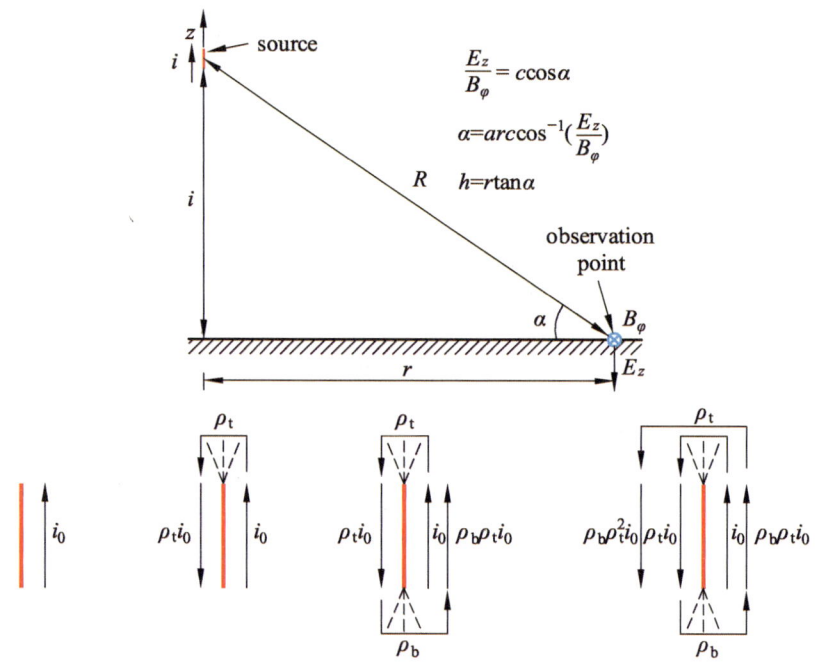

图 3.34 云内 NBE 放电过程模型

3.7.2 磁偶极模型

由于 CID 通道很短，如果通道长度远小于最短的辐射波长，则可以看作是一个电偶极子或磁偶极子。比如，如果辐射电磁场波长远大于 500 m，即辐射电磁场波频率小于 600 kHz 时，则通道长度为 500 m 的 CID 可看作是一个磁偶极子，地面 r 处的垂直电场为：

$$E_z(r,t) = \frac{1}{2\pi\varepsilon_0}\left[\frac{(2h^2-r^2)\Delta h}{R^5}\int_0^t i(T-R/c)dT +\right.$$
$$\left.\frac{(2h^2-r^2)\Delta h}{cR^4}i(t-R/c) - \frac{r^2\Delta h}{c^2 R^3}\frac{di(t-R/c)}{dt}\right]$$

$$E_z = -\frac{\Delta h r^2}{2\pi\varepsilon_0 c^2 R^3}\frac{di}{dt}$$

而长通道的地闪回击辐射场为：

$$E_z = -\frac{v}{2\pi\varepsilon_0 c^2 r}i$$

这与长通道地闪回击辐射场的反演公式是不同的。

CID 闪电电流脉冲的模拟公式为：

$$i_0(h,t) = \begin{cases} a\exp\{-[g(t-t_1)]^2\} & t \leqslant t_1 \\ a\exp\{-[g(t-t_1)/k]^2\} & t > t_1 \end{cases}$$

3.8 LBE 放电参数反演

由于不同地区、不同季节的雷暴电荷结构的差异以及距离地面的不同高度，导致闪电特征差异很大。Wu（2014）等在日本冬季雷暴闪电观测中发现了一种不同于任何其他类型的闪电放电现象，他们将其命名为超级双极性脉冲事件 LBEs（Large Bipolar Lightning Discharge Events），主要特征表现为：① LBEs 都为负极性；② LBEs 都为双极性脉冲，正负极性的平均脉冲宽度为 15 μs，变化范围为 10~20 μs；③ 从多站 VLF 定位结果看，LBEs 这种闪电都发生在日本海岸线附近的陆地部分，表明可能与海岸线附近高大的建筑物，如风力发电机等有关；④ LBEs 的放电强度很大，可能超过了正负地闪回击；⑤ LBEs 脉冲通常一个个孤立地出现，但随后频繁地发生云内放电；⑥ 利用 LBEs 脉冲通过电离层的反射现象可以估算电离层等效高度。他们推测 LBEs 可能是当雷暴电荷区距离地面高大建筑物很近时发生的一种短间隙强烈放电现象。下面首先对这种闪电现象做简单的描述，然后重点阐述 LBEs 的发生机制以及放电参量的反演算法等。

3.8.1 LBEs 的放电现象

如图 3.35 所示为 LBEs 发生的位置,是利用 VLF 多站时差定位技术得到的结果,其中,Old Site 和 New Site 是新旧两套测站的位置。可以看出,LBEs 密集分布在日本海沿岸的陆地部分,海面上几乎没有 LBEs 出现。因此,他们推测,陆地部分的高大山体可能是 LBEs 出现的原因之一。

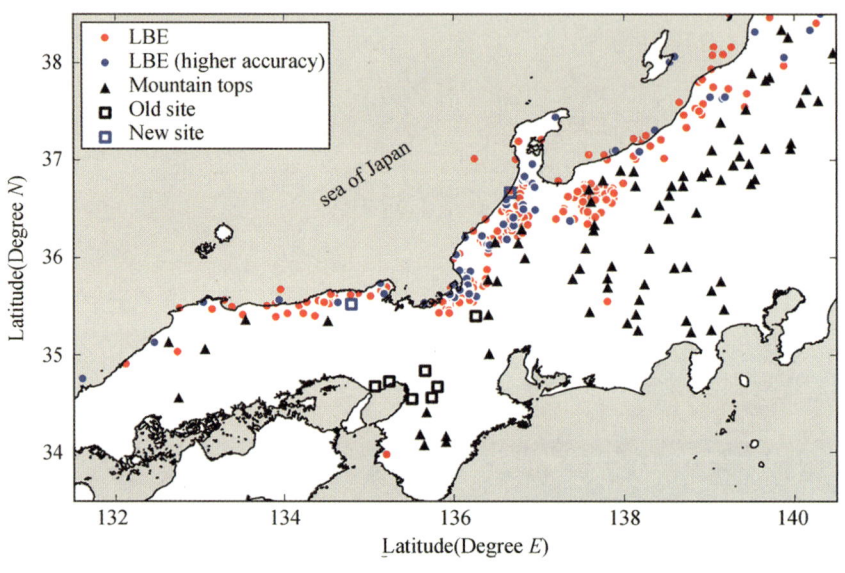

图 3.35 LBEs 的发生位置

如图 3.36 所示为观测的 LBEs 电场变化波形,呈明显的双极性特征,初始极性为正,从仪器的设置来看,LBEs 的放电是负极性的,即将云内的负电荷输送到地面。统计结果表明,正负极性脉冲宽度平均为 15 μs,分布范围为 10~20 μs,上升沿时间小于下降沿,这与回击是不同的,回击电场变化波形的上升沿时间远小于下降沿。正负极性幅值之比平均为 1。上述数据表明,LBEs 是比较标准的双极性脉冲。

由于 Wu(2014)等测量的 LBEs 幅值为相对值,无法直接进行雷电流峰值估算。因此,他们借助闪电定位系统 LLS 和 LBEs 的同步测量数据进行粗略估算。从 LLS 和 LBEs 这两套探测系统数据中,他们发现有 750 个负地闪和 423 个正地闪同时被 LBEs 探测系统捕捉到。他们将 LBEs 系统测量的电场变化相对值归一化到 100 km,然后同与之对应的 LLS 雷电流峰值相比,如图 3.37 所示。可以看出,无论是正地闪还是负地闪,归一化后的相对电场值与雷电流峰值呈正相关,即满足:

3.8 LBE 放电参数反演

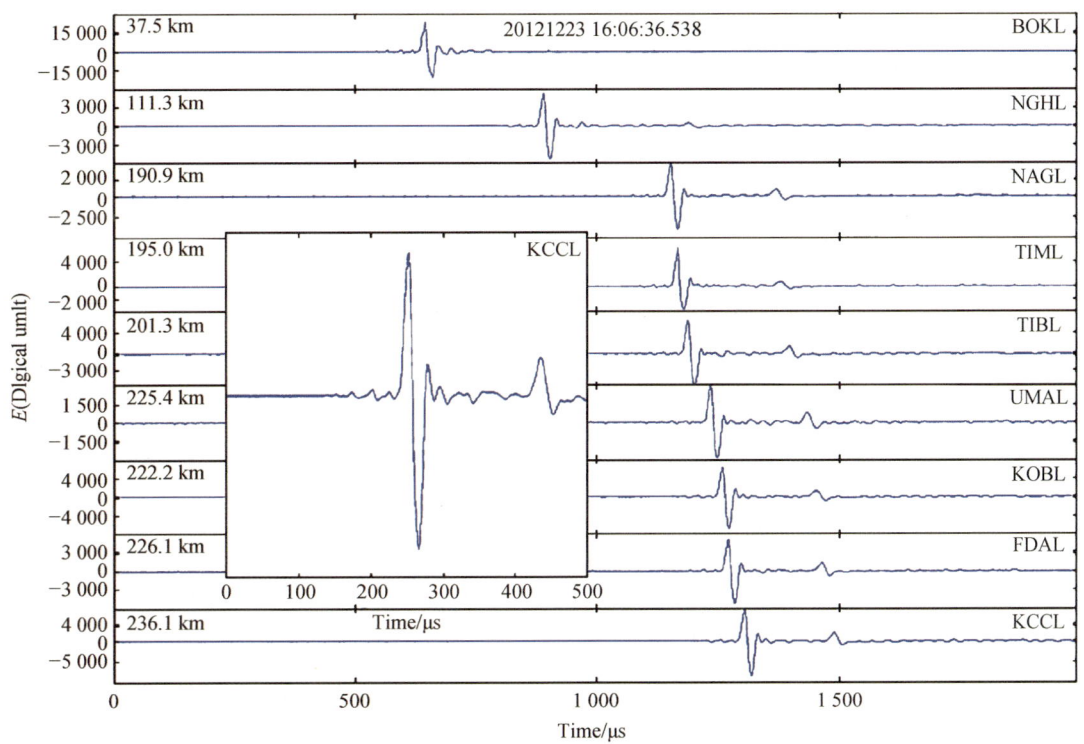

图 3.36 LBEs 波形特征

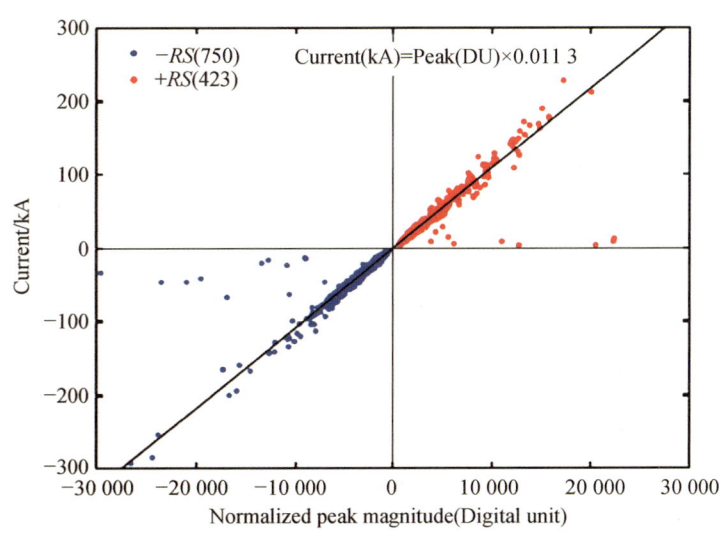

图 3.37 归一化到 100 km 的相对电场变化值和对应的雷电流峰值关系
（红色为正地闪，蓝色为负地闪）

$$I_p = aE_p$$

其中，I_p 为电流峰值，单位为 kA；E_p 为归一化到 100 km 的相对电场值；系数 a 为 0.011 3。估算结果表明，LBEs 的电流峰值为 68 kA 左右。不过，值得注意的是，地闪回击电流波形和 LBEs 波形，以及二者放电通道的长度都存在较大的差异。因此，LLS 中反演地闪回击电流峰值的算法可能并不适用于 LBEs。下面具体阐述。

3.8.2 LBEs 的放电机理

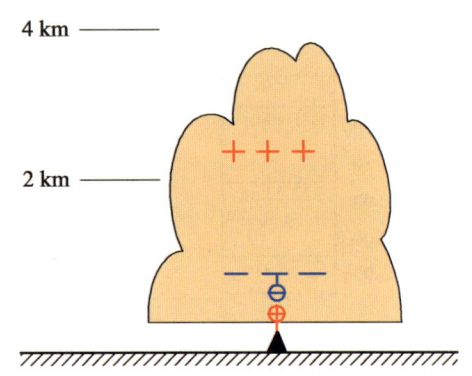

图 3.38 LBEs 的放电结构示意图

由于缺少相应的其他辅助观测资料，目前对 LBEs 的形成机理不是很清楚。但可以确定的是，由于绝大多数 LBEs 的发生位置都分布有高大山体，因此可以推测 LBEs 的形成与高大山体存在有关。同时注意到，日本冬季雷暴比较小，且电荷分布区域距离地面较近。因此，Wu（2014）等提出了如图 3.38 所示的 LBEs 放电机制示意图。由于高大山体等尖端物体的存在，缩短了主负电荷区和地面的距离。LBEs 的形成机制可能主要有两种：第一，当下行负先导趋近地面高大尖端物体时，从尖端表面始发较长的连接先导，从而发生类似于回击的放电过程，但由于放电间隙很小，导致电流脉冲波形与回击相差较大；第二，由于负电荷距离地面较近，且存在大量的高大尖端物体，极易诱发上行闪电。因此，LBEs 可能类似于短间隙的地闪放电过程，也可能类似于上行闪电的初始脉冲 ICC 或者是上行先导入云后发生的 M 变化。为了方便，我们不妨分别将这两种过程称为类回击过程和类 M 变化过程。

3.8.3 LBEs 放电特征的模拟

为了模拟高塔对 LBEs 放电特征的影响，本书选取雷击高塔的电流源分布模型（Rahidi，等，2002）。考虑到日本冬季雷暴的电荷区域距离地面很近，假定 LBEs 的通道长度介于 500~1 000 m，而地面尖端物体的高度为 100~300 m。对 LBEs 的两种放电机制，由于放电间隙非常短，参考 NBE 袖珍云闪的放电参数，选取 LBEs 的理想电流源满足高斯脉冲的特征：

3.8 LBE 放电参数反演

$$i_0(h,t) = \begin{cases} a\exp\{-[g(t-t_1)]^2\} & t \leq t_1 \\ a\exp\{-[g(t-t_1)/k]^2\} & t > t_1 \end{cases} \quad (3.73)$$

其中，t_1 为电流波形的上升沿时间，$k=(t_2-t_1)/t_1$，$t_2=2 \times t_1$，a 是控制电流波形的参量。为了再现 LBEs 的远距离对称电场变化波形，采取图 3.39 所示的理想电流波形，可以看出，t_1 越大，脉冲宽度越大，相应的电流变化率越小。此处，之所以选取三组 t_1，是为了模拟 LBEs 的脉冲宽度的最小值、最大值和平均值。对雷击地面时，采取 TL 模式，则沿闪电通道的电流分布为：

$$i(z,t) = i_0(0,t-z/v) + \rho_g i_0(0,t-z/v) \quad (3.74)$$

其中，ρ_g 为下行电流脉冲在地表面的反射系数。当 $\rho_g=1$，$i(z,t)=2i_0(0,t-z/v)$，即在通道底部测量的电流是理想电流的 2 倍，即所谓的短路电流。对类似于 ICC 过程来说，从通道顶端注入的电流 $i_0(t)$ 如图 3.39（b）所示，而从地面传播向上的电流为 $i_0(t)\rho_g$。

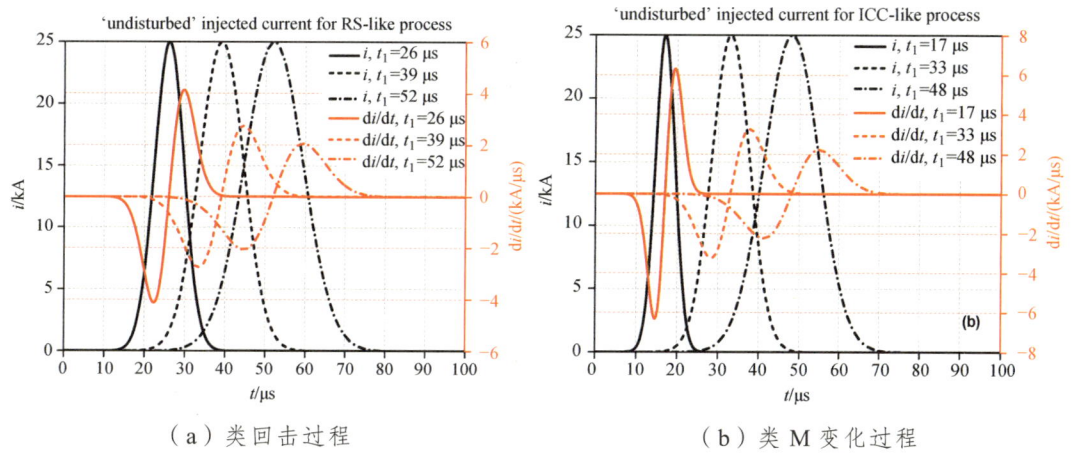

（a）类回击过程　　　　　（b）类 M 变化过程

图 3.39　LBEs 理想电流

如图 3.40 所示是高塔对 LBEs 远距离电场变化的影响。在模拟计算中发现，场波形和选取的电流波形关系密切。对类回击过程而言，当 $t_1=26$ μs、39 μs 和 52 μs 时，模拟的远距离电场变化波形脉冲宽度最小值为 10 μs、平均值为 15 μs、最大值为 20 μs，这与 Wu（2014）等观测的结果非常吻合。对类 M 变化过程而言，当 $t_1=17$ μs、33 μs 和 58 μs 时，模拟的远距离电场变化波形也非常吻合 Wu（2014）等观测的结果。高塔的存在导致场峰值变大，300 m 高塔使得电场峰值增大 20%。下面，为了简化运算，假定 LBEs 闪击在水平地面上，忽略高塔的影响。

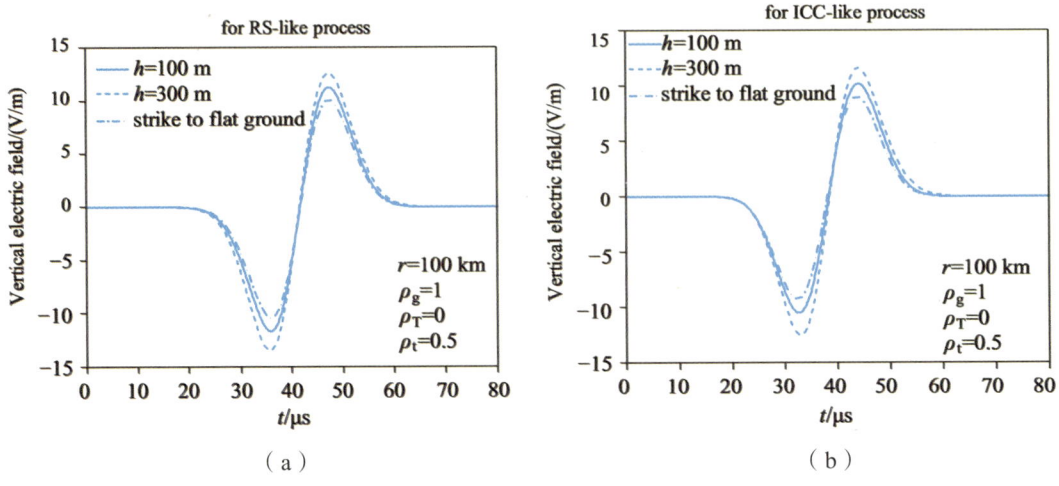

图 3.40 高塔对 LBEs 远距离电场幅值的影响

除了高塔高度的影响，对 LBEs 远距离电磁场存在的影响因素还有：自然通道顶端的反射系数 ρ_T 和地表面的反射系数 ρ_g。图 3.41 是反射系数 ρ_T 对 LBEs 的影响，可以看出，不同的 ρ_T 导致电场波形峰值也不同，当 $\rho_T = 0$ 时，电场波形的正负极性幅值相等，这与 Wu（2014）等观测的平均结果相吻合。另外，从图 3.41 中看出，尽管通道底部的反射系数对场波形影响不是很大，但当反射系数为 1 时，场波形正负极性相等，这与 Wu（2014）等观测的平均结果相吻合。因此，本书选取通道顶端反射系数为 0、底部反射系数为 1 是比较合理的。

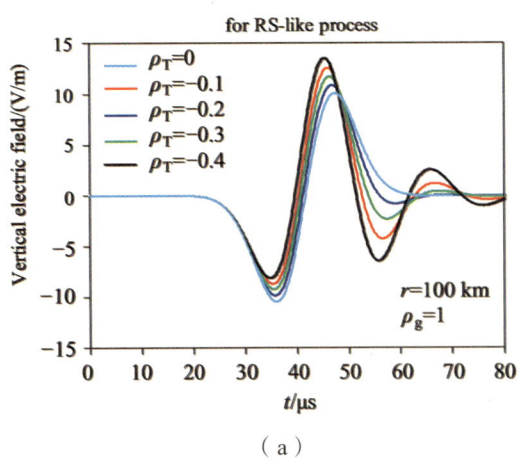

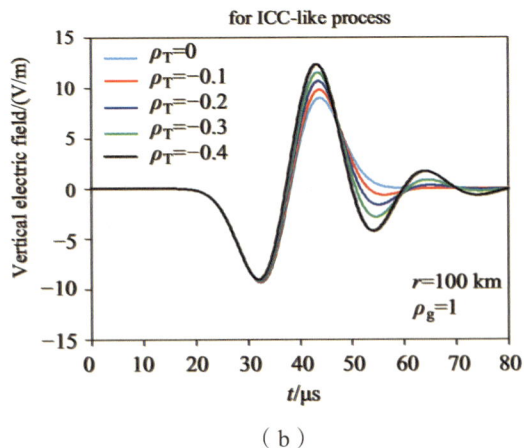

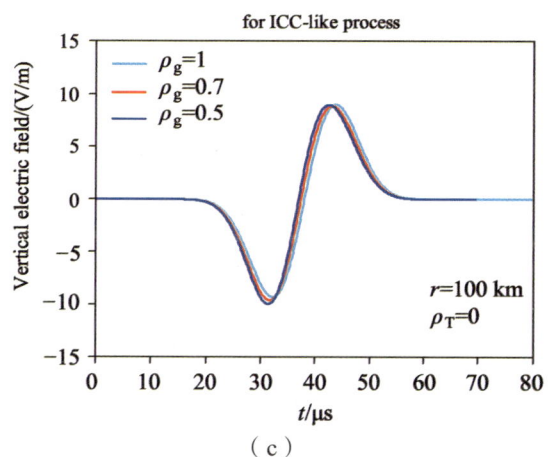

(c)

图 3.41 通道顶端和底部反射系数对电场波形的影响

因此，在合理的通道底部和顶端反射系数的假定下，图 3.42 进一步给出了通道长度和注入的理想电流波形对远距离场的影响。可以看出，通道长度和电流波形对场峰值的影响很大，因为按照磁偶极模型，远距离电场峰值与通道长度和电流变化率呈正相关。通道越长，场峰值越大；电流变化率越大，场峰值越大。根据日本冬季雷暴的电荷区距离地面的可能范围，本节选取的高度为 500~1 000 m 是比较合理的。另外，根据 Wu（2014）等的观测结果，本节选取的 LBEs 脉冲波形参量也是合理的。

因此，与传统的长通道地闪回击过程相比，LBEs 的放电通道长度和电流波形存在很大不同。对负地闪回击过程而言，电流波头时间仅为几个微秒，而通道长度为几千米。按照 TL 模式，随着电流脉冲沿通道的快速推进，即使电流脉冲没有衰减，但距离地面较高位置处的电流元在地面产生的垂直电场可忽略。因此，对地面远距离辐射场有贡献的仅仅是离地面 1 km 以内的通道，这一点利用远距离辐射场波形的上升沿时间也可以粗略估计。因为远距离辐射场波形的上升沿时间仅为几个微秒，因此可以推测对场有贡献的通道长度也仅为 1 km。

图 3.43 给出了不同长度、不同电流波形对 LBEs 电流反演因子的影响。图 3.43（a）为类回击过程；图 3.43（b）为类 M 变化过程。与传统的地闪回击电流反演因子相比，不同情况下的 LBEs 反演因子差异很大。对类回击过程而言，LBEs 电流峰值的反演因子为 $A = 3.5 \sim 10.5$；对类 M 变化过程而言，LBEs 电流峰值的反演因子为 $4.9 \sim 12.2$。而对长通道负地闪回击而言，反演因子为 2.5。因此，LBEs 电流峰值的反演因子和长通道负地闪回击电流峰值的反演算法差异很大，利用负地闪电流峰值的因子来反演 LBEs 电流峰值，得到的结果明显偏小。

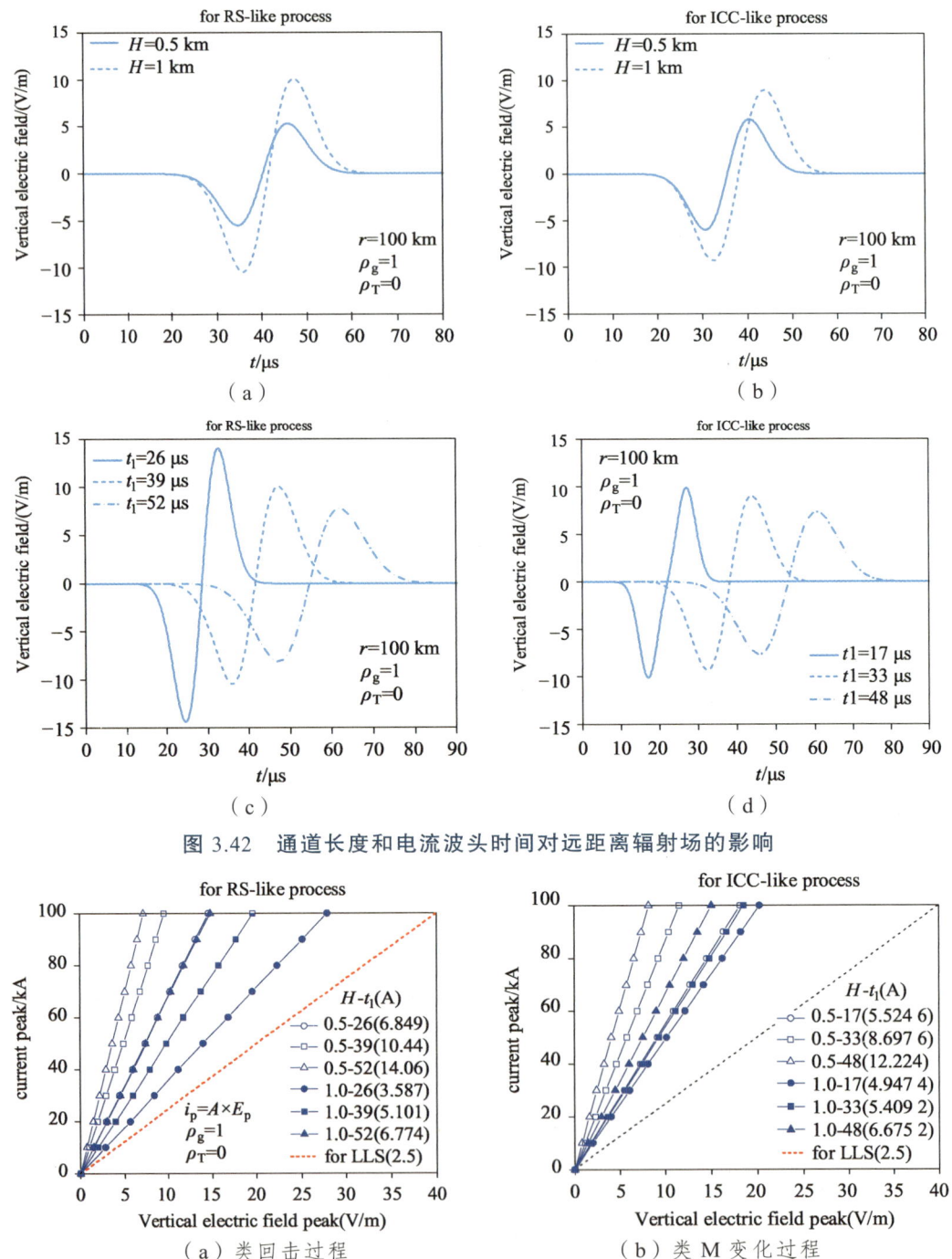

图 3.42 通道长度和电流波头时间对远距离辐射场的影响

（a）类回击过程　　（b）类 M 变化过程

图 3.43 不同长度、不同电流波形对 LBEs 电流反演因子的影响

第 4 章　雷电常规探测设备

4.1　大气电场仪

大气电场强度是大气电学的基本参数，它在大气电特性、雷暴及闪电的研究中都有重要意义。大气电场在雷暴过程中的各个阶段都有很大变化，所以监测局部地区电场变化是雷电预警中的一种直接而且简便的方法。电场仪是通过监测大气电场强度和极性的变化来监测被反演雷暴云电荷积累和消散的过程，可对局部地区潜在的雷暴活动及静电电击危险进行预警。

4.1.1　大气电场仪的硬件构成和工作原理

大气电场仪的工作原理主要采取动态感应原理。当金属导体处在一个变化的电场中时，此时如果测出这个电流的变化就可知道电场的变化。但在静电场中，电场基本不变或缓变，要测量这种电场，必须使处在静电场中的导体内产生变化的电荷，为此可以采用某种形式的对一个导体的屏蔽和去屏蔽装置，这就是动态感应原理。大气电场仪就是基于此原理来设计的。

大气电场仪是利用在静电场中放置一块金属导体，导体表面就会产生感应电荷的原理来测量电场的。电场仪结构一般为场磨式，场磨式大气电场仪传感器探头如图 4.1 所示，主要由定子（感应片）、转子（接地屏蔽片）、小叶片、光电开关和直流无刷电机组成。定子和转子是两组形状相似的几片互相连接在一起的金属导体片，定片位于下方，用来感应电荷，固定不动。动片位于上方，由马达驱动旋转，并与地相连接，它既起屏蔽定片的作用，又使定片暴露于大气电场中。

通过计算得出感生电荷密度为：

$$\sigma = \varepsilon K E \tag{4.1}$$

式中：ε 为空气中的介电常数（近似真空中的介电常数），K 是由于导体放入引起的电场畸变系数。如果金属导体的面积为 S，则感应电荷量为：

$$q = \sigma S = \varepsilon K E S \tag{4.2}$$

第 4 章 雷电常规探测设备

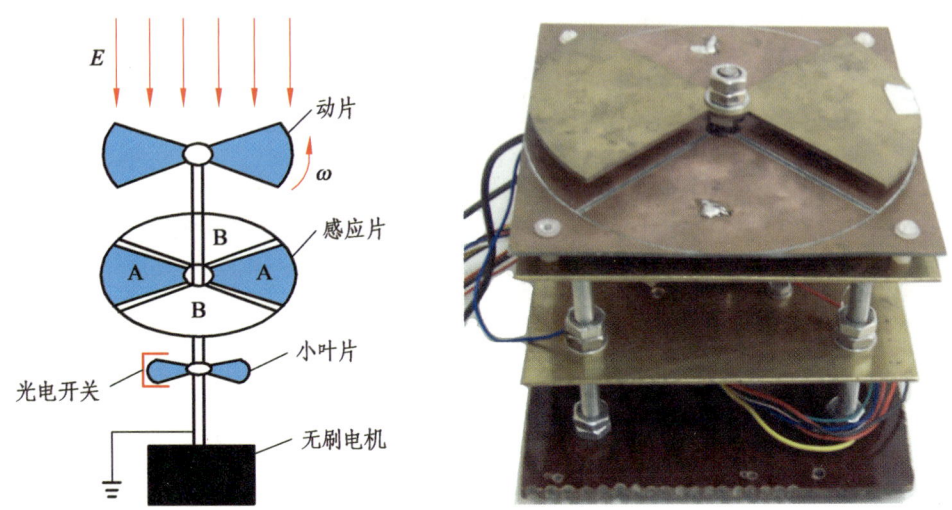

图 4.1 电场仪探头结构

若感应导体对地的电容量为 C，则产生的感应电压为：

$$V = qC = \varepsilon KES / C \tag{4.3}$$

根据动态感应原理可知，无刷电机带动动片周期性地切割垂直入射在感应片上的电场线，则在感应片上产生周期性的微弱交变电流信号，并且 A、B 两组感应片上的感应电流信号的相位相差 180°。同时，小叶片按同样的频率 ω 周期性地通过光电开关的凹槽，发光二极管的光路就被周期性地切断或通过，使光电三极管处于导通和截止两种状态，从而产生一同步脉冲信号。若转子转过一个周期 T 的时间，感应片暴露的面积与时间 t 有如下关系：

$$S(t) = \begin{cases} S_\mathrm{m} \dfrac{\partial t}{T} & 0 \leqslant t \leqslant \dfrac{T}{2} \\ 2S_\mathrm{m}\left(1 - \dfrac{t}{T}\right) & \dfrac{T}{2} \leqslant t \leqslant T \end{cases} \tag{4.4}$$

式中，S_m 为感应片的总面积。取空气的介电常数等于真空中的介电常数，感应片在电场 E 中的感应电荷为：

$$Q(t) = \varepsilon_0 E S(t) \tag{4.5}$$

感应电荷的微分 $\dfrac{\mathrm{d}Q(t)}{\mathrm{d}t}$ 就是感生电流：

$$i(t) = \begin{cases} \dfrac{2\varepsilon_0 S_m E}{T} & 0 \leq t \leq \dfrac{T}{2} \\ -\dfrac{2\varepsilon_0 S_m E}{T} & \dfrac{T}{2} \leq t \leq T \end{cases} \qquad (4.6)$$

假定电场 E 随时间的变化很缓慢，与 $S(t)$ 随时间变化相比可以忽略不计，则感生电流的变化可认为正比于电场 E 的变化。让电流流过一个电阻 R，得到的电压为：

$$V(t) = R \cdot i(t) = \begin{cases} \dfrac{2\varepsilon_0 S_m RE}{T} & 0 \leq t \leq \dfrac{T}{2} \\ -\dfrac{2\varepsilon_0 S_m RE}{T} & \dfrac{T}{2} \leq t \leq T \end{cases} \qquad (4.7)$$

把电压展开成傅里叶级数：

$$V(t) = \dfrac{8\varepsilon_0 R S_m E}{\pi T}\left[\sin\left(\dfrac{2\pi t}{T}\right) + \dfrac{1}{3}\sin\left(\dfrac{6\pi t}{T}\right) + \dfrac{1}{5}\sin\left(\dfrac{10\pi t}{T}\right) + \cdots\right] \qquad (4.8)$$

经选择器保留第一项：

$$V(t) = \dfrac{8\varepsilon_0 R S_m E}{\pi T}\sin\left(\dfrac{2\pi t}{T}\right) \qquad (4.9)$$

所以，感应信号是一个正弦变化的波形。

感应探头的安装方式有倒置式[图 4.2（a）]和正置式[图 4.2（b）]两种。采用倒置结构时使用防尘罩防止灰尘进入电场仪，以延长轴承的使用时间。采用一体化的光电开关，调整方便，且金属丝电刷接触良好，以保证转子可靠接地。

（a）倒置式

（b）正置式

图 4.2　大气电场仪的外观图

驱动动片转动的电机功率约 2 W，动片转速 1 200 r/min，频响 1 s，因此，电场仪测量的主要是雷暴云内电荷以及一次闪电过程产生的静电场大小，如图 4.3 所示，图中较大的脉冲是闪电放电产生的，电场仪只能给出这次闪电的电场变化，无法区分云闪和地闪。另外，由于大气电场仪探测的是静电场变化，探测范围有限，为 15～20 km。

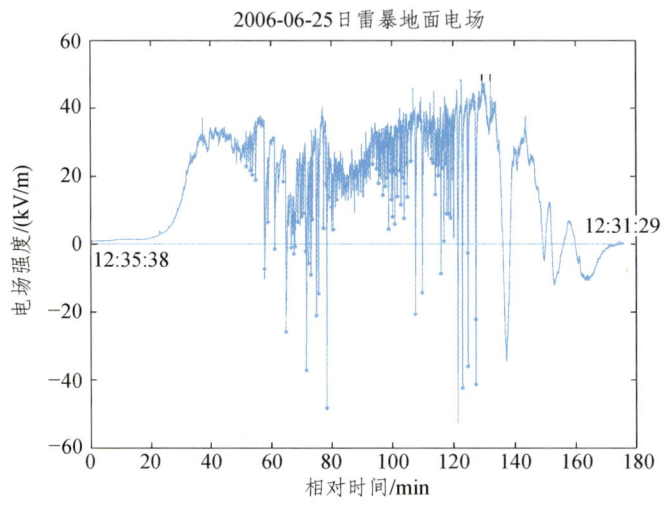

图 4.3　一次雷暴过程在地面产生的电场变化

4.1.2　大气电场仪的标定试验

大气电场仪制作完成之后，为了得到定量的测量结果，需要进行实验室标定。大气电场仪的标定，首要问题是建立一个数值已知的均匀电场，根据处于不同电位的两块相互平行且有无限尺度的导电板之间存在均匀电场的原理，采用一种类似于平行板电容器的标定装置，即以两块有一定距离的金属平行板为电极，以空气为电介质构成基本的标定装置。在两极板间加一已知的稳定电压，则平行板之间的电场可根据均匀电场计算。

4.1.3　大气电场资料的误差

大气电场仪的探测数据会受到自身安装高度以及环境的影响，使得电场仪测得的电场数据与真实大气电场有一定差异。因此首先要解决电场仪自身的标定，从而保证大气电场仪用于组网测量时数据的准确性。

4.1 大气电场仪

大气中的静电学问题可归结为求满足边界条件的泊松方程的解。常用的数值解法包括模拟电荷法、有限元法以及有限差分法等。模拟电荷法适用于电极形状比较简单的电场问题，对复杂地表的电场计算具有一定的局限性。有限元法分割的元素数和节点数较多，导致需要的初始数据复杂繁多，并且计算较为复杂。因此，可选用较为简单的有限差分法。有限差分法将求解域划分为差分网格，将偏微分方程中的偏导函数用差商形式来表示，通过计算有限个网格节点上的函数，得到整个区域上的近似解。

已知，电势分布应满足泊松方程：

$$\nabla^2 \varphi = -\rho / \varepsilon \tag{4.10}$$

在直角坐标系下表示为：

$$\frac{\partial^2 \varphi}{\partial x^2} + \frac{\partial^2 \varphi}{\partial y^2} + \frac{\partial^2 \varphi}{\partial z^2} = -\frac{\rho}{\varepsilon} \tag{4.11}$$

其中，ρ 为自由电荷的密度，ε 为介电常数，φ 为电势。在没有自由电荷的区域里，$\rho = 0$，泊松方程就简化为拉普拉斯方程：

$$\nabla^2 \varphi = 0 \tag{4.12}$$

在直角坐标系下表示为：

$$\frac{\partial^2 \varphi}{\partial x^2} + \frac{\partial^2 \varphi}{\partial y^2} + \frac{\partial^2 \varphi}{\partial z^2} = 0 \tag{4.13}$$

在求解三维泊松方程或拉普拉斯方程时，采用七点差分格式，中间点 0 由周围的 6 个点来确定，如图 4.4 所示。

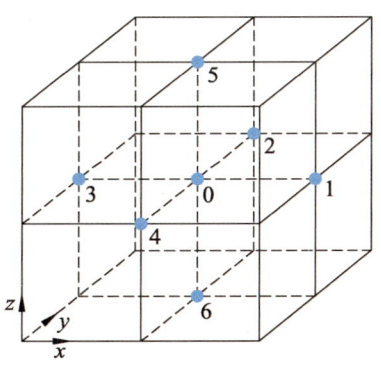

图 4.4　七点差分格式

假定在 x、y 和 z 方向上的步长均相等，且为 h，则式（4.13）通过 Taylor 级数展开，再整理，得：

$$\varphi_{i,j,k} = \frac{1}{6}(\varphi_{i,j+1,k} + \varphi_{i,j-1,k} + \varphi_{i+1,j,k} + \varphi_{i-1,j,k} + \varphi_{i,j,k+1} + \varphi_{i,j,k-1} + h^2\rho/\varepsilon) \quad (4.14)$$

带入图 4.4 中所标注的各点，即：

$$\varphi_0 = \frac{1}{6}(\varphi_1 + \varphi_2 + \varphi_3 + \varphi_4 + \varphi_5 + \varphi_6 + h^2\rho/\varepsilon) \quad (4.15)$$

相应的拉普拉斯方程的七点差分方程为：

$$\varphi_0 = \frac{1}{6}(\varphi_1 + \varphi_2 + \varphi_3 + \varphi_4 + \varphi_5 + \varphi_6) \quad (4.16)$$

求得每个节点的电势值之后，电场由下式给出：

$$\vec{E} = -\nabla \varphi \quad (4.17)$$

由于七点差分格式中每个节点都是由其周围的六个点确定的，在边界上的点无法进行计算，本节在处理时，底面采用第一类边界 $\varphi_{(x,y,z)}|_{z=0} = 0$，其余 5 个面采用第二类边界条件进行迭代计算。

可选用 MATLAB 软件来编写程序，MATLAB 是近年来十分流行的通用性很强的优秀软件，它的程序简单明了，容易理解。计算时采用超松弛迭代法，超松弛迭代在计算每一节点时，会将之前计算得到的临近点的电位新值代入，即在计算点 (i,j,k) 的电位时，把它左边的点 $(i,j-1,k)$ 的电位和下面的点 $(i-1,j,k)$ 的电位，以及前面的点 $(i,j,k-1)$ 的电位用刚才算得的新值代入，即：

$$\varphi_{i,j,k}^{n+1} = \frac{1}{6}(\varphi_{i,j+1,k}^n + \varphi_{i,j-1,k}^{n+1} + \varphi_{i+1,j,k}^n + \varphi_{i-1,j,k}^{n+1} + \varphi_{i,j,k+1}^n + \varphi_{i,j,k-1}^{n+1}) \quad (4.18)$$

式（4.18）由于提前使用了新值，收敛速度加快。再把式（4.18）写成增量形式：

$$\varphi_{i,j,k}^{n+1} = \varphi_{i,j,k}^n + \frac{1}{6}(\varphi_{i,j+1,k}^n + \varphi_{i,j-1,k}^{n+1} + \varphi_{i+1,j,k}^n + \varphi_{i-1,j,k}^{n+1} + \varphi_{i,j,k+1}^n + \varphi_{i,j,k-1}^{n+1} - 6\varphi_{i,j,k}^n) \quad (4.19)$$

这时每次的增量，即式（4.19）右边第二项，就是要求方程局部达到平衡时应补充的量。为了加快收敛，这里引进一个松弛因子 ω，将上式改写为：

$$\varphi_{i,j,k}^{n+1} = \varphi_{i,j,k}^n + \frac{\omega}{6}(\varphi_{i,j+1,k}^n + \varphi_{i,j-1,k}^{n+1} + \varphi_{i+1,j,k}^n + \varphi_{i-1,j,k}^{n+1} + \varphi_{i,j,k+1}^n + \varphi_{i,j,k-1}^{n+1} - 6\varphi_{i,j,k}^n) \quad (4.20)$$

式（4.20）中松弛因子 ω 的最佳值为：

$$\omega = \frac{2}{1+\sqrt{1-\left[\dfrac{\cos(\pi/m)+\cos(\pi/n)}{2}\right]^2}} \quad (4.21)$$

式中，m，n 分别为 x，y 方向上的网格数。不同的 ω 值，可以有不同的收敛速度，其值范围一般为 1~2。即我们可以使每点的增量超过使方程达到局部平衡时所需的值，这将加速解的收敛。

因此，如果给定空间电荷分布，利用上述公式可计算周围空间电势或电场分布。雷暴云电荷分布可选用典型的电荷分布，如图 4.5 所示。假定雷暴云的剖面是二维对称的，其电荷均匀分布于半径为 5 km 的垂直圆柱中，其中 -80 C 的主负电荷区位于 2 km（雷暴云底）和 9 km 之间，而 $+50$ C 的主正电荷区则位于 9 km 和 12 km（雷暴云顶）之间，电荷密度分别为 $-0.18 \text{ nC} \cdot \text{m}^{-3}$ 和 $0.21 \text{ nC} \cdot \text{m}^{-3}$。云中强上升气流形成的半径为 0.5 km 的高电荷中心由一个小正电荷中心（位于云底和 5 km 之间，电荷密度为 $1.3 \text{ nC} \cdot \text{m}^{-3}$）和一个小负电荷中心（位于 5 km 和 9 km 之间，电荷密度为 $-3.2 \text{ nC} \cdot \text{m}^{-3}$）组成。

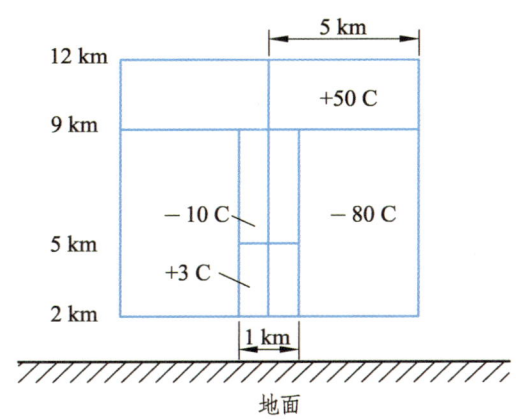

图 4.5　电荷分布示意图（剖面图）

不过，通常由于雷暴云电荷距离地面的高度达几千米，而建筑物（群）高度仅为几十米范围。因此，可近似认为近地面雷暴云电场均匀分布，只是由于地面尖端物体的存在使得近地面电场的大小比较复杂。另外，静电场计算受空间网格剖分的影响也很大，网格越小计算精度会越高。

本章建立的三维雷暴云大气电场计算模型的范围为长 30 km、宽 30 km、高 15 km 的空间，主要包括雷暴云和建筑物（群）两部分。雷暴云中心到建筑物中心的水平距离分别取 $d = 0$ km、5 km、10 km、15 km，即分别考虑建筑物位于雷暴云正下方和雷暴云逐渐远离的四种情况，如图 4.6 所示。在分析孤立建筑物时，假定建筑物为长方体，长、宽均为 40 m，高度 $h \leqslant 100$ m。

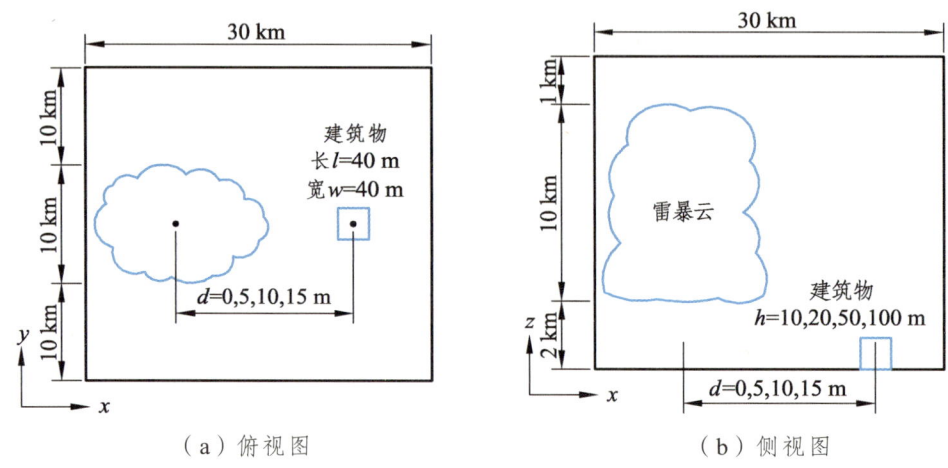

图 4.6 模拟区域示意图

4.1.4 模拟结果分析

由于雷暴云高度较高，距地面距离较远，即使空中存在雷暴电荷，在平坦地表附近，较小范围之内大气电场也几乎是均匀的。而当地面上有导体（树木、房屋和人体等）存在时，大气电场与导体上的电荷分布相互影响，最终达到静电平衡，此时导体周围的电场将发生明显的畸变。由于实际的建筑物和周围环境是比较复杂的，本章在讨论中，仅将建筑物考虑为规则的形状，并且未考虑复杂的地表状况，对规则建筑物及建筑群周围的大气电场分布进行了初步分析。

1）孤立建筑物对附近大气电场的影响

图 4.7 模拟了一些典型孤立建筑物、构筑物附近的大等势线分布情况，并给出了剖面图。其中图 4.7（a）模拟的是形状为矩形的规则孤立建筑物，楼顶中心处有一根避雷针，此时明显看出，避雷针尖端处的等实线最为密集，电场最强，其次是两个楼角处；图 4.7（b）为形状较为复杂的孤立建筑，越高的屋角造成的电场畸变越强；图 4.7

（c）假设建筑物位于山体旁的情况，由于山体的影响，建筑物处的等势线较为稀疏；图 4.7（d）中模拟的是建筑物左上方存在架空输电线时的情况，架空输电线对空间的大气电场也会有一定的影响。

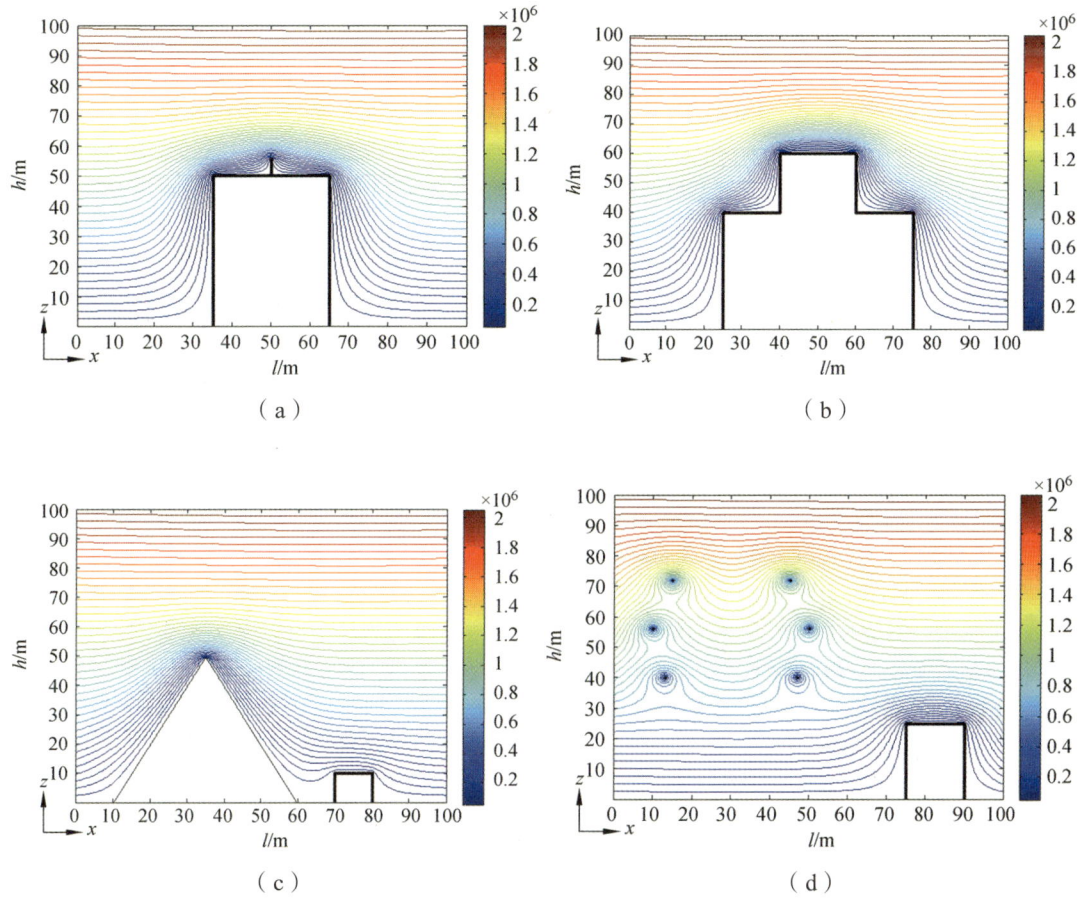

图 4.7　几种建筑物周围等势面分布剖面图

为了进一步对孤立建筑物周围的雷暴云大气电场情况进行分析，本节将建筑物的形状简化为长方体，长、宽均为 40 m，高度分别取 $h = 10$ m，20 m，50 m 和 100 m 的情况进行分析。图 4.8（a）给出了建筑物高度 $h = 50$ m 时周围等势面的分布（剖面），此时雷暴云位于建筑物的正上方。图中等势面越密集则意味着该处电场越大，电场的大小是该处电势的梯度。可以看出，建筑物周围的电场存在明显的畸变，而离地面较高时，受建筑物的影响逐渐减小，等势面逐渐趋于与地面平行，此时近地面处的电场基本为均匀场。在建筑物有棱角的地方，电场明显较大，其次是建筑物顶部平面，如建筑物楼顶中心点"O"处的电场明显比平面四个棱边小，而电场最大处应该是顶部的四角。图 4.8（b）给出的是建筑物周围地面处的电场等值线，可以看出，越靠近建筑物，地面电场越小，而与建筑物达到一定距离之后，地面电场逐渐变化缓慢，直至不受建筑物的影响。这是由于有一定高度的建筑物会对它周围的静电场产生一定的屏蔽作用，屏蔽的范围将随着建筑物的高度和源电荷位置的变化而有所不同。

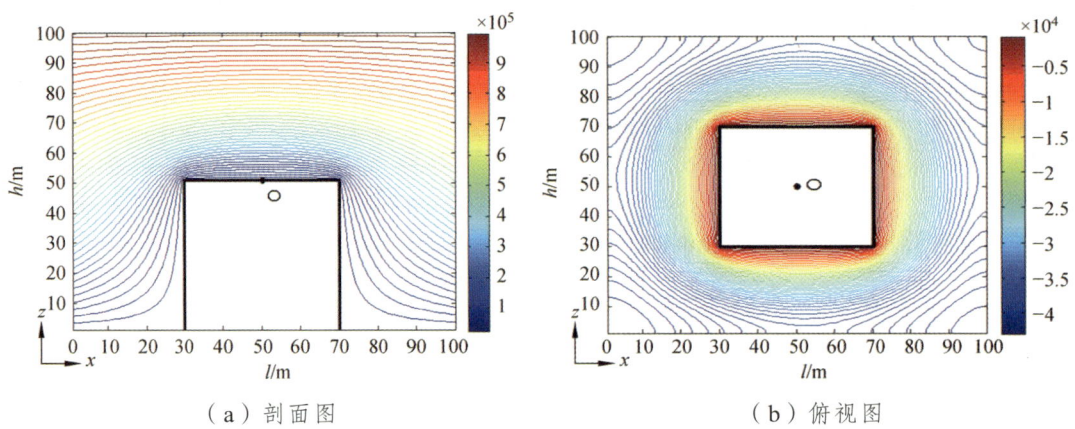

（a）剖面图　　　　　　　　　　　（b）俯视图

图 4.8　建筑物的剖面图和俯视图

表 4.1 给出了建筑物顶部中心位置"O"处的电场与地面电场之比，其中地面电场是指没有这个建筑时该处地面上的电场大小，这个比值受到建筑物高度和雷暴云电荷位置的影响。可以看出：

（1）在水平距离 15 km 以内，雷暴云电荷的位置对电场之比几乎没有影响；

（2）建筑物越高，其顶部的电场越大，设建筑物顶部中心"O"处的电场与地面电场之比为 N，图 4.9 为雷暴云位于建筑物正上方，建筑物的高度 h 由 0 m 至 100 m 时 N 变化的散点图，由图可得建筑物顶部垂直电场增大的比例 N 与其高度 h 呈线性关系，通过拟合得出 N 与建筑物高度 h 的关系满足：

$$N = 0.035h + 1.012\,2 \tag{4.22}$$

此关系式仅是针对上述模拟的建筑物，没有考虑附近其他建筑物的影响以及该建筑物长、宽的变化情况。

表 4.1 建筑物顶部中心"O"处的电场与地面电场之比

雷暴云与建筑物的水平距离 d/km	建筑物高度 h/m			
	10	20	50	100
0	1.36	1.72	2.76	4.51
5	1.36	1.72	2.76	4.51
10	1.36	1.72	2.77	4.52
15	1.36	1.72	2.77	4.55

注：地面电场是指没有这个建筑时该处的电场大小。

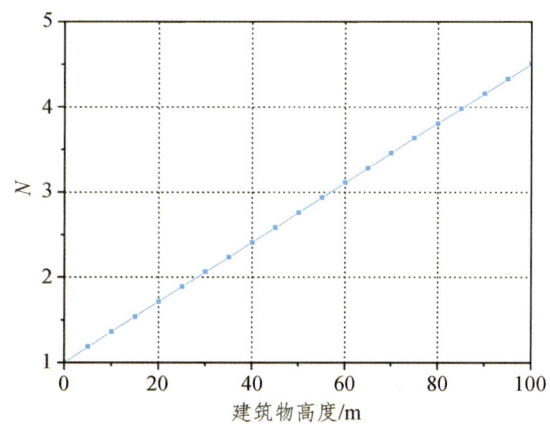

图 4.9 孤立建筑物顶部垂直电场值增大比例 N 与建筑物高度 h 的关系

另外，孤立建筑物对其附近的电场有一定的屏蔽作用，离建筑物越近，电场越小。本节通过分析发现，当雷暴电荷中心距建筑物水平距离为 15 km 范围以内，20 m 高的建筑物屏蔽距离为 50～70 m，一般为建筑高度的 2.5～3.5 倍；50 m 高为 80～115 m，一般为建筑高度的 1.7～2.2 倍。

2）建筑群对附近大气电场的影响

孤立建筑物周围的大气电场仅受该建筑物自身的影响，而由多个建筑物或构筑物组成的建筑群则相对较为复杂。在分析建筑群对雷暴云大气电场的影响时，不仅要考虑每个建筑物对附近静电场的影响，还需要考虑几个建筑物之间的相互影响。图 4.10 为几个不同形状的建筑物组成的建筑群周围等势线分布情况。图 4.10（a）模拟的是两边有避雷针的多普勒雷达周围的情况，可以看出，避雷针尖端处的等势线最为密集，电场强度最大，而球形的多普勒雷达顶部电场强度较小，这就大大降低了雷达被雷电击中的概率，从而达到保护效果。图 4.10（b）显示了由不同高度的建筑物组成的建筑群周围的等势线分布。从图中明显看出，高度越高的建筑物顶部电场越大，而位于两个较高建筑物之间的低矮建筑，由于受到旁边建筑物的屏蔽作用，其顶部电场要比孤立时小得多。

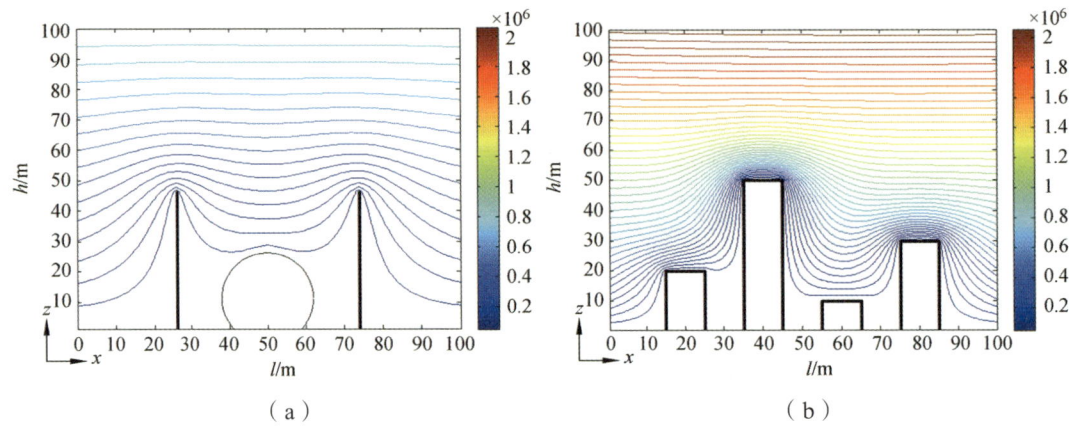

图 4.10　几种建筑群周围等势面分布剖面图

为了便于分析，本节模拟的建筑群中只包含了两个长方体的建筑物。图 4.11（a）和 4.11（b）给出了两个建筑物对周围电场的影响，且假定雷暴电荷中心位于建筑物 A 正上方。图 4.11（a）为两建筑物周围的等势面分布剖面图，图 4.11（b）为两建筑物附近地面的电场等值线图。从图中可以明显看出：① 由于 A、B 共同的屏蔽作用，建筑物 A、B 之间的区域电场很小，远小于只有一个建筑物时的电场；② 较高的建筑物对较低的建筑物顶部电场存在屏蔽作用，且高度相差越大，距离越近，影响越大。

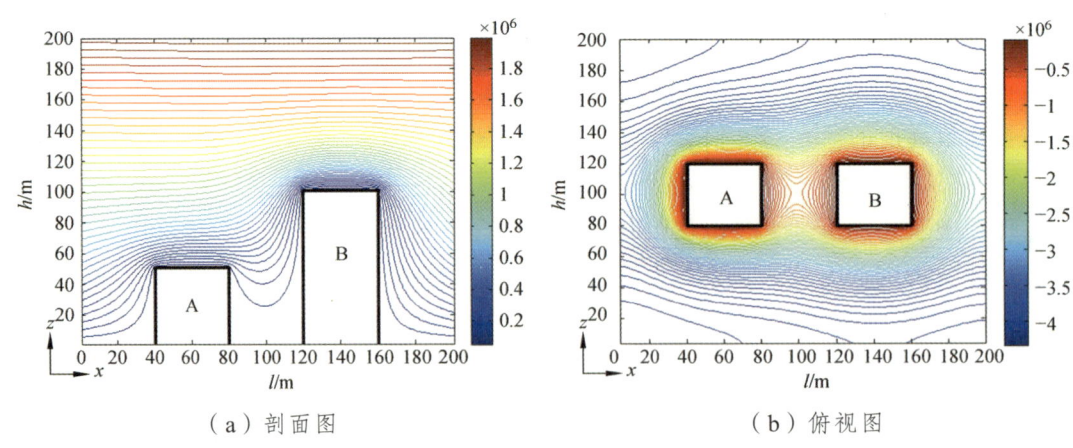

（a）剖面图　　　　　　　　　　　　（b）俯视图

图 4.11　建筑群的剖面图和俯视图

本章比较了几种常用的计算静电场的方法，详细给出了有限差分方法的差分原理和边界条件等，并采用典型的雷暴电荷结构，利用有限差分方法分析了建筑物和建筑群对雷暴云大气电场的影响。结果表明：

（1）在水平距离 15 km 以内，雷暴云电荷的位置对电场之比几乎没有影响；

（2）建筑物顶部的大气电场明显大于地面，如建筑物高度为 10 m、20 m、50 m 和 100 m 时，楼顶的大气电场分别是地面的 1.4、1.7、2.8 和 4.5 倍；

（3）地面建筑物（群）对地面电场存在明显的屏蔽作用，影响范围约为建筑物高度的 3.5 倍；

（4）由于建筑物的相互屏蔽作用，两个建筑物的中间区域内电场更小，较高的建筑物对较低的建筑物顶部电场存在屏蔽作用，且高度相差越大，距离越近，影响越大。

不过，由于实际的雷暴电荷结构是非常复杂的，一次强对流天气系统可能包含不同的雷暴单体，而每个雷暴单体的电荷结构也是不同的，因此，实际的雷暴电荷分布远比本章中采用的典型模型复杂得多。另外，本章采用的建筑物形状很规则，而实际中的建筑物形状会较为复杂。但是，在模拟过程中发现，任意改变雷暴电荷结构和位置，以及建筑物高度等参数，所得的结果虽然会产生一定的变化，但该变化的范围并不大。因此，本章所得结果对实际工作具有一定的参考价值。

4.1.5 EOSO 现象的理论解释

有关 EOSO 现象的理论解释很多，如 Willams 和 Boccippio（1993）提出了 5 种模式解释 EOSO 形成机制，并排除了电荷倾斜机制和降水机制（即由于降水引起），因为这两种机制不能解释 EOSO 阶段电场恢复到晴天电场。Willams 和 Boccippio（1993）认为 EOSO 电场极性的变化与云内反极性非感应带电机制有关，即雨滴带正电荷，冰晶粒子带负电荷，地面电场从正变为负是由于云内带正电荷的降水粒子随着下沉气流导致的，而随后的正极性变化是由于云内剩下的带负电荷的冰晶粒子引起。不过，Pawar 和 Kamra（2007）认为在小尺度的局地雷暴过程中，在雷暴消散的后期，不可能有足够强的上升气流提供足够的水分，来维持这种反常极性的感应起电机制。对常规的偶极性电荷结构雷暴而言，根据 Pawar 和 Kamra（2007）的上述观测结果，他们认为 EOSO 的形成与对流起电机制有关，是由于在消散阶段，随着下沉气流，云上部的正电荷下沉，从而引起地面电场极性从正变为负。同时，由于上部正电荷和下部负电荷区的接近，越易于触发云内闪电或者正地闪。从 EOSO 电场极性的变化率以及持续时间等方面看，这与雷暴下沉气流的持续时间和速度等比较一致。假定正常极性的偶极性电荷结构不变，随着气流的下沉，上层电荷随之下沉，因此，地面电场极性的变化特征与下沉气流特征应该保持一致。至于反极性的 EOSO，则可能是反偶极性电荷结构中上层负电荷下沉所致。

Marshall 和 Lin（1992）根据电场探空、地面电场与雷达观测，认为 EOSO 的最后一次振荡，是由两种因素造成的，带负电的降水向地面的降落过程（主要因素）和上下边界的屏蔽作用使云外电场减弱的共同作用。Marshall（2007）等利用与 Marshall 和 Lin（1992）类似的数据，追踪了雷暴消散阶段带电降水粒子的下落，给出了 EOSO 的详细解释：即地面电场首次向正方向的振荡是由带正电的降水粒子的降落导致的，在其接近地面过程中会控制地面电场；随着降水到达地面，这种控制作用减弱，电场又朝负值振荡；带正电的降水结束，受上部存留的负电荷控制，地面又回到强负电场；最后，带负电降水粒子的降落与屏蔽过程共同作用导致了 EOSO 最后一段的电场变化。

Williams（1994）等认为，在消散的云中混合相区域，当上升气流转变为下沉气流时，产生了一个反偶极结构（下正上负），从而导致地面电场呈正极性。Pawar 和 Kamra（2007）根据多次雷暴过程中的地面电场与 Maxwell 电流记录，认为 EOSO 第一次电场极性反转的内在机制为：消散阶段出现的下沉气流使云中下部正电荷区降落到地面而中和，而上部正电荷区暴露出来，进而控制了地面电场。他们同时还观测到了一例反转 EOSO：以地面强正电场开始，接着电场迅速转换为强负值，认为这次电场的迅速转换对应带正电的降水下落被大地中和的过程。

为了描述的方便，本段中电场正方向定义为竖直向上。Marshall（2009）等根据对一次美国 New Mexico 山地雷暴中 3 次电场探空、雷达回波和地面电场的分析，认为经典 EOSO 阶段雷暴的电荷结构演化过程为：起始时，也即雷暴成熟阶段的后期，从下至上，云中的 4 个电荷区依次为下部正电荷区、主负电荷区、上部正电荷区和上部负电荷区，这时地面电场受主负电荷控制而呈正极性，如图 4.12（a）所示；随着负电荷下落到地面而消失（本书作者认为这种推断有问题，应为上部正电荷区下落中和主负电荷）和上部正电荷的增强（可能），电场极性出现迅速转换，正电荷开始控制地面电场，负电场大约持续 10~30 min，如图 4.12（b）~（c）所示；随着上部正电荷区的衰减，以及上部负电荷区降落到云中而得到增强，电场极性再次转为正值；最后，随着上部负电荷随雨水而降落地面，地面电场恢复到晴天电场值。从 Marshall（2009）等的描述中可以看出，消散的云中发生了非感应起电（Williams 和 Boccippio 曾经指出这种现象）。

4.1 大气电场仪

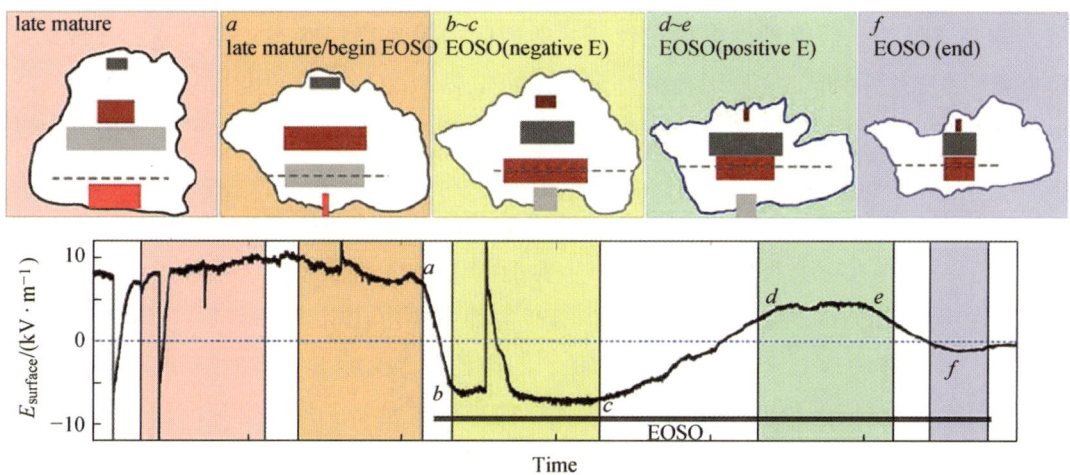

图 4.12 EOSO 阶段雷暴内各电荷区演化示意图（摘自 Marshall et al，2009）

注：图中电场的定义按物理符号惯例，即竖直向上为正。

根据地面电场观测，并结合国外已有的研究结果，我们对典型 EOSO 对应的内在机制给出如下推测：EOSO 开始时，地面电场受负电荷控制，呈负电场。随着上升气流的衰减或出现下沉气流，上部正电荷开始降落，将会部分甚至完全中和云中的负电荷，加之正电荷区的整体下移，正电荷迅速控制地面电场，造成电场极性的首次迅速转换，在正电荷接近地面但还没有到达地面时或其他条件下，电场达到极大值。随后，随着正电荷降落到地面而造成电荷量减少，以及正电荷区的整体下移（还可能存在屏蔽过程），这两种过程对地面电场影响相反，其作用如果能在一段时间内相互抵消，正电场将在一段时间内处于基本稳定状态，如果这两种作用不能相互抵消，电场出现降低或增强。而后，随着正电荷的持续减少，正电场开始衰减直至消失，如果云中负电荷被完全中和，电场将不会出现第二次极性转换而直接缓慢恢复到晴天电场水平。如果云中还残留有负电荷，电场将会出现第二次极性转换，并且还会再次出现小幅度电场极性反转，而对应的内在过程应该是类似的。根据这些推测，我们有理由相信，典型 EOSO 雷暴云中的主电荷结构为正偶极结构。

我们对反转 EOSO 的内在机制给出如下推断：首先，地面电场受下部正电荷的控制而呈强的正值。而后，随着上升气流的衰减或出现下沉气流，带负电的降水粒子的下落向地面靠近，并且负电荷下落过程中还将中和下部正电荷。这两个过程，共同导致了电场极性的迅速转换，在降水到达地面之前，电场达到极大值。之后，负电荷整体下降接近地面过程所产生的电场增量，与部分负电荷降落到地面被中和所造成的电场衰减基本抵消，所以地面电场在较长一段时间内呈准稳恒状态。随着降水造成的总负电荷量的持续降低，这种平衡被打破，由负电荷减少所导致的电场衰减开始占优，电场开始向晴天电场极性转变，一般不会再出现较强的正电场，而是直接恢复到晴天电场值。我们推测这类雷暴云中的主电荷结构为反电偶极。

通过对两类 EOSO 的分析，我们认为平凉地区的雷暴依据其内在电荷结构可以分为两类：一类存在正偶极电荷结构，产生典型的 EOSO 现象；一类存在反偶极电荷结构，产生反转 EOSO 现象。两类 EOSO 的产生都主要由在雷暴消散时上部电荷区的降落造成，其内在的动力衰减应该是类似的；不同的是，典型 EOSO 对应带正电的降水，而反转 EOSO 对应带负电的降水。当然，这些推测只是基于地面电场与简单的电荷分布模型、云内的电荷以及动力衰减过程、降水粒子的带电极性等因素，没有相应的数据支持，可能存在更复杂的过程与机制，但我们假设的这些过程可以合理地解释两类 EOSO 现象，在物理机制上也是合理的。下面将根据 2008 年一次雷暴消散阶段的探空结果，与这些推测结果进行对比分析。

4.2 电场探空仪

空中电场的探测不同于近地面大气电场的测量，存在许多困难，如：① 仪器和运载体的进入会使电场发生畸变，尤其是测量已接近电击穿状态的电场区时将促使电晕放电而使电场值改变；② 云中强对流和乱流有可能造成仪器的损坏；③ 云中水汽电荷的充放电和温度变化产生噪声，影响测量；④ 装置上的电荷沉积或其他原因会影响自然场强。空中电场的探测必须利用某种形式的运载工具，常用的有气球、飞机、火箭等，也有用飞机、火箭抛伞投掷来测量的。测量方法主要有两种：电晕探针法和电场磨法。另外，也有用放射性来测量电场，但因其反应速度慢，受风和雨滴影响大，现在已很少采用。下面主要从测量方法上对空中电场仪进行介绍。

4.2.1 电晕探针法

当尖端电极为阴极与阳极时，电晕放电存在一定的差异。本节以阴极尖端为例来简单解释电晕放电：当一定长度的尖端处在电场中时，尖端附近的电场会产生强烈畸变，如果畸变电场达到周围气体的击穿阈值，气体分子会发生雪崩式的电离过程（称为α过程），在α过程中产生的大量正离子向阴极运动轰击阴极表面使其发射二次电子（称为γ过程）。当外加电压使电场强度升到足够高时，α过程产生的大量正离子使阴极表面发射的二次电子在数量上等于α过程所需的电子源的电子数时，放电过程就可不依靠外来电子源提供电子而保持自持暗放电状态，这是负电晕放电的经典解释（不过自然环境下尖端表面具有一层很薄的绝缘物质，可能带来电晕始发机制的复杂性，这超出了本节的讨论范围）。为了确定尖端放电电流与外电场的关系（本节中尖端放电与电晕放电意义相同），科研人员进行了自然条件下的观测实验与实验室实验，得出了比较一致的结果：

$$I = aE(E - E_{th}) \quad (4.26)$$

式中，E 是尖端周围的环境电场强度；E_{th} 是尖端放电的阈值电场；a 是比例常数，这个常数在不同的实验条件下会有差异。影响电晕放电的环境参量主要有气流、湿度、云滴等因素，电极方向与电场的夹角也会对放电电流-电场强度的关系产生影响。

4.2.2 场磨式法

空中电场的测量首先要求测量垂直电场分量。由于测量装置不能接地，使处在电场中的仪器受空间电荷或摩擦带电的影响，本身带有一定的极化电荷，形成附加电场而造成测量误差。从物理学可知，置于均匀电场中的导体，在其对称点会感应出大小相等、符号相反的电荷，而本身带电产生的电荷其大小相等符号也相同，利用差分原理可以消除自身带电的影响。差分电路的特点是输出信号与两个输入信号之差成比例，而与导体本身带电无关，从而得到空间的真正电场。根据这个原理，可以采用双电场仪来测量，把两个电场仪安置在一个相对于水平面对称的导体上，设计成一个光滑圆柱体的空中电场仪，上下开感应窗口形成双电场仪，探头结构见图 4.13。在感应舱内装有上感应电极（上定片）、上动片、下感应电极（下定片）、下动片。感应电极的作用是在电场中感应电荷，电机带动上、下动片同时旋转，使上、下定片通过感应窗口在电场中交替地被屏蔽和暴露，各自感应出交变信号。同时，动片在旋转时还通过光电开关管的槽口产生用于解调的同步信号。

空中电场仪是用气球携带的，要求体积小、质量轻、耗电省。另外，仪器的引入会使自然电场产生畸变，为了得到尽可能均匀的曲率，以减小空间电荷的释放，仪器表面要求光滑，尽量避免棱角或尖端。

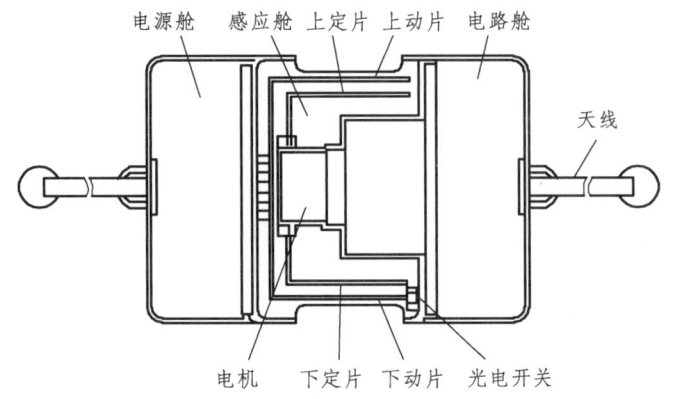

图 4.13 场磨式空间电场探头结构示意图

4.2.3 双球电场探空仪

双球探空电场仪的探测原理是：设想将两个电连通的导体球平行电力线方向置于外电场之中，则两导体球会分别带上不同的感应电荷，将两导体球接入外电路，当两导体球连线与外电场的夹角发生变化时，外电路便会有电流通过。Davis（1964）解决了两导体球在均匀外电场中的带电问题，问题归结为求解电势在双球坐标系下的 Laplace 方程边值的问题，再根据电场在空气-球面界面的法向跃变计算导体球面的电荷密度，最后积分得到导体球的感应电荷。导体球转动时，测量电路的输出电压与感应电荷的关系容易确定。这样，外电场强度与电路输出电压的关系便可确定。

Winn 和 Byerley（1975）首先制作了随气流在水平面内转动的双导体球电场仪，只测量电场水平分量，电路原理如图 4.14 所示。之后，又经过多次改进。Marshall（1995）等介绍了电机带动的在竖直面内转动的双球电场仪，如图 4.15 所示。在电场仪探测过程中，电机带动感应球绕水平杆垂直转动，转动频率约 2.5 Hz，随着电池功率的下降，转动频率也会降低；利用一个汞开关确定两感应球的上下相对位置，进而判别垂直电场分量的方向。同时，玻璃纤维管两端的菱形泡沫叶片受风力作用，使探空仪吊篮整体做水平转动，这个转动频率约 0.125 Hz，利用霍尔效应传感器测量地磁场来确定感应球的水平朝向。所以这种电场仪除主要用于电场垂直分量的测量外，还可以测量电场水平分量。国内，罗福山等（1999）也制作了类似的双球电场仪。

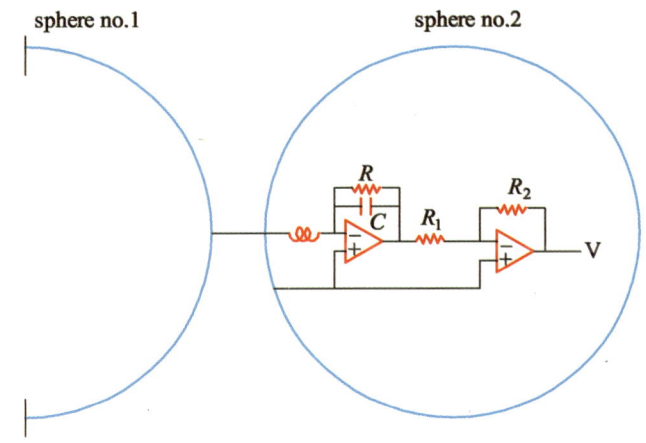

图 4.14 双球电场仪电荷放大电路图（摘自 Winn and Byerley，1975，有改动）

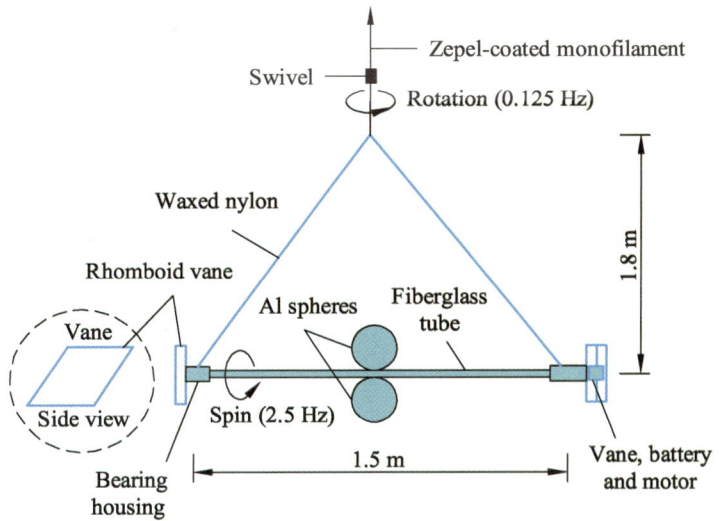

图 4.15 Marshall 等人采用的双球电场仪结构示意图（Marshall，等，1995）

Marshall（1995）等在平板电容器中对双球电场仪进行了标定。电容器的上板为一块 3.04 m×3.04 m 的铝板，下板更大，放置在地面，两板间距 1~1.5 m，所加的电压可高达 200 kV。用装配在下板中央的场磨电场仪来监测电场强度。结果显示，在 ±220 kV/m 动态范围内，双球电场仪的输出结果与外电场呈线性关系。由于电源的不确定度、双球电场仪对电场产生的未知影响和平板的边缘效应等因素，造成双球电场仪在 −200 kV/m 到 +125 kV/m 范围内，测量不确定度约 10%。

4.3 快、慢电场变化测量仪

Krehbiel（1979）等和 Brook（1982）等最早利用平板电容天线测量大气电场变化在天线板上感应的电荷量变化，进而获得雷电的电场变化。目前所使用的慢天线雷电电场变化仪都沿用此原理（刘欣生，等，1987；王怀斌，等，2002；郄秀书，等，2007）。快、慢天线雷电电场变化仪的基本原理如图 4.16 所示。

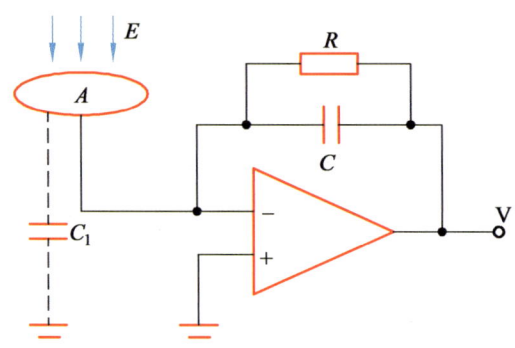

图 4.16 快、慢天线雷电电场变化仪的基本工作原理

快、慢天线雷电电场变化仪的原理：对雷电电场变化的测量通常采用负反馈放大电路。将面积为 A 的金属平板感应天线（直径一般为 30 cm 左右）连接到一运算放大器的输入端，感应板维持到"虚地"状态，相对于地之间存在电容 C_1。RC 负反馈放大电路的电阻 R 和电容 C 跨接于运算放大器的输入和输出端。在外界电场 E 的作用下感应板上会产生感应电荷 $Q = \varepsilon_0 AE$，其中，A 为感应板的有效面积，ε_0 为真空介电常数。当雷电发生并引起地面电场变化时，因感应电荷变化而产生的感应电流 i 将流过积分电路中的 R 和 C，于是有：

$$i + \frac{V}{R} + C\frac{dV}{dt} = 0 \tag{4.27}$$

将 $i = \dfrac{dQ}{dt} = \varepsilon_0 A \dfrac{dE}{dt}$ 代入式（4.27），当所考虑的放电过程持续时间 $\Delta t \ll RC$ 时，输出电压：

$$\Delta V = -\frac{\varepsilon_0 A}{C}\Delta E \tag{4.28}$$

即运算放大器的输出与电场变化成线性关系，而极性相反。在实际测量中，可以通过标定确定输出电压和电场变化之间的关系。刘欣生（1987）等使用的慢天线雷电电场变化仪频率响应范围为几赫兹至 5 kHz，时间常数为 5 s。随着集成电路的发展，目前国内使用的慢天线雷电电场变化仪频率响应范围为几赫兹至 2 MHz，时间常数为 6 s 左右或更短（王怀斌，等，2002；郄秀书，等，2007）。

快天线雷电电场变化仪测量原理与慢天线雷电电场变化仪类似，只是积分电路的时间常数较短，一般为 2 ms（Krider 和 Radda，1975；郄秀书，等，1988；张广庶，等，2003，2008），带宽相对较高，一般为 5 MHz 或更高，可以反映雷电放电微秒，甚至亚微秒时间尺度的放电特征。

对雷电的测量技术在一定程度上依赖于测量数据的采集和记录速度。雷电的持续时间常常不到 1 s，而其包含的多种子过程，如地闪过程中的预击穿、先导、回击、K 变化等过程都具有持续时间短、变化迅速的特征，对应的电场变化往往表现为瞬时、非周期的复杂信号，信号上升沿陡，如地闪首次回击电场变化从零到峰值的上升沿时间大约是几微秒到十几微秒，继后回击的上升时间更短，只有几微秒。动态捕捉闪电放电产生的时域电场的细微变化，对数据记录设备的采集速度、存储空间、数据传输速度等提出了很高的要求。对雷电测量数据的记录通常采用基于高速数据采集卡（A/D 转换）的大容量实时数据采集记录系统或数字示波记录仪等，但前者通常需要基于一定的软件平台编程实现（张广庶，等，2003；曹冬杰，等，2011）。

4.3.1 快、慢电场变化测量仪的实验标定

新型快、慢天线雷电电场变化测量仪制作完成以后，为了得到定量的测量结果，我们在实验室进行了标定。利用信号发生器所产生的正弦波信号对新型快、慢天线雷电电场变化测量仪进行标定。图 4.17 为新型闪电快、慢天线电场变化测量仪的标定示意图。A 为圆形铝质平板（直径为 1.2 m），B 为环形铝质平板（直径为 1.2 m），C 为天线的感应板，A、B、C 水平放置，且 B、C 在同一水平面，其间距离为 0.5 cm（感应板与雨罩之间的距离）。A、B 之间的距离为 d，加一电压 V 后，将会产生匀强电场 $E=V/d$，使感应板 C 产生感应电荷，感应电荷变化产生感应电流，对此感应电流积分得到输出电压，此输出电压在示波器和采集卡上进行记录。这样就得到了在某一频率 f 时，电场变化测量系统的输出电压与天线处的电场强度之间的对应关系。本节设计的新型快、慢天线雷电电场变化测量仪，其工作原理基本相同，时间常数与带宽不同。

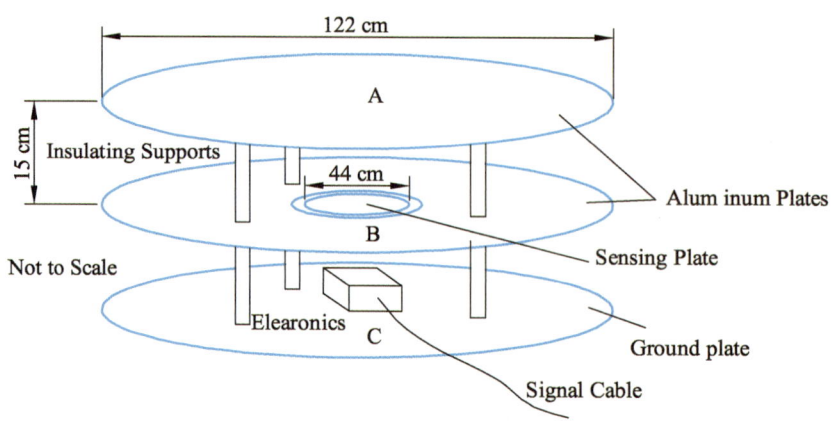

图 4.17　快、慢天线雷电电场变化仪的标定示意图

图 4.18 给出了优化后的传感器频响曲线图。频响曲线图中横坐标为频率，即标定实验中采样点的频率，频响曲线图的纵坐标为 U/E，即传感器输出电压峰值与平行板间电场峰值的比。频响曲线的数值是进行后期闪电电场反演不可缺少的重要资料，频响曲线的平稳性决定了传感器探测精度的高低。理想情况下的频响曲线在探测频段内是一条水平直线，而在非探测频段内都为零，因此，在理想情况下，整个探测频段内标定系数都为一定值。所以在进行闪电电场反演时就只需要在时域内变换，即将已经获得的电压波形整体除以标定系数，就能够得到对应的闪电电场波形，然而实际情况中无法使得标定系数在探测频段内为一定值。根据图 4.18 可知，本节通过标定实验获得的频响曲线近似"几"形，在低频段（10～1 000 Hz）频响曲线快速上升，在主要探测频段（1 kHz～5 MHz）频响曲线近似为一条水平线，说明在该频段内传感器对电场信号的增益一致，保证了传感器在该频段内电场信号波形的准确度，而在超出探测频段的高频段（大于 5 MHz）曲线快速下降，该频响曲线基本符合本节的设计和优化目标。通过标定实验获得传感器输出电压与电场信号在频率上的数值关系曲线，并且该曲线在传感器的主探测频段内基本为一定值，在这种情况下，进行精确的电场反演时，首先对输出电压信号做傅里叶变换，将时域电压信号转换为频域信号，然后结合频响曲线对各个频域电压信号进行分段处理并整合，最后将整合的频域电场信号进行傅里叶逆变换，就能得到时域中的闪电电场波形。由于闪电电场辐射信号主要能量集中于 1 kHz～5 MHz，因此也可以直接将获得的电压信号统一除以 1 kHz～5 MHz 频段内频响曲线的值来获取电场信号，获取的电场信号幅值会略微偏大。该频响曲线保证了传感器在 3 dB 带宽内对各类闪电电场信号探测能力的可靠性，探测能力的可靠性可以通过实际探测结果与国内外探测结果对比进行验证。

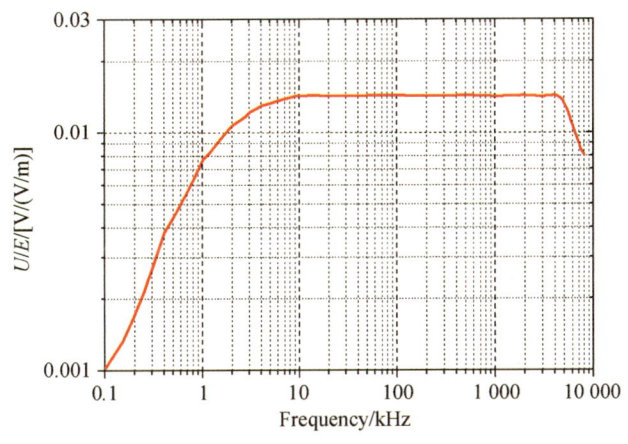

图 4.18 传感器频响曲线

4.3.2 地闪预击穿过程特征统计分析

预击穿过程（Preliminary Breakdown Process，PBP）一般是发生于地闪首次回击之前的云内初始放电过程。从闪电电场探测网探测得到的 311 例地闪中，挑选出 220 例伴随有较为明显 PBP 的地闪过程电场资料，其中 20 例为正地闪过程，200 例为负地闪过程，通过这 220 例 PBP 电场资料对正地闪和负地闪的 PBP 电场特征进行统计分析，并与国内外统计结果做对比。图 4.19（a）和 4.19（d）分别给出了此次飑线过程中的一例负地闪和一例正地闪的预击穿过程电场波形图，图 4.19（a）~4.19（c）分别是负地闪 PBP 的整体电场波形和局部展开图，图 4.19（d）~4.19（f）则分别是正地闪 PBP 的整体电场波形和局部展开图。统计的主要特征参数包括 PBP 总持续时间 t_1、PBP 单个脉冲持续时间 t_2、PBP 相邻脉冲间隔时间 t_3、PBP 与首次回击时间间隔 t_4、PBP 脉冲数量 N、PBP 最大脉冲峰值与首次回击峰值的比值 K。

PBP 总持续时间 t_1：预击穿脉冲序列中第一个脉冲和最后一个脉冲的首个峰值点之间的时间间隔，并规定只有脉冲峰值大于观测场噪声 3 倍以上的脉冲才参与统计，且相邻脉冲之间的时间间隔若超过 1 ms，则认为这两个脉冲不属于一例放电过程，所以不予统计；

PBP 单个脉冲持续时间 t_2：单个双极性脉冲的前半周期和后半周期的持续时间和；

PBP 相邻脉冲间隔时间 t_3：相邻两个双极性脉冲的前半周期峰值点之间的时间间隔；

PBP 与首次回击时间间隙 t_4：预击穿脉冲序列最后一个双极性脉冲的后半周期峰值点与首次回击的峰值点之间的时间间隔；

第 4 章 雷电常规探测设备

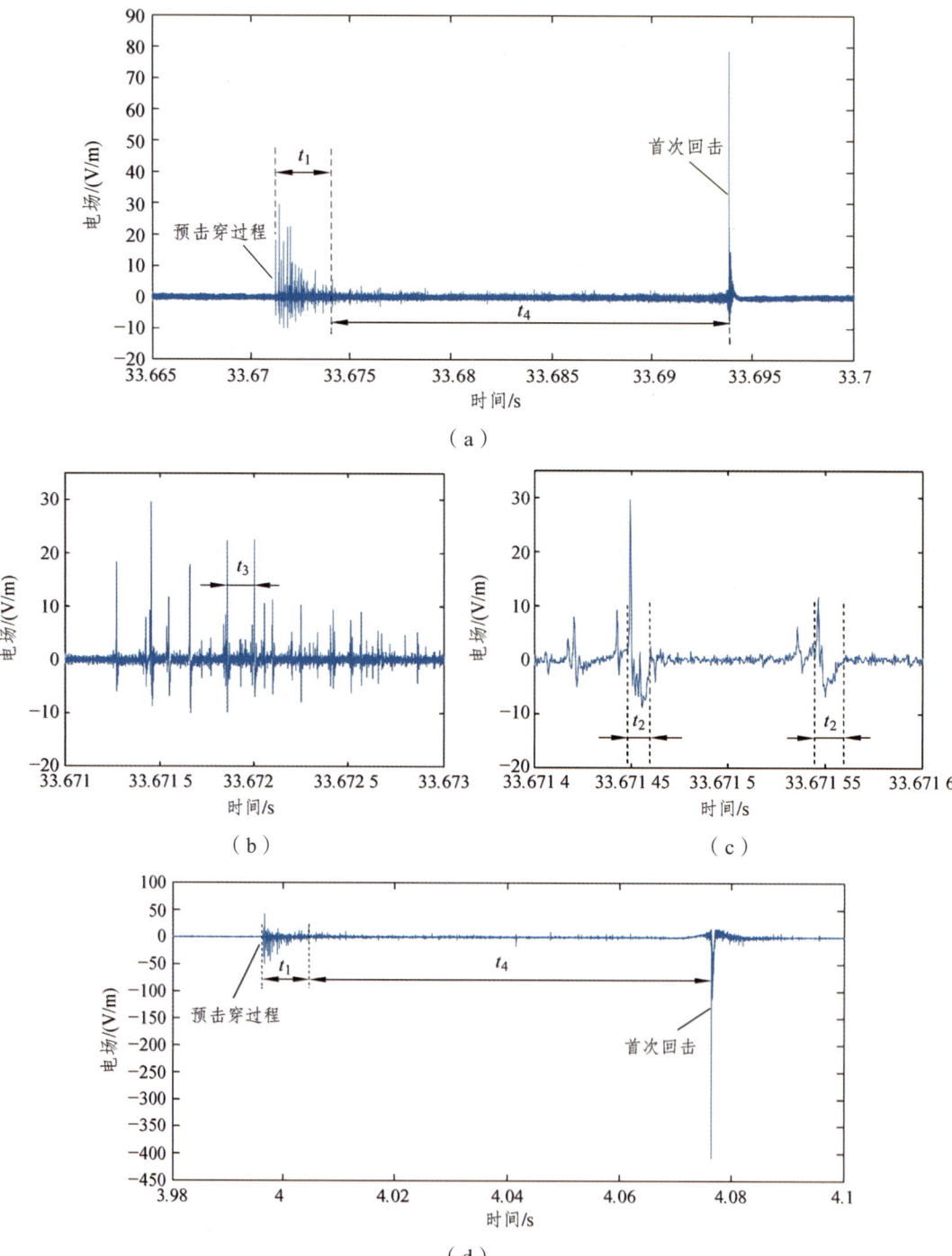

4.3 快、慢电场变化测量仪

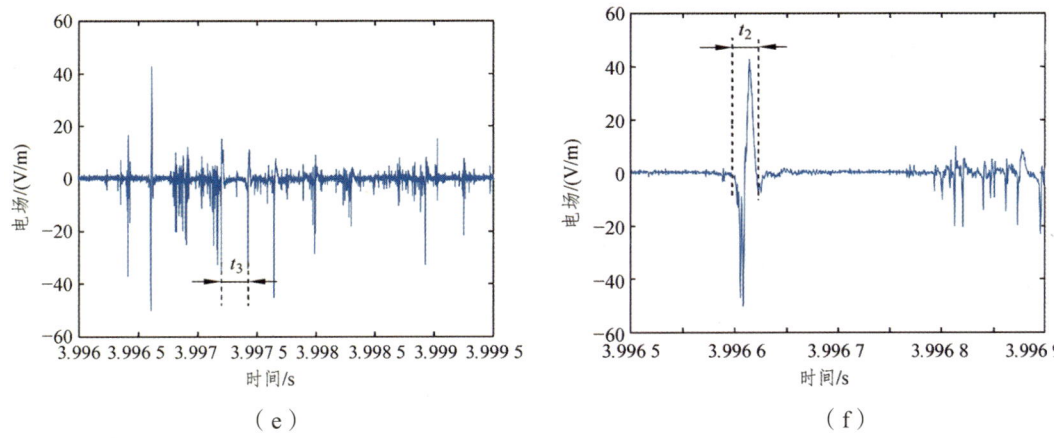

图 4.19 正地闪和负地闪 PBP 电场波形图

PBP 脉冲数量 N：预击穿过程中脉冲峰值超过噪声 3 倍的双极性或单极性脉冲的数量；

PBP 最大脉冲峰值与首次回击峰值的比值 K：预击穿脉冲序列中最大峰值与首次回击的峰值比。

1. PBP 整体波形特征分析

观察图 4.19（a）和 4.19（d）中的正、负地闪 PBP 波形可知，PBP 整体由一系列脉冲宽度为微秒量级的双极性或单极性窄脉冲组成，脉冲序列持续时间为几毫秒，峰值最大的脉冲为双极性脉冲，最大脉冲一般发生于 PBP 的前半段过程中，随后脉冲的幅值呈现递减趋势，最后趋于噪声水平。

根据 PBP 中的脉冲前半峰极性与首次回击脉冲极性的异同，将 PBP 分为三类：① 同极型，PBP 中大多数脉冲前半周期波形的极型与首次回击相同；② 反极型，PBP 中大多数脉冲前半周期波形的极型与首次回击相反；③ 混乱型，PBP 中脉冲的前半周期波形的极性分布不均匀，正负极性的脉冲随机排列。统计结果发现，对于负地闪的 PBP，同极型约占总统计数量的 93%（186 例），反极型占总统计数的 5.5%（11 例），混乱型占总统计数的 1.5%（3 例）；对于正地闪的 PBP，同极型占统计数量的 60%（12 例），反极型占总统计数的 40%（8 例），并且未出现混乱型。

2. PBP 特征参数统计分析

统计的特征参数主要包括 PBP 总持续时间 t_1、PBP 单个脉冲持续时间 t_2、PBP 相邻脉冲间隔时间 t_3、PBP 与首次回击时间间隔 t_4、PBP 脉冲数量 N、PBP 最大脉冲峰值

第4章 雷电常规探测设备

与首次回击峰值的比值 K。由于 PBP 绝大部分都属于同极型，反极型和混乱型的样本数较少，且对于反极型和混乱型 PBP 的特征统计很少，因此本节中仅对正地闪和负地闪同极型 PBP 的特征参数进行统计。

表 4.2 是本节正、负地闪 PBP 特征统计结果与国内外其他学者统计结果的对比。对比正地闪 PBP 的 t_1 结果可知，本节中南京及周边地区的 t_1 算术平均值为 8.7 ms，张义军等（广州地区）、Gomes 等（瑞典地区）、王宇等（大兴安岭地区）和 Zhang 等（北京地区）统计的 t_1 算术平均值分别为 8.9 ms、3 ms、4.5 ms 和 3.1 ms，张义军等统计的 t_1 结果与本节基本一致，而 Gomes 等、王宇等和 Zhang 等统计的 t_1 结果与本节相比较小；对比负地闪 PBP 的 t_1 结果可知，本节的 t_1 算术平均值为 5.3 ms，Nag 等（佛罗里达地区）、王宇等（大兴安岭地区）、Baharudin 等（马来西亚地区）和张义军等（北京地区）统计的 t_1 算术平均值分别为 3.4 ms、4.1 ms、12.3 ms 和 3.9 ms，Baha 等统计的 t_1 结果是本节的 2.3 倍，其他学者统计的 t_1 结果与本节相比较小。

表 4.2 不同地区正地闪和负地闪预击穿过程特征统计结果

作者	时间	地区	类型	t_1/ms	t_2/μs	t_3/μs	t_4/ms	K
Ushio 等	1998	日本北陆	+CG	—	18.8	54.2	12	0.27
Gomes 等	2004	瑞典	+CG	3	38	96	56	—
王宇等	2010	大兴安岭	+CG	4.5	11.5	297.3	75.6	0.15
张义军等	2011	广州	+CG	8.9	25	271	98.5	0.16
Zhang 等	2013	北京	+CG	3.1	21	141	94.2	0.19
本书	2016	南京周边	+CG	8.7	18.8	111.2	55.9	0.2
Nag 等	2009	佛罗里达	−CG	3.4	4.8	65	—	0.62
王宇等	2010	大兴安岭	−CG	4.1	8.8	111	55.4	0.49
Baharudin 等	2012	马来西亚	−CG	12.3	11	152	57.6	0.28
张义军等	2008	北京	−CG	3.9	13.9	92	42	0.49
本书	2016	南京周边	−CG	5.3	16.9	170.8	51	0.42

通过将南京地区和国内外其他地区的正、负地闪 PBP 特征参数进行详细对比分析可知，南京及周边地区的地闪 PBP 与其他地区存在一定的差别，但各参数的总体偏差在一个合理的范围之内。

3. 云内脉冲电荷矩的反演

利用闪电电场变化的多站地面观测可以拟合闪电电荷源的位置，从而可推断出云中与闪电放电有关的云电荷分布情况。为了简单起见，可采用点电荷模式来描述云闪所中和的电荷。所谓分离耦合模式，是把中和的正负电荷看作是相距一定距离的点或球对称分布，然后用非线性最小二乘法对闪电所中和的电荷源位置和电荷量进行拟合，通过对大量闪电的拟合结果来推断云中的电荷分布。这种方法虽然有一定的近似性，但是随着闪电数量的增多，其结果会接近真实。

假定云闪等效于把一定量球对称分布的电荷 Q 从云中某一位置 A 输送到另一位置 B，则在地面第 i 个观测站处产生的电场变化为：

$$\Delta E_i = -\frac{1}{4\pi\varepsilon_0}\left[\frac{2Qz_+}{R_{i+}^3} - \frac{2Qz_-}{R_{i-}^3}\right] \quad (4.29)$$

其中，Q 为闪电所中和的电量，z_+、z_-、R_{i+}、R_{i-} 分别为正负电荷中心离地高度及到测站的斜距。方程（4.29）有七个未知数，需要至少七个电场变化测量值才能确定。当放电尺度较其离地高度小时，可近似用点偶极模式处理，点偶极放电在测站 i 处产生的电场变化可表示为：

$$\Delta E_i = -\frac{P}{4\pi\varepsilon_0}\left[\cos\theta\left(\frac{1}{R_i^3} - \frac{3z^2}{R_i^5}\right) - \frac{3z}{R_i^4}(\cos\varphi\cos\varphi_i + \sin\varphi\sin\varphi_i)\right] \quad (4.30)$$

其中，$\sin\varphi_i = (x-x_i)/D_i$，$\cos\varphi_i = (y-y_i)/D_i$，$D_i = [(x-x_i)^2 + (y-y_i)^2]^{1/2}$；$(x,y)$、$(x_i,y_i)$ 分别为偶极中心的水平坐标及测站的坐标；P 为点偶极矩的电矩；z 为偶极中心的离地高度；$R_i = (D_i^2 + z^2)^{1/2}$ 为其到测站 i 的斜距；θ、φ 为偶极的倾角及方位角。

由式（4.29）及式（4.30）可以看出，分离偶极和点偶极模式中分别含有 7 个及 6 个未知参量，至少需要同样多个站点的电场变化同步观测才能确定。

对于点偶极模式，拟合优度定义为：

$$\chi_v^2 = \frac{1}{v}\sum_i\frac{[\Delta E_i - \Delta E_i(x,y,z,p,\theta,\varphi)]^2}{\sigma_i^2} \quad (4.31)$$

其中，n 为测站数；ΔE_i 是第 i 测站测得的电场变化；$\Delta E_i(x,y,z,p,\theta,\varphi)$ 是由模式拟合出的电场变化值；σ_i 是测量误差；v 是自由度，为测站数与未知量之差。拟合优度最小的一组 (x,y,z,p,θ,φ)，则为所求的电矩中心的位置、电矩的方向和大小。

图 4.20 给出了一次观测中的 10 个云闪的电偶极矩的位置分布。图中箭头所指系放电中和的电偶极矩方向,即正电荷移动(或负电荷反向移动)方向。在所分析的 10 个云闪中,有 5 个闪电是发生在雷暴云底部正电荷区与中部主负电荷区之间,中心高度为 3.2~5.6 km;而另 5 个闪电则是发生在雷暴云上部主正电荷区与中部主负电荷区之间,中心高度集中在 6.8~7.7 km。

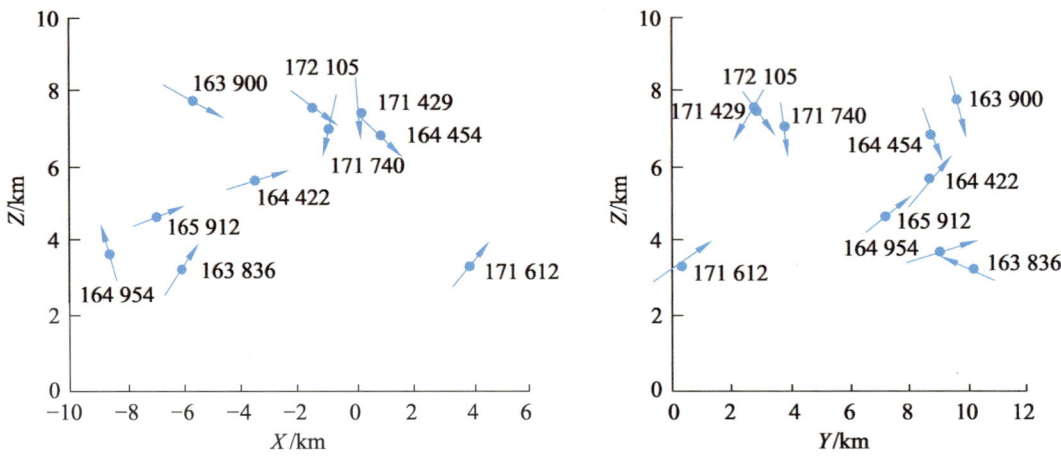

图 4.20 闪电电偶极矩的位置分布(左图为 X-Z 平面投影,右图为 Y-Z 平面投影,其中箭头所指系放电中和的电偶极矩方向,即正电荷移动或负电荷方向移动方向)

4.3.3 地闪回击特征统计分析

基于南京闪电电场探测网在此次飑线过程中获得的 27 例正地闪和 284 例负地闪的电场资料,对地闪回击的电场波形特征进行统计分析,并将统计结果和国内外各地区结果进行对比。如图 4.21(a)和图 4.21(d)给出了此次飑线过程中一例负地闪和一例正地闪的回击脉冲波形,图 4.21(a)~(c)是负地闪回击波形以及局部展开图,而图 4.21(d)~(f)是正地闪回击波形以及局部展开图。根据图 4.21(c)和图 4.21(f)可知,正地闪和负地闪的回击脉冲波形特征基本一致,回击脉冲波形呈现上升沿时间短而下降沿时间较长的特点,回击脉冲后都伴随有多个峰值较小的次峰。

地闪回击波形统计的特征主要参数包括:正负地闪数量比、地闪回击过程持续时间 t_1、地闪回击波形上升沿时间 t_2、地闪回击波形半峰值宽度 t_3、地闪回击间间隔 t_4、地闪继后回击与首次回击强度比 K 以及地闪回击数量 N。此外,本章对正、负地闪频率和飑线过程发展阶段的关系也做了简单分析。本章对地闪回击特征参数的定义如下:

4.3 快、慢电场变化测量仪

正负地闪数量比：雷暴过程中负地闪事件数量与正地闪事件数量之比；

地闪回击过程持续时间 t_1：地闪回击脉冲上升沿 10%峰值点至回击波形中的次峰峰值趋于噪声水平时刻的时间间隔；

地闪回击脉冲上升沿时间 t_2：地闪回击脉冲上升沿 10%峰值点至峰值点之间的时间间隔；

地闪回击脉冲半峰值宽度 t_3：地闪回击脉冲 50%峰值点之间的时间间隔；

地闪回击间间隔 t_4：地闪事件中首次回击以及继后回击脉冲峰值之间的时间间隔；

地闪继后回击与首次回击强度比 K：地闪事件中继后回击与首次回击的峰值比；

地闪回击数量 N：地闪过程中回击脉冲数量。

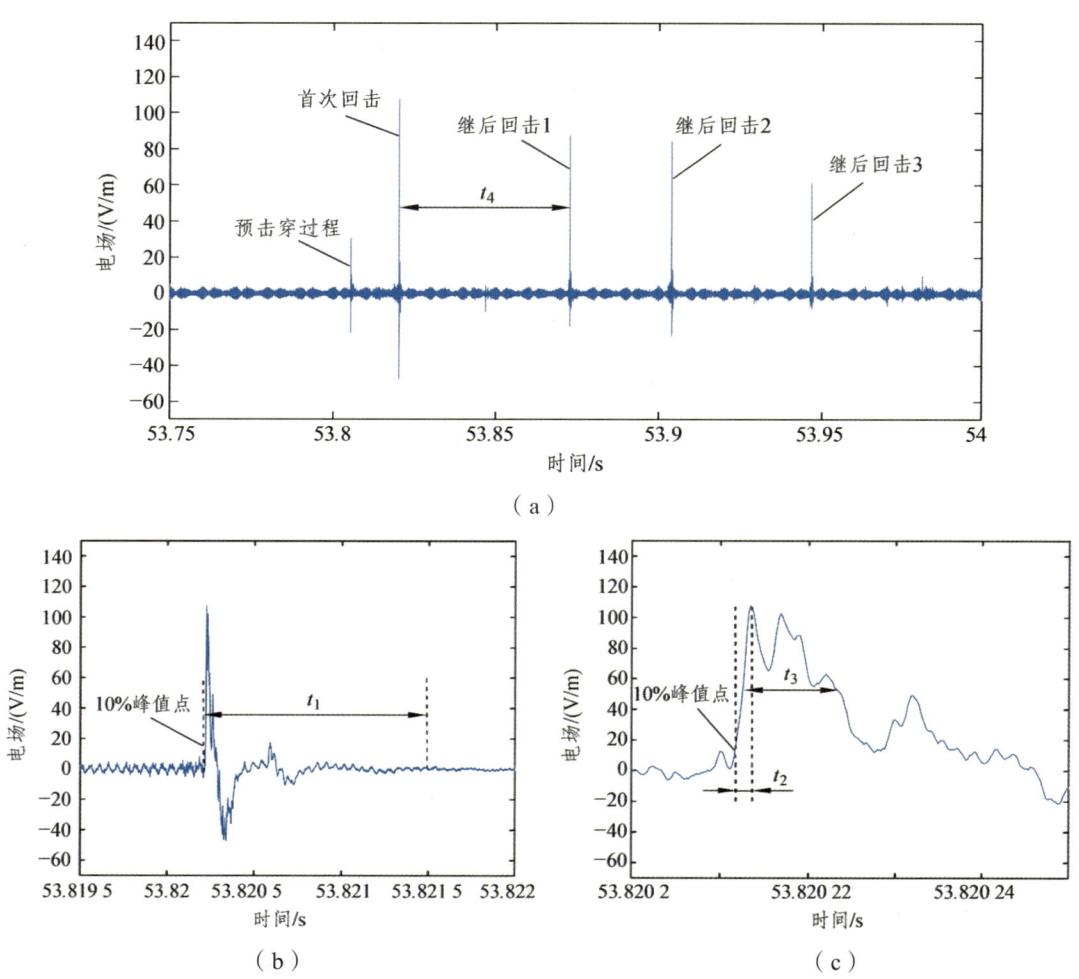

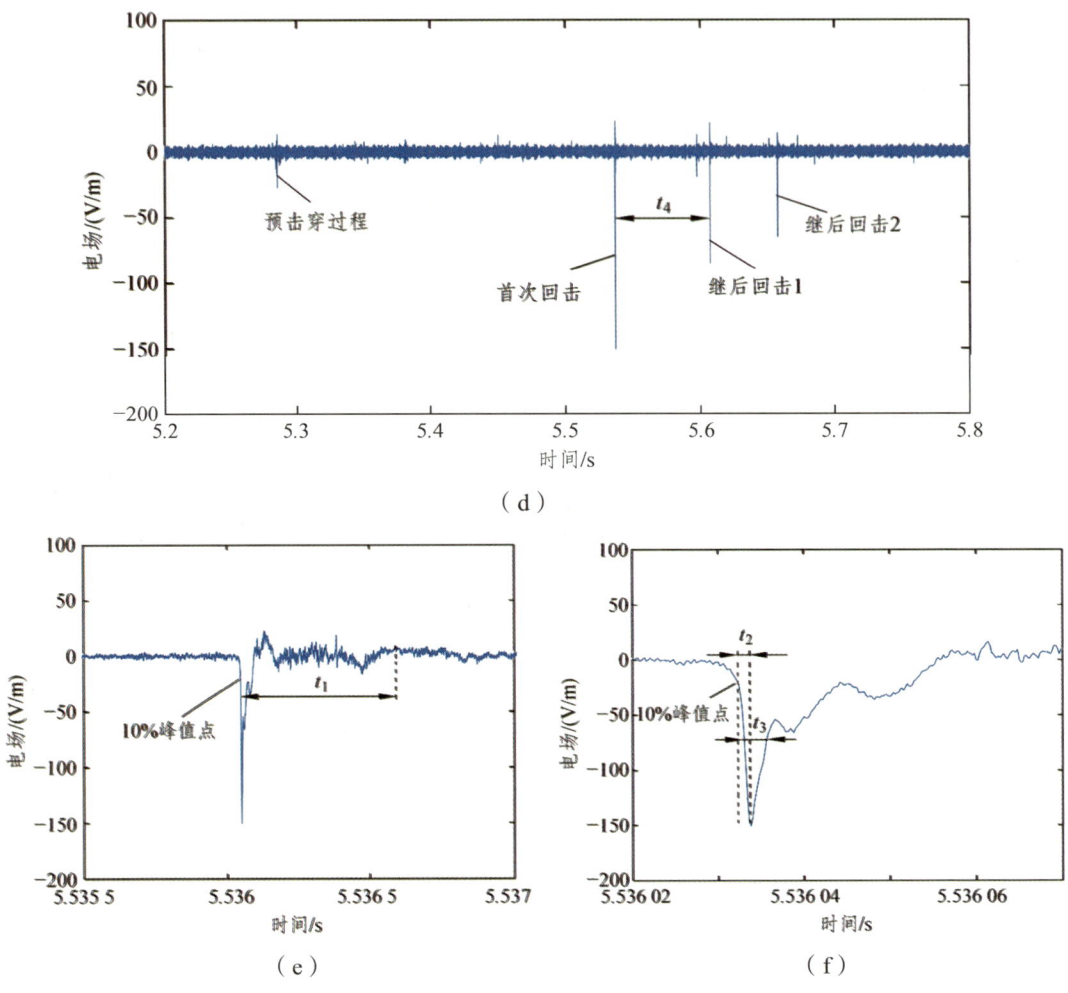

图 4.21 正地闪和负地闪回击脉冲波形

地闪回击中统计的特征参数主要包括地闪回击过程持续时间 t_1、地闪回击脉冲上升沿时间 t_2、地闪回击脉冲半峰值宽度 t_3、地闪回击间间隔 t_4、地闪继后回击与首次回击强度比 K 以及地闪回击数量 N。

表 4.3 是本书正地闪和负地闪 t_4 的统计结果与国内外学者统计结果的对比。崔海华等（北京地区）、郄秀书等（甘肃中川地区）和 Cooray 等（瑞典地区）得到的负地闪回击时间间隔 t_4 的算术平均值分别为 72.2 ms、64.3 ms 和 65 ms，崔海华等与本节得到的结果几乎完全一致，而郄秀书等和 Cooray 等的结果要略小于本节；这些学者得到的正地闪回击时间间隔 t_4 的算术平均值分别为 56.1 ms、91.7 ms 和 92 ms，崔海华等得到

的结果与本节结果基本一致，而郄秀书等和 Cooray 等的结果要远大于本节。结合负地闪结果可以发现北京地区和南京周边地区的地闪回击时间间隔 t_4 的分布特征具有较高的相似度。

表 4.3 不同地区正地闪和负地闪 t_4 的统计结果

作者	时间	地区	类型	t_4/ms
Cooray 等	1994	瑞士	−CG	65
郄秀书等	1996	甘肃中川	−CG	64.3
崔海华等	2007	北京	−CG	72.2
本书作者	2016	南京周边	−CG	72
Cooray 等	1994	瑞士	+CG	92
郄秀书等	1996	甘肃中川	+CG	91.7
崔海华等	2007	北京	+CG	56.1
本书作者	2016	南京周边	+CG	52.6

负地闪继后回击与首次回击强度比 K 分布在 0.17～4.38，算术平均值为 0.87，而正地闪继后回击与首次回击强度比 K 分布在 0.12～2.11，算术平均值为 0.78，略小于负地闪统计结果；对于负地闪，有 29% 的地闪过程中的继后回击比首次回击强度大，而对于正地闪，仅有 14% 的地闪过程中的继后回击比首次回击强度大，说明负地闪中出现继后回击强度超过首次回击的概率要远高于正地闪的概率。

表 4.4 是本节地闪的继后回击与首次回击强度比 K 的统计结果与国内外学者统计结果的对比。从表中可以看出，本节中 K 的算术平均值要大于 Cooray 等、郄秀书等和崔海华等所得到的结果。由于正地闪大多数都是单次回击，很少出现继后回击，所以关于正地闪继后回击与首次回击强度比的研究很少，因此仅列出本节正地闪 K 的结果，作为正地闪和负地闪 K 值的对比参考。

表 4.4 不同地区正地闪和负地闪 K 的统计结果

作者	时间	地区	类型	K
Cooray 等	1994	瑞典	−CG	0.63
郄秀书等	1996	甘肃中川	−CG	0.7
崔海华等	2007	北京	−CG	0.63
本书作者	2016	南京周边	−CG	0.87
本书作者	2016	南京周边	+CG	0.78

第4章 雷电常规探测设备

负地闪地闪回击数量 N 分布在 $1 \sim 11$ 个,算术平均值为 3 个,而正地闪的地闪回击数量 N 分布在 $1 \sim 3$ 个,算术平均值为 1.5 个,仅为负地闪 N 的 0.18,说明正地闪大部分都是单次回击过程,而负地闪则经常伴随有多次回击。

表 4.5 是本节正地闪和负地闪回击数量 N 的统计结果与国内外学者统计结果的对比。根据表 4.5 可以发现,所有学者的统计结果都显示负地闪过程的回击数量要比正地闪多,且正地闪绝大多数都是单次回击过程。王东方等得到的结果较本节以及其他学者的结果较小;Cooray 等、郄秀书等和崔海华等的结果几乎完全一致,说明不同地区的地闪回击数具有某种相似性。

表 4.5　不同地区正地闪和负地闪 N 的统计结果

作者	时间	地区	类型	N/个
Cooray 等	1994	瑞典	-CG	3.9
郄秀书等	1996	甘肃中川	-CG	3.8
崔海华等	2007	北京	-CG	4.1
王东方等	2009	大兴安岭	-CG	2.1
本书作者	2016	南京周边	-CG	3
郄秀书等	1996	甘肃中川	+CG	1.1
王东方等	2009	大兴安岭	+CG	1.1
本书作者	2016	南京周边	+CG	1.5

通过将南京地区和国内外其他地区的正、负地闪回击电场波形特征参数进行详细对比分析可知,南京地区的地闪回击特征与其他地区存在一定的差别,但各参数的总体偏差在一个合理的范围之内,同样说明了本节中闪电电场变化测量系统具有较高的可靠性。

综上所述,通过南京闪电电场探测网在 2016 年 5 月 31 日一次飑线过程中所获取的地闪资料,对南京及周边地区的地闪预击穿和回击过程的电场特征进行了统计,并将统计结果和国内外各地区统计结果进行对比分析,主要结论如下:

(1) 对于负地闪预击穿过程,同极型约占总统计数量的 93%(186 例),反极型占总统计数的 5.5%(11 例),混乱型占总统计数的 1.5%(3 例);对于正地闪的预击穿过程,同极型占统计数量的 60%(12 例),反极型占总统计数的 40%(8 例),没有混乱型出现。从统计结果可以发现，无论对正地闪还是负地闪的预击穿过程，同极型都占大多数。

（2）正地闪的预击穿过程的总持续时间 t_1、单个脉冲持续时间 t_2、相邻脉冲间隔时间 t_3、预击穿过程与首次回击时间间隔 t_4、最大脉冲峰值与首次回击峰值的比值 K 和脉冲数量 N 的算术平均值分别为 8.7 ms、18.8 μs、111.2 μs、55.9 ms、0.2 和 16 个，负地闪的预击穿过程统计结果分别为 5.3 ms、16.9 μs、170.8 μs、51 ms、0.42 和 12 个。

（3）正、负地闪的频数比例为 11。正地闪的回击持续时间 t_1、脉冲上升沿时间 t_2、脉冲半峰值宽度 t_3、回击时间间隔 t_4、继后回击与首次回击强度比 K 和回击数量 N 的算术平均数分别为 1 528 μs、4.8 μs、13.2 μs、52.6 ms、0.78 和 1.5 个，负地闪的回击统计结果分别为 391 μs、2.2 μs、8.5 μs、72 ms、0.87 和 3 个。

（4）与国内外统计结果对比结果发现，本次探测的南京及周边地区地闪过程电场特征统计结果与国内外统计结果基本一致，验证了优化后的闪电电场变化测量系统对地闪过程电场信号探测能力的可靠性。地闪过程电场波形特征的统计结果对实现闪电定位系统对地闪的自动识别具有重大意义。

4.3.4 近距离慢电场变化测量仪数据分析

雷电回击过程的瞬态大电流接近光速沿弯曲通道向上传播，其产生的近距离强烈电磁辐射一直是大气电学和雷电物理的重点研究内容。基于 GPS 同步的多站雷电观测资料，本章将主要对人工引发雷电和自然雷电近距离电场变化特征进行分析和对比，探讨近距离地表面电磁场的传播特征。

1. 基于一次人工引发雷电近距离电场变化特征

2005 年在山东野外实验期间，共观测到 13 次雷暴过程，对 13 次雷暴过程所产生的地面平均电场进行统计分析，结果表明持续时间最长为 2 h，最短 32 min，平均 73 min，且 90%发生在北京时间 22:00—06:40。共成功引发负极性雷电 5 次，本章主要以空中引发雷电 0504 为例，对人工引发雷电先导和回击电场变化沿地表面的传播特性进行分析。

图 4.22 给出了在 550 m 处观测到的 0504 空中引发雷电的静态照片。左图是利用高速摄像系统拍摄的照片，照片中间光滑的通道是引雷钢丝汽化的结果，上下两端弯曲的亮条纹分别对应于上行正先导和下行负先导击穿空气形成，这是空中引发雷电中

第 4 章 雷电常规探测设备

明显的双向先导现象，下端钢丝离地面的垂直距离为 80 m，上端钢丝离地面约 336 m，即触发高度约为 336 m。右面是利用普通照相机拍摄的这次雷电的下部通道。

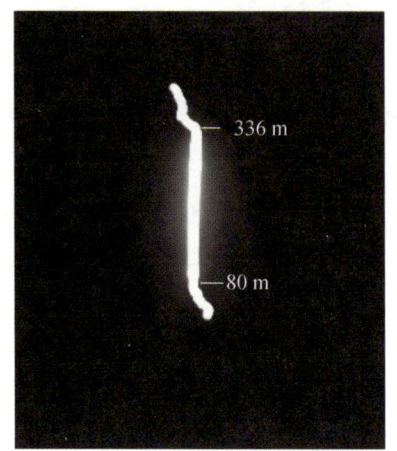

图 4.22　在 550 m 处拍摄的空中人工引发雷电 0504 的静态照片
（左图为高速摄像拍摄，右图为普通照相机拍摄）

图 4.23 是引发雷电 0504 的整体垂直电场变化波形，图 4.23（a）和（b）分别为 60 m 和 550 m 处的变化。从图中看出，整个雷电持续时间约 800 ms，A 是双向先导-小回击过程引起的电场变化，小回击之后约 486 ms 出现第一次闪击，共包含 5 次闪击过程，图中分别用 $R_1 \sim R_5$ 表示，闪击间隔范围为 20 ~ 125 ms。

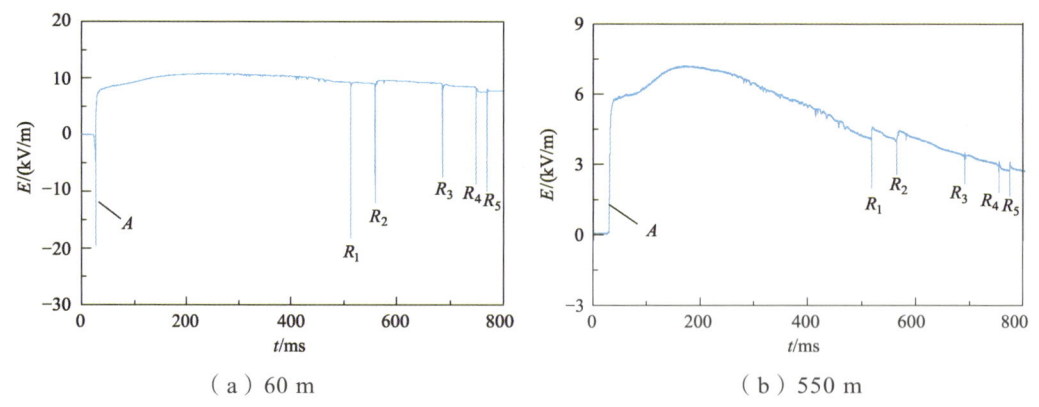

（a）60 m　　　　　　　　　　　（b）550 m

图 4.23　空中引发雷电 0504 的整体电场变化波形

图 4.24 是图 4.23 中 A 部分的扩展。从图 4.24（a）和（b）看出，双向先导-小回击过程在 60 m 和 550 m 产生的垂直电场变化波形明显不同。如图 4.24（a）所示，从

t_1 = 26.05 ms 开始，60 m 处的电场开始呈负变化，并出现明显的阶梯形式，梯级间隔平均为 17 μs，梯级幅值为 509 V/m，其中梯级间隔与自然雷电的观测结果（15.5 μs）是一致的，这是由于下行梯级先导将负电荷移近地面所致。总电场变化 E_L = 14.6 kV/m，平均下降坡度为 73 V/m/μs。约 0.2 ms 后在 t_2 时刻发生小回击过程（图中 E_R），假定结束点在 t_3 时刻（从 t_2 到 t_3 为 50 μs），电场变化 E_R = 22.3 kV/m。

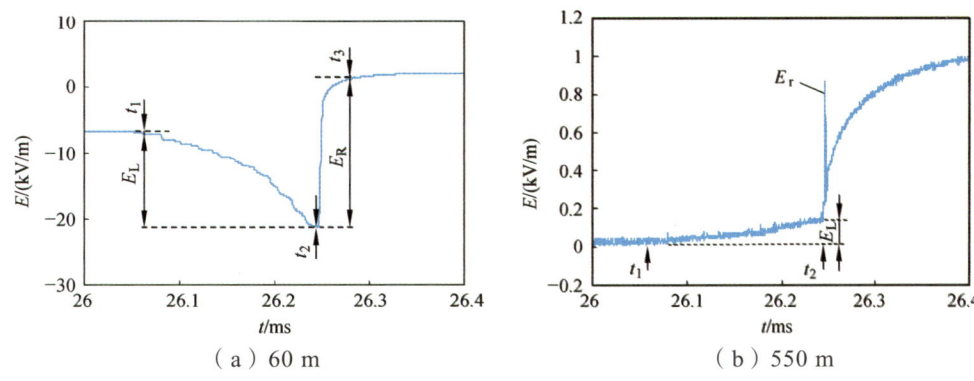

（a）60 m　　　　　　　　　　　（b）550 m

图 4.24　图 4.23 A 部分的扩展

从图 4.24（b）中看出，从 t_1 开始，550 m 处的地面垂直电场呈非常缓慢的正向变化，总电场变化 E_L = 0.16 kV/m 上升坡度仅为 0.8 V/m/μs。到 t_2 时刻，550 m 处出现明显的辐射快电场变化 E_r，0～100% 上升时间约为 2 μs，半峰值宽度为 0.28 μs，峰值为 0.74 kV/m，可能是连接过程产生的，这种脉冲特征与利用光学观测系统 ALPS 的观测结果是一致的。

从图 4.23 中看出，空中引发雷电 0504 的先导发展呈双向击穿。因此，根据双向先导模式，假定一个垂直地面的双向先导开始于高度为 H_T 处的一个中性电荷区域，并同时以相同的速度向上、下发展，先导电流的源是导电通道中流动的感应电荷。假定大地为良导体，则距通道微元 dz 水平距离 D 处产生的垂直电场为：

$$dE_L = \frac{\rho_L(z)dz}{2\pi\varepsilon_0(z^2+D^2)^{1.5}} \quad (4.32)$$

其中，$\rho_L(z) = k(H_T - z)$，为通道电荷线密度，H_T 为中性电荷区高度，电荷密度递减率 k 由环境电场和通道尺寸决定。

当先导接地瞬间，$H_B = 0$，$H_A = 2H_T$，在地面产生的总电场变化为：

$$E_L = \int_{H_B}^{H_A} dE_L = \frac{k}{2\pi\varepsilon_0}\left\{\left[\frac{H_T}{(4H_T^2+D^2)^{0.5}} + \frac{H_T}{D}\right] - \ln[2H_T + (4H_T^2+D^2)^{0.5}] + \ln D\right\} \quad (4.33)$$

假定中性电荷区高度为 H_T = 208 m（由图 4.23 估算），在负环境电场下，208 m 高度以上为正电荷分布区域，而 208 m 以下为负电荷分布区域。取相同高度处的通道长度微元 dz，由公式（4.32）可知，其在不同距离处产生的相对电场变化不同，结果如图 4.25 所示。从图 4.25（a）可以看出，60 m 处的先导电场变化主要来自于 208 m 以下的通道，即主要受中性电荷区以下负电荷区域的影响，贡献最大处在离地面高度 40 m 左右，所以地面电场为负。而从图 4.25（b）中看出，550 m 处的先导电场变化主要受中性电荷区以上正电荷分布区域的影响，贡献最大处在离地面高度为 1 000 m 左右，所以地面电场为正。

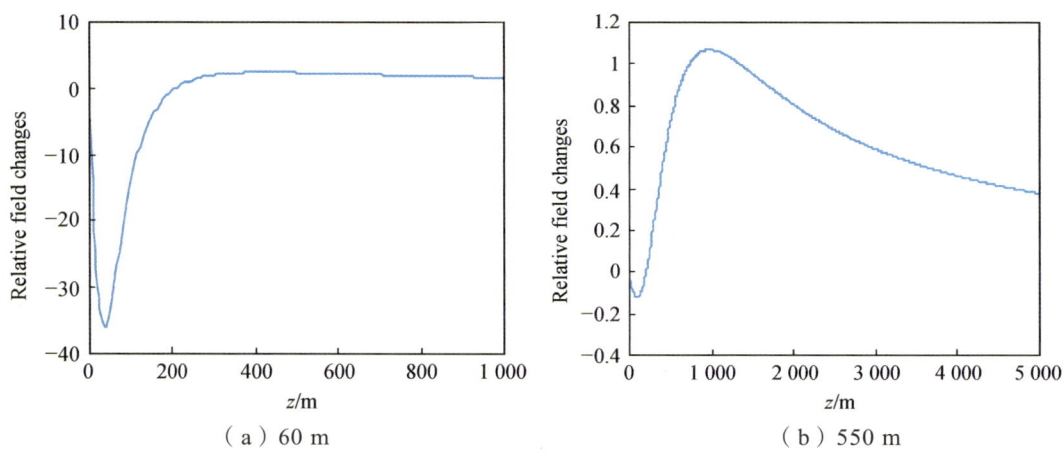

图 4.25 双向先导模式不同距离处的 dE_L

另外，根据式（4.33），由 60 m 处的先导电场变化估算的空中引发雷电 0504 和 0505 双向先导电荷线密度分布的递减率为 k =（1.2～3.8）×10^{-7} C/m^2。因此，下行负梯级先导接近地面时的电荷线密度为 ρ_L =（0.025～0.079）×10^{-3} C/m，这与 Rubenstein 等在人工引发雷电中估算的箭式先导结果[（0.02～0.08）×10^{-3} C/m]一致，但小于自然雷电的结果（0.135～1.35）×10^{-3} C/m。

图 4.26 是引发雷电 0504 在不同距离处的箭式先导-回击过程垂直电场变化波形，即图 4.23 中 R_4 的扩展。与 60 m 处的双向先导-小回击电场变化波形类似[图 4.24（a）]，箭式先导-回击过程电场变化波形也呈不对称 V 形，V 形的底部对应先导的结束和回击的开始，随着水平距离的增加，V 形半峰值宽度增大。E_L 是下行箭式先导产生，因此先导电场扩展后呈连续变化，没有梯级状。表 4.6 是 5 次引发雷电的闪击电场变化波形特征参量的统计结果。60 m 处的箭式先导和回击电场几何平均值分别为 17.8 kV/m 和

16.7 kV/m；550 m 处分别为 1.2 kV/m 和 1.65 kV/m。随着距离的增大，电场明显减小。对两个距离上的箭式先导电场变化研究发现，箭式先导电场变化 ΔE_L（kV/m）与观测距离 r(m)之间满足如下关系：

$$\Delta E_L = 2\,200 r^{-1.18} \tag{4.34}$$

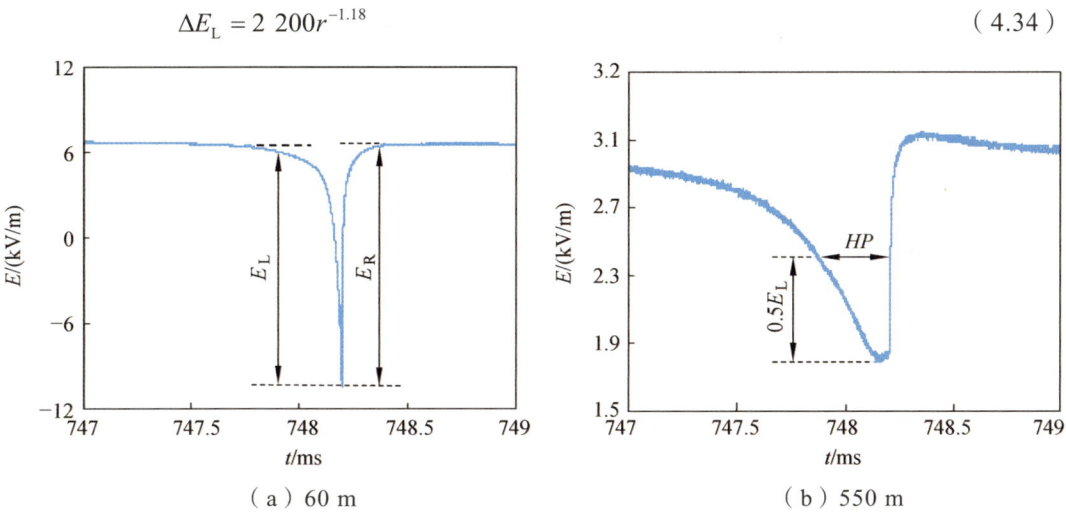

(a) 60 m　　　　　　　　　　　　(b) 550 m

图 4.26　同图 4.23，但为第四次闪击部分的扩展

表 4.6　箭式先导-回击（闪击）电场波形的特征参量

距离	样本数	ΔE_L/(kV/m)	ΔE_R/(kV/m)	HPW/μs	闪击间隔/μs
60 m	13	17.8±6.5	16.7±4.9	13.4±5.6	68.6±59
550 m	19	1.20±0.27	1.65±0.32	102.0±89	68.6±59

注：由于电场记录设备容量的限制，60 m 处有 6 次回击未记录到；上述结果为几何平均值。

David（2001）等于 1997—1999 年在美国佛罗里达观测研究发现，箭式先导电场随距离衰减的分布范围为 $r^{-0.59} \sim r^{-1.2}$，基本以 $r^{-1.0}$ 的规律衰减，本节结果有点偏大。这是因为 David（2001）等的实验场地经过特殊处理，地表面以下几厘米深度处用 5 cm × 10 cm 的金属网格覆盖，地面导电性非常良好，而我们的观测场地是普通田地。另外，如果实际通道电荷密度呈不均匀分布，如先导接近地面时电荷密度越大，则地面先导电场衰减也越大。

为了解释箭式先导引起的电场变化，下面利用源电荷先导模式。如图 4.27 所示，源电荷先导模式假定环境电场为零，并认为先导始发于空间电荷源，以单极性向一个方向传输，在先导通道中电荷均匀分布。假定大地为良导体，先导通道长度为 H，当一携带均匀电荷分布 ρ_L 的先导靠近地面时，距地面高度为 z 处，微元 dz 在地面水平距离 D 处产生的垂直电场为：

$$dE_L = \frac{\rho_L dz}{2\pi\varepsilon_0} f(z) \quad (4.35)$$

其中，$f(z) = \dfrac{z}{(z^2+D^2)^{1.5}} - \dfrac{H}{(H^2+D^2)^{1.5}}$。

而整个先导通道电荷在任一时刻产生的垂直电场为：

$$E_L(t) = \int_z^H dE_z = \frac{\rho_L}{2\pi\varepsilon_0}\left[\frac{1}{(D^2+z^2)^{0.5}} - \frac{1}{(D^2+H^2)^{0.5}} - \frac{(H-z)H}{(D^2+H^2)^{1.5}}\right] \quad (4.36)$$

其中，$z = H - v_L t$（$t < H/v_L$），是下行先导尖端在时刻 t 距地面的高度，H 为电荷源高度，v_L 是先导速度，ρ_L 为先导电荷线密度。括号内前面两项代表先导通道电荷产生的电场，第三项代表云内源电荷的减少产生的电场。当先导接地时，地面电场为：

$$E_{L0} = \frac{\rho_L}{2\pi\varepsilon_0}\left[\frac{1}{D} - \frac{1}{(D^2+H^2)^{0.5}} - \frac{H^2}{(D^2+H^2)^{1.5}}\right] \quad (4.37)$$

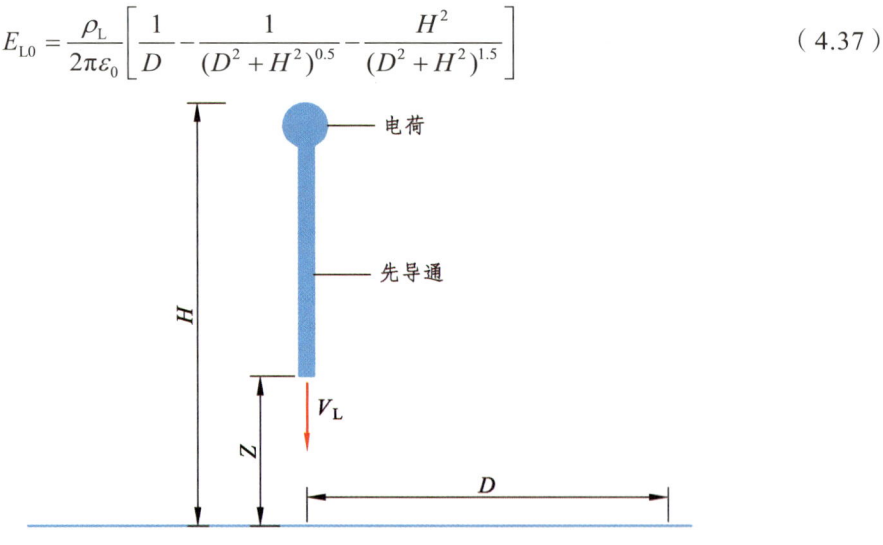

图 4.27 源电荷先导模式示意图

在负环境电场下，由式（4.35）可知，取相同的通道长度微元 dz，其在地面不同距离处产生的相对电场变化不同，通道长度 $H = 5$ km，结果如图 4.28 所示。计算结果表明，60 m 处的先导电场变化 60% 来自约 110 m 以下的通道，90% 来自 460 m 以下的通道，对地面电场变化贡献最大处在离地面 40 m 的高度处。

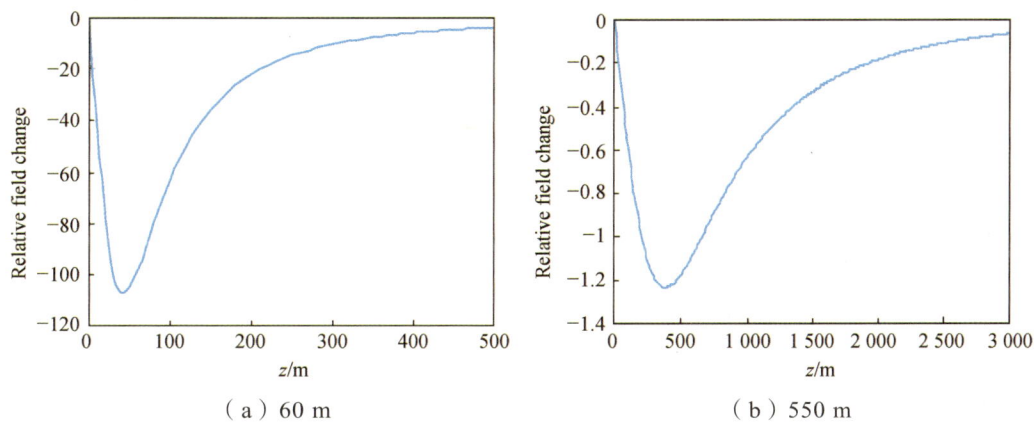

(a) 60 m   (b) 550 m

图 4.28　源电荷先导模式不同距离处的 dE_L

而 550 m 处的先导电场变化 60%来自约 870 m 以下的通道，90%来自约 1 870 m 以下的通道，贡献最大处在 420 m 左右。因此，利用不同距离处的先导电场变化估算的通道电荷密度仅仅是有效长度内的电荷分布。如根据表 4.8，利用 60 m 处的箭式先导电场变化估算的通道电荷密度平均为 0.063×10^{-3} C/m，这是 460 m 以内通道的电荷分布；而利用 550 m 处的电场变化估算的结果为 0.048×10^{-3} C/m，这是 1 870 m 以内的电荷分布。这两个电荷密度的差异也与远距离电场受到地面的影响有关。

根据公式（4.36），图 4.29 模拟了地面不同距离处的先导电场随先导速度的变化，电荷源高度取 $H = 5$ km，以先导接地瞬间为计时起点。一方面，从图中可以看出不同距离处 V 形半峰值宽度差异较大，距离越远，半峰值宽度越大。如先导速度取 2×10^6 m/s，

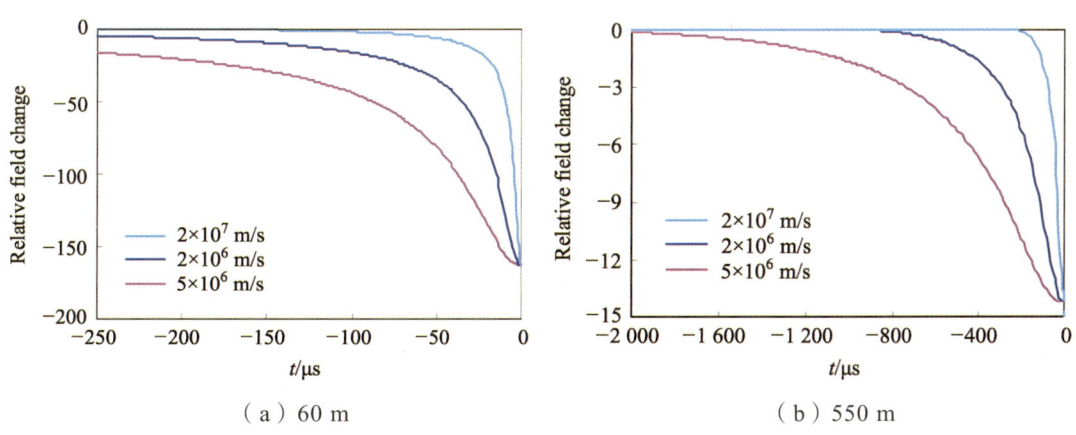

(a) 60 m   (b) 550 m

图 4.29　用源电荷先导模式计算的不同距离处的先导电场变化

60 m 处的 V 形半峰值宽度约 50 μs；550 m 处约 380 μs。另一方面，可以看出先导速度和半峰值宽度呈负相关，这是因为 60 m 处的先导电场变化 90%来自约 460 m 以下的通道，而 550 m 处的 90%来自约 1 870 m 以下的通道。因此，从理论上说，尽管先导在某一定的时刻开始从云内向地面发展，地面不同距离处观测到的先导电场变化的持续时间应该相同。但在实际观测和测量中，由于一般只能假定回击之前电场出现明显变化的地方为先导的开始，因此，在地面不同距离处测量到的先导产生的电场变化的持续时间不同，从而导致 V 形半峰值宽度不同。

2. 自然雷电近距离电场变化特征

由于地闪发生的随机性、复杂性和危险性，对地闪的观测结果主要是在远距离辐射场，近距离的电场变化研究较少。为了探讨高原雷暴地闪的近距离电场变化，并与人工引发雷电进行对比分析。本章利用 2002 年夏季在青海省大通县进行的高原雷电放电特性的多站同步观测资料，对高原雷暴地闪近距离电场变化进行分析研究。

图 4.30（a）~（d）是 8 月 4 日在吉仓（F 站）17:35:02 和苗圃（E 站）19:02:30 观测到的两次负地闪垂直电场变化波形，以先导开始的电场为零，回击开始时刻为计时起点。根据多站声光差资料反演可得 173502 雷电和 190230 雷电距 F 站和 E 站分别约为 0.7 km 和 1.0 km。

假定回击之前电场变化出现明显不连续的地方为先导电场的开始（图中箭头所示），结束点为 V 形结构的底部，这也对应着回击的开始。从图中可以看出，173502 和 190230 雷电先导回击波形基本呈 V 形结构，负先导（图中 L）引起的地面电场变化为负（定义头顶正电荷在地面产生正电场），先导开始之前有明显的云内放电过程。对 39 次负地闪的统计结果表明，云内放电过程的平均持续时间为 141 ms，变化范围为 18.4 ~ 260 ms；有云内放电过程的负地闪比例为 35%，其中，单闪击和多闪击负地闪中出现明显云内放电过程的比例分别为 54%和 28%。

图 4.30（e）~（f）是 8 月 4 日在贝寺（D 站）16:35:59 观测到的一次多闪击负地雷电场变化波形，根据多站声光差资料反演可得 163559 雷电距测站 D 的距离约为 6.8 km。图中箭头所示分别为先导的开始与结束，可以看出，首次闪击先导电场呈明显正变化，为了与 173502 和 190230 雷电波形区别，我们将这种波形称 MP 形（Monotonic Positive）。

4.3 快、慢电场变化测量仪

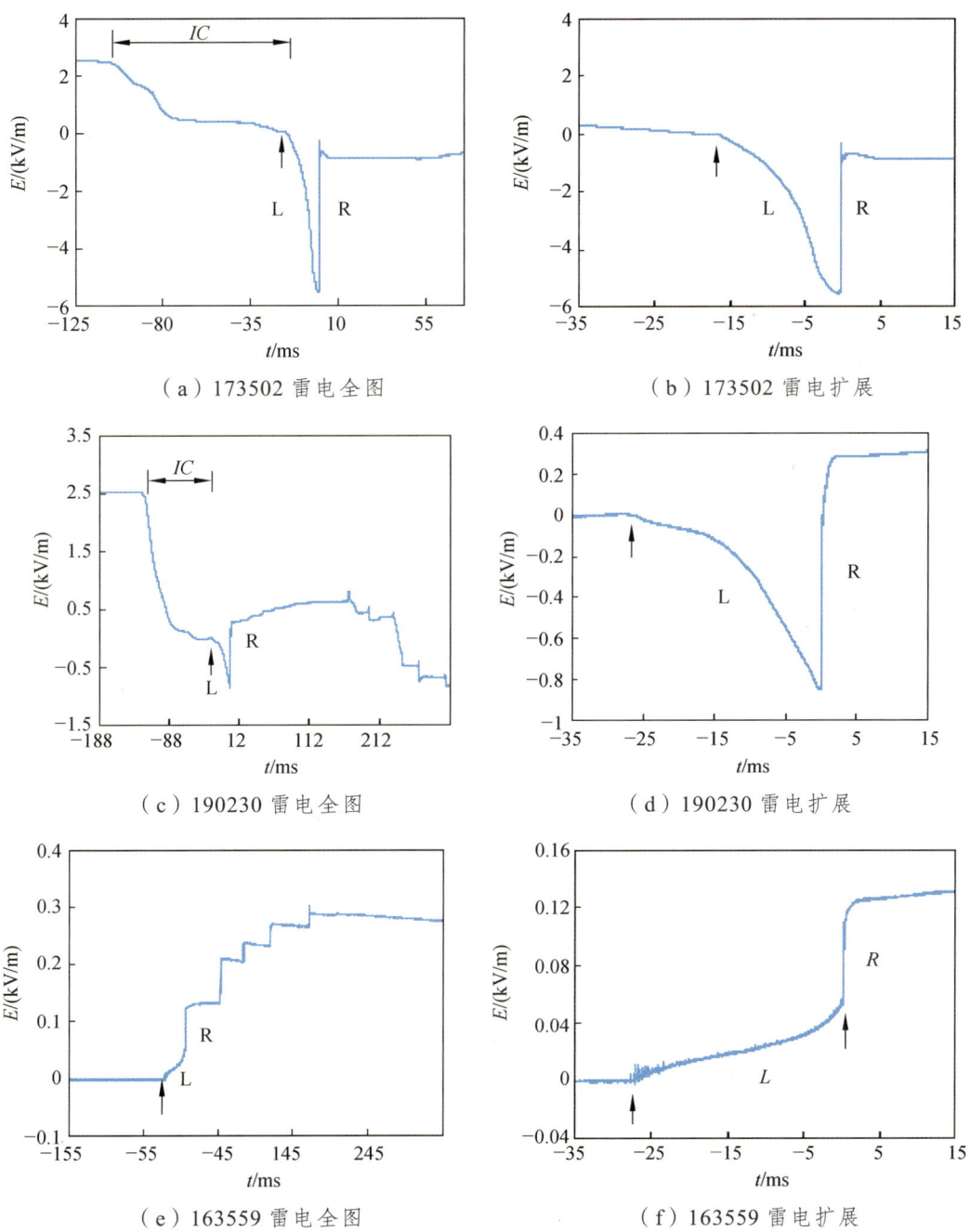

图 4.30 三次负地闪产生的地面垂直电场变化波形

第 4 章 雷电常规探测设备

图 4.31 是观测的不同闪击序号的先导-回击之比与模式预测结果的比较,其中,两条曲线分别对应电荷源高度 $H=4~\text{km}$、$6~\text{km}$。从图中可以看出,首次闪击的观测结果与模式的预测比较吻合。观测的先导电场反转距离范围为 3.4~5.1 km,即雷电距离小于 3.4 km,先导电场为负,负地闪典型波形呈 V 形;大于 5.1 km,先导电场为正,负地闪典型波形呈 MP 形。

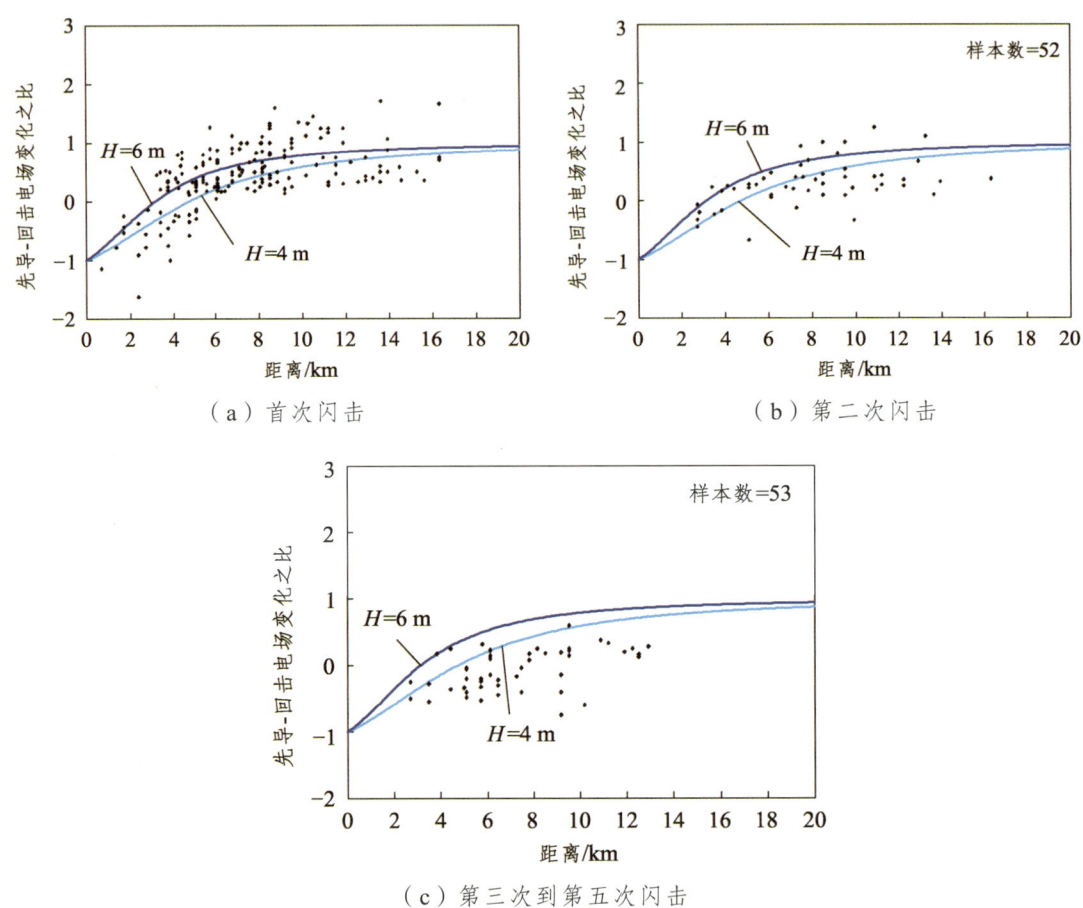

(a) 首次闪击

(b) 第二次闪击

(c) 第三次到第五次闪击

图 4.31 观测的不同闪击序号先导回击之比与模式预测结果的比较

因此,根据上述近距离地闪波形特征,结合远距离地闪辐射场特征,可以通过单站地面电场变化波形大致确定地闪的距离,这对雷暴的预报预警有一定的参考价值。同时,通过观测到的地闪先导电场反转距离,利用源电荷先导模式可以估算电荷源高度。

另外，图 4.31 中模式预测的先导-回击之比时，假定了先导电荷密度和回击电荷密度相等，即回击将先导通道的电荷完全中和。如果先导通道的电荷完全被中和，则整个过程相当于云内负电荷的减少，在地闪先导反转距离以内，先导和回击过程的总效果应该是净的正变化（如 190230 雷电）。而如 173502 雷电，先导回击过程的总效果是净的负变化，可能是由于回击并没有将先导通道的电荷完全中和。本章统计结果表明：16.5%的负地闪首次闪击先导产生的垂直电场大于回击电场，即 16.5%的负地闪首次回击可能并没有将先导通道的电荷完全中和。

无论是双向先导模式还是源电荷先导模式，都是对理想情况下雷电通道的简单假设，不可能完全真实地描述雷电的发展。如双向先导模式假定正、负先导沿垂直于地面的通道分别以相同的速度上、下发展。如源电荷先导模式假定通道垂直地面，但在实际情况中，自然雷电接近地面的一段雷电通道平均偏离垂直方向 20°左右。同时，源电荷先导模式也缺乏充分的物理根据，无法解释在环境电场为零的情况下，是什么机制使得电荷能从源电荷处源源不断地输送到先导尖端。从表面上看，源电荷先导模式过于简单，仅仅考虑了先导通道的一维发展，且假定通道电荷均匀分布。但如果假定雷电通道电荷呈线性或非线性分布（如指数等），模拟结果都不如均匀电荷分布模式。另外，本节曾根据雷电通道的水平发展而假定雷电通道呈倒置 L 形，即先导从电荷源处触发后首先经过一水平通道，然后垂直向下发展；或者假定雷电通道倾斜或弯曲，但通过计算发现上述假定都与垂直源电荷先导模式等效。

4.3.5 南京地区 NBE 特征的统计分析

在众多闪电过程中有时会出现孤立的双极性大脉冲或者类双极性大脉冲放电现象，这种双极性大脉冲的持续时间一般为 10～30 μs，在 HF 至 VHF 频段拥有非常强的电磁辐射，其电磁场辐射强度有时会超过地闪的电磁场辐射强度。一般情况下，这种云闪的放电通道较短，通常为 300～1 000 m，所以通常会被称为"袖珍云闪"（Compact Intracloud Discharges，CIDs）。这种闪电最早由 Smith 等发现。随后 Willett 等和 Smith 等进行了系统的观测研究。袖珍云闪是 HF 至 VHF 频段的一种最强的自然辐射源，有可能借助卫星探测实现对全球闪电或者雷暴的监测。通常，袖珍云闪的放电通道很短，产生的电磁场辐射场常常呈现双极性大脉冲特征，因此也被称为双极性大脉冲事件 NBE（Narrow Bipolar Events）。

第 4 章 雷电常规探测设备

本章将通过 2016 年 5 月 31 日飑线过程中闪电电场探测网所获得的 50 例正极性 NBE 电场资料，对 NBE 的特征参数进行统计分析，并将统计结果与国内外学者的统计结果对比（此次飑线过程中未探测到负极性 NBE）。统计的 NBE 特征参数包括脉冲持续时间 t_1、上升沿时间 t_2、初始峰半宽 t_3、初始峰全宽 t_4 以及过冲比 K。此外，本章对 NBE 的孤立性也进行了分析。本章中 50 例 NBE 是在很多学者大量统计经验的基础上根据上升沿时间、半峰宽、总持续时间、过冲比以及孤立性等方面手动筛选出来的，具有很高的可信度。将 NBE 特征的统计结果与国内外统计结果进行对比，以对比结果验证优化后测量系统对 NBE 电场信号探测能力的可靠性。

1. NBE 特征参数统计分析

图 4.32（a）和 4.32（b）给出了本次飑线过程中的一例正极性 NBE 脉冲电场波形以及局部展开波形。观察图 4.32（a）可知，此例 NBE 电场波形为典型的双极性大脉冲形状，在与之间隔 352 μs 和 401 μs 处有一组明显的电离层反射脉冲对。本章对统计的 NBE 特征参数的定义如下：

脉冲持续时间 t_1：脉冲上升沿 10%峰值点至脉冲后沿过零点之间的时间间隔；

上升沿时间 t_2：脉冲上升沿 10%峰值点至峰值点之间的时间间隔；

初始峰半宽 t_3：初始峰 50%峰值点之间的时间间隔；

初始峰全宽 t_4：脉冲上升沿 10%峰值点至脉冲首次过零点之间的时间间隔；

过冲比 K：初始峰值和过冲峰值之比。

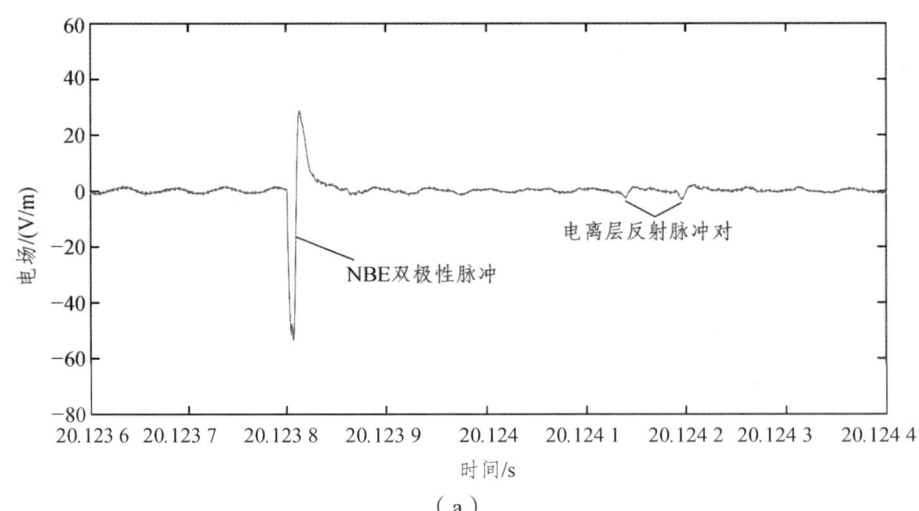

（a）

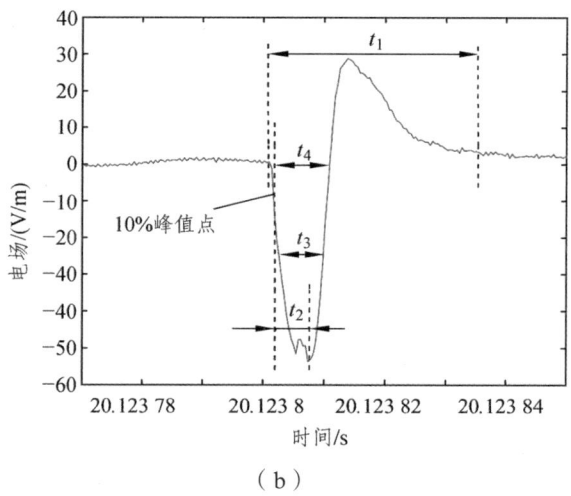

(b)

图 4.32 NBE 电场脉冲波形

表 4.7 是本节 NBE 脉冲波形特征的统计结果与国内外学者统计结果的对比。根据表 4.7 可知，本节中统计的 NBE 脉冲持续时间 t_1、上升沿时间 t_2、初始峰半宽 t_3、初始峰全宽 t_4 以及过冲比 K 的算术平均值分别为 12.1 μs、2.2 μs、2.7 μs、6 μs 和 2.37。对比其他地区的统计结果可知，本节中统计的南京及周边地区此次飑线过程中的 NBE 波形特征与其他地区基本一致。

表 4.7 不同地区 NBE 特征的统计结果

作者	时间	地区	t_1/μs	t_2/μs	t_3/μs	t_4/μs	过冲比 K
Willett 等	1987	佛罗里达	25	—	2.4	—	8.8
Smith 等	1996	新墨西哥	25.8	—	4.7	—	2.7
祝宝友等	2004	上海	15	1.2	1	2.5	2.9
Sharma 等	2006	斯里兰卡	13.3	2.6	2.4	5.78	2.87
吴亭等	2007	广州从化	6.5	2.15	3.08	3.13	—
Azlinda 等	2009	马来西亚	30.2	2.7	2.3	6.5	3.7
Liu 等	2010	广州	30	2.5	3.9	13	5.7
王彦辉等	2011	青藏高原	19.7	2.1	5.4	—	—
吕凡超等	2013	东北地区	27.2	—	4.6	7.8	2.1
本书作者	2016	南京周边	12.1	2.2	2.7	6	2.37

2. NBE 孤立性分析

孤立特性是 NBE 区别于一般云闪事件的显著特点，但其孤立性的判定时间尺度一直没有定论。很多统计结果都发现，NBE 前后数微秒内都没有其他放电过程，但也有探测定位结果显示，一些具有 NBE 的脉冲与其他闪电放电脉冲形在几微秒内一起发生。有学者认为，NBE 呈现孤立性，产生的主要原因是 NBE 在雷暴云中发生的位置与一般闪电发生的位置相距较远。

本章对 50 例正极性 NBE 脉冲进行了孤立性特征统计，表 4.8 给出了本节中 NBE 孤立性的统计结果。统计结果表明，有 61.3%的 NBE 在其发生前 50 ms 内没有其他闪电事件发生，55.4%的 NBE 在其发生后 50 ms 内没有其他闪电事件发生，NBE 发生前与其他闪电事件发生的间隔时间算术平均值为 56.65 ms，发生后与其他闪电事件发生的间隔时间算术平均值为 45.32 ms。对比发现，NBE 发生后会在较短的时间内发生其他闪电事件，这与吴亭等统计结果较为一致，他们得出在 NBE 发生前、后 10 ms 内出现其他闪电事件的概率分别为 0.69%和 3.35%。

表 4.8 NBE 孤立性统计结果

孤立时间	NBE 发生前	NBE 发生后
大于 25 ms	81.2%	74.4%
大于 50 ms	61.3%	55.4%
大于 100 ms	33.2%	26.8%

表 4.9 是本节以及国内外学者关于 NBE 孤立性统计结果的对比。根据表 4.11 可知，不同地区的 NBE 孤立性稍有不同。除了 Willett 等得出的结果偏小之外，其他学者得到的 NBE 孤立性时间都在 10 ms 之上，在吴亭等的研究中 70%以上 NBE 孤立性甚至超过了 1 min。NBE 的脉冲持续时间一般为 20 μs 左右，但是孤立性却达到毫秒级甚至秒级。迄今为止，关于 NBE 的发生机理还不是很清楚，部分学者认为可能与大气中高能带电粒子受到极强电场的持续加速产生的逃逸击穿有关，但尚缺乏充分的证据。

表 4.9 国内外 NBE 孤立性统计结果

作者	NBE 统计个数	孤立性特征
吴亭等	14 871 例	70%以上大于 1 min
Willett 等	27 例	大于 400 μs
Rison 等	13 例	小于 10 ms
Smith 等	24 例	在 4~10 ms 之间
祝宝友等	78 例	大于 40 ms
本书作者	50 例	大部分大于 25 ms

统计结果表明，此飑线过程中，南京及周边地区的 NBE 脉冲持续时间 t_1、上升沿时间 t_2、初始峰半宽 t_3、初始峰全宽 t_4 和过冲比 K 的算术平均值分比为 12.1 μs、2.2 μs、2.7 μs、6 μs 和 2.37，与国内外学者统计结果基本一致。统计发现，61.3% 的 NBE 在其发生前 50 ms 内没有其他闪电事件发生，55.4% 的 NBE 在其发生后 50 ms 内没有其他闪电事件发生，NBE 发生前与其他闪电事件发生的间隔时间算术平均值为 56.65 ms，发生后与其他闪电事件发生的间隔时间算术平均值为 45.32 ms。对比发现，本次探测中 NBE 电场特征的统计结果与国内外各地区统计结果基本一致，验证了优化后测量系统对 NBE 电场信号探测能力的可靠性。NBE 电场波形特征的统计结果对于实现闪电定位系统对 NBE 的自动识别具有重大意义。

4.4 磁场测量仪

4.4.1 磁场测量仪的工作原理和硬件构成

图 4.33 和图 4.34 为两种类型的宽带磁场天线的电路图。两幅图中基本的探测元件都为单匝屏蔽环形天线。环形圈感应的电压正比于垂直于环形导线圈的磁通量的时间导数，即 dB/dt，也与天线的面积以及天线环平面与放电通道之间的夹角有关。正比于 B 的输出信号将通过差分积分器（微分积分器）来对时间进行积分获得。两幅图中，天线的位置均远离积分电路以及记录示波器，这样做的目的是减少闪电磁场靠近天线时引起的失真。

图 4.33 的天线是由 0.1 mm 直径的铜线构成，其面积为 1 m^2，在线圈的外部加上了 3 mm 厚的铝管。这种构造之后天线的特性阻抗大约为 400 Ω。紧随天线之后的是由电池供电的差分跟随器，它的作用是将天线输出的 dB/dt 信号在送入差分积分器之前进行阻抗的变换。跟随器的增益通常设为 2，但对于远距离的闪电，必须增大跟随器的增益来提升放大器的性能，而这样做又会导致带宽的减小。天线会因为差分跟随器的输入阻抗过大而停止工作，或者阻止 dB/dt 波形超过界限值。天线的顶端处无屏蔽措施，这样做是为了阻止感应电流流入屏蔽环。任何瞬时电场或者 60 Hz（国内为 50 Hz）的背景干扰将被屏蔽掉，这等同于信号的输入被积分器当作共模信号而滤去。一对弯曲

的同轴电缆内置 18 mm 直径的铜编织线天线，将输出信号传递给积分器。闪电或者 60 Hz 背景干扰都能在单条电缆上感应瞬变磁场，由于两条电缆线相同，故感应的信号将被差分积分器滤掉。铜编织线被连接到天线环的屏蔽层上（除了积分器底架的接地外，其他接地都远离屏蔽层）。

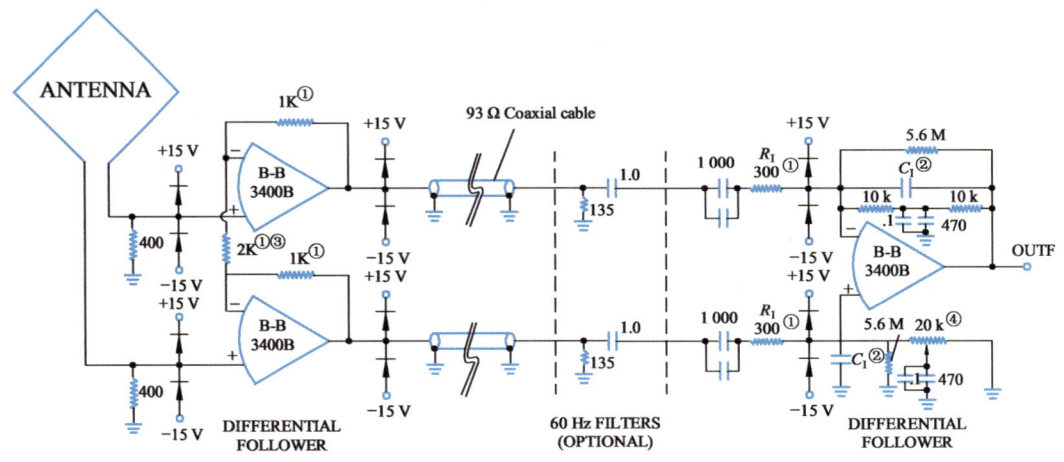

图 4.33　高阻抗磁场天线及其相应的电子元器件的方框图

注：① 为 1% 无感电阻；② 为 1% 低损耗电容：100～10 000 pF；③ 处电阻能被减小到 200 Ω，以保证跟随器的增益达到 2；④ 为最佳共模抑制调节；本图中二极管全部采用 IN4447，所有电容单位为微法。

图 4.34 显示的天线系统方框图由天线环和弯曲的信号线共同组成，它们都是同一种电缆线（这种结构的优点是信号线在积分器输入端被终止时天线后面的差分跟随器将被忽略）同轴电缆环的低阻抗，将引起天线高频输出的衰减，但它对大部分闪电的响应仍然可靠。差分跟随器和差分积分器均采用 B-B，3400B 放大器，压摆率为 1 000 V/μs，增益带宽积为 100 mHz，而且具有快速恢复和低漂移的特点。用在差分信号电路的电阻和电容应该严格地对称。电路中的快速二极管是用来保护放大器的，以免放大器因为过大的瞬态信号而损坏。

如图 4.34 所示，在差分积分器输入端之前加入了单阶 RC 滤波电路，其作用是滤除 60 Hz 的干扰信号，该频率可根据实际的情况增加或者减少。图 4.34 中积分器的输入是交流耦合的方式，这样做的目的是避免由于差分跟随器的输出漂移使得积分器出现不必要的扰动。

4.4 磁场测量仪

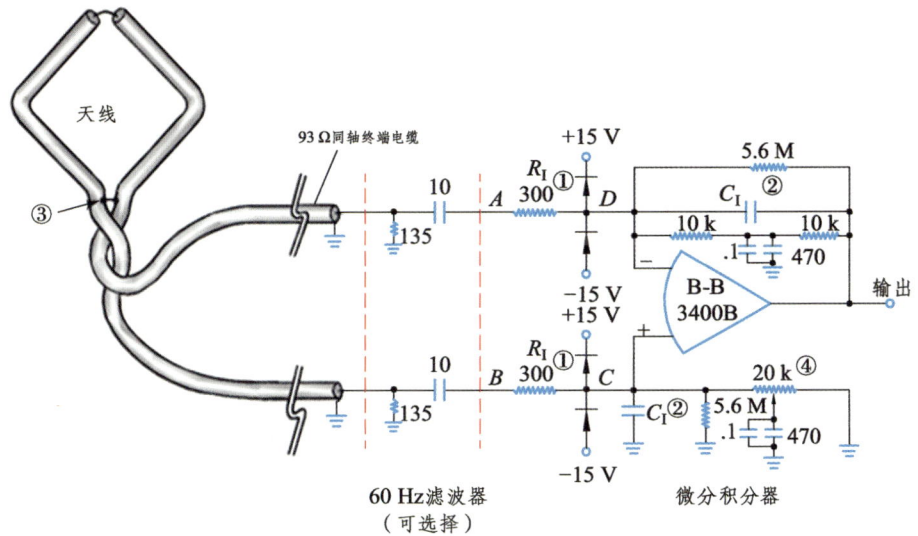

图 4.34 93 Ω 同轴电缆制作的单环磁场天线及其相应电子元器件的方框图

注：图中采用单根 93 Ω 同轴电缆构成的磁场天线和差分积分电路，所输出的电压与磁场成正比。其中 ① 为 1%无感电阻；② 为 1%低损耗电容：100～10 000 pF；③ 为同轴屏蔽电缆连接点；④ 为最佳共模抑制调节；本图中二极管全部采用 IN4447，所有电容单位为微法。

下面简要分析一下单环磁场天线的工作原理。假设天线平面与闪电放电通道之间的夹角为 θ，根据电磁场理论可知面积为 A 的天线感应的电压为 $V = \dfrac{AdB\cos\theta}{dt}$，则如果闪电电流的方向为由上至下，那么天线平面上感应电压的极性为上正下负，所以假定 A 点的电位 $V_A = V$，B 点的电位为 0，C 点的电位也为 0，根据放大器的特性可知 $V_D = V_C = 0$。我们都知道雷电流的持续时间为微秒量级，根据电容的充放电特性可知电容 C_I 的电流和电阻 R_I 上的电流近似相等，这样电路可以简化为如图 4.35 所示的形式。

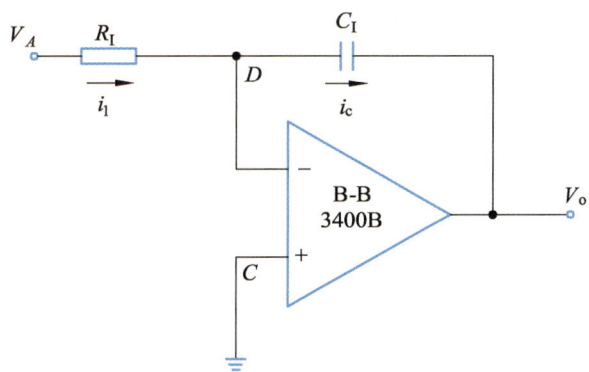

图 4.35 单环磁天线的等效电路

$$\frac{A\mathrm{d}B\cos\theta}{\mathrm{d}t} = R_\mathrm{I} i_1 + \frac{1}{C_\mathrm{I}}\int_0^t i_c \mathrm{d}t \tag{4.38}$$

初始时刻电容上无电压,故 $\frac{A\mathrm{d}B\cos\theta}{\mathrm{d}t} = R_\mathrm{I} i_1$,解得 $i_1 = \frac{A\mathrm{d}B\cos\theta}{R_\mathrm{I}\mathrm{d}t}$,在电容充电后,$i_c$ 会有一些变小的趋势,但 $i_c \approx i_1$,电容 C_I 上的电压为:

$$V_\mathrm{c} = \frac{1}{C_\mathrm{I}}\int_0^t i_c \mathrm{d}t = \frac{1}{C_\mathrm{I}}\int_0^t \frac{A\mathrm{d}B\cos\theta}{R_\mathrm{I}\mathrm{d}t}\mathrm{d}t = \frac{AB}{R_\mathrm{I}C_\mathrm{I}}\cos\theta \tag{4.39}$$

根据电流 i_c 的流向可知 $V_\mathrm{c} = V_\mathrm{D} - V_\mathrm{o} = 0 - V_\mathrm{o} = -V_\mathrm{o}$,所以:

$$V_\mathrm{o} = -\frac{AB}{R_\mathrm{I}C_\mathrm{I}}\cos\theta \tag{4.40}$$

如果闪电电流的方向为由下至上,则图 4.39 所示电路的天线平面上感应的电压极性为上负下正,所以可设 B 点的电位 $V_B = V$,求得:

$$V_\mathrm{o} = \frac{AB}{R_\mathrm{I}C_\mathrm{I}}\cos\theta \tag{4.41}$$

总结以上分析得出积分器的输出电压与入射磁感应强度 B 的关系式如下:

$$V = \frac{kA\cos\theta}{R_\mathrm{I}C_\mathrm{I}}B \tag{4.42}$$

式中,k 是差分跟随器的增益,V 是积分器的输出电压,B 是磁通量密度(也就是磁感应强度),A 是天线的面积,θ 是天线平面与放电通道之间的夹角,R_I 和 C_I 分别是积分电阻和积分电容。通常电阻 R_I 固定在 300 Ω,C_I 的取值范围为 $10^{-4} \sim 10^{-2}$ μF,这样可以得到不同输出值(积分器的输入阻抗由 R_I 以及对地信号线的电阻来决定,并且与信号线的特性阻抗匹配)。积分器反馈回路的高通滤波器保证了积分器的直流稳定输出。差分积分器的共模抑制通过 20 kΩ 电位器的调节来使相同的方波测试信号作用于两个输入端时输出为最小值。为了测试天线对快慢信号的反应,可以将一个已知的电流脉冲加到靠近天线的小传递环上,测得的磁场应该有同样的电流脉冲波形。

在国内,周忠华等制作的磁场测量系统,主要目的是测量触发闪电的近距离磁场,带宽在 1 kHz 以下,衰减时间常数为 6.8 s。而无论是自然闪电还是人工触发闪电,放电过程包含着丰富的频率成分,地闪的谱峰值出现在 20 ~ 80 kHz,所以 1 kHz 的带宽不能较好地对更高的频率进行响应，也就丢失了放电的很多信息。而且，周忠华等所采用的是单环天线，而闪电通道电流产生的磁场有可能不能完全穿过天线，所以单环天线也不能很全面地记录磁场的大小。中国科学院的杨静制作的双环磁场测量系统，采用是 75 Ω 的同轴电缆做磁场变化测量仪的感应天线，天线环的面积为 $30 \times 30 \text{ cm}^2$。电路中采用了 OPA602 做积分放大器，增益带宽为 3.5 mHz，压摆率为 35 V/μs，而且增益稳定，输出部分用示波器进行采集并记录。经理论计算，其带宽为 0.5 mHz。

4.4.2 磁天线的磁芯的选择与探测线圈的研制

1. 磁芯的选择

磁天线主要由线圈绕组和铁氧体磁芯组成，磁芯的参数包括长度、粗细以及磁导率。线圈绕组的参数包括绕线的线型、匝数及绕制方式等。以上参数综合决定了磁天线的工作性能。磁天线对电磁波的吸收能力很强，磁力线通过它就好像很多棉纱线被一个铁箍束得很紧一样，因此能够在绕组内感应出高频的电场信号，感应的电场会对磁场在天线上产生的感应信号产生干扰。对于线圈绕组上感应的电信号，可以采用两段不同绕向的对称线圈来接收信号的方式实现抵消，线圈绕制形式很关键，合适的绕制方式可以有效降低线圈上感应电场信号对磁天线接收磁场信号的影响。

对于磁天线磁芯的铁氧体来说，最重要的参数是材料初始磁导率 μ_0，磁芯的有效磁导率由材料的初始磁导率、磁芯的尺寸结构决定。常用的计算铁氧体磁芯有效磁导率的经验公式为：

$$\mu_e = \frac{\mu_0}{1 + 0.84(d/l)^{1.7}(\mu_0 - 1)} \quad (4.43)$$

由式（4.43）可以发现，通过增大磁芯的长度和截面面积来实现提高天线灵敏度这一途径并不是无限制的，磁芯越粗越长，铁氧体内部的损耗就越大，反而破坏了天线的灵敏度和选择性。因此，在实际使用中应根据具体的指标，综合各种因素和需求来确定磁芯的尺寸和形状。

磁天线在工作过程中，除了电场的干扰，环境噪声往往也是很大的外界干扰因素，为了保证信号可以从噪声中有效提取出来，防止噪声过强而干扰有用信号的采集，就必须对噪声进行匹配设计。在前置放大电路中，各级电路的内部噪声对整体级联后的总噪声系数影响不同，级数靠前单元的电路噪声系数对整体噪声系数的影响更大，级

第4章 雷电常规探测设备

数往后，影响逐步减弱，可以认为，系统噪声系数主要由前级单元的电路噪声系数决定。此外，阻抗匹配是天线信号能够在系统中有效传输的重要前提。要将天线线圈上的感应信号以最大功率输出，就必须使磁天线的阻抗与前置放大器的输入阻抗实现匹配。

从磁棒所用的材料来看，目前常见的有两种：一种是 Mn 型锰锌铁氧体，呈黑色，工作频率较低而导磁率较高，适用于中波；另一种是 Ni 型镍锌铁氧体，呈棕色，能工作于较高频率而导磁率较低，适用于短波。如果将 Ni 型用在中波，则接收效率比 Mn 型低；而 Mn 型用在短波，则因磁棒对高频的损耗较大，接收效率也很低。

磁棒的尺寸有很多种，主要是为了适应各种机壳的大小而设计的。普通的有圆形和扁形两类，这里使用的是扁形的磁棒。扁形的规格一般有 4 mm × 20 mm × 60 mm、4 mm × 20 mm × 100 mm、4 mm × 20 mm × 120 mm 等。表 4.10 是常见的磁棒尺寸与线圈圈数的关系，可以看出由于磁性天线接收信号的能力与磁棒的长度 L 及截面面积的大小有关，磁棒越长，截面面积越大，其接收能力越强，因此大多数情况下选择长度 120 mm 的磁棒。

表 4.10 磁棒尺寸与线圈圈数的关系

名称	规格尺寸/mm	频率/MHz	有效磁导率	线圈圈数 初级	线圈圈数 次级	Q 值
锰锌磁性天线	$\phi 8 \times 100$	≤1.5	≥14	75	8	≥150
	$\phi 10 \times 120$	≤1.5	≥15	68	6	≥150
	$\phi 10 \times 140$	≤1.5	≥16	58	5	≥150
	4×20×60	≤1.5	≥11	80	8	≥180
	4×20×60	≤1.5	≥13	65	6	≥200
镍锌磁性天线	$\phi 10 \times 140$	10~50	≥3	58	6	≥200
	$\phi 10 \times 160$	10~50	≥3	48	4	≥200
	4×20×120	10~50	≥3	65	6	≥200

2. 磁天线信号处理电路的频响曲线

磁天线的频响曲线是指天线对不同频率的信号的处理能力的差异，如图 4.36 所示，横坐标代表频率，表示输入端有不同频率的信号，纵坐标代表电压与磁感应强度的比值，表示对不同频率信号的响应能力。磁天线内部包含两个感应线圈（分别指向东—

西和南—北方向），每个都连接到预处理放大器，并安装在站点的圆形天线头内。来自两个通道的输出在触发模式下单独采样，使用 PCI-5105 采集卡，并且触发信号用精准的 GPS 时钟（精度为 50 ns）来记录。虽然本节中使用的磁天线（包括数据采集系统）已经在实验室进行标定校准，但其采样精度仍受安装环境的影响。

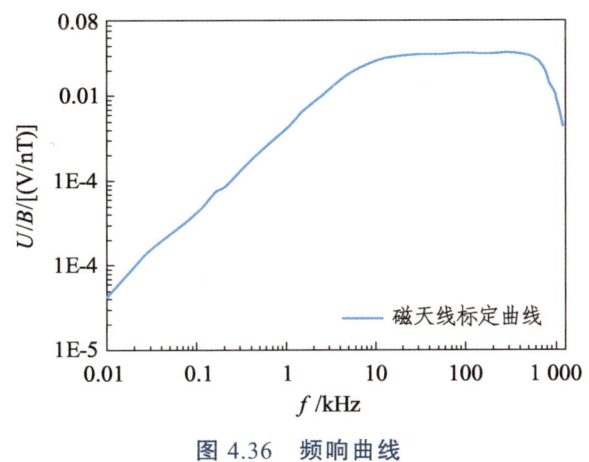

图 4.36　频响曲线

综上，本章以磁天线的基本原理为基础，根据法拉第电磁感应定律，推导出了环形天线中心磁场的大小和线圈上感应电压，计算有效磁导率 μ_c、电容、电感和几何形状等影响因素对传感器灵敏度的影响大小，考虑了材料、长度、粗细和磁导率四个方面来选择适合磁天线的磁芯。最后，给出了磁天线信号处理电路的设计方法以及工作原理。在此基础上，阐明了频响曲线的意义及使用方法，制作了一套带宽、增益更大的针对雷电物理过程研究的雷电磁脉冲传感器，并得出以下结论：

（1）为了克服空心线圈低敏感度和小型化的问题，可以在空心线圈中插入一根铁磁材料，这种铁磁材料通常有很高的导磁率，可以大幅度增加通过线圈的磁通量，从而大大提高线圈对磁场变化的感应敏感度，磁感应线圈的小型化问题也迎刃而解。

（2）通过对传感器灵敏度影响因素的研究，了解到它与核心器件的几何形状密切相关，从计算和研制天线的经验方面来说，想要获得较大的灵敏度和分辨率是通过增加线圈的直径 D；磁性天线接收信号的能力与磁棒的长度 L 及截面面积的大小有关，磁棒越长，截面面积越大，其接收能力越强。

（3）磁天线信号处理电路主要由差分放大电路、二级放大电路、高通滤波器和跟随器四部分组成。每一级电路的衔接要特别注意阻抗匹配的问题，要尽可能最大限度地保留信号源。磁天线的频响曲线低于 10 kHz 以下的线性部分，电压 U 是正比于 dB/dt，而 10～500 kHz 频段内为磁天线的工作带宽，即 U 正比于 B。

4.4.3 高增益调频式雷电磁脉冲传感器接收系统测试

通过第 2 章对雷电磁脉冲信号传感器原理和磁天线信号处理电路的详细阐述，了解到其正常工作时的原理、信号处理过程及增益、频带响应的影响因素。在前期理论基础和实际应用相结合的条件下，本章侧重对雷电磁脉冲传感器接收系统的标定原理、室内外测试应用部分进行讨论，在标定过程中测量结果会受到多种因素的影响，其中包括环境噪声、信号源的稳定性、布线方式和天线接收信号的角度等，因此标定结果的误差分析就显得意义重大。这样做的目的是检测本章的雷电磁脉冲传感器的性能和校正测量精度。在室外标定部分，从物理层面上解释了标定曲线线性部分的意义，与第 2 章标定曲线部分形成了很好的呼应。

1. 磁天线信号处理电路的标定原理

如图 4.37 所示，设圆环半径为 R，流过的电流为 I，为计算方便，取线电流圆环位于竖直平面内，圆环上的电流源为 Idl，则轴线上任一点 P 的磁感应强度为：

$$B = B_x = \int dB \cos\alpha \tag{4.44}$$

对式（4.44）两边同时取微分得到式（4.45）、式（4.46），

$$dB = \frac{\mu_0}{4\pi} \frac{Idl}{r^2} \cos\alpha \quad \cos\alpha = \sin\varphi = R/r \, (r^2 = R^2 + x^2) \tag{4.45}$$

$$dB_x = \frac{\mu_0}{4\pi} \frac{I\cos\alpha \, dl}{r^2} \Rightarrow B = \frac{\mu_0 I}{4\pi} \int_l \frac{\cos\alpha \, dl}{r^2} \tag{4.46}$$

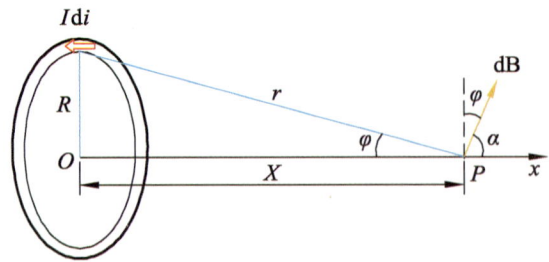

图 4.37　环形天线轴线上磁感应强度示意图

因为 $r^2 = R^2 + x^2$，所以由式（4.46）可得式（4.47），轴线上任一点的磁感应强度为：

$$B = \frac{\mu_0 I R^2}{2(x^2 + R^2)^{3/2}} \qquad (4.47)$$

当 $l \gg R$ 时，则管内中心处的 B 为 $B = \mu_0 n I$。

如图 4.38 所示为环形天线的截面示意图，一般情况下轴线上任一点的磁感应和强度为：

$$B = \frac{\mu_0 n I}{2}(\cos\beta_2 - \cos\beta_1) \qquad (4.48)$$

若 $l \gg R$，则管内中心处的 B 为：

$$B = \mu_0 n I \qquad (4.49)$$

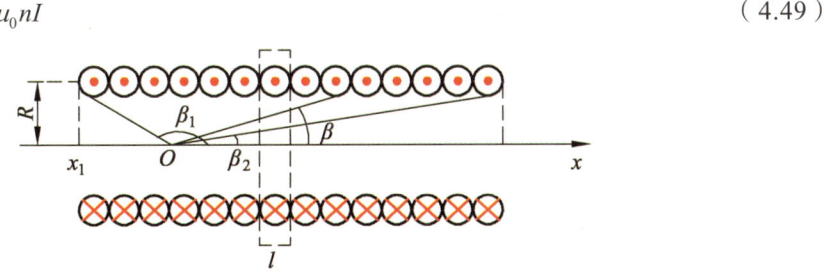

图 4.38　环形天线截面图

如图 4.39 所示，将磁棒置于绕有铜丝的长塑料管中间，让绕有铜丝的长塑料管与一阻值为 4.7 kΩ 的电阻 R 和信号发生器串联在一起，然后使磁棒引出的两根导线连到电路板的输入端。绕有铜丝的长塑料管的阻抗为 ωL（本节中长塑料管的阻抗约为 1.5 mH），输入电压为 U_i，则线路中的电流 $I = U_i / \sqrt{R^2 + (\omega L)^2}$，每当函数信号发生器的输入频率 f 变化时，相应地可以得到磁感应强度 $B(f)$ 和电路板输出端的电压 $U_0(f)$。然后绘制 $U_0(f)$ 与 $B(f)$ 的比值随频率 f 的变化曲线，即为磁天线的频响曲线。

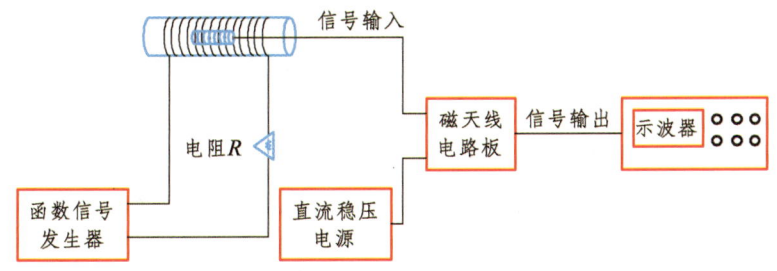

图 4.39　磁天线信号处理电路室内标定实验

2. 磁天线信号处理电路的实验室标定

如图 4.40 所示，标定前，在实验室准备好磁棒（绕有铜丝）、4.7 kΩ电阻、信号发生器一台、示波器一台、导线若干、绕有铜丝的长塑料管、电源及标定电路等器材。器材准备完毕后，将信号源的正极接塑料长管上铜丝的一端，铜丝的另一端串联一个 4.7 kΩ电阻后与信号源负极相连，然后将磁棒放入塑料长管中间，这时将磁棒两端导出线接到电路板信号输入端，而且要在输入端并联一个 50 Ω的电阻后与示波器输入端相连。线路连接完毕后，要给电路板加上 ±9 V 的电源，并在第三接口处接地。此时，给电路供电，打开信号发生器与示波器，调整示波器和信号发生器。设置初始频率为 100 Hz，信号源输入电压可先定为 0.5 V，示波器通道 2 的夹子夹在 4.7 kΩ电阻两端，整个标定实验的关键点在于保证通过 4.7 kΩ电阻的电流不变，即其两端电压不变。然后调节输入信号的输入频率，并记录输出值；同时，时刻观察通道 2 的电压输出，保持其不变，频率变化范围为 100 Hz ~ 1 MHz，在示波器上可以相应地读出电压的变化范围，最后处理实验数据并绘制频响曲线。

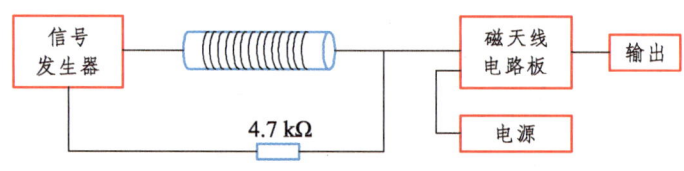

图 4.40　室内标定示意图

3. 甚低频磁天线接收系统的室外标定

如图 4.41 所示是本节进行的磁天线室外标定实验，考虑到雷电流辐射的电场会干扰环形天线对磁场信号的接收，研究了一种屏蔽电场的措施。从实验室的高电压冲击发生器引出两条较长的同轴电缆线，在外部电缆线布线时应尽量拉直，不要出现电缆线某部分围成环状的情况，防止高电压发生器发出的电流信号在环状导线部分形成电磁脉冲耦合到磁天线中。在室外用一根长度为 4.5 ~ 5 m 的铁丝围成图中所示的圆环，使圆环的圆心与磁天线内的磁棒处于同一高度（为 90 cm 左右），这样做的目的是当圆环上有信号时，使其产生的磁场尽可能集中在磁棒的截面上。为避免线圈外导体形成环路而影响内导体对磁场信号的接收，故在外导体开 1 个 1 cm 的缝隙。在圆环下方留出两处接线端，以便与从室内引出的同轴电缆线相连。连接时应使接线端与同轴电缆线紧密连接，防止放电时连接处提前放电，使得整个圆环上的电流达不到我们的预期值。靠近圆环的同轴电缆线应用铜皮将其包裹住，做到近距离的有效屏蔽。标定实验的场所要保持空旷，电磁噪声较低，防止电磁波耦合到线路中影响测量结果。

4.4 磁场测量仪

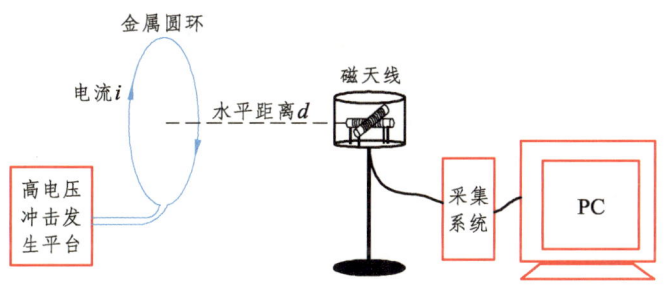

图 4.41 室外标定实验

而在频率 f 低于 10 kHz 时，通过计算好的圆环上的电流 $i(t)$ 可以得到 $B(t)$，然后对 $B(t)$ 进行傅里叶变换转为 $B(\omega)$，从而推出 $B(t)$ 和 $U(t)$ 的关系，但因为在时域内测到的数据是离散的，所以转化为频域内更容易分析。

假设函数 $H(\omega) = \dfrac{U(\omega)}{B(\omega)}$，而函数 $H(\omega)$ 可以表示为 $j\omega$ 的形式，所以在时域内一定有 $U(t) = K_2 \cdot \dfrac{\partial B}{\partial t}$ 成立（K_2 表示低于 10 kHz 以下标定曲线的近似线性的曲线系数）。经计算 $K_2 = 0.305\,6$，为了验证上式成立，利用 MATLAB 对电流信号进行滤波处理，再乘上系数 K_2 转化为 dB/dT，再对输出电压信号进行滤波处理，两者作比较如图 4.42 所示，发现两者曲线吻合度极高，可以认为 $U(t) = K_2 \cdot \dfrac{\partial B}{\partial t}$ 是成立的。

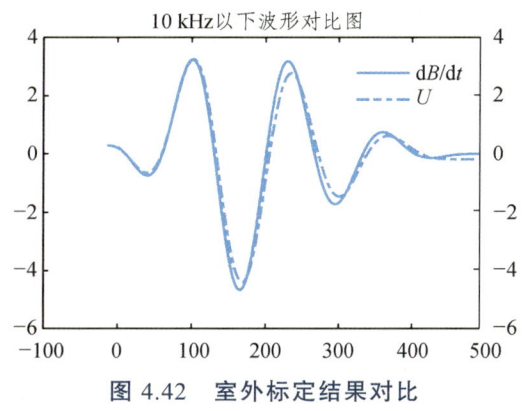

图 4.42 室外标定结果对比

4.4.4 多站时差 TOA 辐射源脉冲定位

近年来，很多研究者基于甚低频三维雷电探测技术，获取了闪电发生发展过程中的多维度精细化信息，如闪电始发过程和三维通道形态等，从而弥补了已有的二维雷

第4章 雷电常规探测设备

电定位系统无法提供云闪和放电通道时空信息的不足，大大丰富了对闪电事件的认知。2002年，Smith等开发了一套甚低频雷电探测系统（Los Alamos Sferic Array，LASA），其工作频段介于160 Hz~500 kHz，该系统由两个探测子网组成。两个子网之间的距离接近2 000 km，而每个子网都由5个测站组成，站间距离为240 km以内。各探测站经GPS时间同步授时，实现了探测网周围全闪观测及大范围雷暴监测研究，升级后的探测网定位精度可达500 m。随后，2013年，Biter等组建了一套由7站快电场组成的甚低频/低频（VLF/LF）全闪探测系统HAMMA（Huntsville Alabama marx meter Array），其工作频段为1 Hz~400 kHz，测站基线长度为10~15 km，成功实现了全闪定位功能。经过与美国国家雷电定位网NLDN的数据对比，HAMMA探测系统对地闪回击的定位偏差约为300 m。2015年，日本学者Yoshida等研发了一套由11个台站组成的甚低频探测网BOLT（Broadband Observation Network for Lightning and Thunderstorm），工作频段为500 Hz~500 kHz，实现了云闪和地闪的三维通道结构描绘。此外，欧洲研究学者也开发了甚低频全闪雷电探测网LIENT（Lightning Detection Network Deployed in Europe），实现了对云闪和地闪的探测能力，定位偏差约为200 m。

在国内，中国气象科学研究院研发并在广州建设了一套闪电低频电场变化探测阵列（Low-frequency Electric Field Detection Array，LFEDA），开展了初步的定位和观测试验，LFEDA能够描绘三维闪电发展形态，LFED具备了全闪电三维定位能力，为闪电发展特征研究以及雷暴电学研究提供了新的技术手段。中科院大气物理研究所建立的一套北京多频段闪电三维定位网（Beijing Broadb and Lightning NET work，BLNET）是一个研究和业务相结合的区域性全闪三维定位网，该系统具备了对云闪、地闪脉冲类型的快速识别和电流峰值估算等功能，也实现了对闪电辐射源脉冲的三维实时定位，以及通道可分辨的闪电放电过程精细定位。

除了上述快电场组网之外，Lyu等通过低频磁天线组网的方式，也成功实现了精细化三维雷电通道的实时定位功能。探测网由5个测站组成，基线长度在15~20 km，探测频段为1~400 kHz。其中在1~100 kHz范围内探测闪电磁感应强度的一次微分，而在100~250 kHz范围内得到的是闪电的磁感应强度，这种频响特性使该系统具有探测闪电连续脉冲信号的能力。该系统首次在LF段精细地刻画出云闪、地闪的梯级先导、箭式先导、反冲流光等过程，并从闪电的主通道和分支通道中识别了预击穿过程的闪电脉冲，该系统得到的闪电三维通道发展演变特征与VHF系统给出的定位结果非常相似。Lu等众多学者用类似的磁场探测技术手段，成功实现了三维闪电通道结构的实时描述，并详细研究了人工引发雷电过程的物理过程及其电荷迁移等科学问题，揭示了双极性闪电的发生机理，建立了极性反转的概念模型。

4.4 磁场测量仪

基于此，为了研究南京地区的强对流天气过程的闪电活动特征，青岛市气象局和南京信息工程大学在南京地区联合建立了一套三维雷电实时定位系统，采取的也是甚低频磁场探测技术，在 2018 年 6~9 月份进行了持续观测。本节选取了 2018 年 8 月 3 日的一次强对流灾害天气过程，详细分析这次强对流天气过程的云闪三维通道结构演变，以及云闪始发阶段的高度和回波强度等信息。

1）三维雷电定位资料

2018 年，青岛市气象局和南京信息工程大学在南京地区初步建立了由 7 个观测子站组成的三维雷电探测网络，探测范围覆盖南京及周边区域。各观测子站的位置分布如图 4.43 所示，7 个相邻子站的基线长度在 18~48 km。各个子站主要由两个正交的低频磁天线、高速数据采集系统及高精度 GPS 时钟构成。所有磁天线的带宽为 1~800 kHz，在低于 100 kHz 的部分电压正比于磁场变化率 dB/dt，在 100~800 kHz 部分电压与磁感应强度 B 成正比。磁天线的频响曲线如图 4.43 所示，这样设计的磁天线，使得探测到的脉冲信号中包含更多的 dB/dt，实现对快速变化的闪电脉冲信号的探测，有利于闪电三维定位。系统采用触发采集的方式，在兼顾环境电磁噪声、采集系统性能的前提下，连续同步采集、记录、存储并传输真实闪电脉冲信号，其中信号采样率为 1 MHz，信号动态范围为 ±10 V，预触发时间为 300 μs。不同观测子站之间通过授时精度为 50 ns 的高精度 GPS 时钟实现时间同步。

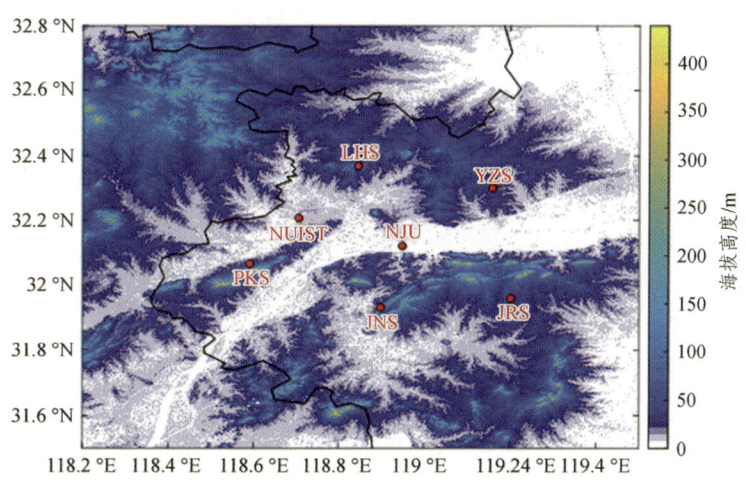

图 4.43　南京周边 7 个低频磁场脉冲传感器测站位置分布

闪电低频磁场探测系统采用时间差（Time of Arrival，TOA）定位技术，实现对闪电放电过程产生的脉冲辐射源的三维定位。在实现定位前，采用波形互相关（Cross-correlation）技术实现脉冲辐射源的匹配，并获取脉冲辐射源到达相应观测子站间的到达时间差。然后，采用非线性最小二乘拟合算法，获取脉冲辐射源三维空间位置，继而描绘三维闪电放电通道。本节在对同一时刻两个观测子站接收到的闪电脉冲辐射源波形进行互相关时，选取 400 μs 作为时间窗口，并取 50 μs 为滑动时间步长，互相关系数选取为 0.6。在求取互相关函数最大值前，首先对在该时间窗口中的波形数据采样至 10 MHz，以此来获取更高精度的时间分辨率（100 ns）。

由于本节选取的雷暴云发生时段为 2018 年 8 月 3 日 13 时～22 时，所以取在时间及距离上最相近的江宁站（118.9°E，31.93°N）2018 年 8 月 3 日 20 时的探空资料以分析大气层结特征。探空资料产品如图 4.44 所示，其中 0 ℃、−10 ℃、−20 ℃ 等温层高度分别约为 5.6 km、7.4 km、9.0 km。该时段这一地区近地面大气降温率较大，接近 9.8 K/km，极易由扰动产生空气抬升。大气层结不稳定，对流有效势能（CAPE）较大，约为 1 532 J，利于对流的发展，但水平风速和风向随高度的切变较小，表明对流的类型为局地热对流。

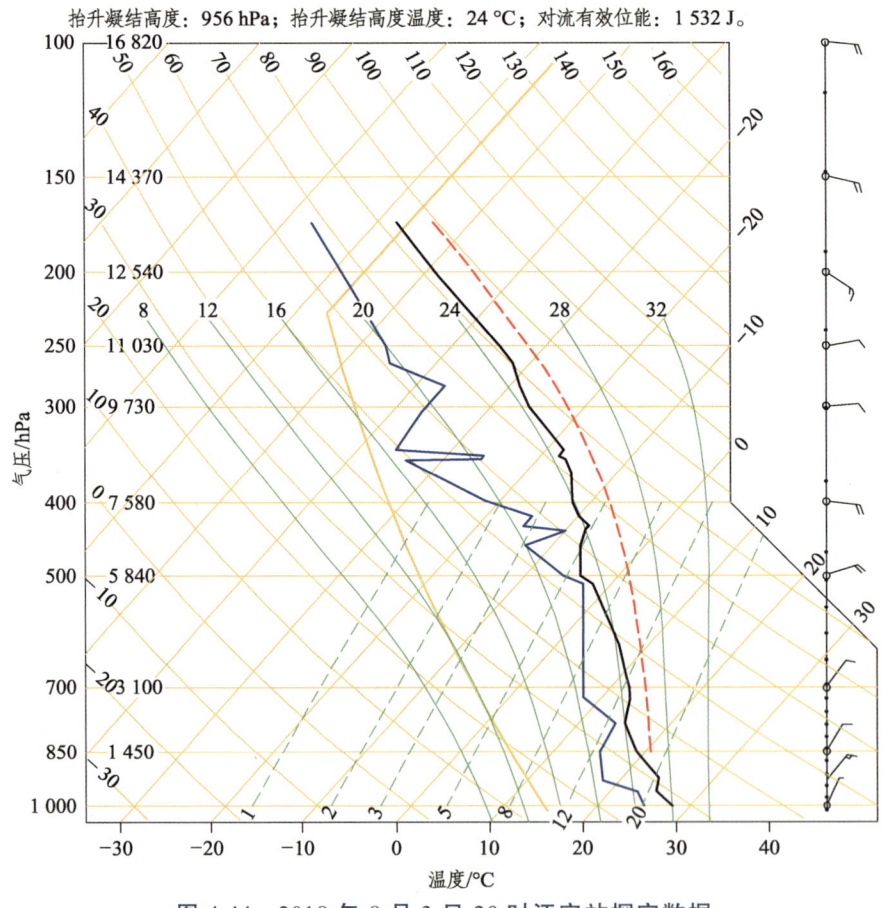

图 4.44　2018 年 8 月 3 日 20 时江宁站探空数据

图 4.45 是 2018 年 8 月 3 日 15:26—15:44 期间，南京信息工程大学 C 波段双偏振雷达组合反射率强度与闪电辐射源三维定位结果的叠加示意图。图中的白色三角形是 C 波段双偏振雷达所在位置。在这个时间段总共定出了 3 900 个脉冲辐射源，从图 4.45（a）看出，组合反射率强回波区与辐射源的位置有较好的对应关系，图 4.45（b）给出了不同雷达组合反射率区间内的闪电辐射源数量对比，可以看出，95%以上的辐射源发生于雷达回波强度大于 30 dBZ 的区域。

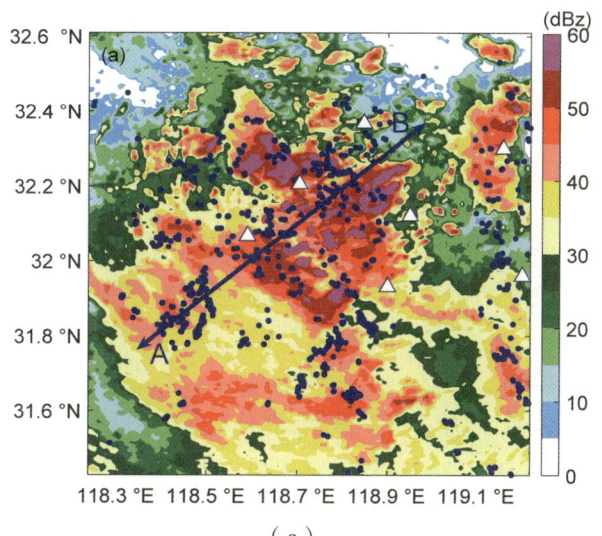

（a）

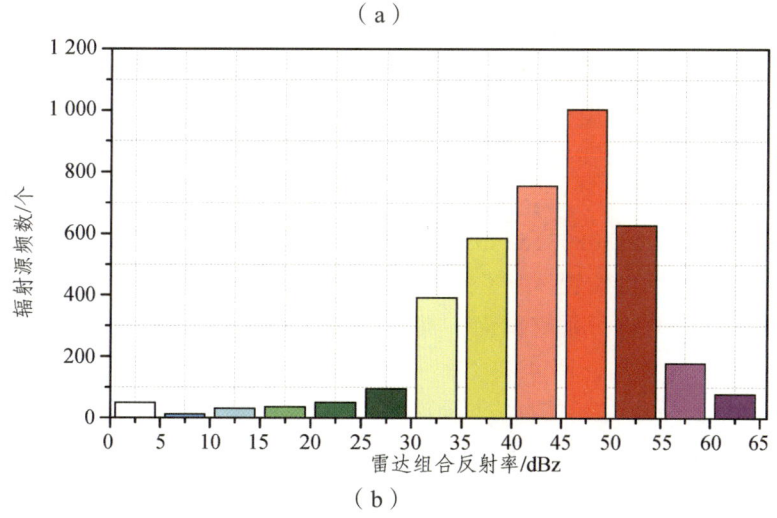

（b）

图 4.45　2018 年 8 月 3 日 15:26—15:32 雷达反射率与闪电脉冲辐射源三维定位结果的叠加和不同雷达组合反射率区间内辐射源频数分布

2）20180803153433 云闪三维辐射源定位结果分析

图 4.46 是 2018 年 8 月 3 日 15 时 34 分 33 秒 7 个观测子站记录到的一次云闪激发的同步磁场整体波形（左图）和局部放大图（右图）。可以看出，多站同步波形非常一致，在闪电始发阶段，产生很强的一簇簇辐射脉冲，随后的辐射脉冲呈现不均匀时强时弱的变化，整个磁场波形脉冲的持续时间为 130 ms。从图 4.46 左图看出，云闪激发的甚低频磁场脉冲呈现大大小小的双极性变化，每个双极性脉冲对应云闪通道的某个梯级先导发展，这种双极性变化可能对应云内的正极性击穿，也可能对应负极性击穿。三维雷电探测技术就是利用这样大大小小的多站同步脉冲信号的时间差来进行定位，并实时描绘雷电在三维空间发生发展全过程的通道结构。

如图 4.47 给出了利用互相关定位算法得到的 20180803153433 云闪三维辐射源定位结果，可以看出，定位结果呈现出比较清晰的闪电三维放电通道结构。该次云闪总共被定位出 404 个辐射源点，其水平分布范围 8 km×10 km，垂直分布范围 6~10 km。从 4.47（a）看出，闪电初始放电阶段（图中圆圈所示）起始于 6.5 km 高度，呈现明显的垂直向上发展趋势，快速到达 8 km 左右，随后速度减慢，一直上升到约 10 km 高度，然后呈现水平发展趋势。垂直向上发展的持续时间约为 6.3 ms，平均发展速度约为 3.02×10^5 m/s，该速度值与已有结果是比较吻合的。

从图 4.47（d）看出，云闪始发后，刚开始沿着东北方向发展，过了大约 30 ms 后，从始发点开始又沿着西北方向发展。从图 4.51（e）看出，辐射源脉冲似乎分布在两个层，分别是 10 km 和 6 km。因此，结合上述不同角度的辐射源脉冲时空分布可以看出，这次云闪从约 6.5 km 高度始发后，近似垂直发展到达约 10 km 高度后沿着东北方向水平发展。随后，放电高度降低，并改变方向沿着西北方向发展。这种发展过程的突然掉头可能与反冲流光的作用有关。云内的放电通道在发展过程中可能断裂或者消散，在反冲流光的作用下，断裂处可能形成极性相反的先导，并产生新的击穿过程而沿着另外的方向发展。

如图 4.48 所示为 20180803153433 云闪放电过程中脉冲辐射源位置与雷达回波的叠加，图中黑色圆圈是始发位置。为了分析闪电始发点的雷达回波信号，分别沿如图 4.48 所示的 AB 和 CD 方向进行垂直剖面。其中，图 4.48（a）是脉冲辐射源位置与雷达组合反射率的二维平面叠加，图 4.48（b）是沿 AB 方向切线的脉冲辐射源与雷达垂直剖面的叠加，图 4.48（c）是沿 CD 方向切线的脉冲辐射源与雷达垂直剖面的叠加。从组合反射率来看，闪电辐射源脉冲位置处的组合反射率回波强度介于 40~50 dBZ。但从不同方位的垂直剖面的结果看[图 4.48（b）和 4.48（c）]，闪电始发点几乎是从 6 km 以上的弱回波区开始向上发展，始发点所对应的回波强度介于 20~30 dBZ。整个闪电发展都是在 6 km 以上的弱回波区发展，而始发点以下是强度超过 35 dBZ 的强回波区。

4.4 磁场测量仪

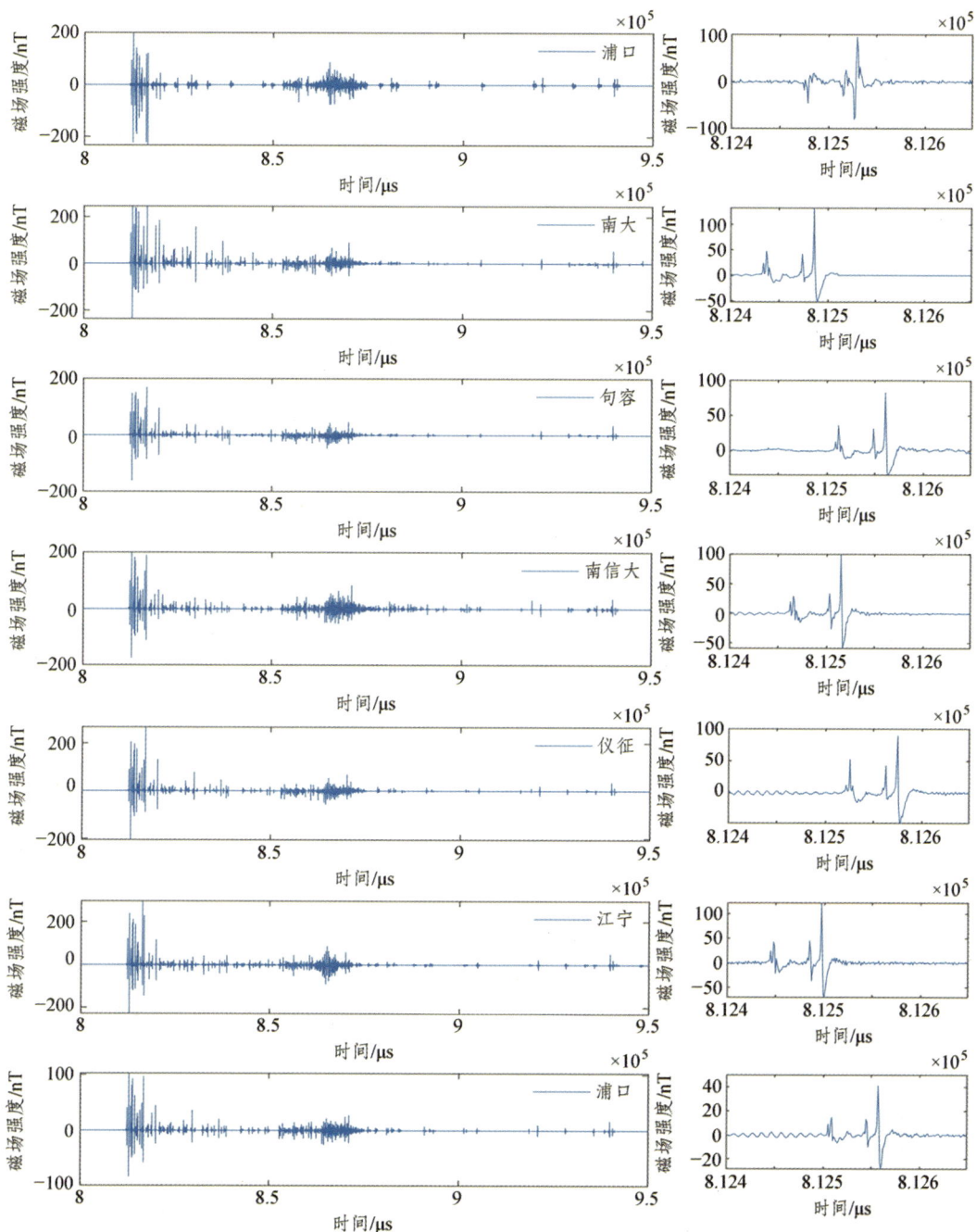

图 4.46　2018 年 8 月 3 日 15:34:33 时刻 7 站同步低频磁场信号波形全过程波形（左图）和局部放大图（右图）

第 4 章 雷电常规探测设备

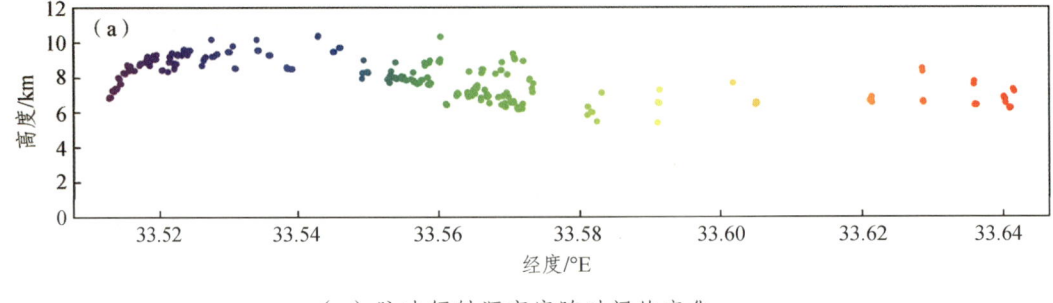

（a）脉冲辐射源高度随时间的变化

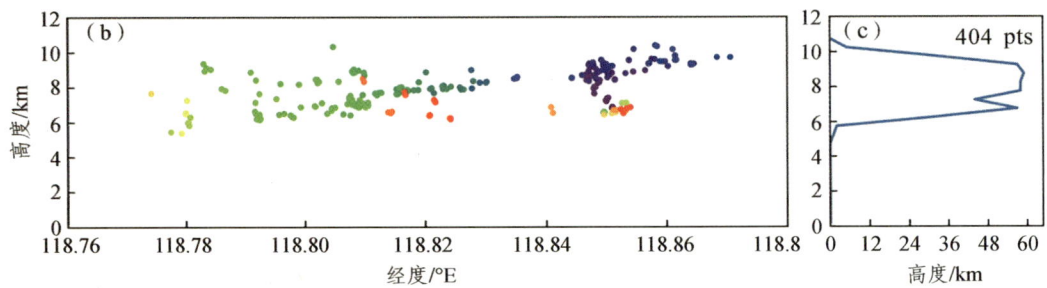

（b）脉冲辐射源在东西方向上的立面投影　　（c）脉冲辐射源频数随高度的变化

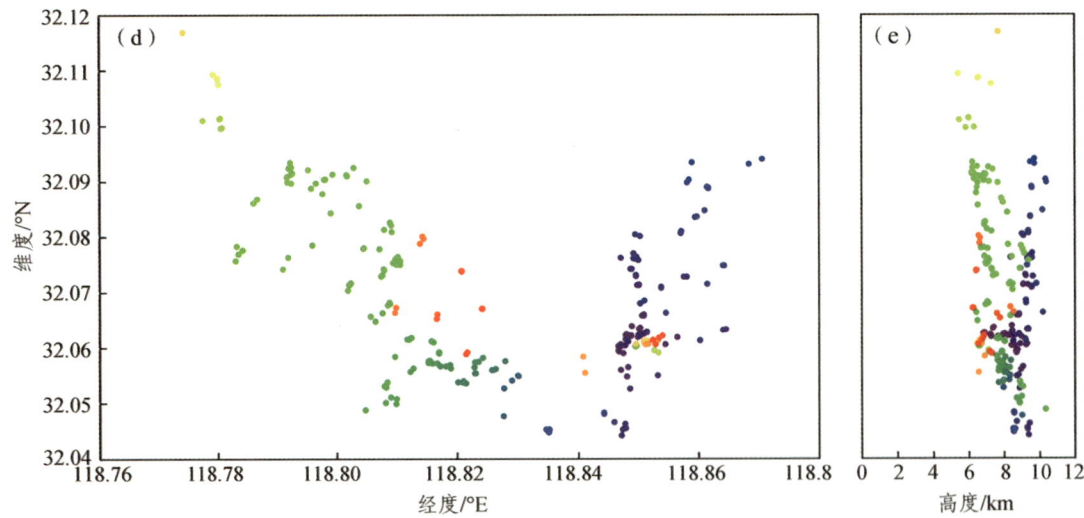

（d）脉冲辐射源在平面上的投影　　（e）脉冲辐射源在南北方向上的立面投影

图 4.47　发生于 2018 年 8 月 3 日 15:34:33 的一次云闪放电过程中脉冲辐射源位置在各面上的投影结果

4.4 磁场测量仪

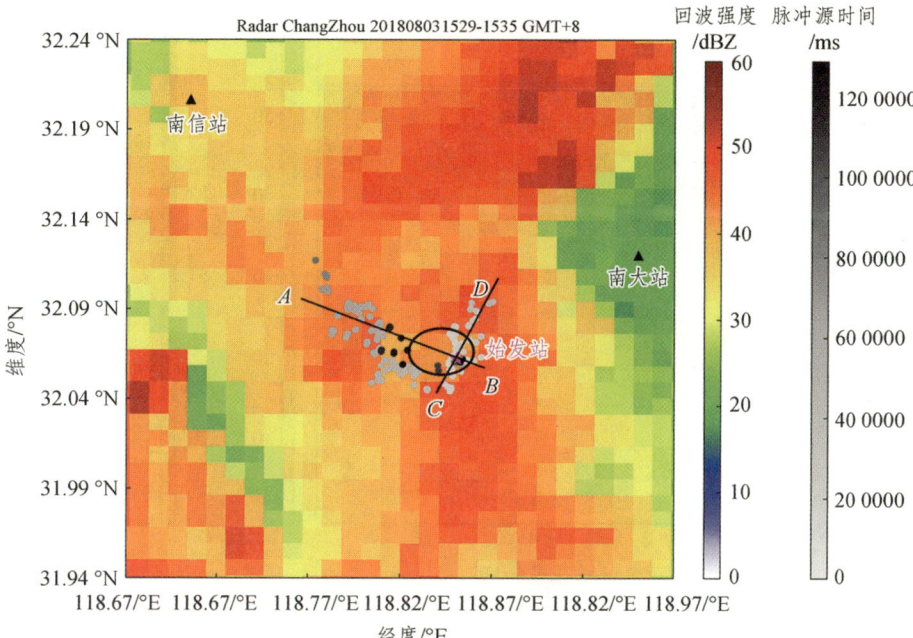

（a）脉冲辐射源位置与雷达组合反射率的叠加

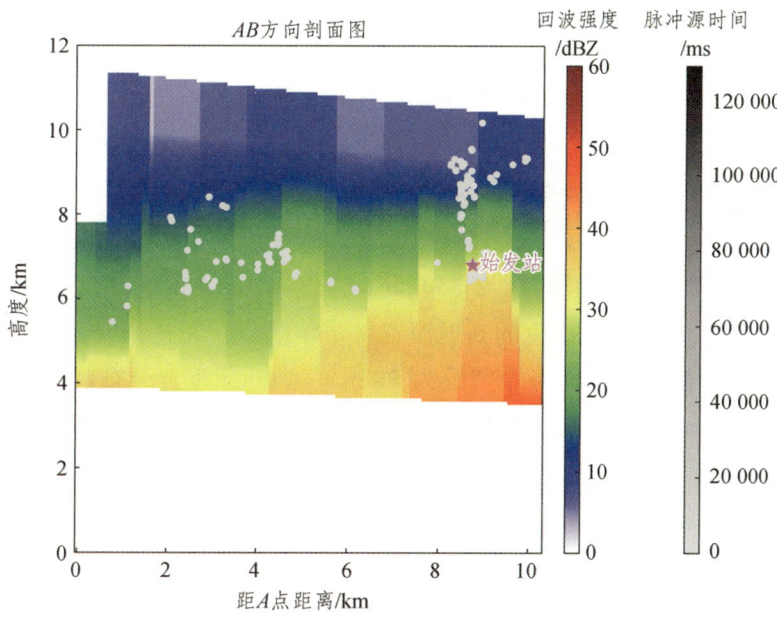

（b）沿 AB 方向选取切线的脉冲辐射源与雷达垂直剖面的叠加

第 4 章 雷电常规探测设备

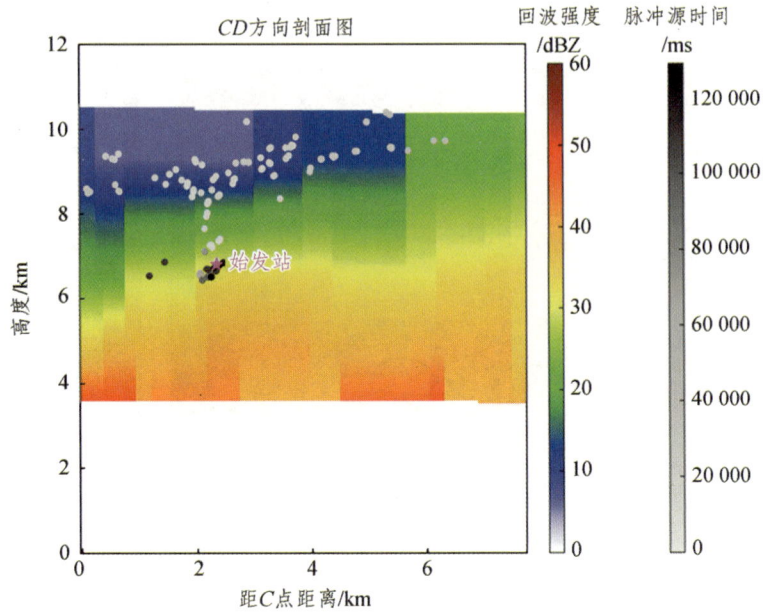

（c）沿 CD 方向选取切线的脉冲辐射源与雷达垂直剖面的叠加

图 4.48　发生于 2018 年 8 月 3 日 15:34:33 的一次云闪放电过程中脉冲辐射源位置与雷达垂直剖面的叠加

3）2018144443 云闪三维辐射源定位结果分析

图 4.49 是 2018 年 8 月 3 日 14 时 44 分 43 秒 7 个观测子站记录到的同步磁场信号波形的整体波形（左图）和局部放大图（右图）（注：图 4.49 左图最上面的句容测站仅仅记录了一段数据，后面的数据是缺失的）。可以看出，在闪电始发阶段辐射很强，后续的辐射脉冲持续时间和强度都具有不均匀性，意味着闪电放电过程是时强时弱的交替变化，整个磁场脉冲的持续时间为 330 ms。

图 4.50 是这次云闪放电产生的辐射源三维定位结果。总体来说，这次云闪总共被定位出 470 个辐射源点，水平分布范围为 8 km×14 km，垂直分布范围为 6～11 km。从图 4.50（a）看出，闪电的始发阶段从 6.2 km 开始，垂直发展至 7 km 左右，速度约为 3.6×10^5 m/s。随后，发展速度减慢，从大约 7 km 高度始发，垂直上升至 10 km 左右后呈现水平发展，速度为 2.80×10^5 m/s。从图 4.50（d）所示的同步辐射源定位结果来看，这次云闪刚开始是大致沿着北方发展，随后，又沿着南方发展，分为前后两个阶段。前一阶段的高度为 10 km，后一阶段的高度为 8 km，高度逐渐降低，这种发展特征与上述 153433 云闪是类似的。

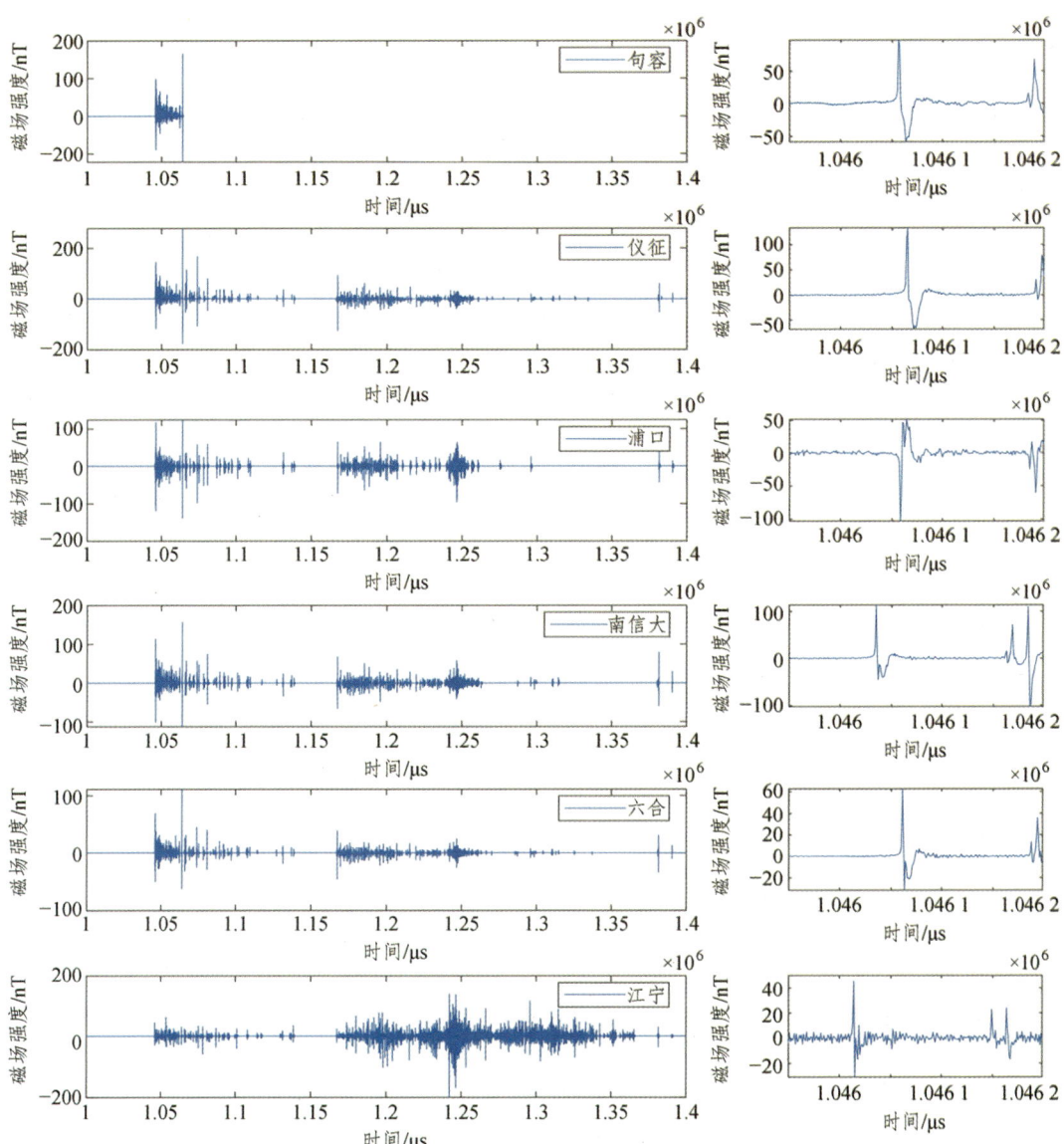

图 4.49 2018 年 8 月 3 日 14:44:43 时刻 7 站同步低频磁场信号波形全过程波形（左图）和局部放大图（右图）

第4章 雷电常规探测设备

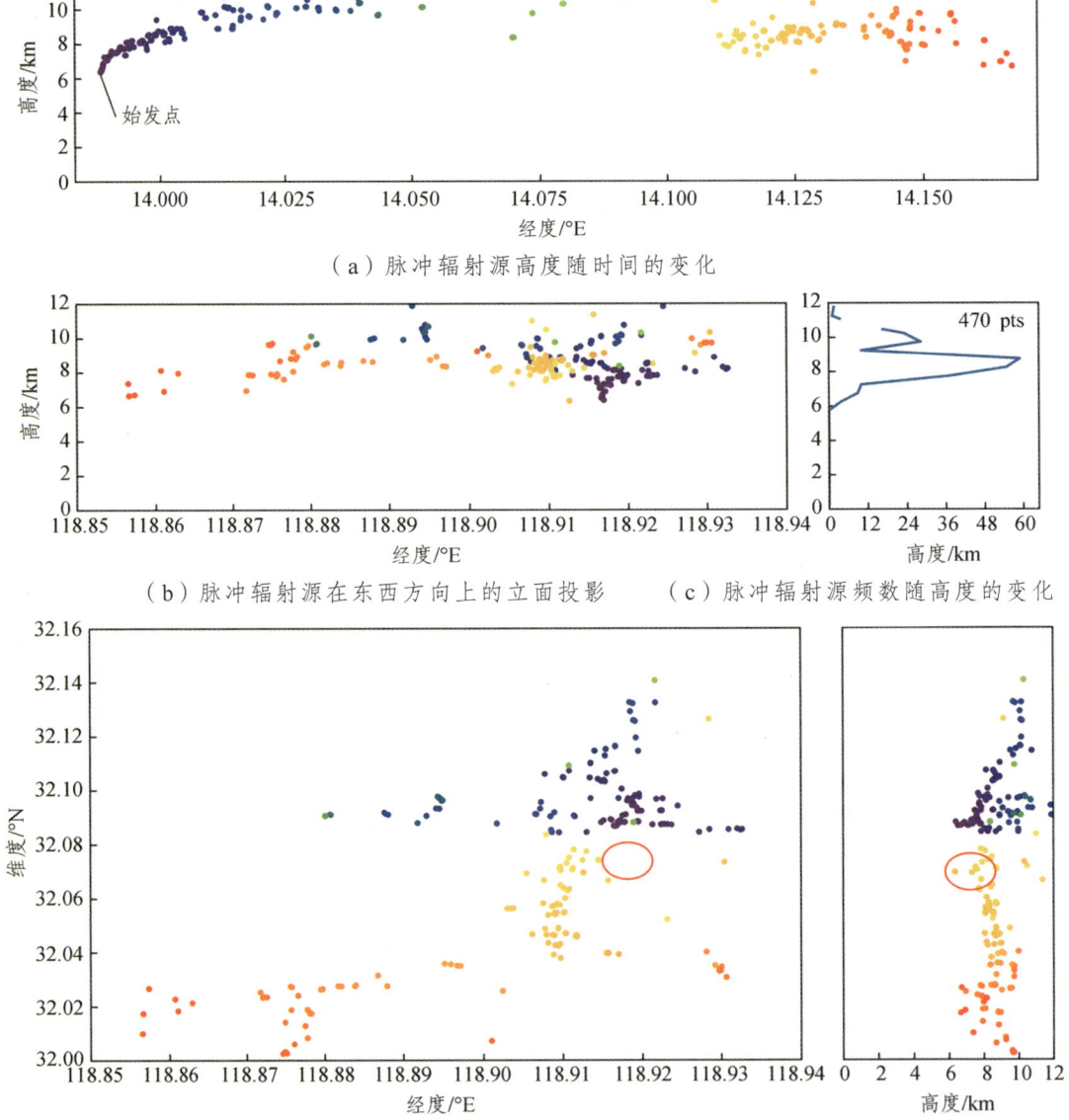

(a) 脉冲辐射源高度随时间的变化

(b) 脉冲辐射源在东西方向上的立面投影　(c) 脉冲辐射源频数随高度的变化

(d) 脉冲辐射源在平面上的投影　(e) 脉冲辐射源在南北方向上的立面投影

图 4.50　发生于 2018 年 8 月 3 日 14:44:43 的一次云闪放电过程中脉冲辐射源位置在各面上的投影结果

图 4.51 所示为 2018144443 云闪放电过程中脉冲辐射源位置与雷达垂直剖面的叠加。其中图 4.51（a）为脉冲辐射源位置与雷达组合反射率的叠加；图 4.51（b）为沿

AB 方向选取切线的脉冲辐射源与雷达垂直剖面的叠加；图 4.51（c）为沿 CD 方向选取切线的脉冲辐射源与雷达垂直剖面的叠加。从组合反射率来的叠加来看，闪电辐射源脉冲位置处的回波强度超过 30 dBZ。但从不同方位的垂直剖面的结果看[图 4.51（b）和 4.51（c）]，这次闪电是从约 6.3 km 高度开始，垂直向上发展，所对应的回波强度是比较弱的，小于 30 dBZ。二维和三维叠加结果存在很大差别，这是因为闪电是从上部弱回波区和下部强回波的边缘地带始发，约 6 km 以上，回波强度小于 30 dBZ，而 6 km 以下，回波强度超过 30 dBZ。闪电始发时，通道是垂直的，但随后的发展过程中，从辐射源点分布看出，通道出现了明显的分叉。

4）20180803144243 云闪三维辐射源定位结果分析

图 4.52 是 2018 年 8 月 3 日 14 时 42 分 43 秒 7 个观测子站记录到的同步磁场信号波形的整体波形（左图）和局部放大图（右图）。可以看出，在闪电始发阶段辐射最强，后续的辐射脉冲持续时间和强度都具有不均匀性，脉冲也是典型的双极性。从整个磁场双极性脉冲波形的持续时间来看，这次云闪持续时间为 250 ms。

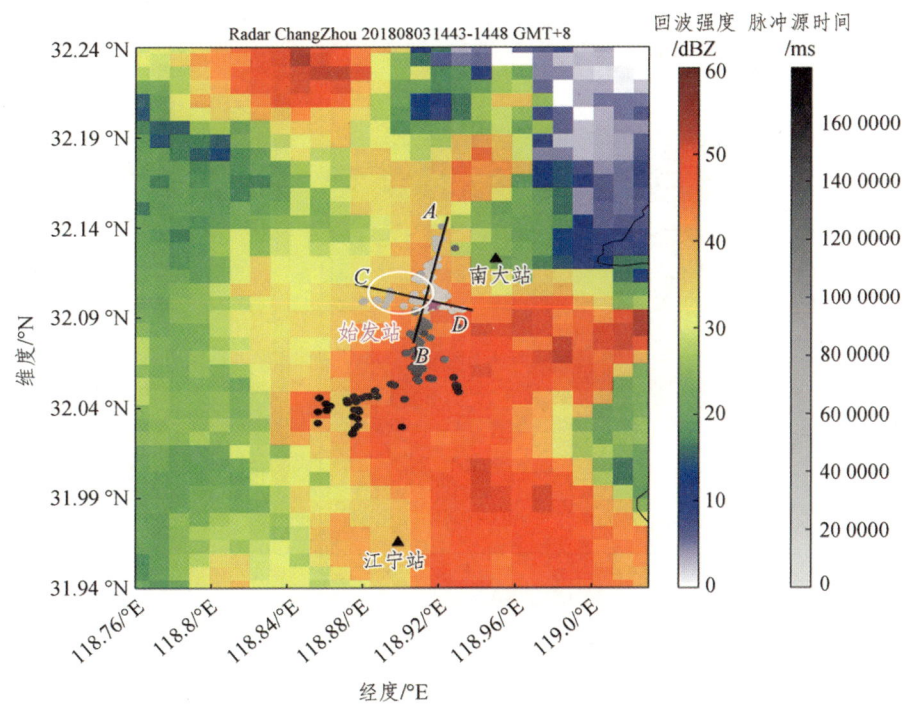

（a）脉冲辐射源位置与雷达组合反射率的叠加

第 4 章 雷电常规探测设备

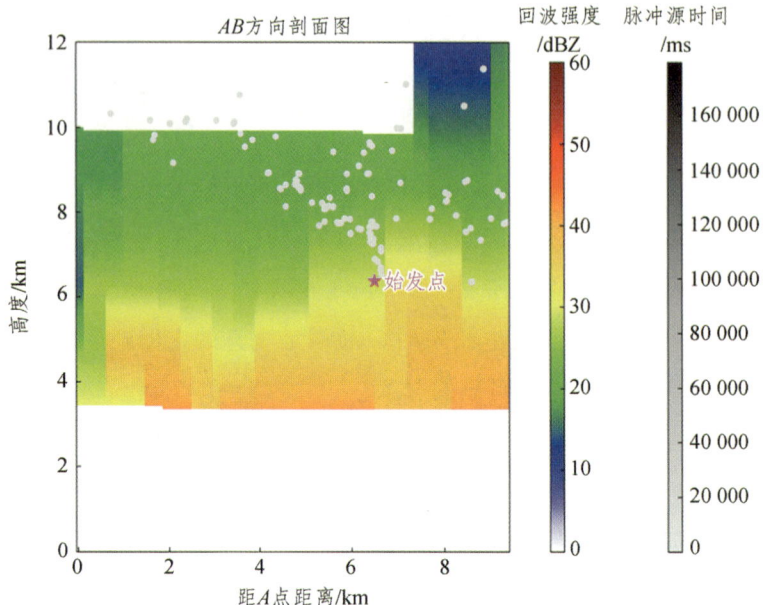

（b）沿 AB 方向选取切线的脉冲辐射源与雷达垂直剖面的叠加

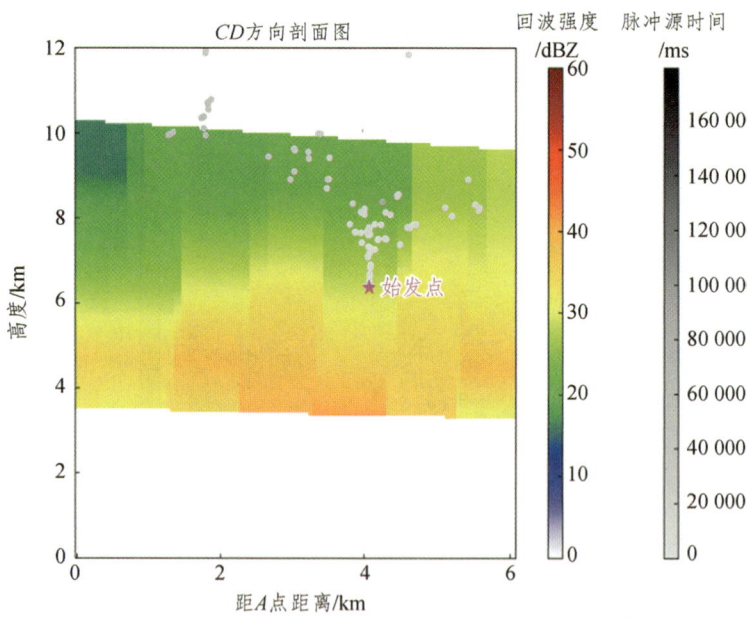

（c）沿 CD 方向选取切线的脉冲辐射源与雷达垂直剖面的叠加

图 4.51 发生于 2018 年 8 月 3 日 14:44:43 时刻的一次云闪放电过程中脉冲辐射源位置与雷达垂直剖面的叠加

4.4 磁场测量仪

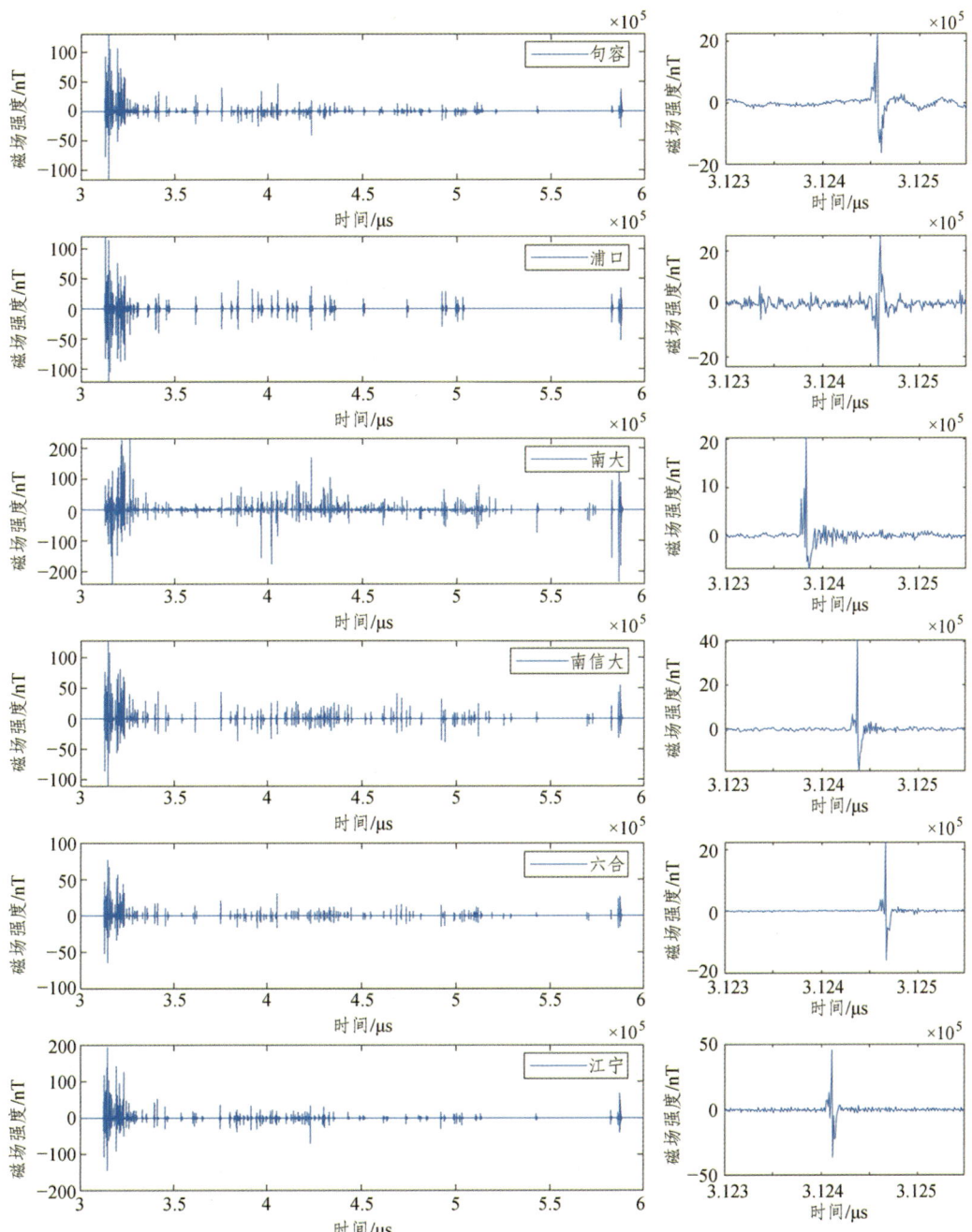

图 4.52　发生于 2018 年 8 月 3 日 14:42:43 时刻的 7 站同步低频磁场信号波形
全过程波形（左图）和局部放大图（右图）

图 4.53 是这次云闪放电产生的辐射源三维定位结果。这次云闪总共被定位出 270 个辐射源点，主要集中在始发阶段。这次云闪的水平分布范围为 5 km × 6.5 km，垂直分布范围为 6.2~10 km。从图 4.53（a）看出，闪电的始发阶段从 6.2 km 始发，近似垂直发展至 8.2 km 高度，速度为 2.9×10^5 m/s，随后再次上升至 10 km 高度后一直呈水平发展。从图 4.53（d）所示的同步辐射源定位结果来看，这次云闪一直沿着西北方向发展，高度范围维持在 8.2~10 km。通过对比这三次云闪，它们的共同点是，始发高度都是从 6 km 左右，呈垂直发展趋势到达约 10 km 高度。但不同点是，前面的两次云闪 20180803153433 和 2018144443 都发生在两个高度，刚开始较高，随后下降，前后两个阶段发展方向不同。而 20180803144243 云闪始终发生在同一个高度，且发展方向没有改变。

图 4.54 所示为 20180803144243 云闪放电过程中脉冲辐射源位置与雷达垂直剖面的叠加，其中图 4.54（a）为脉冲辐射源位置与雷达组合反射率的叠加；图 4.54（b）为沿 AB 方向选取切线的脉冲辐射源与雷达垂直剖面的叠加。从二维平面的组合反射率来看，闪电辐射源脉冲的位置处的回波强度超过 30 dBZ。但从图 4.53（b）所示的垂直剖面叠加结果来看，闪电始发点也是从上部弱回波区和下部强回波区的边缘地带始发并明显垂直向上发展，始发高度 6.2 km，始发点位置的回波强度明显小于 30 dBZ，而在 6 km 以下是超过约 35 dBZ 的强回波区。这次闪电也是明显地垂直向上发展，闪电始发点介于强弱回波区的边缘地带，云闪始发后一直在上部弱回波区发展。

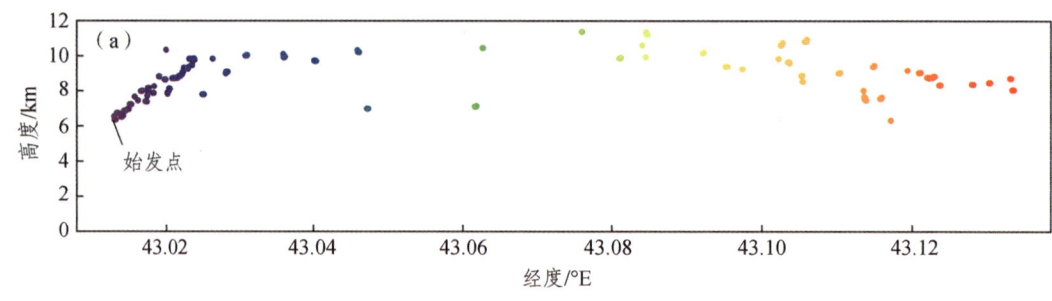

（a）脉冲辐射源高度随时间的变化

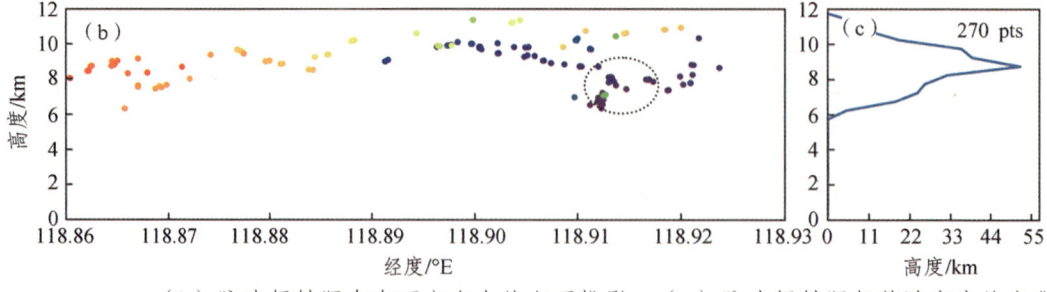

（b）脉冲辐射源在东西方向上的立面投影　（c）脉冲辐射源频数随高度的变化

4.4 磁场测量仪

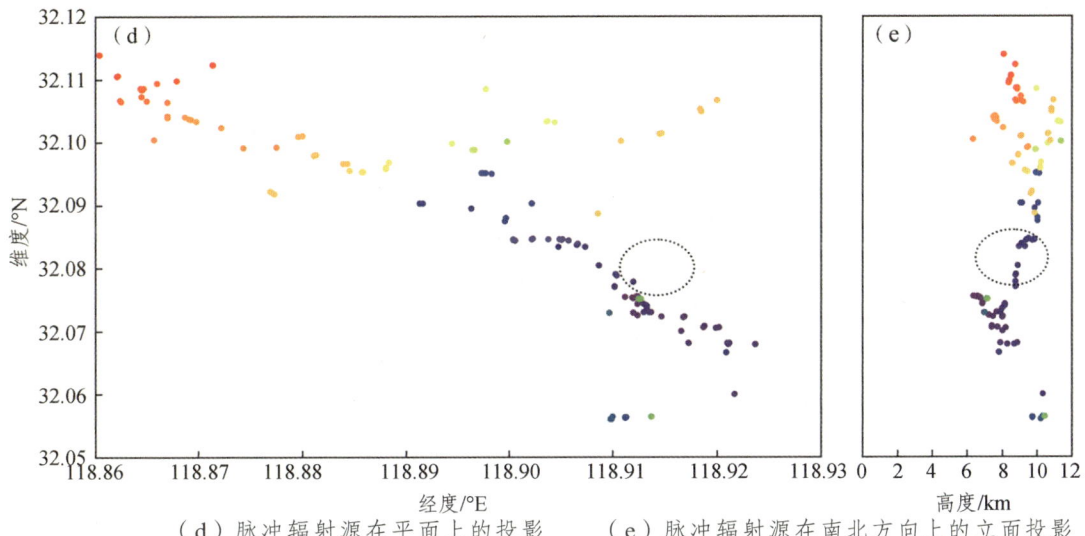

（d）脉冲辐射源在平面上的投影　　（e）脉冲辐射源在南北方向上的立面投影

图 4.53　发生于 2018 年 8 月 3 日 14:42:43 的一次云闪放电过程中脉冲辐射源位置在各面上的投影结果

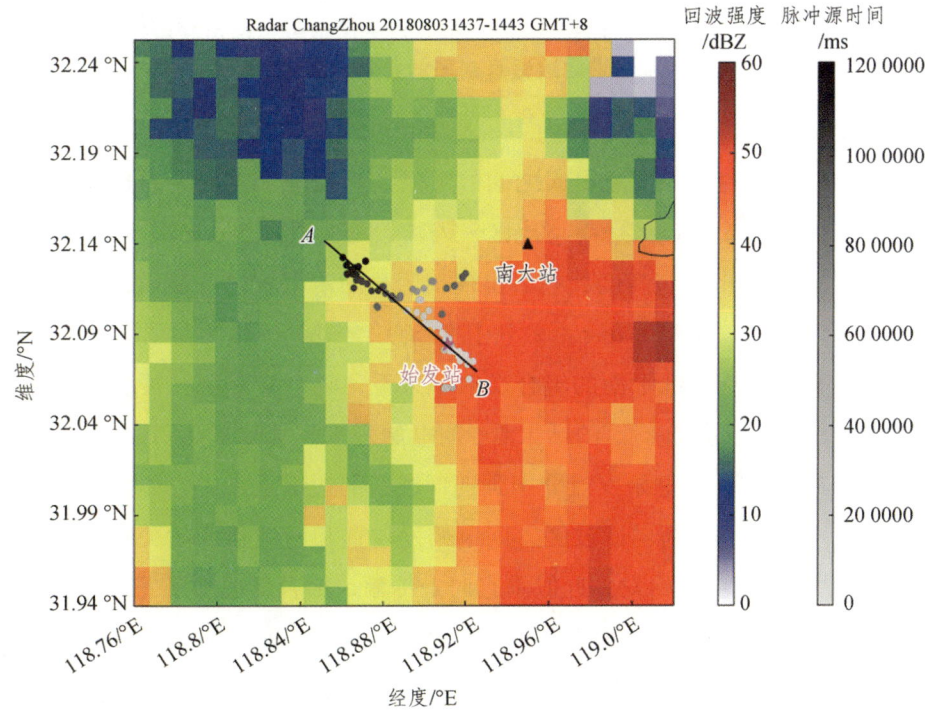

（a）脉冲辐射源位置与雷达组合反射率的叠加

213

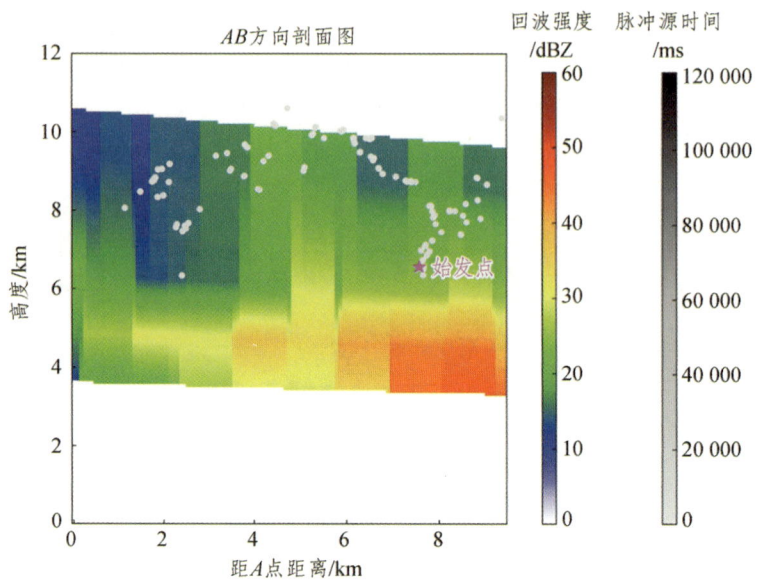

（b）沿 AB 方向选取切线的脉冲辐射源与雷达垂直剖面的叠加

图 4.54　发生于 2018 年 8 月 3 日 14:42:43 的一次云闪放电过程中脉冲辐射源位置与雷达垂直剖面的叠加

综上，选取了 2018 年 8 月 3 日的一次典型天气过程，对这次天气过程的闪电活动特征进行分析，提取闪电与气象要素之间的关系，为闪电预警效果的提高提供一些有效参考依据。主要结果如下：① 南京地区云闪的始发阶段约为 6 km，以垂直向上发展为主，一直到达 10 km 左右高度，然后出现很明显的水平放电特征。始发阶段的平均发展速度为 $(2.9 \sim 3.6) \times 10^5$ m/s。② 将甚低频三维辐射源脉冲与雷达组合反射率和垂直剖面进行叠加，从二维平面的组合反射率来看，闪电辐射源脉冲位置处的回波强度超过了 30 dBZ。但从垂直剖面的结果看，闪电始发点几乎都是从弱回波区开始发展，回波强度小于 30 dBZ。闪电始发点介于强弱回波区的边缘地带，在始发点以上是弱回波区，而在这个高度以上是弱回波区，闪电始发位置和回波强度的关联性不高。总体来说，云闪是从 6 km 左右始发，近似垂直向上传输，然后呈现水平发展态势。云闪放电过程可能发生在两个高度，也可能发生在同一个高度。发生在两个高度的云闪，其发展方向出现明显的变化；而在同一高度的云闪，发展方向没有改变，这可能与雷暴云电荷结构的复杂性有关。

4.5　甚低频雷电定位技术

甚低频（VLF）雷电定位法是 20 世纪 60 年代中期发展起来的一种探测方法。该方法主要是利用雷电辐射出的电磁场中的甚低频成分来遥测雷电放电参数（时间、位置、强度、极性电荷、能量等）。云闪和地闪发生时，辐射频谱范围极大的电磁场，在初始击穿和通过建立过程中（对应先导和流光过程）主要产生甚高频辐射（VHF），当在电离后的通道中产生强电流时（对应地闪回击过程）主要产生低频辐射（LF）和甚低频辐射（VLF）。在地-电离层波导中，VHF 以射线方式传播，辐射范围较小，一般为百千米量级。而 LF/VLF 以地波方式传播，可以传播到较大的范围，一般为千千米以内，特别是 VLF 借助于电离层的反射可以传播到很远的地方（数千千米），甚至全球。因此，甚低频雷电定位法主要应用在地基雷电定位上，一般采用磁向法、时差法以及磁向和时间差联合定位法，从探测站点布设方式上又可分为单站定位和多点联合定位。

雷电单站定位系统兴起于 20 世纪 60 年代，随着相关电磁场理论的成熟与应用，在七八十年代单站定位技术有了较快发展，并形成了各种单站定位产品。单站定位系统是以 Wait 的波导理论为基础，将电离层和大地之间的空间简化为波导，通过测量雷电产生的磁场-电场的相位差确定测站与源的距离。单站定位的特点是成本较低、实施简单、机动性强、对网络的依赖性小，便于临时搭建。目前比较成熟的单站定位技术主要有电磁分量相位差法、地波-天波到达时间差法和振幅频谱比法。定位使用的频率多在 VLF 甚低频（3~30 kHz）和 ELF 极低频（<3 kHz）范围内。

单站定位的缺点是误差较大，只有当地域十分偏僻，无更先进的测量设备覆盖时才使用。由于单个雷电定位站只能大致探测雷电的方向、位置、频度，定位误差大、强度无法确定，所以现在多采用多站法雷电定位系统，其定位精度高、探测参量多。

4.5.1　磁定向法（MDF）原理

早在 20 世纪初，将传统的 VLF/LF 无线电（磁）测向（Magnetic Direction Finding，MDF）技术用于远程（上千千米以外）雷电活动的监测获得了成功。但当雷电活动与测站距离变小到 300~500 km 时，雷电通道的非垂直性（具有一定的水平分量）开始影响测向精度，最终导致无法使用所监测到的信号来定向，从而导致 MDF 法（VLF/LF 频段）一度在雷电定位方法上的应用进展缓慢。20 世纪 70 年代，一项基础研究的成果使 VLF/LF 的 MDF 定位技术获得了新生。研究表明：在地闪回击（主放电）的瞬间，十分靠近地面的通道垂直于地面。如果能探测地闪过程仅在这段时间的辐射，那么应用 MDF 法进行雷电定位的障碍就可以被基本清除。而这一部分辐射具有明显的波形特征，便于在技术上实现波形捕捉。在此基础上出现了新一代有波形鉴别技术并加有时间门限的 VLF/LF 频段 MDF 技术及其多站网络，从而也使实时雷电定位技术变成现实。

磁定向法是通过测量雷电产生的磁脉冲信号方向进行雷电定位的技术方法，它起源于无线电测向技术。磁定向法（MDF）一般采用一对南北方向和东西方向放置的正交环磁场天线，利用两个或两个以上探站测量雷电方位角进行交会，就可确定雷电发生点的位置。方位交会的定位精度主要取决于各测站的测向误差，探测的距离越远，定位误差越大。为使定位误差降到最小，定位系统必须进行雷电位置计算的优化处理。

4.5.2 磁定向 MDF 及其误差分析

雷电磁场探测仪通常是基于环形磁天线进行磁场强度的测量。对自然雷电的磁场测量，最早 Krider 和 Noggle（1975）采用环形天线后接积分电路的方法来实现。之后，Krider（1976）等利用宽带磁场测量系统制作了磁定向仪（DF），即目前仍广泛使用的地闪定位系统的磁天线。利用两个正交环形天线感应电压的比值，可以得到入射电磁波的方位角 θ：

$$\tan\theta = \frac{U_{EW}}{U_{NS}} \tag{4.50}$$

式中，U_{EW} 和 U_{NS} 分别为两个正交环形天线上的感应电压。基于两站 DF 确定的方位角，利用三角汇交法可以确定雷电发生的位置 P，如图 4.55 所示。但是两站基线方向上发生的雷电无法利用三角汇交法来确定，因此至少利用三站 DF 才能确定所有方位发生的雷电。即使采用三站 DF 得到的雷电定位误差仍然相对较大，必须利用多站定位，并经过优化处理后才能获得较为精确的雷电发生位置。随着高时间精度全球定位系统（GPS）的发展，采用到达不同测站的时间差法（TOA）和 DF 相结合的联合地闪定位系统（IMPACT）已经取代了传统的单纯磁定向交会定位法。

4.5 甚低频雷电定位技术

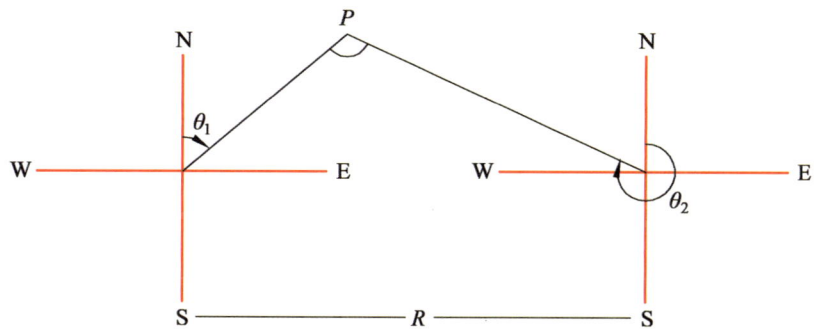

图 4.55 基于双站磁测向仪 DF 利用三角汇交法确定雷电方位示意图

闪电定位系统是通过各方位探测器（DF）测量指向闪电位置的方位角，进而进行球面三角交会来确定闪电位置的，因此，DF 的测向精度也就确定了闪电定位系统的定位精度。由于各种随机因素及站周围场地环境的影响，使实测方向具有两种不同误差，即随机误差和场地误差。由于 DF 只反映地闪回击辐射场峰值，闪电通道离地面只有数百米，其方向基本垂直，因而测向精度很高，加上系统电子线路等固有的随机误差后，总随机误差也只有 1°左右，但因场地而引起的场地误差却可达10°~20°，甚至更大，并且是方位角本身的函数。

若考虑只有随机误差或场地误差并已得到优化的情况，闪电位置的优化方法有两类。为了便于描述，记 θ_{ij} 为第 i 个 DF 测到的第 j 个闪电的方位角（$i=1,\cdots,N_d, j=1,\cdots,N_f$），$\alpha_{ij}$ 为第 j 个闪电指向第 i 个 DF 的实际方位角值，e_{ij} 为对应的随机误差，则：

$$\theta_{ij} = \alpha_{ij} + e_{ij} \tag{4.51}$$

若记 (L_j, φ_j) =（经度，纬度）为闪电位置坐标，(L_{di}, φ_{di}) =（经度，纬度）为第 i 个 DF 的位置，则 α_{ij} 与其关系为（图 4.56）：

$$\sin\alpha_{ij} = \frac{\cos\varphi_j \sin(L_j - L_{di})}{\sin\delta_{ij}} \tag{4.52}$$

$$\cos\alpha_{ij} = \frac{\cos\varphi_{di}\sin\varphi_j - \sin\varphi_{di}\cos\varphi_j\cos(L_j - L_{di})}{\sin\delta_{ij}} \tag{4.53}$$

其中，δ_{ij} 是第 j 个闪电到第 i 个 DF 的角距离，它与其他量的关系为：

$$\cos\delta_{ij} = \sin\varphi_{di}\sin\varphi_j + \cos\varphi_{di}\cos\varphi_j\cos(L_{di} - L_j) \tag{4.54}$$

第 4 章 雷电常规探测设备

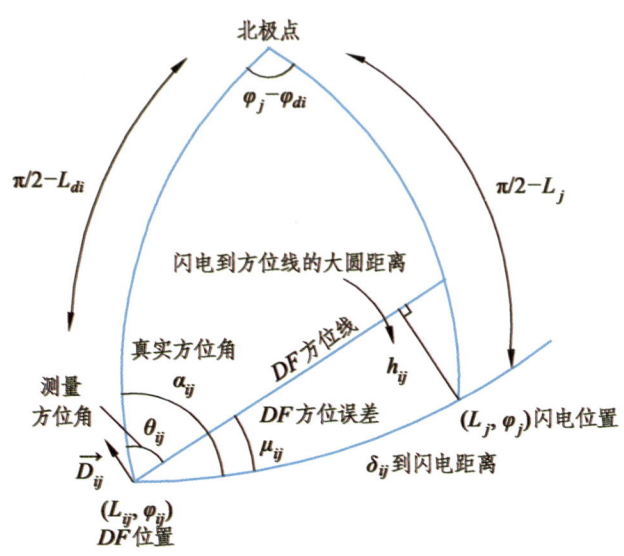

图 4.56 用于闪电位置优化讨论的球面几何关系图[8]

Orville 推导出了有三个或更多 DF 站的情况下闪电优化位置的解析解。起初，Orville 假定极小化式（4.54）：

$$Q_j = \sum_{i=1}^{N_d} \sin^2 \mu_{ij} \tag{4.55}$$

如图 4.56 所示，h_{ij} 为第 j 个闪电到第 i 个 DF 测量方位角线的垂直大圆角距离，与 μ_{ij} 的关系为：

$$\sin \mu_{ij} = \frac{\sin h_{ij}}{\sin \delta_{ij}} \tag{4.56}$$

首先，构造垂直于 θ_{ij} 对应的方位角线的单位矢量 $\overrightarrow{D_{ij}} = (x_{ij}, y_{ij}, z_{ij})$，其中：

$$x_{ij} = \sin \varphi_{di} \cos \varphi_{ij} - \sin L_{di} \cos \varphi_{di} \sin \theta_{ij}$$
$$y_{ij} = -\sin L_{di} \sin \varphi_{di} \sin \theta_{ij} - \cos \varphi_{di} \cos \theta_{ij} \tag{4.57}$$
$$z_{ij} = \cos L_{di} \sin \theta_{ij}$$

记为：

$$x_j^2 = \sum_{i=1}^{N_d} x_{ij}^2 \qquad (xy)_j = \sum_{i=1}^{N_d} x_{ij} y_{ij}$$

4.5 甚低频雷电定位技术

$$y_j^2 = \sum_{i=1}^{N_d} y_{ij}^2 \qquad (yz)_j = \sum_{i=1}^{N_d} y_{ij} z_{ij}$$

$$z_j^2 = \sum_{i=1}^{N_d} z_{ij}^2 \qquad (xz)_j = \sum_{i=1}^{N_d} x_{ij} z_{ij}$$

得矩阵 $\hat{A}_j$ 为:

$$\hat{A}_j = \begin{pmatrix} x_j^2 & (xy)_j & (xz)_j \\ (xy)_j & y_j^2 & (yz)_j \\ (xz)_j & (yz)_j & z_j^2 \end{pmatrix} \qquad (4.58)$$

其本征方程为:

$$\lambda^3 + a\lambda^2 + b\lambda + c = 0 \qquad (4.59)$$

其中:

$$a = -(x_j^2 + y_j^2 + z_j^2)$$

$$b = -[x_j^2 y_j^2 + x_j^2 z_j^2 + y_j^2 z_j^2 - (xy)_j^2 - (xz)_j^2 - (yz)_j^2]$$

$$c = -[x_j^2 y_j^2 z_j^2 + 2(xy)_j (xz)_j (yz)_j - x_j^2 (yz)_j^2 - y_j^2 (xz)_j^2 - z_j^2 (xy)_j^2]$$

式(4.59)中的三个根中最小的一个为 λ_j:

$$\lambda_j = 2d\cos\left(\frac{\varphi}{3} + \frac{2\pi}{3}\right) - \frac{a}{3} \qquad (4.60)$$

其中,

$$\begin{cases} p = b - \dfrac{a^2}{3} & q = 2\left(\dfrac{a}{3}\right)^3 - \dfrac{ab}{3} + c \\ d = \left(-\dfrac{p}{3}\right)^{1/2} & \cos\varphi = -\dfrac{q}{2a^2} \end{cases} \qquad (4.61)$$

Orville 通过证明发现 λ_j 即为极小化了的 $\sum_{i=1}^{N_d} \sin^2 h_{ij}$,并且最优化位置坐标可解析地求解如下:矩阵 $\hat{A}$ 对应于 λ_j 的本征矢量为:

$$(e_x, e_y, e_z) = \{[(xy)_j (yz)_j - (y_j^2 - \lambda_j)(xz)_j], -[(x_j^2 - \lambda_j)(yz)_j - (xy)_j (xz)_j],$$

$$[(x_j^2 - \lambda_j)(y_j^2 - \lambda_j) - (xy)_j^2]\} \qquad (4.62)$$

其单位矢量:

第 4 章 雷电常规探测设备

$$(e'_x, e'_y, e'_z) = (e_x/e, e_y/e, e_z/e) \tag{4.63}$$

$$e = (e_x^2 + e_y^2 + e_z^2)^{1/2}$$

则对应的第 j 个闪电的优化位置为：

$$\begin{cases} L_j = \arcsin(e'_z) \\ \varphi_j = \arctan(e'_y/e'_x) \end{cases} \tag{4.64}$$

假定场地误差为有限阶三角级数形式，利用 Orville 的本征值技术将问题化为一个无约束极值问题，通过求解目标函数的极值点来直接求出误差函数曲线。由于避免了反复优化求解每个闪电样本的位置坐标，使得求解只对场地误差函数式中各参数进行，因而可同时大批量地使用闪电样本，使计算的结果既有统计特性又有解析特性。

将场地误差化为无约束极值的问题。场地误差分析需要处理多个闪电的多站 DF 记录资料，因而资料值需用双下标指数表征。这里 i 表示站号，j 表示闪电序号。N_d 为 DF 数，N_f 为闪电样本数；θ'_{ij} 表示有场地误差时的测量角；θ_{ij} 表示仅有随机误差时的测量角或 θ'_{ij} 经场地误差优化后的角度；$\beta_i(\theta'_{ij})$ 为第 i 个 DF 站的场地误差，则：

$$\theta_{ij} = \theta'_{ij} + \beta_i(\theta'_{ij}) \tag{4.65}$$

$$\alpha_{ij} = \theta_{ij} - e_{ij}$$

场地误差函数一般可很好地用傅里叶级数的前有限项近似表示。一般，十阶以上的成分很少，占不到 5%。由此，我们假定系统具有下列形式的场地误差：

$$\beta_i(\theta'_{ij}) = a_{i0} + \sum_{k=1}^{N_k} a_{ik} \cdot \sin(k \cdot \theta'_{ij}) + b_{ik} \cdot \cos(k \cdot \theta'_{ij}) \tag{4.66}$$

记：$\vec{X} = (\cdots, a_{i0}, a_{ik}, b_{ik}, \cdots)^T$ 为 $(2 \cdot N_k + 1) \cdot N_d$ 维的未知矢量，$\theta_{ij} = \theta_{ij}(\vec{X})$。这样，对于某一 $\overline{x}$ 值，由式（4.55）至式（4.60）可知第 j 个闪电的最小 $\sum_{i=1}^{N_d} \sin^2 h_{ij}$ 值为 $\lambda_j(\vec{X})$，于是对所有闪电样本可建立目标函数 f，目标函数为测量角及场地误差系数的函数，测量角为输入的样本，场地误差系数本书取傅里叶级数八项，旋转误差 a_{i0} 选取为零。

$$f = \sum_{j=1}^{N_f} \lambda_j(\overline{x}) = f(\overline{x}) \tag{4.67}$$

这样，求解使 f 最小的极值点 $\vec{X}^*$，便可确定出各 DF 场地误差曲线。

4.5.3 时差法定位及其误差分析

VLF/LF 的到达时间定位技术（Time of Arrival，TOA）最初被欧美研究者提出。时差定位技术采用雷电电磁脉冲到达不同测站的时间差进行雷电定位，由于 TOA 采用的天线简单，且是通过测定雷电回击辐射场到达测站的精确时间，或到达不同测站的时间差，从而避免了 MDF 固有的随雷电离测站距离误差线性增大的缺点。但它对测量精度的要求较高，且至少要三站才有可能定位。目前，广泛采用全球卫星导航定位系统（GPS）对其进行时间同步，能保证时间同步精度为 10^{-7} s。从理论上讲，时差系统定位精度可以更高，但由于回击波形峰值点随传播路径和距离的不同要发生漂移和畸变，或由于环境的干扰而导致时间测量误差，使得时差法的实际探测误差为几百米到几千米。与磁定向法技术相比，其突出的优点是克服了磁定向法固有的测量精度不够的弱点，但它需要设的测站较多，且对测时精度要求较高。

时差法是通过测量雷电产生的电磁脉冲信号的时间差进行雷电定位的技术方法。每个探测子站测定雷电电磁脉冲到达该站的绝对时间，两站之间得到一个时间差，构成一条双曲线，在双曲线上的任何一点都是可能的雷电回击位置。另外，两站之间也有一个时间差，也可以构成另外一条双曲线，两条双曲线的交点，即为雷电回击位置。所以，时差法至少需要三个站参与定位。由于双曲线的双解性，一个雷电定位系统通常包括四个或以上的探测子站，以保证定位结果的唯一性。

如图 4.57 所示，三个雷电定位仪可检测到雷电辐射波，每个雷电定位仪测量雷电辐射脉冲波到达的时间，就可以得到多个雷电定位仪到达的相对时间差，对于测站 1 和测站 3 两测站可得到一组可能满足测量时间差的双曲线位置，一般两条曲线就可得一交点位置。但在某些情况下，三个定位仪可得到两个交点，因此为得到雷电的确切位置，可以采用四个雷电定位仪。

时差法依靠雷电放电过程中产生的孤立电磁辐射脉冲进行定位，并通过测量雷电产生的电磁脉冲信号到达不同测站的时间差来进行雷电定位的技术方法。两个以上放置于不同位置的探测子站，探测雷电电磁脉冲到达本站的绝对时间，每两个测站之间的时间差构成一条双曲面，VHF 射源就在这个曲面上。计算辐射源的位置就等于是找出三个双曲面的交点。辐射源就在这个曲面上，计算辐射源的位置就等于是找出三个双曲面的交点。

第 4 章 雷电常规探测设备

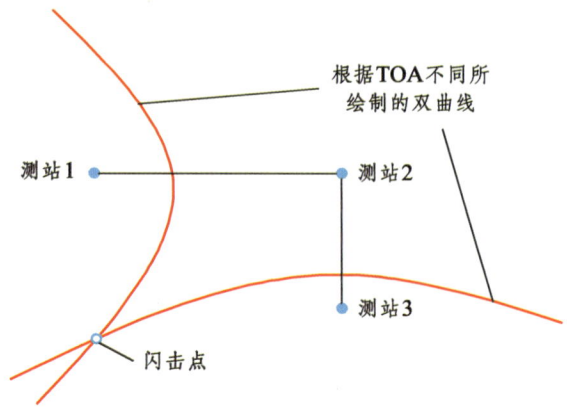

图 4.57 时差法（TOA）定位原理示意图

如图 4.58 所示，雷电击穿产生的辐射脉冲峰到达子站 i 的时间 t_i 与测站间距离有以下关系式：

$$t_i = t + \frac{\sqrt{(x-x_i)^2+(y-y_i)^2+(z-z_i)^2}}{c} \tag{4.68}$$

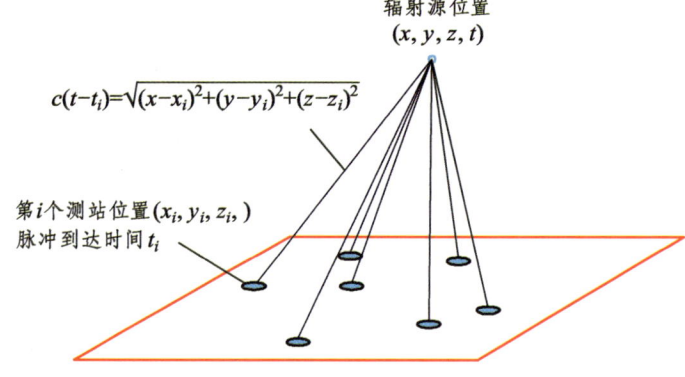

图 4.58 雷电三维定位示意图

其中，t 是辐射源在发生位置 (x,y,z) 的时刻，(x_i,y_i,z_i) 是第 i 个测站的位置坐标，t_i 为辐射脉冲到达第 i 测站的时间，c 是光速。图 4.58 中实心圆为测站位置。利用 6 个以上测站测量的到达时间 t_i 可以得到 6 个以上的形式如式（4.68）的方程，组成非线性方程组。求解 x,y,z,t 值的过程中，测量值和由方程给出的值 $t_i = f(x_i,y_i,z_i)$ 之间的偏差越小，代表解越真实可信，这里采用非线性最小二乘拟合方法，对该方程中参数 (x,y,z,t) 予以拟合，确定函数 t_i 的参数 (x,y,z,t) 的数值，使 χ^2 取极小。

$$\chi^2 = \sum_{i=1}^{N} \frac{(t_i^{\text{obs}} - t_i^{\text{fit}})^2}{\Delta t_{\text{rms}}^2} \tag{4.69}$$

式中，χ^2 为拟合优度，用于衡量所求的解与实际测量的到达时间的近似程度，通过不断地迭代求解出一组 (x,y,z,t)，并使其最接近于测量结果，就可以得到辐射源的三维空间位置和时间。

利用时差法进行雷电定位，其误差来源主要有两种：一种是雷电定位仪的测量误差。测量误差来源于所测雷电波到达不同站点的时间差 Δt 的精确度。所测得的 Δt 精度越高，定位误差越小，反之越大。时间差 Δt 以定位仪 GPS 测时的精度为基础，目前采用的 GPS 测时的精度可达到 0.1 μs。又由于电磁波传播路径受环境影响等原因，雷电波形有时会发生畸变，GPS 所记录雷电波到达时间与雷电波沿直线传播到达时间之间还存在一个时间差 $\Delta t'$。因此，所测得的 Δt 的误差为 GPS 测时误差与 $\Delta t'$ 之和。另一种是由于雷电定位仪的布站位置引起的定位误差。时差法定位是采用双曲线交会的方法对雷电进行定位，理论和实践都表明：在距离探测站较近的，尤其是在探测站中间的区域，雷电定位的精度高；而距离探测站较远的区域，雷电定位的精度低，并且在相同距离的情况下，定位精度高低又与探测站的站点布设位置有关，合理地布设站点位置可以提高雷电定位的精度。

第 5 章　雷电临近预警方法

闪电的发生与闪电的性质和各地区的气候条件、地形地貌等因素有着密不可分的联系。本书研究的目标区域为南京和昆明，分别处于长江中下游平原和云贵高原，气候条件和地形地貌差异悬殊，雷电天气产生的条件以及产生的雷电类型势必不同。因此，有必要对两种截然不同条件下的强对流天气过程中的闪电活动进行特征分析。

鉴于雷达探测具有较高的时空分辨率，可以得到雷暴云的具体位置、移动方向以及移动速度；卫星探测的范围广、高度高，可以看到天气系统的发展演变，获得雷暴云生消和发展的信息。本章将分别选取南京、昆明地区的一次典型强对流天气过程中的闪电活动进行详细分析，把闪电定位资料与多普勒天气雷达回波资料、新一代静止气象卫星葵花 8 号（Himawari-8）云顶亮温 CTT 资料相结合，分析闪电活动与雷达回波强度、雷达回波顶高之间的联系，提取闪电发生的云顶亮温阈值、降温率及梯度，最后分别得到表征南京、昆明地区强对流天气过程中的闪电活动的特征参数。

5.1　强对流闪电活动区域的雷达回波信息提取

5.1.1　雷达探测基本原理

雷达探测大气的基本原理是基于气象目标对雷达发射电磁波的散射作用。大气中的大气介质、云降水粒子均能引起雷达波的散射。天气雷达周期性地以脉冲形式向外界发射电磁波，当雷达波束遇到云降水粒子（雨滴、雪花、冰雹等）时，会发生散射现象，电磁波的绝大部分能量会继续前进，小部分能量会在云降水粒子上向四周散射开来，雷达天线会接收到向后散射的那部分能量，在雷达显示器上反映出回波信号。由于云降水粒子的散射情况随相态、形状、大小不同而异，所以根据回波信号特征可以判断降水系统的类型。因此，天气雷达成为探测降水系统的主要方式之一，是强对流天气监测预警的重要工具。

5.1.2 雷达回波强度

雷达回波强度是基本反射率对应的产品资料，单位用 dBZ 表示，反映了云内降水粒子的尺度和密度分布。雷暴云通常由于云内降水粒子之间的摩擦碰撞而起电，所以闪电也与云内降水粒子有密切联系。因此，可以通过分析强对流天气的雷达回波强度，确定强回波区域的移动趋势，从而实现对闪电的监测、追踪及预警。

5.1.3 雷达回波顶高

雷达回波顶高（ET）是以最大仰角，在某一回波强度（可调节阈值）被探测时的回波顶部高度，此数值以平均海平面高度为参考。回波顶高体现的是云内垂直上升气流的强度，是衡量对流天气强弱程度的重要标志，一般回波顶高上升得越高，对流发展越旺盛。通过分析回波顶高产品资料，可以判断对流强度是否满足闪电初始放电的条件，从而实现对闪电是否能发生的预判。

5.1.4 南京地区雷暴天气的雷达回波特征提取

北京时间 2018 年 8 月 3 日 13:30—18:00 期间，江苏南京地区发生了一次典型的多单体雷暴过程。该过程从南京的东南方向而来，一直向西北方向发展，最终离开南京。在此期间，南京闪电定位网根据采集到的同步闪电波形，一共定位出将近 40 000 个闪电脉冲辐射源点。所用的雷电产品资料来源于江苏南京、云南曲靖的新一代多普勒天气雷达。南京雷达 CINRAD-SA 位于浦口区龙王山风景区，编号 z9250，经纬度（118.7°E，32.2°N），海拔约 138.8 m，探测距离 230 km。曲靖雷达 CINRAD-CA 位于麒麟区袁家山，编号 z9874，经纬度（103.7°E，25.5°N），海拔约 2 090 m，探测距离 200 km。两雷达的体扫周期均为 6 min，共 9 个探测仰角，仰角范围为 0.5°～19.5°，可提供多种雷达产品资料。

通过对南京闪电定位网定位结果的监测可知，此次过程，南京及周围地区的闪电最初发生在 13:30 左右，此时刻所有闪电脉冲辐射源定位点与对应时刻雷达回波资料的平面叠加情况如图 5.1（a）所示。图中方框就是南京及周围地区最初闪电发生的区域，放大后即为图 5.1（b）；方框中 AB 箭头对应的雷达回波强度垂直剖面如图 5.1（c）所示。

第 5 章　雷电临近预警方法

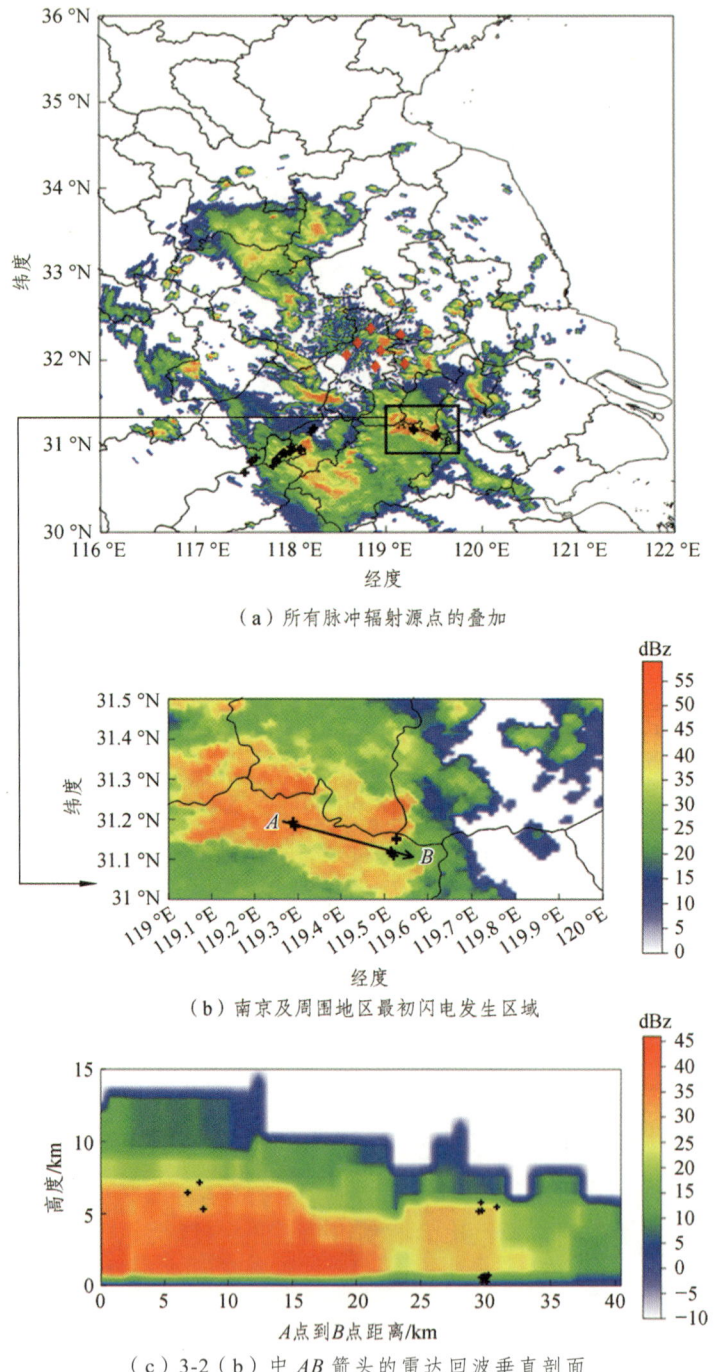

(a) 所有脉冲辐射源点的叠加

(b) 南京及周围地区最初闪电发生区域

(c) 3-2(b) 中 AB 箭头的雷达回波垂直剖面

图 5.1　13:30 时刻闪电定位点与雷达回波的叠加（+ 为定位点，◇ 为探测子站，下同）

5.1 强对流闪电活动区域的雷达回波信息提取

从图 5.1（c）中可以看出，南京及周围地区最初闪电发生的区域内发生了两次闪电过程，分别为云闪和地闪。最初闪电发生时，30 dBZ 雷达回波顶高在 7 km 左右，云闪和地闪的初始放电高度也均位于此高度。这个高度的上、下部雷达回波变化较大，理论上为水成物粒子密集区，闪电活动容易发生。云闪过程始发位置的回波强度约为 30 dBZ，而地闪过程始发位置的回波强度略小于云闪，大约为 25 dBZ。

13:30 时刻首次闪电的发生，标志着雷暴过程正式进入南京地区。随着雷暴云在南京及周围地区上空不断发展，强回波区域不断扩大，闪电活动越发强烈。在 14:30—17:00 时间段内，雷暴云发展最为旺盛，闪电频数最多；直至 18:00 左右，雷暴云移出南京，宣告此次南京雷电强对流天气结束。

南京闪电定位网将此次强对流天气完整记录下来，并且本节对整个过程所有闪电脉冲辐射源定位点与对应时刻 6 min 的雷达回波资料进行了叠加处理和统计分析，以探寻不同雷达回波区间内辐射源频数分布情况。其中，在雷暴云发展最为强烈的期间，脉冲辐射源定位点与雷达回波的平面叠加情况如图 5.2 所示。图 5.3 为整个雷暴过程中，不同雷达回波区间内辐射源频数分布示意图。

由雷暴云发展旺盛阶段的脉冲辐射源定位点与雷达回波的平面叠加结果来看，整个过程中，闪电发生的密集区域与雷达强回波区域有很好的一致性，闪电主要分布在雷达回波强度大于 35 dBZ 的区域。从整个雷暴过程中不同雷达回波区间内辐射源定位点频数分布看，95%以上的闪电定位点位于雷达回波强度大于 25 dBZ 的区域内。

通过对南京地区一次强对流天气过程中闪电活动的天气雷达资料的详细分析，可以将 30 dBZ 雷达回波顶高是否达到 7 km 作为闪电是否发生的参考指标，并可以把雷达回波强度大于 25 dBZ 的对应区域近似当成闪电活动高密度区。

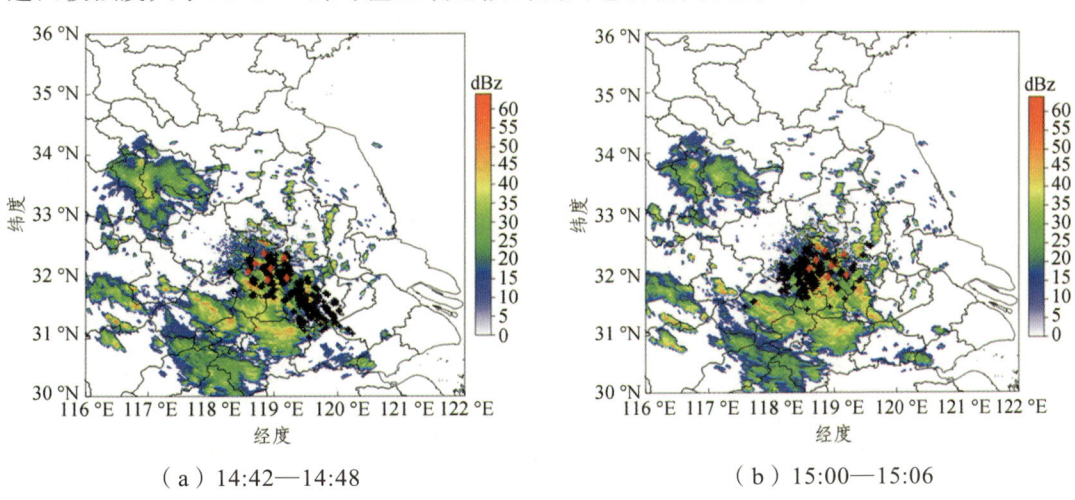

(a) 14:42—14:48　　　　　　　　(b) 15:00—15:06

第 5 章 雷电临近预警方法

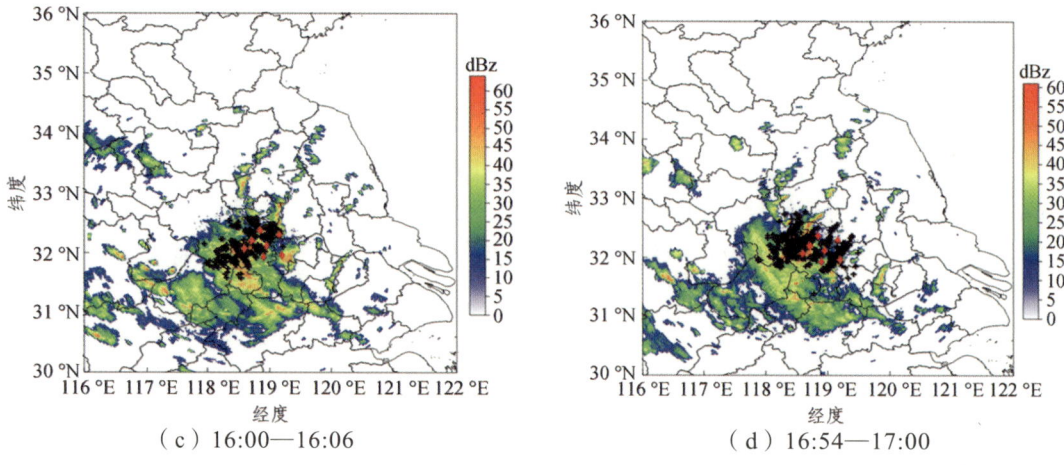

（c）16:00—16:06　　　　　　　　　　　（d）16:54—17:00

图 5.2　闪电定位点与雷达回波的平面叠加

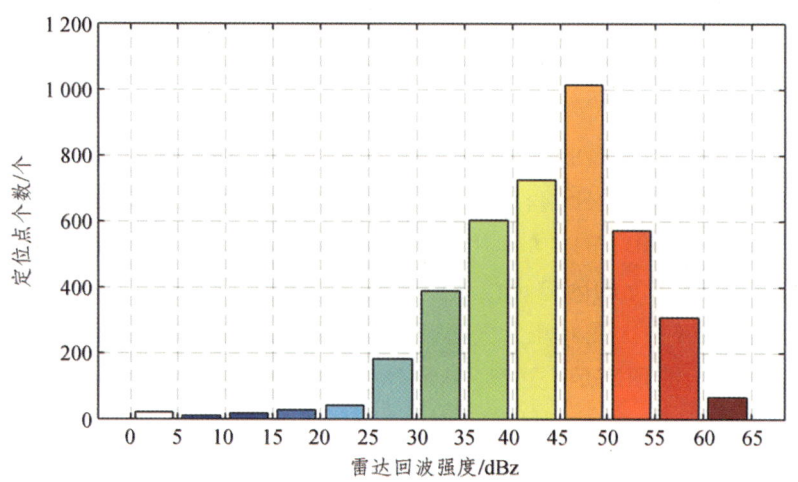

图 5.3　不同雷达回波区间内闪电定位点频数分布

5.1.5　昆明地区雷暴天气的雷达回波特征提取

北京时间 2020 年 8 月 30 日 13:00—19:30，云南昆明及周围地区发生了一次强雷暴过程。该过程初期在昆明上空及西北部山区生成局地对流云，并不断发展、扩大、融合，引发强降水及雷暴天气，最终于 19:30 左右消散。本次强对流天气过程，昆明闪电定位网一共定位出将近 11 000 个闪电定位点。通过定位结果与对应时间段的雷达回波资料、云顶亮温 CTT 资料的对比分析，即可提取出昆明地区闪电发生的雷达、卫星资料的特征值。

5.1 强对流闪电活动区域的雷达回波信息提取

通过对昆明及周围地区闪电定位结果的监测可知，此次过程，闪电最早在 13:00 左右发生，此时监测到的所有闪电定位点与雷达回波资料的平面叠加情况如图 5.4 所示。

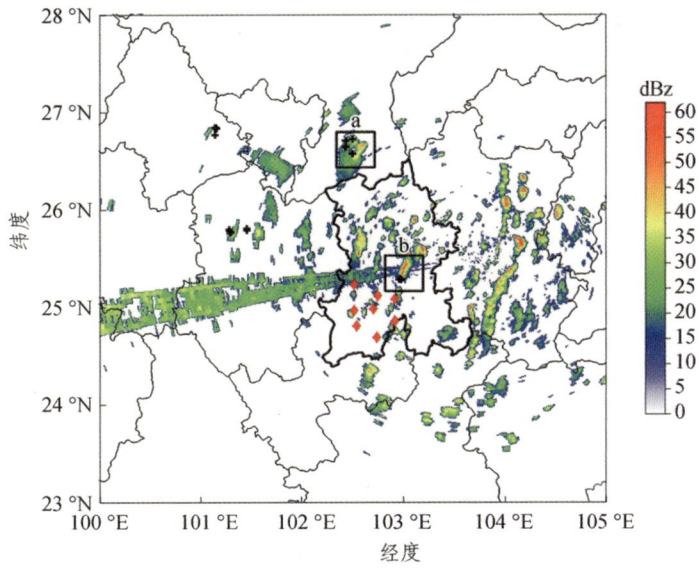

图 5.4　13:00 时刻闪电定位点与雷达回波的平面叠加

从 13:00 左右的闪电定位点与雷达回波的叠加情况可以看出，共有四个区域发生了闪电。由于其中两个区域位于雷达探测范围的边缘，雷达回波衰减严重，不具有参考性，因此，只选用 a、b 两个区域来分析闪电发生的条件。图 5.5 即为这两个区域的放大示意图及雷达回波垂直剖面图。

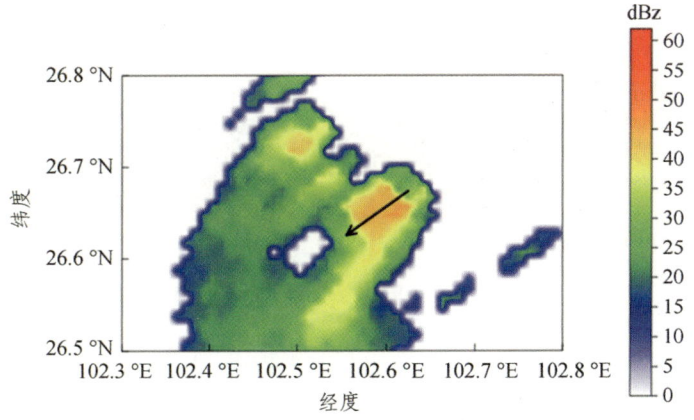

第 5 章 雷电临近预警方法

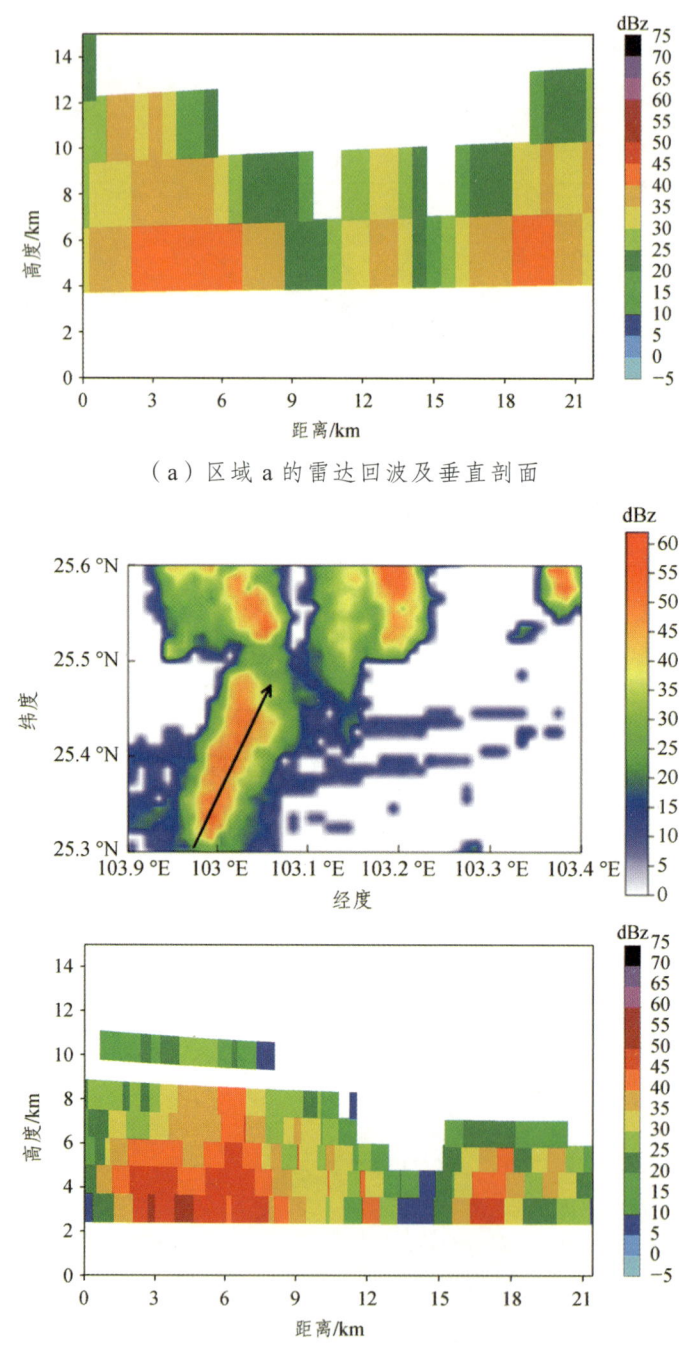

(a) 区域 a 的雷达回波及垂直剖面

(b) 区域 b 的雷达回波及垂直剖面

图 5.5 昆明及周围地区最初闪电发生区域的雷达回波

5.1 强对流闪电活动区域的雷达回波信息提取

从图中可以看出,区域 a 产生闪电时,对流云的雷达回波强度达到了 40 dBZ,且 30 dBZ 雷达回波顶高达到了 12 km;区域 b 产生闪电时,对流云的雷达回波强度高达 55 dBZ,且 30 dBZ 雷达回波顶高也成功突破了 8 km。

另外,参照南京雷暴过程处理方法,本节对昆明地区此次雷暴过程所有闪电定位点与对应 6 min 的雷达回波资料进行了叠加处理和统计分析。图 5.6 为整个过程期间某四个时间段内闪电定位点与雷达回波的平面叠加情况。

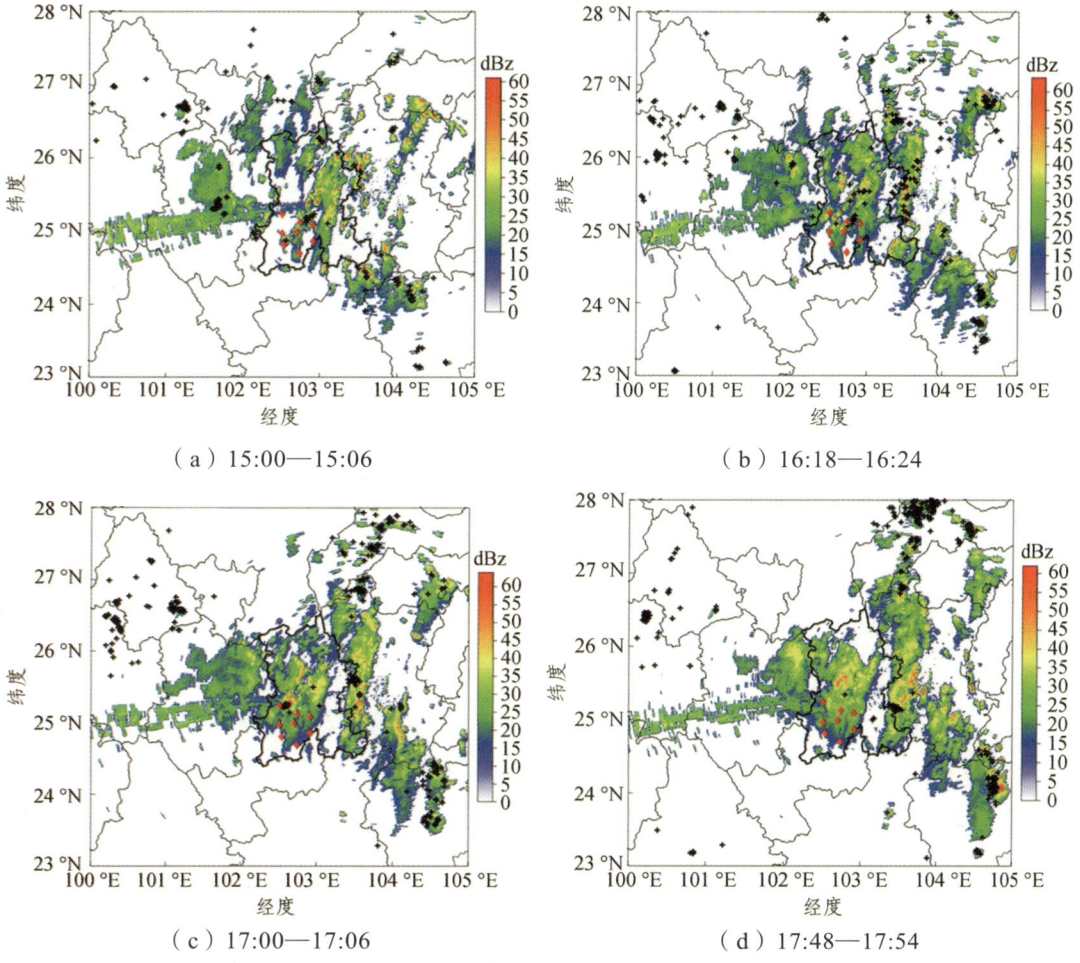

(a) 15:00—15:06　　　　　　　　(b) 16:18—16:24

(c) 17:00—17:06　　　　　　　　(d) 17:48—17:54

图 5.6　闪电定位点与雷达回波的平面叠加

由选取的四个时间段的闪电定位点与雷达回波的平面叠加结果来看,由于雷达探测范围的限制,西北方向的闪电定位点没有雷达回波资料。除了这些点之外,其余在

第 5 章 雷电临近预警方法

雷达探测范围以内的闪电定位点几乎都处于雷达强回波强度大于 30 dBZ 的区域。

考虑到雷达探测范围的限制，在统计不同雷达回波区间内定位点频数分布情况时，仅筛选雷达探测范围内的定位点进行统计，结果如图 5.7 所示。

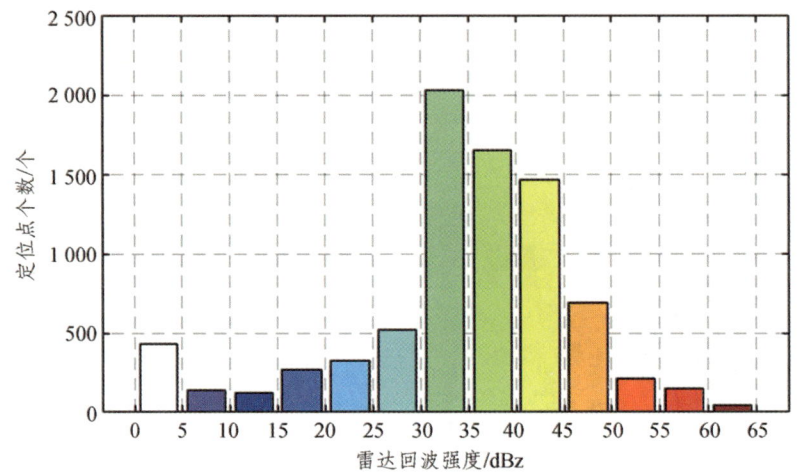

图 5.7　不同雷达回波区间内闪电定位点频数分布

从图 5.7 中的统计结果看，约 80% 的闪电定位点位于雷达回波强度大于 30 dBZ 的区域内。但值得注意的是，约 5% 的定位点不在雷达回波内，主要原因有三点：一是雷达信号脉冲衰减随着雷达探测距离的增大而增大，绝大多数不在雷达回波内的定位点位于雷达最大探测半径左右，雷达存在探测不到云团的可能；二是由于昆明地区地形复杂，雷达受山体影响，存在一定的盲区，一小部分点落在雷达盲区内；三是闪电定位的误差原因。但总体而言，昆明及周围地区的闪电定位点与雷达强回波有较好的一致性。

通过对昆明地区一次强对流天气过程中闪电活动的天气雷达资料的详细分析，可以将 30 dBZ 雷达回波顶高达到 8 km 作为闪电发生的参考指标，并可以把雷达回波强度大于 30 dBZ 的对应区域近似当成闪电活动密集区。

5.2　葵花 8 号（Himawari-8）卫星资料的观测及处理

葵花 8 号卫星由日本宇宙航空研究开发机构设计制造，于 2014 年 10 月 7 日在日本种子岛成功发射升空，最终定位于 140°E 赤道上空。葵花 8 号卫星作为专用气象卫星，仅服务于气象业务应用，拥有较高的时空分辨率，可以捕获亚太区域（80°E～

160°W，60°S~60°N）的可见光和红外图像，对监测强对流云团的生消发展、台风移动路径等具有重要的应用价值。

5.2.1 葵花 8 号 AHI（Advanced Himawari Imager）仪器通道设置情况

葵花 8 号卫星与上一代静止气象卫星相比，搭载了国际上先进的静止轨道成像仪 AHI，在通道数量、时间和空间分辨率上都有大幅度提升。葵花 8 号卫星 AHI 成像仪共有 16 个通道，各个通道的设置情况如表 5.1 所示。本节采用通道 15，中心波长为 12.38 μs 的长波红外的卫星云图资料，可以得到空间分辨率为 2.0 km，时间分辨率为 10 min 的云顶亮温（Cloud Top Temperature，CTT）数据。一般来说，云顶亮温数值越小，云团发展越旺盛，越容易产生闪电。所以根据雷暴云发展各个阶段的云顶亮温变化情况，可以监测闪电发生的概率，提前做出预警预报。

表 5.1 葵花 8 号卫星 AHI 成像仪通道设置情况

通道	编号	中心波长/μs	空间分辨率/km	物理性质
可见光	1	0.47	1.0	植被、气溶胶
	2	0.51	1.0	植被、气溶胶
	3	0.64	0.5	低云、雾
近红外	4	0.86	1.0	植被、气溶胶
	5	1.61	2.0	云相态
	6	2.25	2.0	粒子大小
短波红外	7	3.88	2.0	低云、雾
水汽	8	6.24	2.0	高层水汽
	9	6.94	2.0	中层水汽
	10	7.35	2.0	低层水汽
长波红外	11	8.60	2.0	云相态、二氧化碳
	12	9.63	2.0	臭氧含量
	13	10.4	2.0	云图、云顶高度
	14	11.24	2.0	云图、海表温度
	15	12.38	2.0	云图、海表温度
	16	13.28	2.0	云顶高度

5.2.2 云顶亮温阈值

设置云顶亮温阈值是最为常见的判断强对流区域的方法，不同地区的阈值设置应该以当地气候条件为基础，因地制宜。若设置的阈值偏高，会把高层的卷云错识成对流云；若设置的阈值偏低，又会漏判掉那些温度下降不明显，还处于积云阶段的初生对流云。Mathon 等人曾设置双阈值，将非洲撒哈拉地区的卫星云图划分成三个区域，即云顶亮温高于 233 K 的背景区域；云顶亮温在 213～233 K 之间的对流云区域；云顶亮温低于 213 K 的对流中心区域。本节将利用江苏南京地区、云南昆明地区的闪电定位结果与葵花 8 号的卫星云图 CTT 资料进行综合对比分析，采用类似于 Mathon 等人的方法，提取出适合江苏南京地区和云南昆明地区的云顶亮温阈值。

5.2.3 云顶亮温降温率

雷暴云的发展过程中，随着云顶高度越来越高，云顶亮温越来越低。雷暴云云顶亮温降温率就是单位时间内云顶温度的下降值，体现了雷暴云中上升气流的抬升速度，表征了雷暴云的发展强度。云顶亮温降温率越大，雷暴云发展越旺盛，越容易发生闪电，所以，雷暴云云顶亮温的降温率也可以作为闪电天气是否发生的指标之一。

5.2.4 云顶亮温梯度

云顶亮温梯度是指雷暴云对流中心区域到边界水平方向上温度的最大变化率，可以用来表征对流发展的强度，梯度越大，对流的发展越强烈。本节采用以下步骤计算云顶亮温梯度：首先，根据卫星云图上雷暴云从生成阶段、成熟阶段到消亡阶段的特征来看，可以将云图最低温区域作为整个雷暴云的对流中心区域。当临近闪电发生时，在 CTT 分布图中获取此时最低温区域的云顶亮温数值 T_1，以及同一时刻雷暴云边界的云顶亮温数值 T_2；然后，假设最低温区域某点的坐标为 $M_1(I_1, J_1)$，边界坐标为 $M_2(I_2, J_2)$，I 和 J 分别表示经度和纬度，则雷暴云最低温区域到边界的距离为：

$$L = r \times \arccos[\sin J_1 \times \sin J_2 + \cos J_1 \times \cos J_2 \times \cos(I_1 - I_2)] \quad (5.1)$$

其中，r 为地球半径。最后，计算云顶亮温梯度 $G = (T_2 - T_1)/L$，单位为°C/km。

5.2 葵花 8 号（Himawari-8）卫星资料的观测及处理

考虑到闪电多发生在雷暴云对流旺盛的低温区域，并且雷暴云对流中心区域较四周边界有较大的云顶亮温梯度，所以本节在进行雷暴云中闪电易发区域的识别时，采用云顶亮温阈值与梯度相结合的方法。

5.2.5 南京地区雷暴天气的云顶亮温特征

已知南京及周围地区的最初闪电发生在 13:30 左右，因此，对比分析闪电初始发生时刻前后的葵花 8 号卫星云图，就可以大致提取出南京地区闪电发生的云顶亮温资料特征值。

图 5.8 为 13:30 时刻所有闪电脉冲辐射源定位点与对应时刻云顶亮温资料的平面叠加情况。图 5.8（a）中方框就是南京及周围地区最初闪电发生的区域，放大后即为图 5.8（b）。从图 5.8（a）可以看出，当南京及周围地区最初闪电发生的时候，雷暴云最低温区域，即对流中心区域的云顶亮温约为 210 K，覆盖区域的半径约为 30 km，雷暴云边界的云顶亮温约为 250 K，距离对流中心区域约为 50 km，根据公式（5.1），计算得到此时的云顶亮温梯度约为 0.8 °C/km。由图 5.8（b）可知，13:30 左右在南京及周围的 A、B 两个区域发生了闪电。其中 B 位于对流中心区域，本就是闪电易发区；而 A 位于对流云区域，除去云顶亮温的阈值和梯度，还可利用闪电未发生时段的云顶亮温对比分析出另一项闪电发生的指标——云顶亮温降温率。

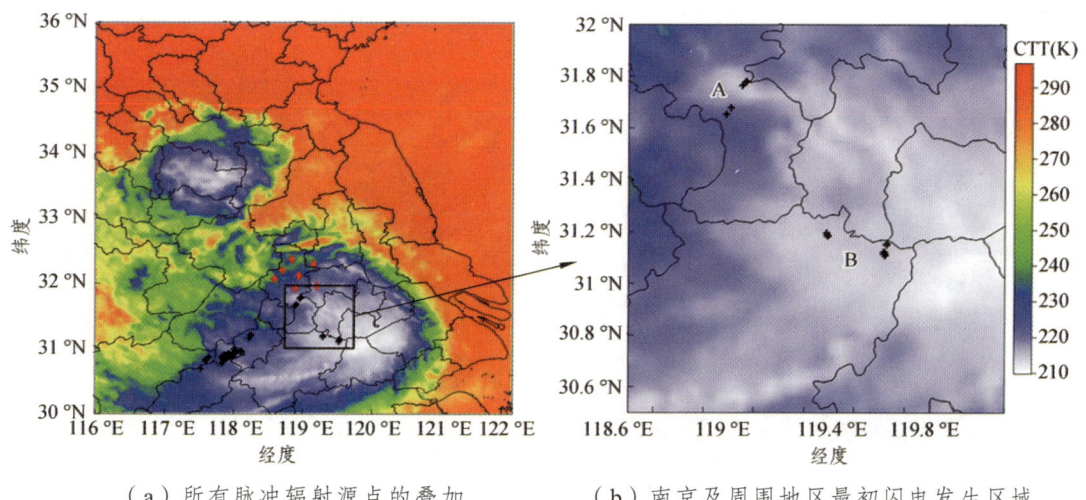

（a）所有脉冲辐射源点的叠加　　　　（b）南京及周围地区最初闪电发生区域

图 5.8　13:30 时刻闪电定位点与云顶亮温的平面叠加

图 5.9 为 13:00 时刻所有闪电脉冲辐射源定位点与对应时刻云顶亮温资料的平面叠加情况。图 5.9(b)中 A 区域 13:00 时刻的云顶亮温值为 218 K，此时还未有闪电发生，当 13:30 时刻发生闪电时，A 区域的云顶亮温值为 212 K，较半个小时前下降了 6 K，换言之，云顶亮温下降率达到了 12 ℃/h。图 5.10 为某四个时间段内闪电定位点与云顶亮温的平面叠加，图 5.11 为不同云顶亮温区间内闪电定位点频数分布。

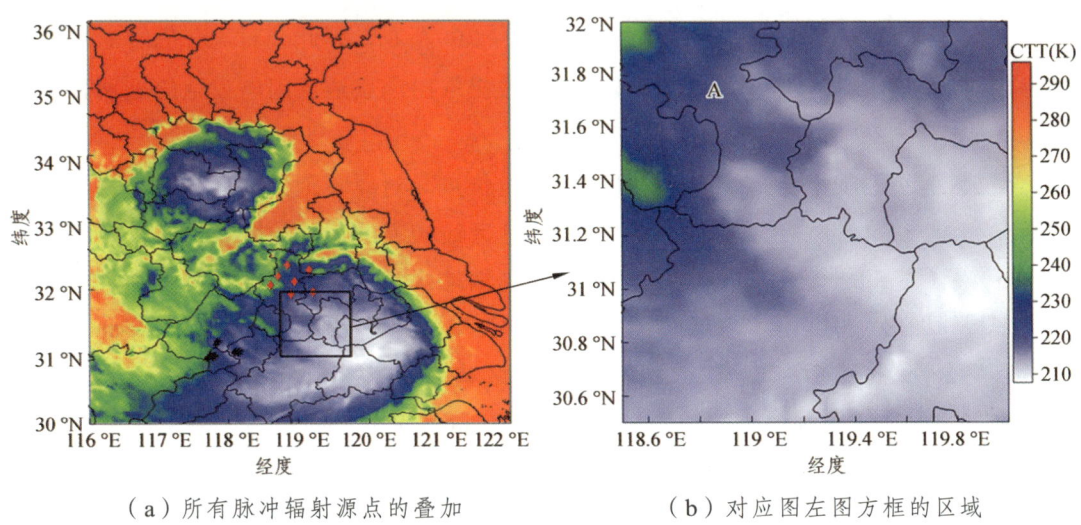

(a) 所有脉冲辐射源点的叠加　　　　　(b) 对应图左图方框的区域

图 5.9　13:00 时刻闪电定位点与云顶亮温的平面叠加

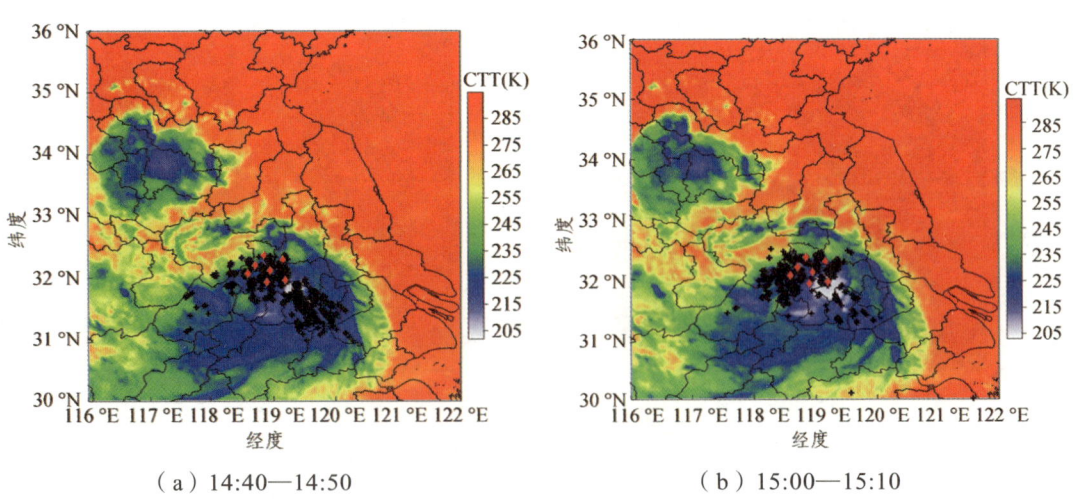

(a) 14:40—14:50　　　　　　　　　(b) 15:00—15:10

5.2 葵花 8 号（Himawari-8）卫星资料的观测及处理

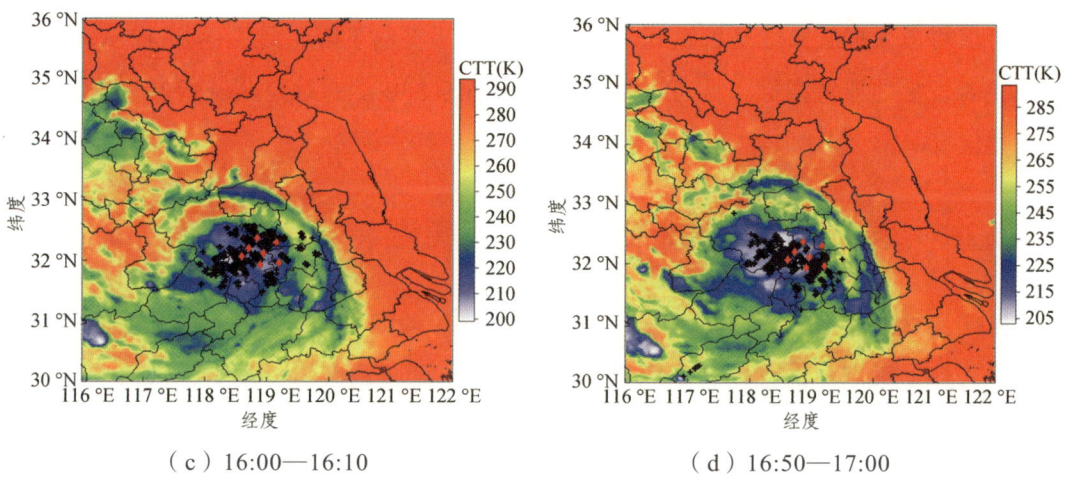

（c）16:00—16:10　　　　　　　　（d）16:50—17:00

图 5.10　闪电定位点与云顶亮温的平面叠加

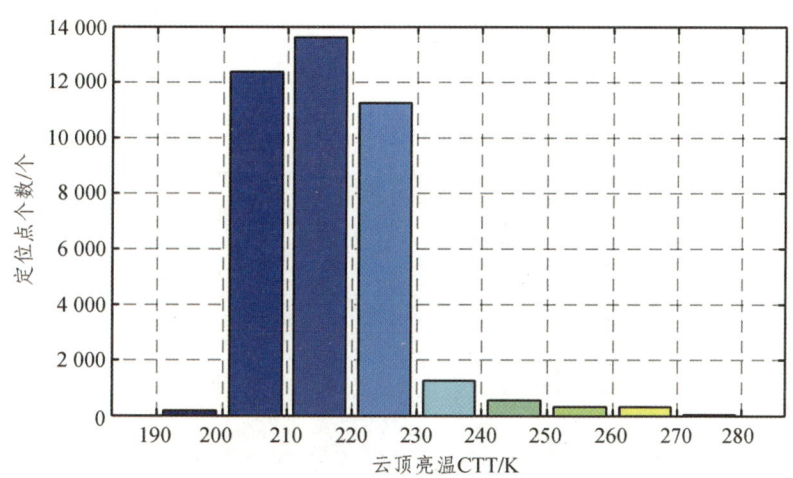

图 5.11　不同云顶亮温区间内闪电定位点频数分布

从雷暴云发展旺盛阶段的脉冲辐射源定位点与云顶亮温的平面叠加结果可以看出，几乎所有定位点都位于云顶亮温小于 225 K 的低温冷云区域。从整个雷暴过程中不同云顶亮温区间内辐射源定位点频数分布看，大约 2/3 的定位点分布在云顶亮温小于 220 K 的对流中心区域；大约 1/3 的定位点分布在云顶亮温 220～240 K 的对流云区域；云顶亮温大于 240 K 的背景区域内的定位点比例可以忽略不计。

通过对南京地区一次强对流天气过程中闪电活动的云顶亮温 CTT 资料的详细分析，可以将云顶亮温梯度是否达到 0.8 °C/km、云顶亮温下降率是否达到 12 °C/h 作为闪电是否发生的参考指标，并可以把云顶亮温小于 230 K 的对应区域近似当成闪电活动密集区。

5.2.6　昆明地区雷暴天气的云顶亮温特征

昆明及周围地区的最初闪电发生在 13:00 左右，对闪电初始发生时刻前后的葵花 8 号卫星云图，采用与南京地区相同的方法，提取出昆明地区闪电发生的云顶亮温资料特征值。

图 5.12 为 13:00 时刻所有闪电定位点与对应时刻云顶亮温资料的平面叠加情况。从图中可以看出，在 a、b、c、d 四个区域均发生了闪电，因此，分别对四个区域产生闪电的云顶亮温资料进行详细分析。图 5.13 为 a、b、c、d 四个区域的放大之后的示意图。

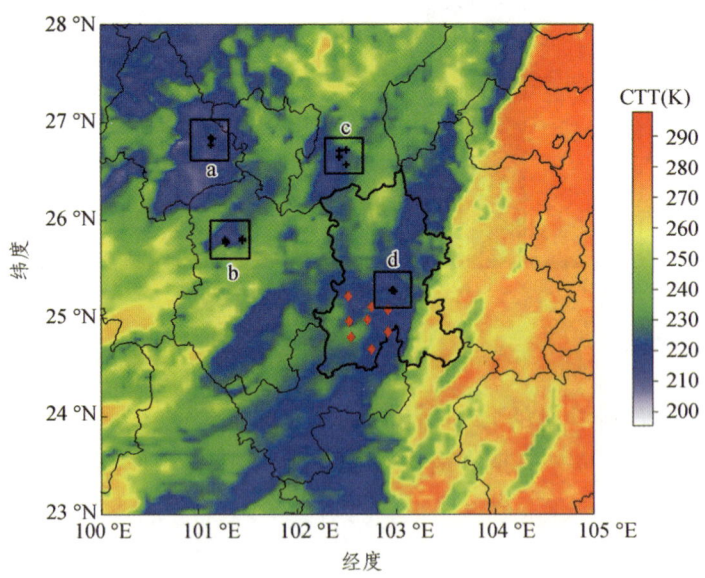

图 5.12　13:00 时刻闪电定位点与云顶亮温的平面叠加

5.2 葵花 8 号（Himawari-8）卫星资料的观测及处理

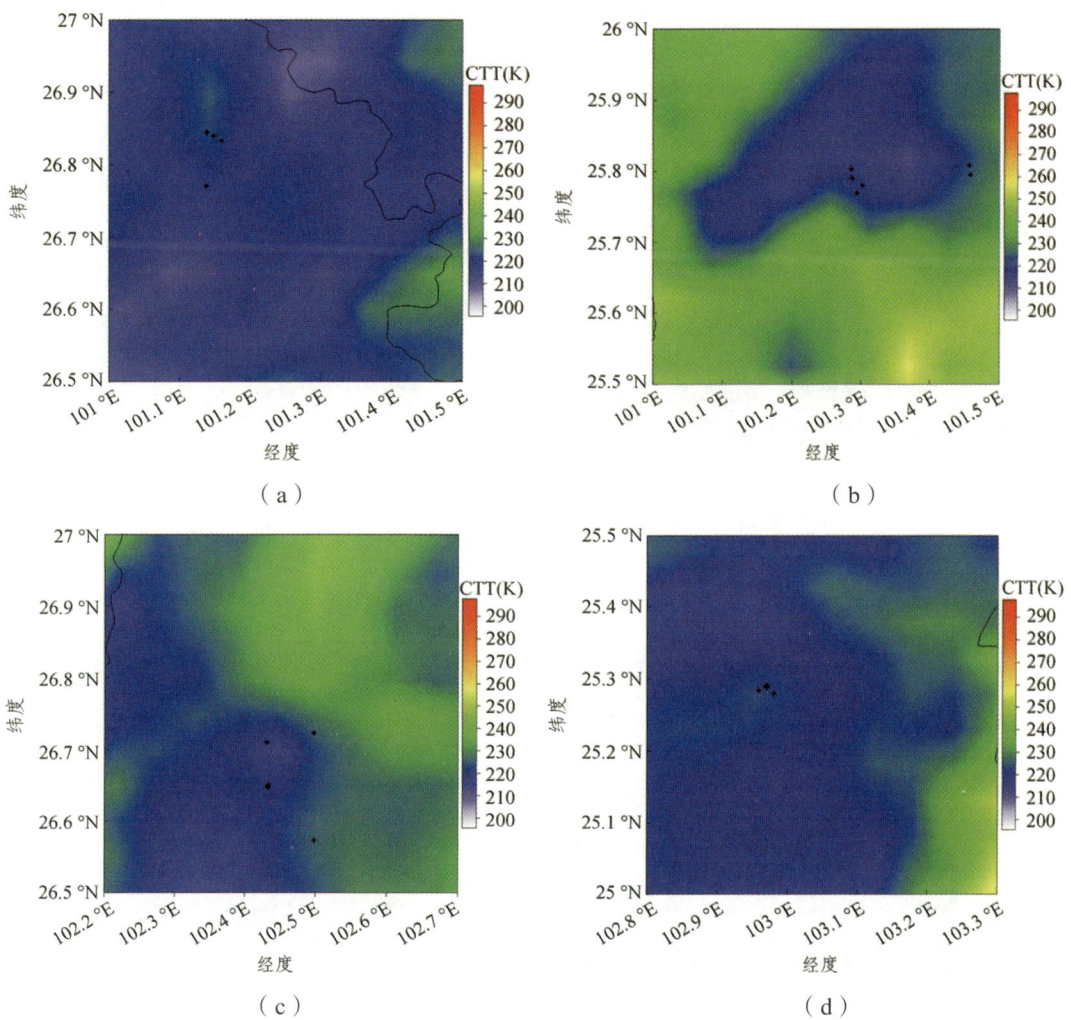

图 5.13　13:00 时刻 a、b、c、d 区域云顶亮温示意图

由图 5.13 可知，当昆明及周围地区最初闪电发生的时候，a、b、c、d 四个区域的雷暴云最低温区域，即对流中心区域的云顶亮温分别为 208 K、210 K、213 K、215 K，分别距离雷暴云边界约 14 km、9 km、6 km、10 km，雷暴云边界的云顶亮温约为 225 K，因此，a、b、c、d 四个区域的云顶亮温梯度分别约为 1.2 ℃/km、1.6 ℃/km、2 ℃/km、1 ℃/km。再利用 12:50 时刻的卫星云图，对比分析 a、b、c、d 四个区域闪电发生前后的云顶亮温变化，可以得到云顶亮温降温率。12:50 时刻 a、b、c、d 四个区域的云顶亮温如图 5.14 所示。

第 5 章 雷电临近预警方法

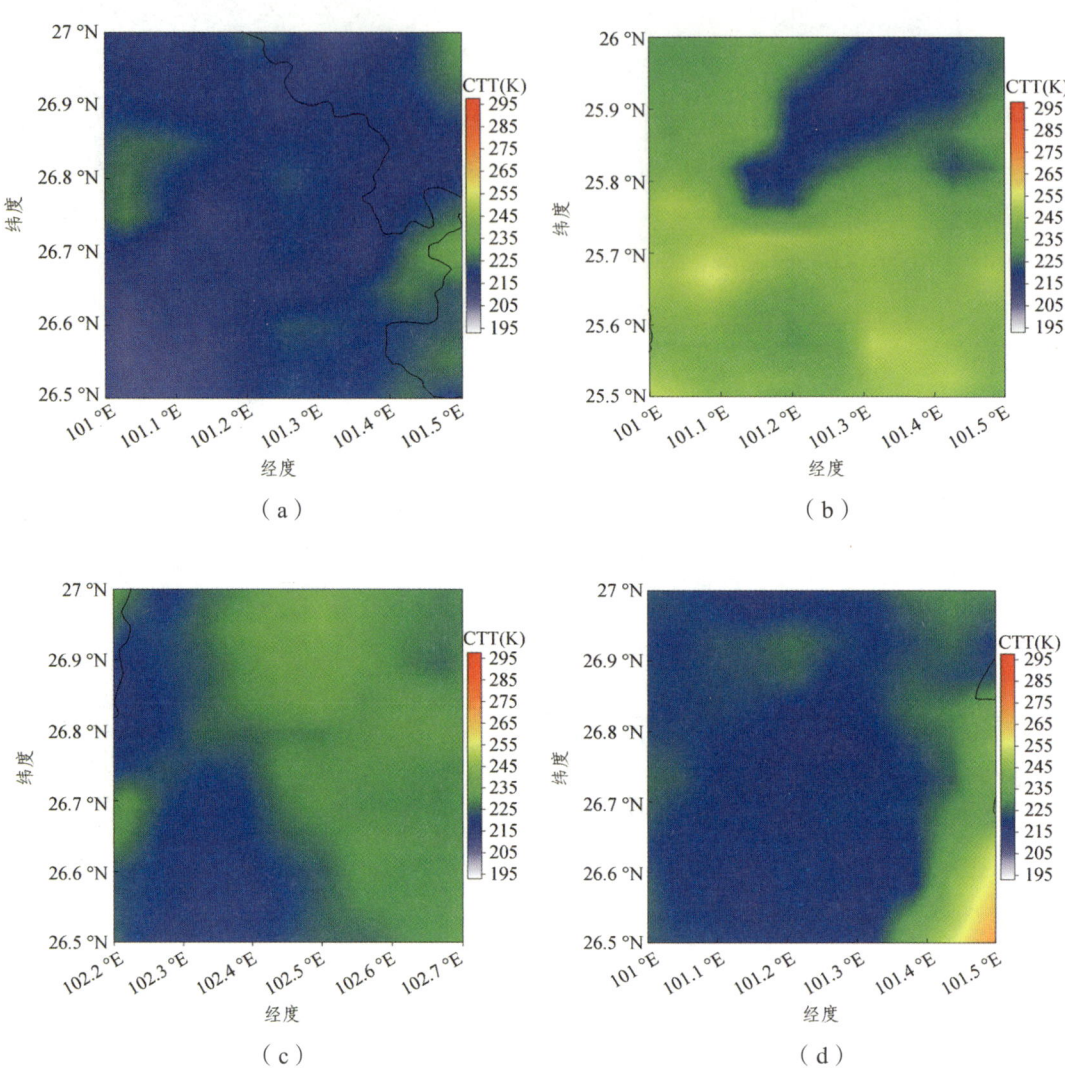

图 5.14　12:50 时刻 a、b、c、d 区域云顶亮温示意图

从图 5.14 中可以看出，12:50 时刻 a、b、c、d 区域云顶亮温分别为 210 K、214 K、216 K、217 K，比 13:00 时刻分别大 2 K、4 K、3 K、2 K。因此，四个区域的云顶亮温降温率分别达到了 12 ℃/h、24 ℃/h、18 ℃/h、12 ℃/h。

图 5.15 为相同时间段内闪电定位点与云顶亮温的平面叠加情况；图 5.16 则是整个雷暴过程中，不同云顶亮温区间内定位点的分布情况。

5.2 葵花8号（Himawari-8）卫星资料的观测及处理

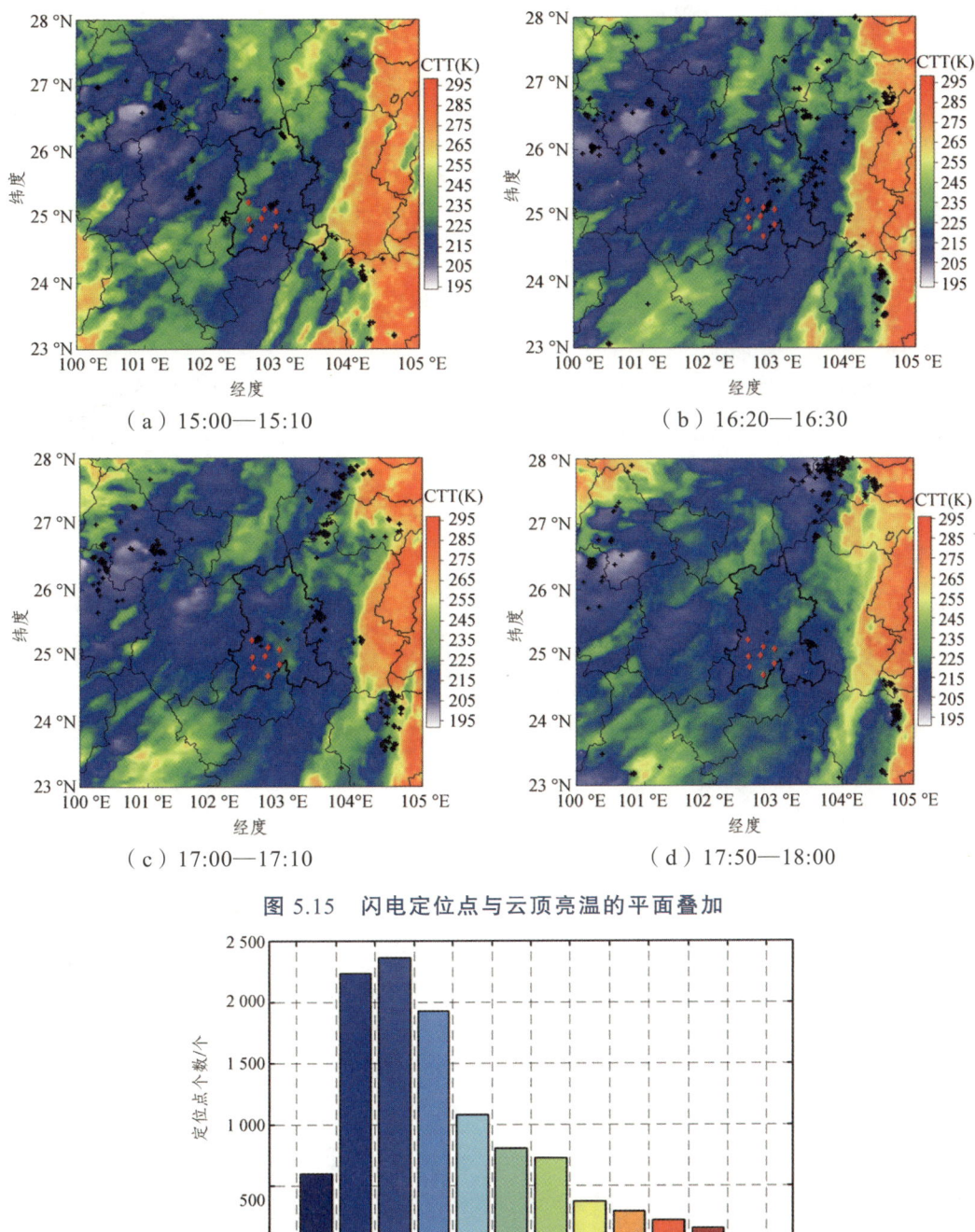

图 5.15 闪电定位点与云顶亮温的平面叠加

图 5.16 不同云顶亮温区间内闪电定位点频数分布

从选取的四个时间段的闪电定位点与云顶亮温的平面叠加结果来看，绝大多数定位点都位于云顶亮温小于 220 K 的低温冷云区域。有一小部分定位点位于云团边界处，还有零星几个定位点在云团外的背景区域内。从整个雷暴过程中不同云顶亮温区间内闪电定位点的分布情况看，不到一半的定位点分布在云顶亮温小于 210 K 的对流中心区域；大约 1/3 的定位点分布在云顶亮温 210～230 K 的对流云区域。但是，与南京定位结果稍有不同的是，大约有 15%的定位点分布在云顶亮温 230～260 K 的云团边界处；而且，在云顶亮温大于 260 K 的背景区域内的定位点占比达到了 5%，此比例远远大于南京定位结果。

通过对昆明地区一次强对流天气过程中闪电活动的云顶亮温 CTT 资料的详细分析，可以将云顶亮温梯度是否达到 1 ℃/km、云顶亮温下降率是否达到 12 ℃/h 作为闪电是否发生的参考指标，并可以把云顶亮温小于 220 K 对应区域近似当成闪电活动密集区。

综上，通过对南京、昆明地区的闪电密度分布进行分析，再利用当地的闪电定位资料，结合雷达回波资料、卫星云顶亮温 CTT 资料，详细分析两个地区的一次强对流天气过程中闪电活动，提取出南京、昆明地区闪电发生的雷达回波、云顶亮温的特征参数，为下一节雷电临近预警算法提供了依据。主要结论如下：

（1）昆明地区的闪电活动密度分布情况表明，地形对闪电活动有影响，山地地区更容易产生闪电活动。

（2）通过对南京地区一次强对流天气过程中闪电活动的详细分析，可以将 30 dBZ 雷达回波顶高达到 7 km 或者云顶亮温梯度达到 0.8 ℃/km、云顶亮温下降率达到 12 ℃/h 作为闪电发生的参考指标；并把 25 dBZ 雷达回波强度对应区域或者云顶亮温小于 230 k 对应区域近似当成闪电活动密集区。

（3）通过对昆明地区一次强对流天气过程中闪电活动的详细分析，可以将 30 dBZ 雷达回波顶高达到 8 km 或者云顶亮温梯度达到 1 ℃/km、云顶亮温下降率达到 12 ℃/h 作为闪电发生的参考指标；并把 30 dBZ 雷达回波强度对应区域或者云顶亮温小于 220 k 对应区域近似当成闪电活动密集区。

5.3 雷电临近预警分析

目前，国内外学者进行雷电临近预警主要采用两种方法：以物理模型为基础的 WRF

（中尺度天气预报，Weather Research Forecast）模式预警与利用观测资料的外推预警。由于观测资料的外推较 WRF 模式更容易实施操作，因此，业务中多采用观测资料的外推进行雷电临近预警。基于观测资料的雷电临近预警算法也有多种，主要有：神经网络算法、矩形网格算法（TREC）以及单体质心外推算法。本节使用的 TITAN 算法（雷暴识别、跟踪、外推，Thunderstorm Identification, Tracking, Analysis, and Nowcasting）就属于一种单体质心外推算法。TITAN 算法最先由 Michael 等人提出，经过不断优化改进，现已在国内外的雷电临近预警中广泛运用。

5.3.1 预警算法介绍

1）雷暴识别算法

TITAN 算法最早是针对雷达回波资料而提出的，并给出了定义雷暴的两个阈值：① 雷达回波强度应高于设定的阈值；② 雷暴区域面积也应高于设定的阈值。同时到达两个阈值的区域才能被定义成雷暴。同样，对于闪电定位资料和卫星云图资料，也要给定两个阈值：针对闪电定位资料的闪电密度阈值和针对卫星云图资料的云顶亮温阈值，以及覆盖面积的阈值。

雷暴识别主要有三个步骤：由于闪电定位资料、雷达回波资料以及云顶亮温资料都是以经纬度的形式记录的点，所以首先建立二维直角坐标系，对各种资料进行网格化处理；然后，对每个格点逐一判断是否达到阈值，若满足阈值条件，则编号；最后，合并相邻的编号区域，识别出雷暴，如图 5.17 所示。

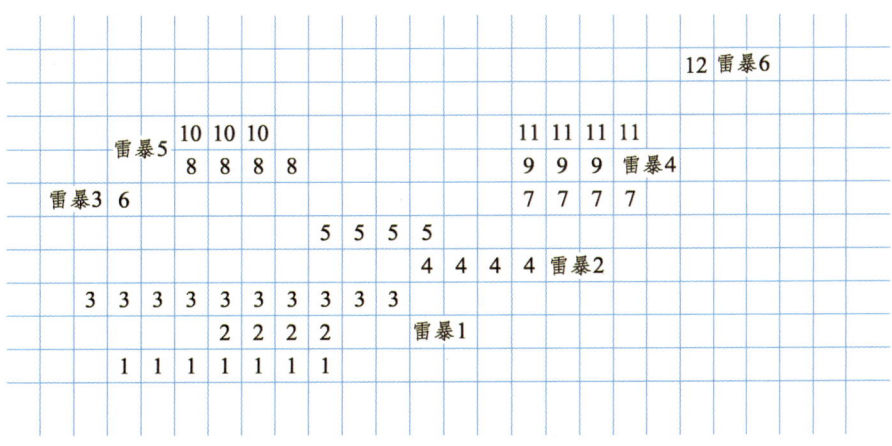

图 5.17 雷暴识别示意图

其中，类似于编号 3 和 4 的区域只沿对角线接触，不作为相邻区域；而且，达不到面积阈值条件的雷暴 3 和 6 则不会被识别出来。

对于被识别出来的雷暴区域，本节采用椭圆法进行分析。如图 5.18 所示，椭圆的参数包括长半轴 r_{major}、短半轴 r_{minor}、质心（$\bar{x}_\varepsilon$, $\bar{y}_\varepsilon$），将长轴沿 y 轴增长方向定义为 u 方向，短轴沿 y 轴增长方向定义为 v 方向，则 u 方向与 x 轴正方向的夹角为 θ。

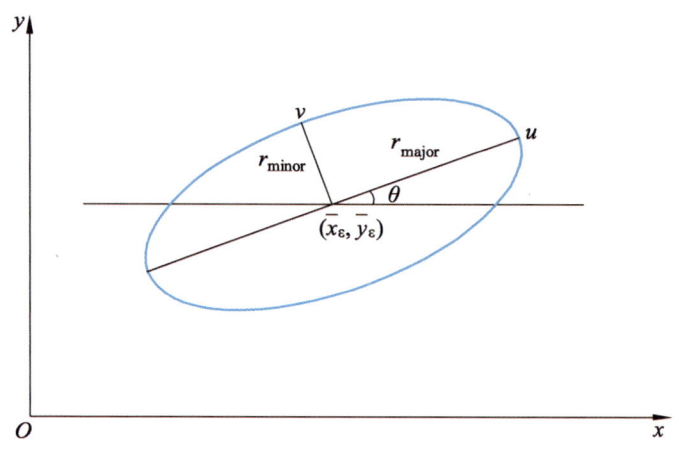

图 5.18 椭圆参数示意图

一个雷暴区域由 n 个连续的网格组成，将每个网格的中心点坐标设为（x_i, y_i），求出横纵坐标的平均值（$\bar{x}$, $\bar{y}$），则所有数据的协方差矩阵为 $\begin{bmatrix} d & e \\ e & f \end{bmatrix}$，其中：

$$d = \frac{1}{n-1} \sum_{i=1}^{n} (x_i - \bar{x})^2 \tag{5.2}$$

$$e = \frac{1}{n-1} \sum_{i=1}^{n} (x_i - \bar{x})(y_i - \bar{y}) \tag{5.3}$$

$$f = \frac{1}{n-1} \sum_{i=1}^{n} (y_i - \bar{y})^2 \tag{5.4}$$

设协方差矩阵的特征值为 λ_1、λ_2，则 λ_1、λ_2 分别为 u、v 方向上数据的方差，可表示为：

$$\lambda_1 = \frac{(d+f) + [(d+f)^2 - 4(df - e^2)]^{\frac{1}{2}}}{2} \tag{5.5}$$

$$\lambda_2 = \frac{(d+f) - [(d+f)^2 - 4(df - e^2)]^{\frac{1}{2}}}{2} \qquad (5.6)$$

那么，u、v 方向上数据的标准差 σ_{major} 与 σ_{minor} 可以表示为：

$$\sigma_{\text{major}} = \lambda_1^{\frac{1}{2}} \qquad (5.7)$$

$$\sigma_{\text{minor}} = \lambda_2^{\frac{1}{2}} \qquad (5.8)$$

TITAN 算法中给出了与 λ 相关的 (u,v) 坐标的标准化特征向量：

$$v = \left[\frac{1}{(1+g^2)}\right]^{\frac{1}{2}} \qquad (5.9)$$

$$u = -gv \qquad (5.10)$$

$$g = \frac{f + e - \lambda_1}{d + e - \lambda_1} \qquad (5.11)$$

椭圆的质心坐标可用每个网格的中心点横纵坐标的平均值表示，即：

$$(\overline{x_\varepsilon}, \overline{y_\varepsilon}) = (\overline{x}, \overline{y}) \qquad (5.12)$$

u 方向与 x 轴正方向的夹角 θ 为：

$$\theta = \arctan \frac{v}{u} \qquad (5.13)$$

雷暴的区域面积 A 为：

$$A = n\mathrm{d}x\mathrm{d}y \qquad (5.14)$$

式中，$\mathrm{d}x$ 和 $\mathrm{d}y$ 分别为 x 方向和 y 方向的微分。

椭圆的长半轴 r_{major} 和短半轴 r_{minor} 分别为：

$$r_{\text{major}} = \sigma_{\text{major}} \left(\frac{A}{\pi \sigma_{\text{major}} \sigma_{\text{minor}}}\right)^{\frac{1}{2}} \qquad (5.15)$$

$$r_{\text{minor}} = \sigma_{\text{minor}} \left(\frac{A}{\pi \sigma_{\text{major}} \sigma_{\text{minor}}}\right)^{\frac{1}{2}} \qquad (5.16)$$

5.3.2 雷暴跟踪算法

在利用识别算法识别出多个时次的雷暴区域时，需要对前后时次的识别结果进行匹配跟踪，确定是否为同一雷暴区域。椭圆的代价函数可以实现前后时次雷暴区域的匹配，假设前后两个时刻 t_1、t_2 分别有 n_1、n_2 个椭圆，则 t_1 时刻的某个椭圆 E_{1i}（$1 \leqslant i \leqslant n_1$）与 t_2 时刻的某个椭圆 E_{2j}（$1 \leqslant j \leqslant n_2$）的代价函数为：

$$C_{1i} = w_1 d_p + w_2 d_A \tag{5.17}$$

其中：

$$\begin{cases} d_p = [(x_{1i} - x_{2i})^2 + (y_{1i} - y_{2i})^2]^{\frac{1}{2}} \\ d_A = A_{1i}^{1/2} - A_{2j}^{1/2} \end{cases} \tag{5.18}$$

式中，d_p、d_A 分别为椭圆的中心和面积之间的差异，w_1、w_2 为权重系数（均取 0.5）。代价函数矩阵由 $n_1 \times n_2$ 个 C_{ij} 构成，对其采用 Munkres 分配法，对前后相邻时次的椭圆进行匹配就能得到跟踪的结果。

5.3.3 雷暴外推算法

通常情况下，雷暴区域不会在短时间内发生很大的变化，所以前后两个时次的雷暴区域的移动路径可视为直线，本节利用 Holt 双参数线性指数平滑算法对雷暴区域进行外推预测：

$$\begin{cases} S_t = \alpha R_t + (1-\alpha)[S_{t-1} + b_{t-1} \Delta t_{t,t-1}] \\ b_t = \dfrac{\beta(S_t - S_{t-1})}{\Delta t_{t,t-1}} + (1-\beta) b_{t-1} \\ F_{tF} = S_t + b_t \Delta t_F \end{cases} \tag{5.19}$$

式中，S 为平滑值，R 为实测值，F 为预测值，b 体现的是变化趋势，α、β 为权重系数（均取 0.5），初始值为 $S_0 = R_0$，$b_0 = 0$，$S_1 = R_1$，$b_1 = (S_1 - S_0)/\Delta t_{1,0}$。权重值与实测值的时间有关，时间越早，权重越小，呈指数递减。时间长度 Δt_F 为控制预测时间，改变 Δt_F 就可得到不同时间的预测结果。

5.3.4 基于TRACK外推技术的雷暴识别、跟踪和外推算法

利用多普勒雷达实时监测40 km以内对流天气系统的活动特征，其主要工作原理是通过发射高频电磁波，当空中有云时，其发射的高频电磁波遇到云粒子后被部分反射回来，云粒子密度分布越大反射的信号越强。被反射回来的信号越强，则回波强度越大；反之越小。同时，由于云粒子是移动的，反射回来的信号频率发生变化，即多普勒效应。因此，利用X波段多普勒雷达可以实时监测各种对流天气系统的发展变化，同时利用TITAN算法，可以对强对流天气系统外推。

在TITAN算法中，首先需要定义"区域"，这里所说的"区域"主要是指可能发生闪电或是已经发生闪电的区域，比如雷达回波强度、回波顶高达到某个阈值条件的区域、卫星云顶亮温达到某个阈值条件的区域或者是闪电定位数据中发生了闪电的格点构成的区域。在识别上述"区域"的时候，首先要对观测数据进行格点化，然后对格点化后的数据进行二值处理（满足阈值条件的格点取值为1，否则为0），最后对处理后的数据进行识别、跟踪和外推。

雷暴是一个连续的区域，但是如何定义一个雷暴呢？TITAN算法根据雷达资料给雷暴定的两个阈值条件为：① 该区域的反射率都应该高于一个给定的阈值；② 并且该区域的体积也超过一个给定的阈值。只要符合这两个阈值条件，便可以认为该区域是一个雷暴。同样基于地闪定位资料中TITAN算法给定的阈值条件为：① 在一给定的时间范围内该区域的闪电密度应该高于一个给定的阈值，即所划分的网格中发生闪电的频数应该高于一定的阈值；② 闪电发生的区域面积要超过一个给定的阈值，对于闪电发生的区域面积较小的，有可能将被舍弃。

TREC方法首先计算回波移动矢量场。取两张相同仰角、具有一定时间间隔 Δt 的平面位置显示（PPI）反射率因子扫描数据（或者CAPPI、CR等），分析时先将 t_1 时刻的数据分成一系列大小相同的二维像素阵列，阵列中心间隔一定距离。然后将每个阵列与 t_2 时刻扫描数据中相同大小的所有阵列求相关，找到与之最匹配的那个阵列，即确定具有最大相关系数的阵列对。阵列对中 t_1 时刻初始阵列的中心即为回波移动矢量的起点，t_2 时刻与初始阵列具有最大相关的阵列中心即为回波移动矢量的终点。对 t_1 时刻的所有初始阵列都求出其对应的移动矢量，将得到的矢量场除以时间间隔 Δt，就得到了TREC速度矢量场（以下简称TREC矢量场），如图5.19所示。假设回波的空间

分布在 t_1 到 t_2 时段内近似不变,则 TREC 矢量场可以作为回波在 t_1 到 t_2 时段内平均运动速度场的估测。相关系数:

$$R = \frac{\sum X_1(i)X_2(i) - n^{-1}\sum X_1(i)\sum X_2(i)}{[(\sum X_1^2(i) - n\overline{X_1}^2)(\sum X_2^2(i) - n\overline{X_2}^2)]^{1/2}} \quad (5.20)$$

式中,X_1 及 X_2 代表两个时次中的二维像素阵列,n 是阵列内的像素数。

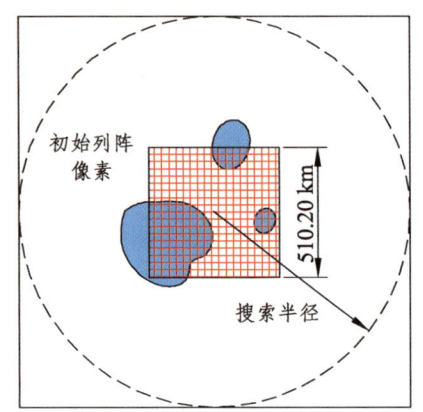
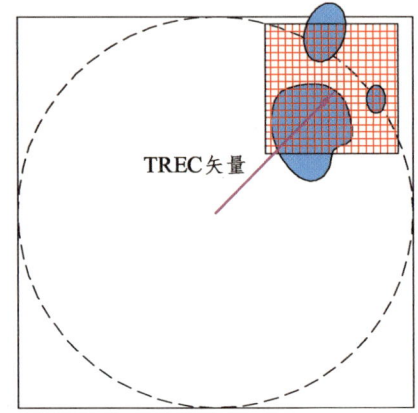

图 5.19 TREC 算法示意图

5.3.5 回波运动场估测

(1)数据类型。一般用相邻时刻雷达回波的底层 PPI、3 km 高的 CAPPI 或垂直最大反射率因子来作为 TREC 的数据源。雷电发生概率与雷达强回波有密切的关系,为了突出雷达强回波信息,我们选用垂直最大反射率因子作为 TREC 的数据源。

(2)时间约束。云是变幻莫测的,尤其是在极端天气形势下,如果两个数据资料间隔时间太大,其相关性就较小,反演的水平风场的可信度也较低。为了约束资料的有效性,同时也为了业务的需要,将时间约束定为 30 min。如果两个相邻资料源在半小时之内,就进行 TREC 运算,否则不进行计算。

(3)强度约束。在回波天气系统中,太弱的回波比较难反映回波运动信息。在此,我们只取回波大于 10 dBZ 的进行 TREC 运算。

5.3.6 数据预处理

(1)质量控制。雷达回波受到很多因素的影响,需要对其进行回波质量控制,以让回波能更加真实地反映真实的云，提高其回波可信度。其预处理包括资料填补、地物抑制、超折射抑制、孤立回波抑制、资料平滑。

（2）坐标转换。雷达的回波数据都是极坐标的，需要将其转换到 TREC 使用的直角坐标。例如 SA 资料，其最大探测范围是 460 km。直角坐标按照 1 km×1 km 的精度进行探测。

5.3.7　REC 运算

（1）计算初始矢量场。每相隔 5 个格点划分出一个19×19大小的初始二维数据阵列，设定最大搜索半径为 18 个格点，进行 TREC 计算。

（2）平滑。把最大相关系数设定在 0.1～0.95，如果先前得到的两个数据阵列之间的最大相关系数超过这个范围，就把这个 TREC 矢量设为 0。然后对 TREC 矢量点进行 5×5 平滑滤波。

（3）连续订正。考虑到雷达探测空间的不连续性形成的数据缺失及进一步订正 TREC 分析场，这里使用改进的 Cressman 客观分析法进行连续订正。

5.3.8　回波外推

通过上面计算得到的 TREC 矢量风场，对当前回波进行外推。在 TITAN 算法中，椭圆法和多边形法是两种比较经典的方法，这里将利用椭圆法对雷暴进行分析。椭圆法即为通过椭圆将能够探测到的雷暴个体包络起来，如图 5.20 所示。

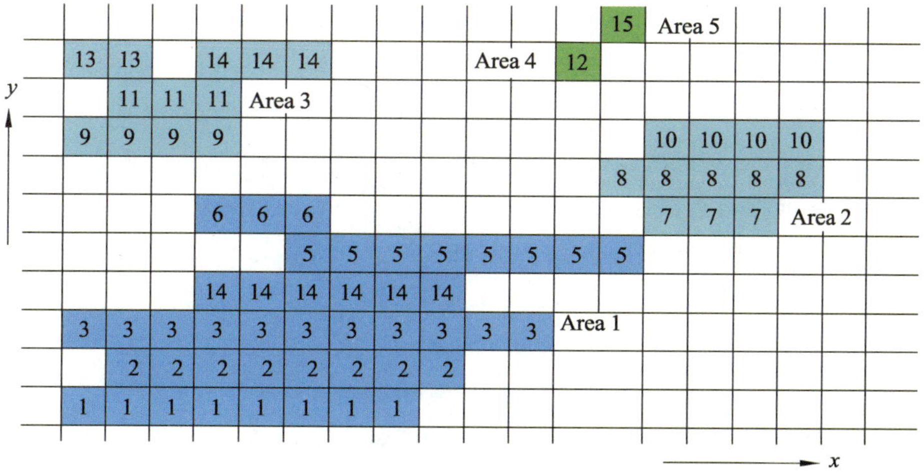

图 5.20　区域识别示意图

第 5 章 雷电临近预警方法

对多个时次的观测数据进行识别之后，我们对识别的结果进行匹配跟踪，这里通过计算两个时次内的椭圆的代价函数来进行匹配，假设在 t_1 和 t_2 两个时刻内分别有 n_1 和 n_2 个椭圆，定义 t_1 时刻的某个椭圆 E_{1i}（$1 \leq i \leq n_1$）与 t_2 时刻的某个椭圆 E_{1j}（$1 \leq j \leq n_1$）之间的代价函数为：

$$C_{1j} = w_1 d_p + w_2 d_A \tag{5.21}$$

其中：

$$\begin{cases} d_p = [(x_{1i} - x_{2i})^2 + (y_{1i} - y_{2i})^2]^{1/2} \\ d_A = A_{1i}^{1/2} - A_{2j}^{1/2} \end{cases} \tag{5.22}$$

式中，d_p、d_A 分别为椭圆的中心位置（x, y）的差异和面积引起的差异，w_1 和 w_2 为权重系数（均取 0.5）。共有 $n_1 \times n_2$ 个 C_{ij} 构成了一个代价函数矩阵，对该矩阵采用 Munkres 分配方法，得到最佳的匹配方案。对所有相邻时刻的椭圆进行匹配即可得到跟踪的结果。

外推算法：一般情况下，在短时间内区域的移动可视为直线移动，所以我们采用 Holt 双参数线性平滑指数平滑算法，对区域未来的位置进行预测：

$$\begin{cases} S_t = \alpha R_t + (1-\alpha)[S_{t-1} + b_{t-1}\Delta t_{t,t-1}] \\ b_t = \beta(S_t - S_{t-1})/\Delta t_{t,t-1} + (1-\beta)b_{t-1} \\ F_{tF} = S_t + b_t \Delta t_F \end{cases} \tag{5.23}$$

其中，S 为平滑值，R 为实测值，F 为预测值，b 体现的是变化趋势，α、β 为权重系数（这里均取 0.5），初始值为 $S_0 = R_0$，$b_0 = 0$，$S_1 = R_1$，$b_1 = (S_1 - S_0)/\Delta t_{1,0}$。预测结果中较新的实测值比时间更早的实测值拥有更大的权重，随着时间的前移，权重按指数递减。改变预测的时间长度 Δt_F 即可得到不同的预测结果。

利用 TITAN 算法对该次过程中 40 dBZ 雷达强回波区和闪电高密度区进行识别、跟踪，并利用 Holt 双参数线性平滑算法外推，对比分析外推结果，得到如下一些结论：

（1）地闪主要分布在回波强度大于 40 dBZ 的强回波区，少量出现在飑线系统强回波区的边缘以及弱回波区。

（2）利用 TITAN 算法可对闪电高密度区和雷达强回波区进行识别。从识别结果来看，闪电高密度区和雷达强回波区的识别位置相对应；对于发展比较旺盛的单体，雷达强回波与闪电高密度区的识别范围更接近，而对于刚发展的单体，雷达强回波区识别范围比闪电高密度识别范围大，主要是因为雷达强回波表征的是云内大粒子的分布情况，而闪电高密度区则是地闪的识别结果，大粒子分布较多、强对流发展越旺盛，地闪频数越高，但是也有可能发生云闪或者没有触发闪电的情况，所以雷达强回波识别的区域自然比地面上闪电高密度区大。

（3）利用 Holt 双参数线性指数平滑算法对单体进行外推时，强回波区和闪电高密度区外推较短时间时的外推位置比较接近，但这也取决于闪电定位的精度；外推时间越长，误差越大，利用闪电高密度区进行外推时比利用雷达强回波区进行外推的误差小；预报得越早，预报的精度越低，相反，预报得越晚，预报的精度越高，因为在单体形成发展阶段进行预报时，单体移动的路径变化性大，而预报得越晚，单体移动的路径较稳定，且可以根据更多的识别结果进行外推，此时外推值与观测值较为接近。

5.3.9 双偏振雷达资料的相态识别产品（HCL）计算方法

由于不同相态的粒子的形状、浓度、介电常数的差异，雷达对其探测到的偏振参量不同，可以使用模糊逻辑算法进行粒子相态识别。模糊逻辑算法是将雷达参数输入隶属函数转换成模糊基，利用输出结果代替实际测量值并进行识别。本书主要考虑与闪电活动相关的粒子相态种类，分别为雨、湿霰、干霰、湿雪、干雪、冰晶、雹。隶属函数形状选择不对称的梯形 T 型函数，如式（5.24）所示：

$$P(x, X_1, X_2, X_3, X_4) = \begin{cases} 0, & x < X_1 \\ \dfrac{x - X_1}{X_2 - X_1}, & X_1 \leqslant x < X_2 \\ 1, & X_2 \leqslant x < X_3 \\ \dfrac{X_4 - x}{X_4 - X_3}, & X_3 \leqslant x < X_4 \\ 0, & x \geqslant X_4 \end{cases} \quad (5.24)$$

隶属函数整体由 X_1、X_2、X_3、X_4 这 4 个参数决定，7 类待识别相态合计共 28 个隶属函数，将实际测量值代入识别算法：

$$R_j = \sum_{i=1}^{4} A_i P_{ij} \quad (5.25)$$

其中，i 为雷达的第 i 个参数，j 为待识别相态的种类。本书使用 ZH、ZDR、KDP、CC、

第 5 章 雷电临近预警方法

T 共 5 种参量识别 7 种不同相态粒子，所以 $i=1\sim5$，$j=1\sim7$。P_{ij} 表示第 i 个雷达参数对第 j 种相态识别的贡献强度，通过代入式（5.25）的隶属函数求得。A_i 为第 i 个变量对识别贡献的权重系数，R_j 为 5 个雷达参量对相态识别的贡献强度累加值，选择 R_j 最大的相态识别类型作为最终的识别结果。本书的隶属函数门限值及权重系数参考了 Keenan 的结果，如表 5.2、表 5.3 所示。

表 5.2 相态识别类型判据

雷达参数	门限值	相态识别类型						
		雨	湿霰	干霰	湿雪	干雪	冰晶	雹
ZH	X_1	10	25	15	25	5	0	50
	X_2	25	30	20	30	10	5	55
	X_3	55	50	35	40	35	25	65
	X_4	60	55	40	45	40	30	70
ZDR	X_1	0.0	−0.5	−0.5	0.0	−1.0	−1.0	−1.0
	X_2	0.5	0.0	0.0	0.5	−0.5	−0.5	−0.5
	X_3	3.5	2.0	1.0	2.5	0.0	0.0	0
	X_4	4.0	2.5	1.5	3.0	0.5	1.0	0.5
KDP	X_1	−0.5	−0.5	−0.5	−0.5	−0.5	−1.5	−1.0
	X_2	0.0	0	0.0	0.0	0.0	−1.0	0
	X_3	4.0	2.5	0.5	1.0	0.5	0.5	1.0
	X_4	4.0	3.0	1.0	1.5	1.0	1.0	2.0
CC	X_1	0.96	0.94	0.90	0.88	0.95	0.9	0.90
	X_2	0.97	0.95	0.93	0.92	0.98	0.95	0.92
	X_3	1.0	0.98	0.97	0.95	1.0	1.0	0.95
	X_4	1.01	1.0	1.0	0.98	1.01	1.01	0.98
T	X_1	−10	−15	−25	−4	−40	−40	−20
	X_2	−5	−10	−20	0	−35	−35	−15
	X_3	35	5	0	4	−5	−5	15
	X_4	40	10	5	5	0	0	20

表 5.3 相态识别权重参数

雷达参数	雨	湿雪	干雪	湿霰	干霰	冰晶	雹
ZH	1.0	0.8	8.0	1	0.8	0.8	1.0
ZDR	0.8	0.8	0.6	1	1.0	1.0	0.8
KDP	0.8	0.6	0.6	0.8	0.6	1.0	1.0
CC	0.6	0.6	0.6	0.8	0.6	0.8	1.0
T							

5.3.10 双多普勒雷达风场反演方法

首先，对两部雷达的水平反射率因子与径向速度进行标定，以确保数据质量。然后在水平方向上选取 118.00°E ~ 120.00°E、31.31°N ~ 33.31°N 的范围，在垂直方向上选取 0 ~ 15 km 的范围，将两部雷达的水平反射率和径向速度用双线性插值法插值到网格上。这样假设网格中任意一点 P 的三维风速分量分别为 u、v、w，则风场迭代方程组如下：

$$V_1 = \frac{u(x-x_1)}{R_1} + \frac{v(y-y_1)}{R_1} + \frac{(w-w_t)(z-z_1)}{R_1} \quad (5.26)$$

$$V_2 = \frac{u(x-x_2)}{R_2} + \frac{v(y-y_2)}{R_2} + \frac{(w-w_t)(z-z_2)}{R_2} \quad (5.27)$$

$$R_1 = [(x-x_1)^2 + (y-y_1)^2 + (z-z_1)^2]^{\frac{1}{2}} \quad (5.28)$$

$$R_2 = [(x-x_2)^2 + (y-y_2)^2 + (z-z_2)^2]^{\frac{1}{2}} \quad (5.29)$$

其中，V_1、V_2 是两部雷达所探测到 P 点的径向速度；R_1、R_2 是两部雷达分别到 P 点的距离；(x, y, z)、(x_1, y_1, z_1)、(x_2, y_2, z_2) 分别是 P 点及两部雷达的位置；w_t 是 P 点降水粒子在静止大气下的末速度，可以利用水平反射率因子 Z_H 进行估测。其中 Z_H 值取两部雷达的平均值：

$$w_t = 3.8\overline{Z_H}^{0.072} \quad (5.30)$$

边界条件为当 $z = 0$ 时垂直速度 $w = 0.0$ m/s，然后利用质量连续方程计算垂直速度 w 的第一估值：

第 5 章 雷电临近预警方法

$$\frac{\partial w}{\partial z} = -\left(\frac{\partial u}{\partial x} + \frac{\partial v}{\partial y}\right) \tag{5.31}$$

$$w(z=0) = 0 \tag{5.32}$$

将计算后的结果代入式中，重新计算 u、v、w，经过若干次迭代后，当前后两次反演结果的差值小于一定的极小值，就得到了满足精度的三维风场反演结果。

5.4 雷暴识别、跟踪结果分析

5.4.1 南京地区一次雷暴识别和外推

本次南京地区的雷暴过程一共持续约 4.5 h，本书利用 TITAN 算法对整个过程进行了识别与跟踪，图 5.21 为雷暴生成初期、发展旺盛至最终移出南京过程中每隔一小时左右的雷暴区域识别、跟踪结果。

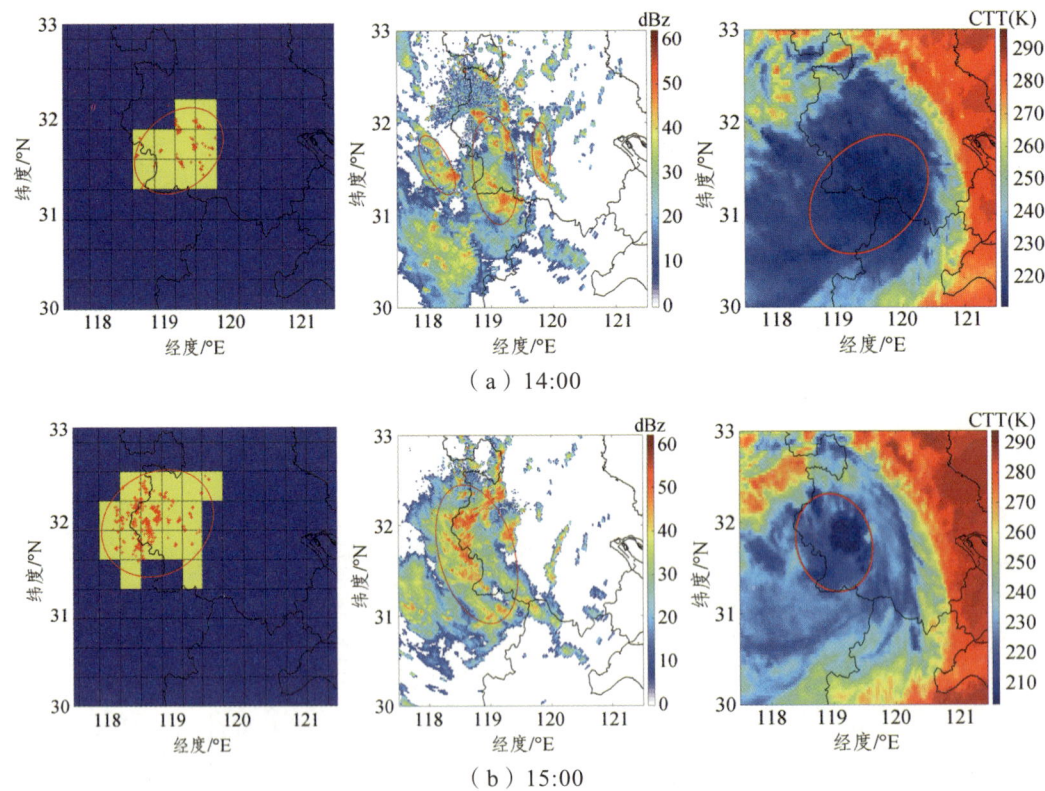

(a) 14:00

(b) 15:00

5.4 雷暴识别、跟踪结果分析

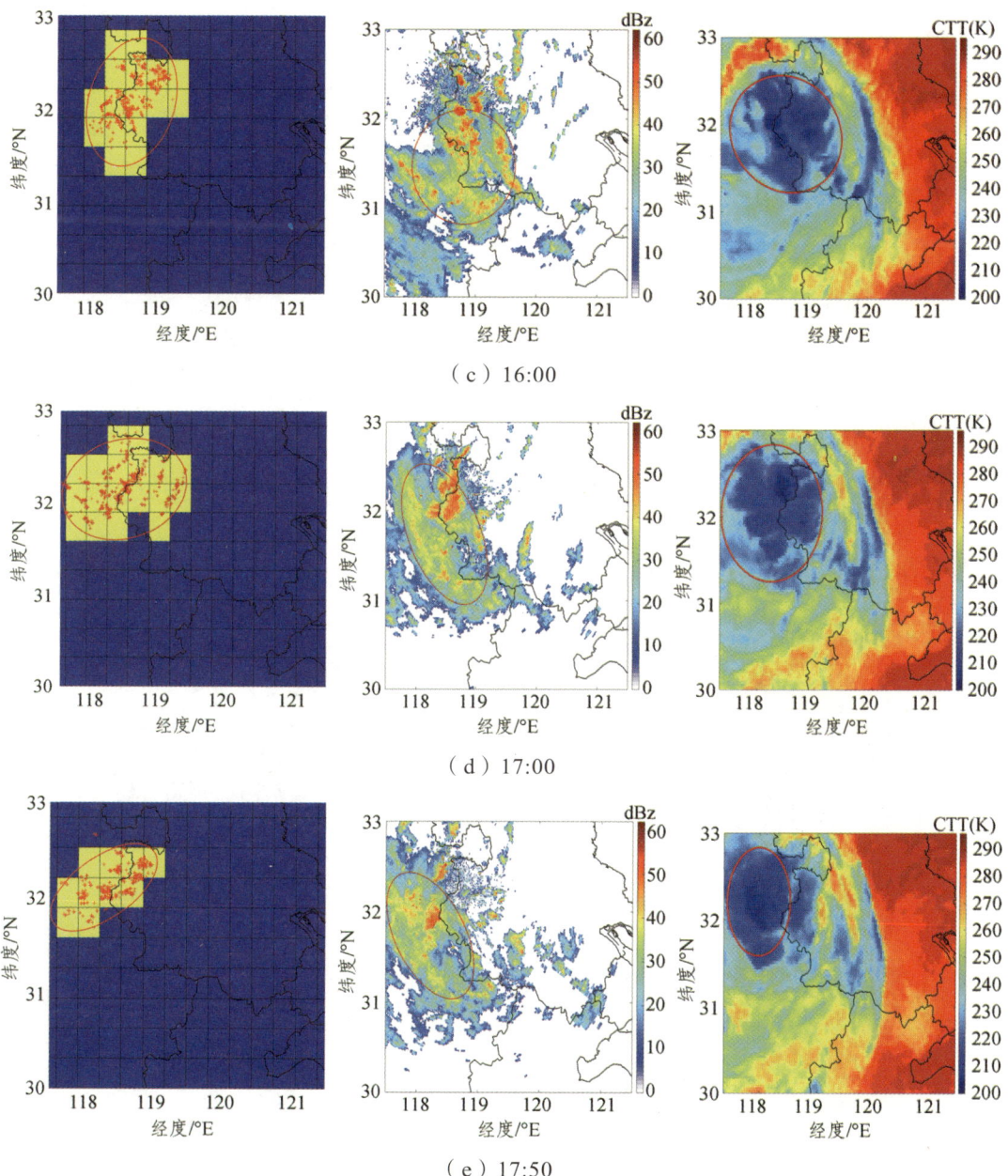

（c）16:00

（d）17:00

（e）17:50

图 5.21 雷暴区域的识别、跟踪结果（左中右依次为闪电、雷达、卫星资料，下同）

从此次过程的闪电密集区、雷达强回波区、云顶低温区的识别结果来看，三种资料对雷暴区域都有良好的识别能力。识别结果略有差异，对于刚发展不久的多单体雷

第 5 章 雷电临近预警方法

暴来说，有多个强雷达回波云团，雷达回波资料可以精确识别出各个独立的雷暴区域，而卫星云顶亮温资料只能统一识别成一个大范围的雷暴区域；不过，当雷暴发展旺盛之后，利用雷达回波和云顶亮温识别出的雷暴区域差异不大，质心位置较为接近。但是，上述两者与利用闪电资料识别的雷暴区域的面积、质心会有较大差异，主要是因为在这种多单体雷暴中，闪电的发生位置、发展趋势具有很强的随机性，所以导致闪电资料识别的雷暴区域差异较大。

再对比整个过程前后 5 个时刻的跟踪结果，可以发现：尽管闪电资料识别的雷暴区域与雷达回波、云顶亮温有较大出入，但从整体跟踪路径来看，与两者基本一致，均从南京的东南方向至西北方向移动，最终离开南京。

利用闪电定位资料识别出的雷暴区域差异较大，而利用雷达回波、云顶亮温资料识别的雷暴区域差异性小，在短时间内质心移动路线可以视为直线，所以本节利用雷达回波和云顶亮温对同一时间的雷暴云进行 1 h 的外推，并与实际跟踪结果对比验证，外推结果如图 5.22 所示。

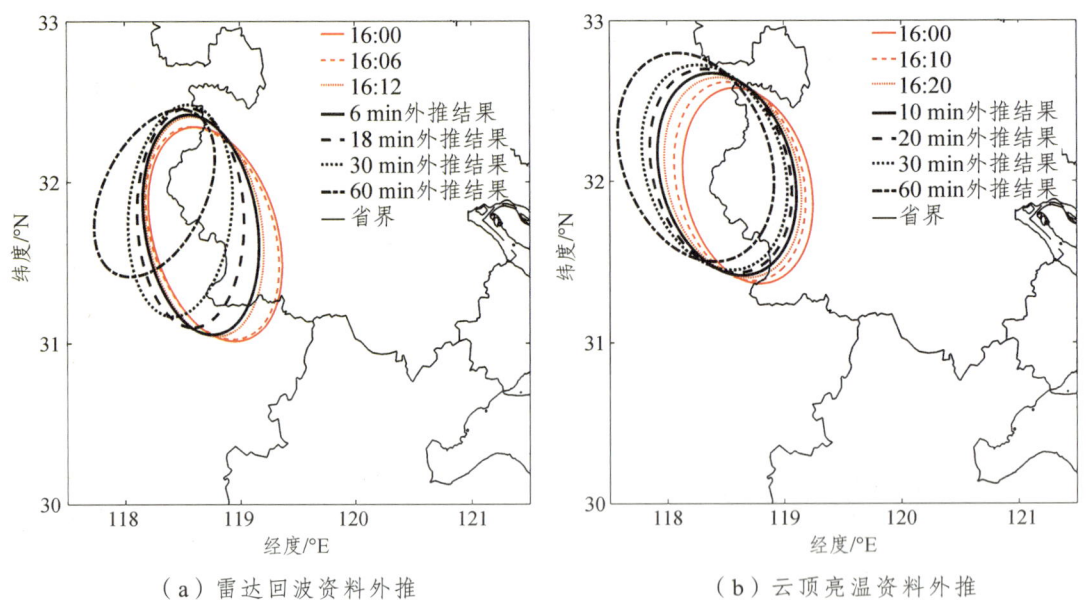

(a) 雷达回波资料外推　　　　(b) 云顶亮温资料外推

图 5.22　16:00 时刻外推结果示意图

从相同时间段内的外推结果来看，两种资料外推时的椭圆质心基本都沿着直线从东南方向往西方向行进。但区别在于，利用雷达资料外推时，椭圆的偏角发生了明显的偏转，而利用云顶亮温资料外推时，椭圆的偏角无明显变化。为了比较两种资料外推的准确度，本节将外推结果与对应时刻的实际跟踪结果进行了对比，结果如图5.23、图5.24所示。

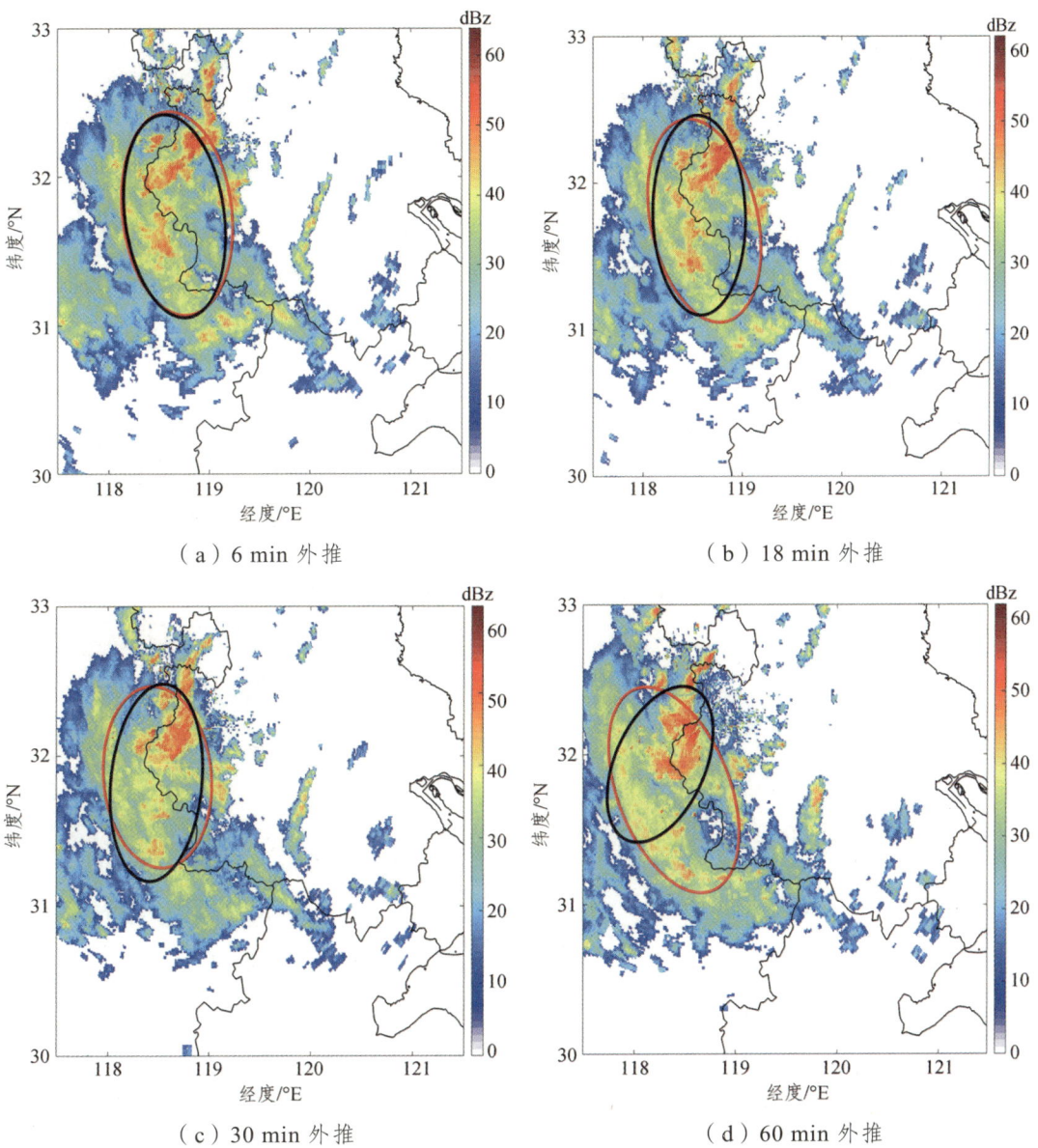

图 5.23 雷达回波资料外推结果验证（黑色为外推结果，红色为跟踪结果，下同）

第 5 章 雷电临近预警方法

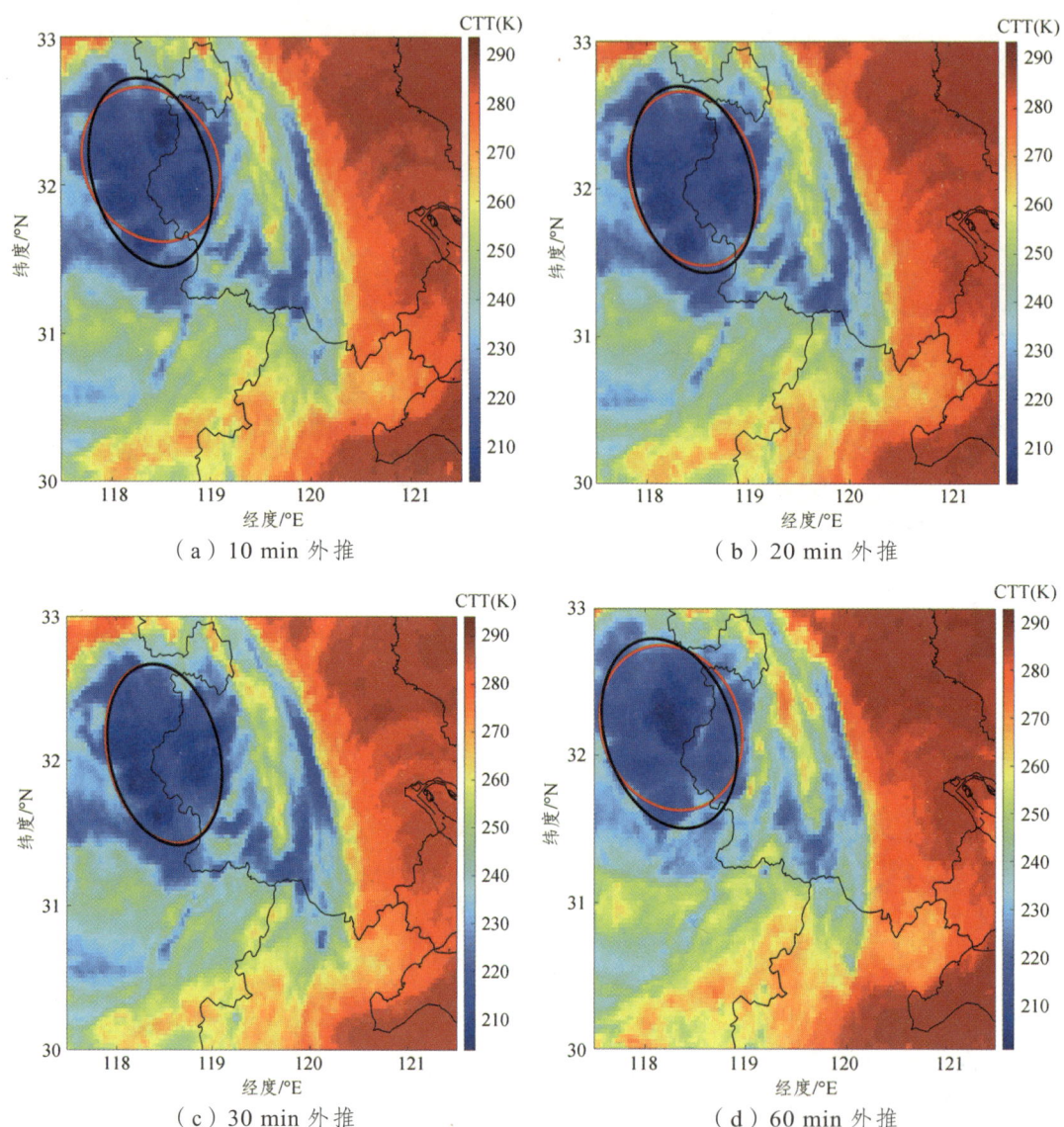

图 5.24 云顶亮温资料外推结果验证

从验证结果可以看出，不论是雷达回波资料还是云顶亮温资料，随着外推时间的增大，质心误差越大，外推结果和跟踪结果的重合面积越小。半小时内，两种资料的外推结果与跟踪结果误差不大，面积重合度也很高，预警效果良好；而从 1 h 的结果来看，雷达资料的外推结果的质心误差、面积重合度都劣于云顶亮温资料，预警效果不如云顶亮温资料。

5.4.2 昆明地区一次雷暴识别和外推

根据昆明地区闪电定位资料与雷达回波强度、卫星云顶亮温的叠加统计结果可知：昆明地区闪电活动主要集中在雷达回波大于 30 dBZ、云顶亮温小于 220 K 的区域。因此，在利用 TITAN 算法识别、跟踪、外推时，可将上述典型参数作为昆明地区雷电预警的阈值条件。

与南京地区处理方式相同，本节选取了昆明地区雷暴过程每隔一小时的雷暴区域识别、跟踪结果，如图 5.25 所示。

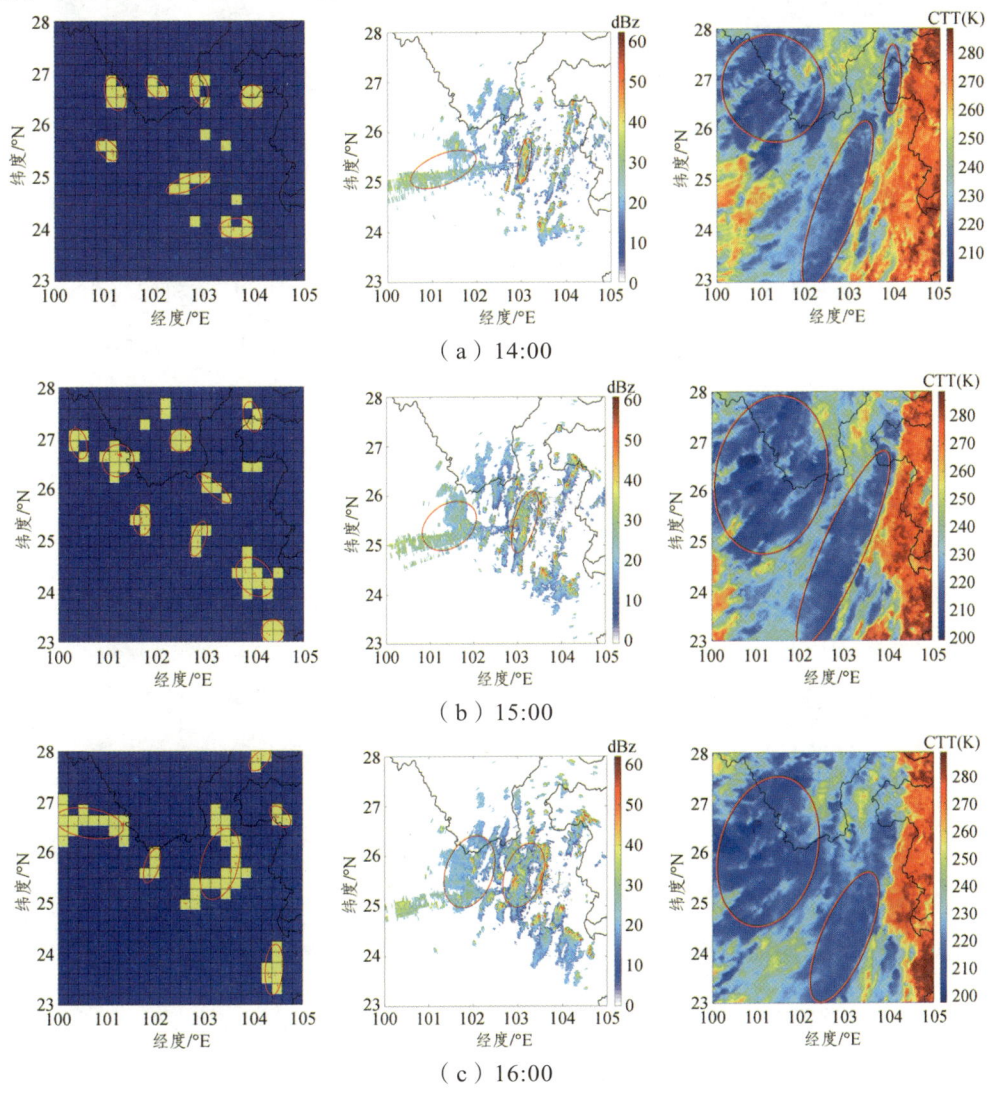

第 5 章 雷电临近预警方法

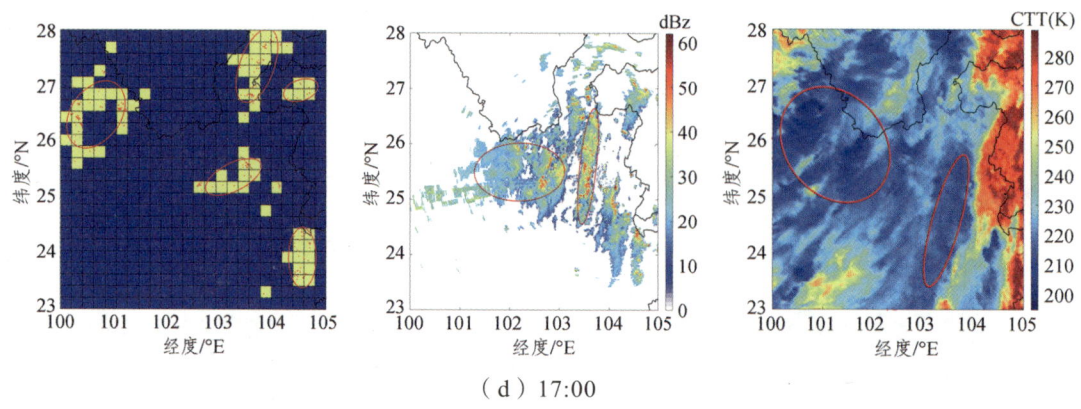

(d) 17:00

图 5.25 雷暴区域的识别、跟踪结果

从昆明地区此次过程的闪电密集区、雷达强回波区、云顶低温区的识别结果来看：三种资料对雷暴区域的识别存在较大差异。从图中可以明显看出，利用闪电定位资料识别出的雷暴区域虽然处于雷达强回波区和云顶低温区，但与这两者成片、大范围的识别结果不同，闪电资料的识别结果呈小、多、散的特点，并且各个区域在小范围内独自发展，与局部山地雷暴发展特征一致。值得注意的是，由于雷达探测半径限制以及外围雷达回波衰减严重，雷达回波资料在远距离的识别效果较差。

从路径跟踪结果来看，整个雷暴区域的质心移动趋势不明显，换言之，是在相对固定的区域生产、发展、消散。由上一小节闪电定位资料的识别、跟踪结果可知，昆明及周围地区的山地雷暴发生的范围较小；雷暴区域相对稳定，前后时刻质心偏差较小。所以，本节尝试利用昆明地区的闪电定位资料进行外推预警。图 5.26 为从 16:00 时开始的 1 h 内 6 个独立雷暴区域的外推结果，图 5.27 为外推结果验证。

从闪电资料的外推及验证结果来看，雷暴区域面积越大，外推时间越长，外推效果越差。在外推结果与跟踪结果半小时之内的质心差异不大，轨迹较吻合，也有较大的重合面积；1 h 的质心误差很大，轨迹已偏移，重合面积也很小。所以，对于昆明及周围地区的小范围局部山地雷暴，闪电定位资料在半小时内有不错的预警效果。此外，雷达回波、云顶亮温资料的外推及验证结果如图 5.28、图 5.29、图 5.30 所示。

5.4 雷暴识别、跟踪结果分析

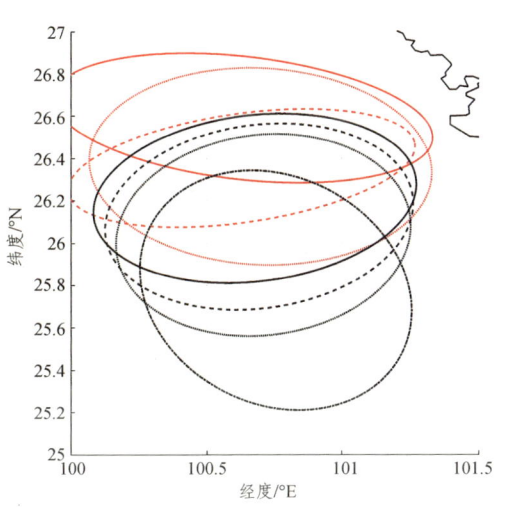
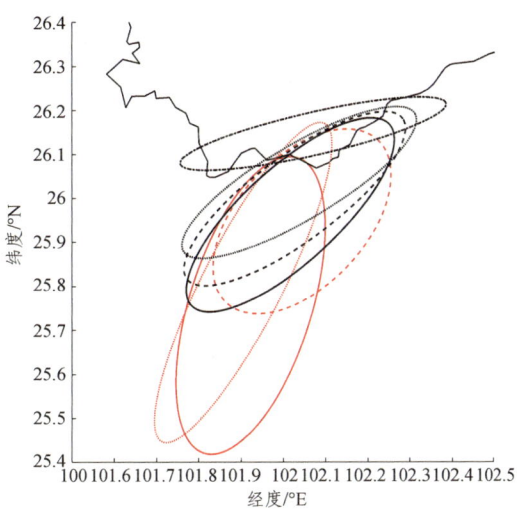
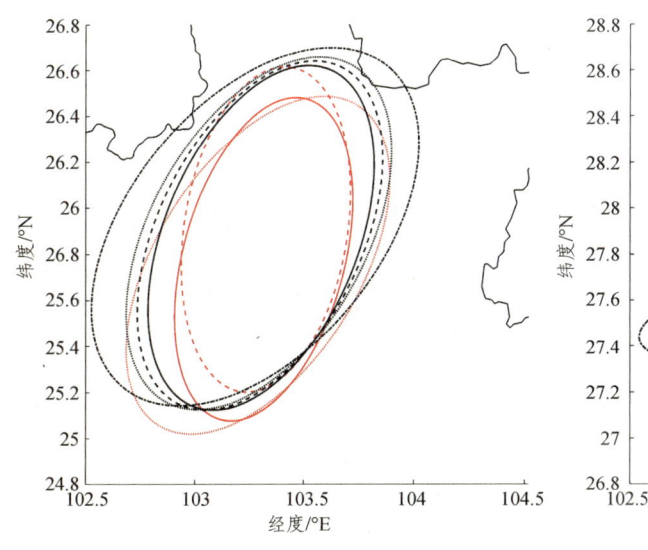
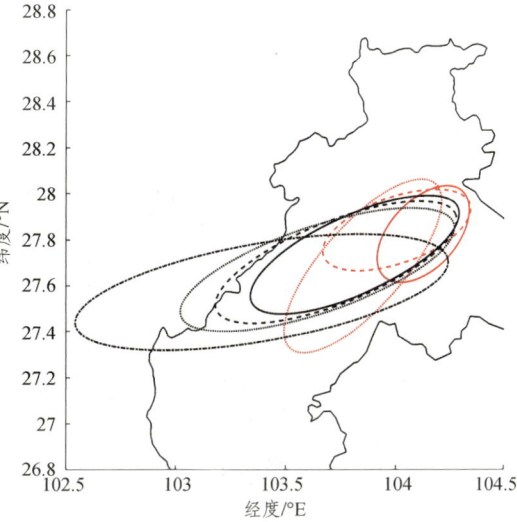

第 5 章 雷电临近预警方法

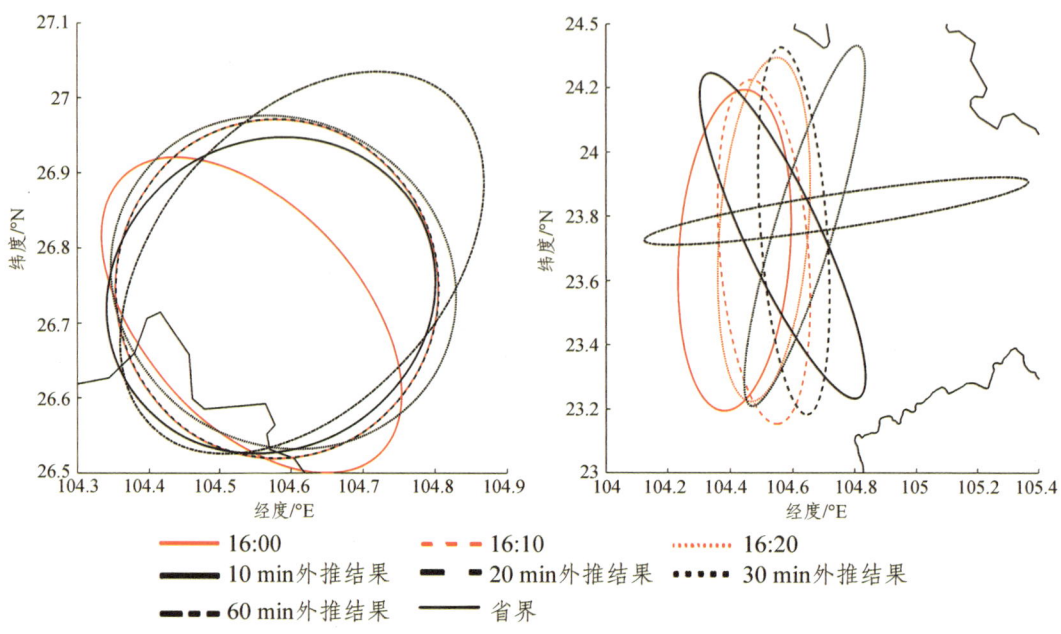

图 5.26 16:00 时刻闪电资料外推结果示意图

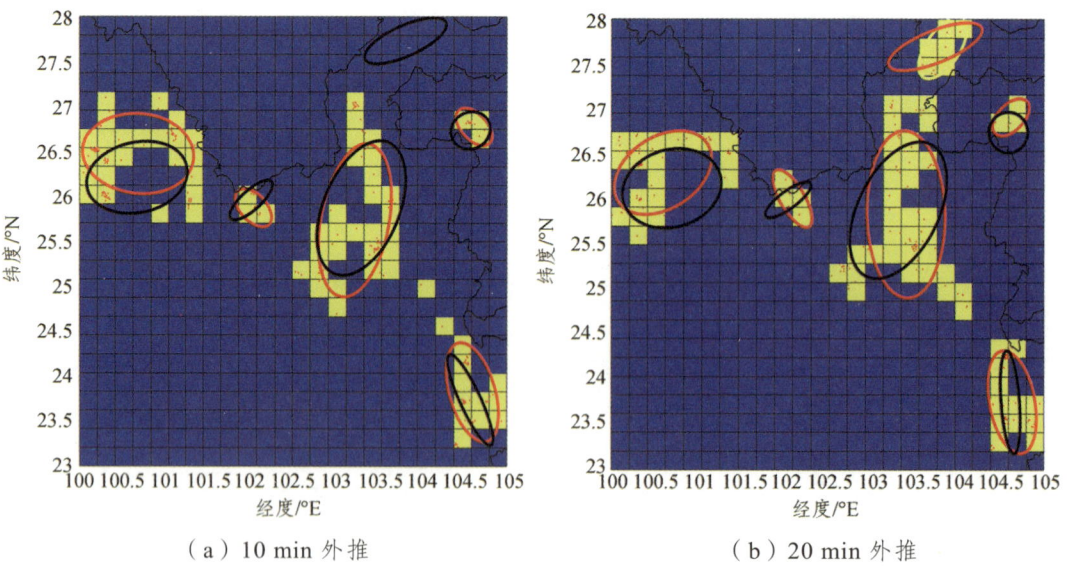

（a）10 min 外推   （b）20 min 外推

5.4 雷暴识别、跟踪结果分析

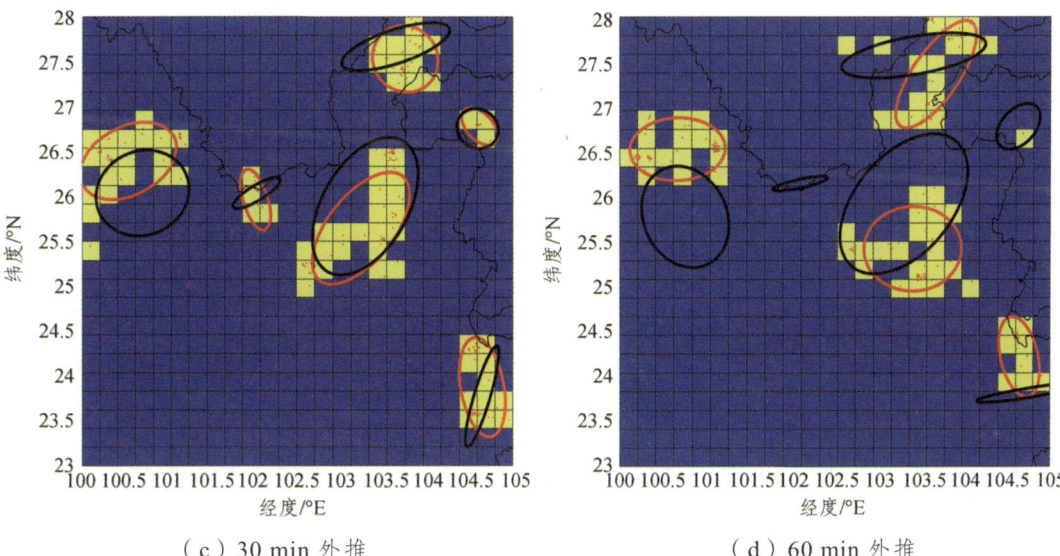

（c）30 min 外推　　　　　　　　　　　　（d）60 min 外推

图 5.27　闪电资料外推结果验证

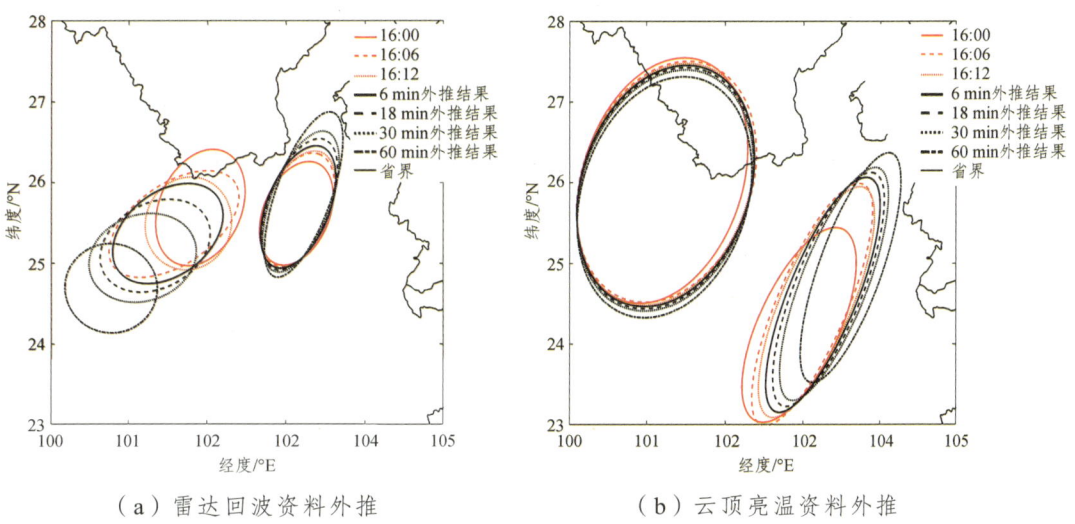

（a）雷达回波资料外推　　　　　　　　　　（b）云顶亮温资料外推

图 5.28　16:00 时刻外推结果示意图

263

第 5 章 雷电临近预警方法

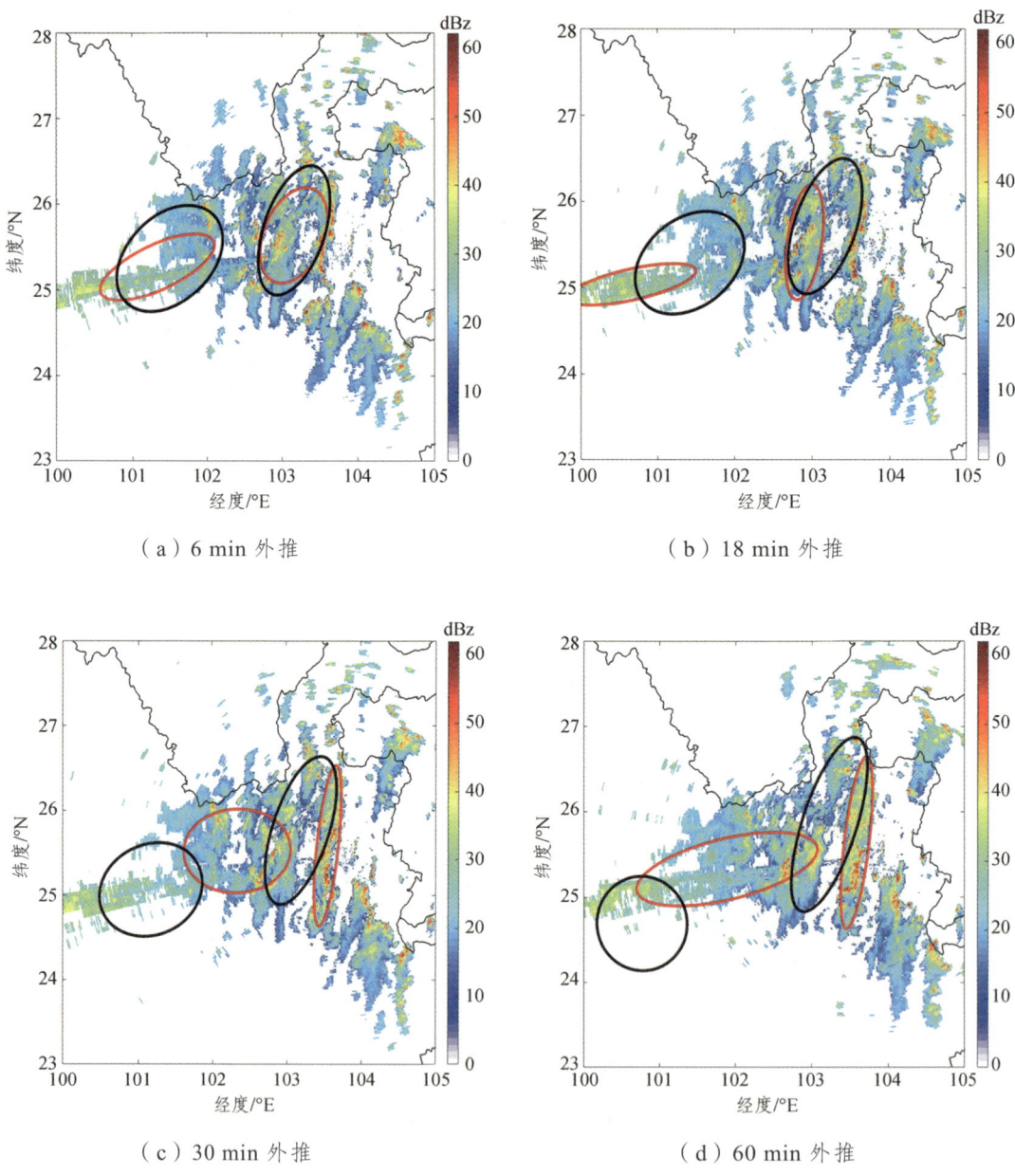

(a) 6 min 外推

(b) 18 min 外推

(c) 30 min 外推

(d) 60 min 外推

图 5.29 雷达回波资料外推结果验证

5.4 雷暴识别、跟踪结果分析

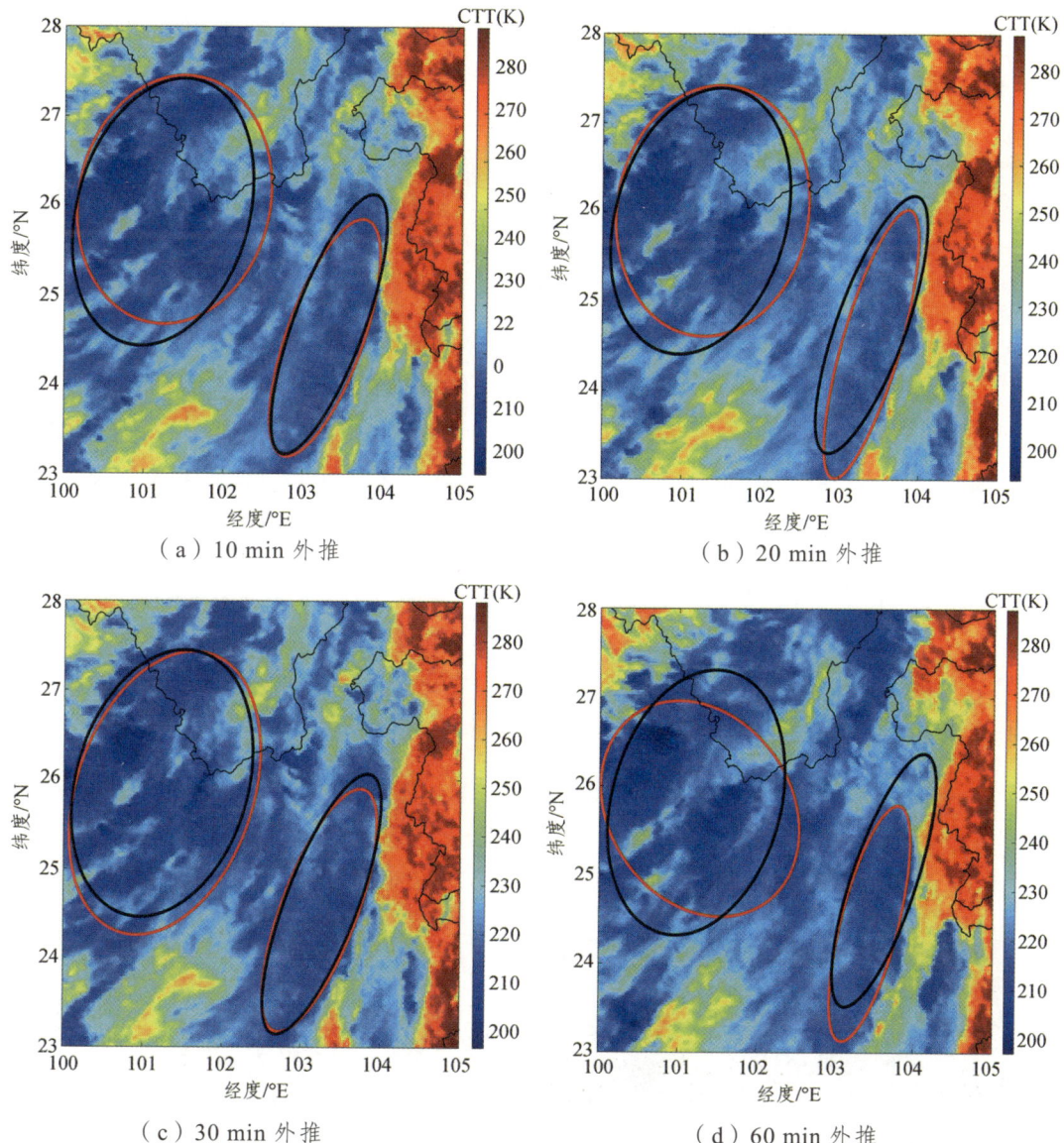

（a）10 min 外推　　　　　　　　　（b）20 min 外推

（c）30 min 外推　　　　　　　　　（d）60 min 外推

图 5.30　云顶亮温资料外推结果验证

从两种资料的外推结果可以看出，云顶亮温资料的外推结果在 1 h 内的质心误差、轨迹偏移都不大，与跟踪结果的面积重合度也较高，外推预警效果明显优于雷达资料。昆明地区雷达资料外推结果之所以较差，主要是因为雷达探测范围受限，且在雷达探测范围边缘对云团的衰减很大，导致远距离的云团探测质量很差；另一方面，应该是

第 5 章 雷电临近预警方法

受山地的影响，雷达回波平面上存在断断续续的盲区，这也较大程度影响了识别雷暴区域的效果。因此，昆明地区更适合用卫星云顶亮温资料做外推预警。

5.5 两种资料结果对比

根据闪电与雷达回波的叠加图，发现闪电集中发生在组合反射率大于 40 dBZ 的回波区，所以本书利用 TITAN 算法，设置最低回波强度为 40 dBZ，最小面积为 50 km^2，对满足条件的区域进行识别，识别结果如图 5.31 和图 5.32 所示。对比两个时刻的雷达强回波区和闪电高密度区的识别结果可以发现：利用 TITAN 算法，能对闪电高密度区和雷达强回波区进行很好的识别。识别结果存在差异：对于发展旺盛的单体（单体 2），雷达强回波区与闪电高密度区质心位置相差较小；而对于刚刚发展的单体（单体 1），雷达强回波区与闪电高密度区质心位置相差较大。

图 5.32 为单体 1 的闪电高密度区和雷达强回波区在 14:18—15:24 的跟踪结果。图 5.32（a）为闪电高密度区跟踪情况，蓝色的圆圈代表最后一个时刻（15:18—15:24）地闪的位置。图 5.32（b）为雷达强回波跟踪情况。从图中可以看出，在短时间内，两者都呈直线移动。对比左右两幅图，发现在同一时刻雷达强回波识别的区域比闪电高密度区识别的区域大，但区域的质心位置比较接近。同样图 5.33 为单体 2 的闪电高密度区和雷达强回波区跟踪的结果，单体 2 发展的比较旺盛，此时地闪活动较频繁。

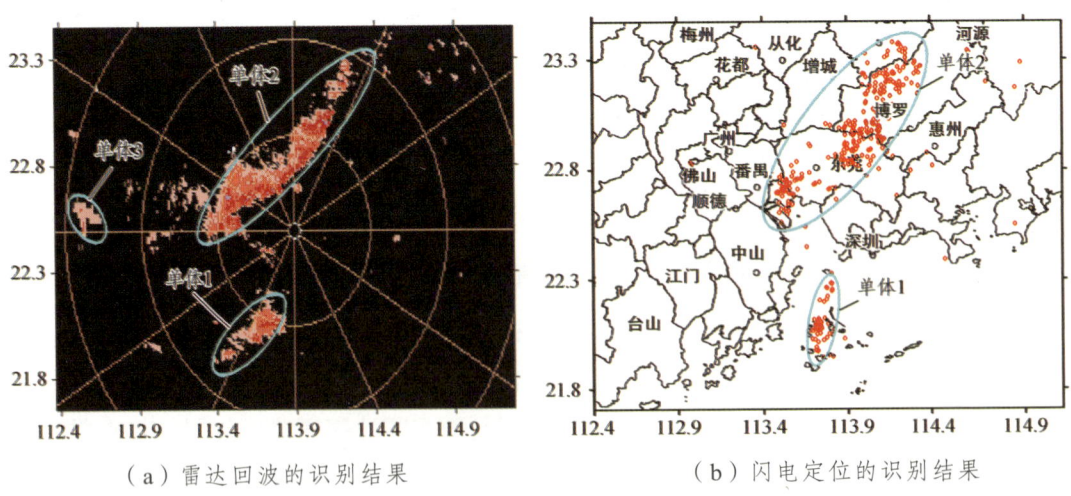

（a）雷达回波的识别结果　　　　　　（b）闪电定位的识别结果

5.5 两种资料结果对比

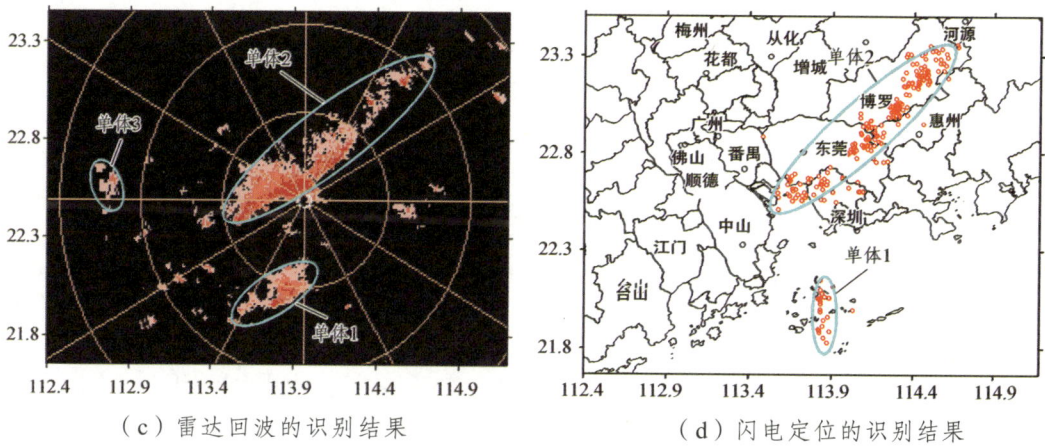

（c）雷达回波的识别结果　　　　　（d）闪电定位的识别结果

图 5.31　2012 年 4 月 27 日 14:42 雷达强回波和闪电高密度区识别结果

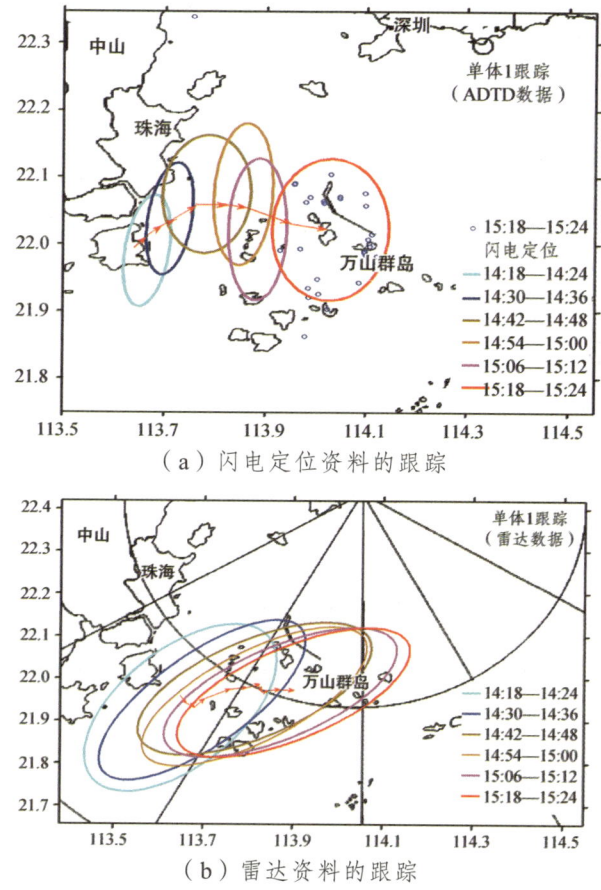

（a）闪电定位资料的跟踪

（b）雷达资料的跟踪

图 5.32　单体 1 闪电定位和雷达强回波的跟踪

第 5 章 雷电临近预警方法

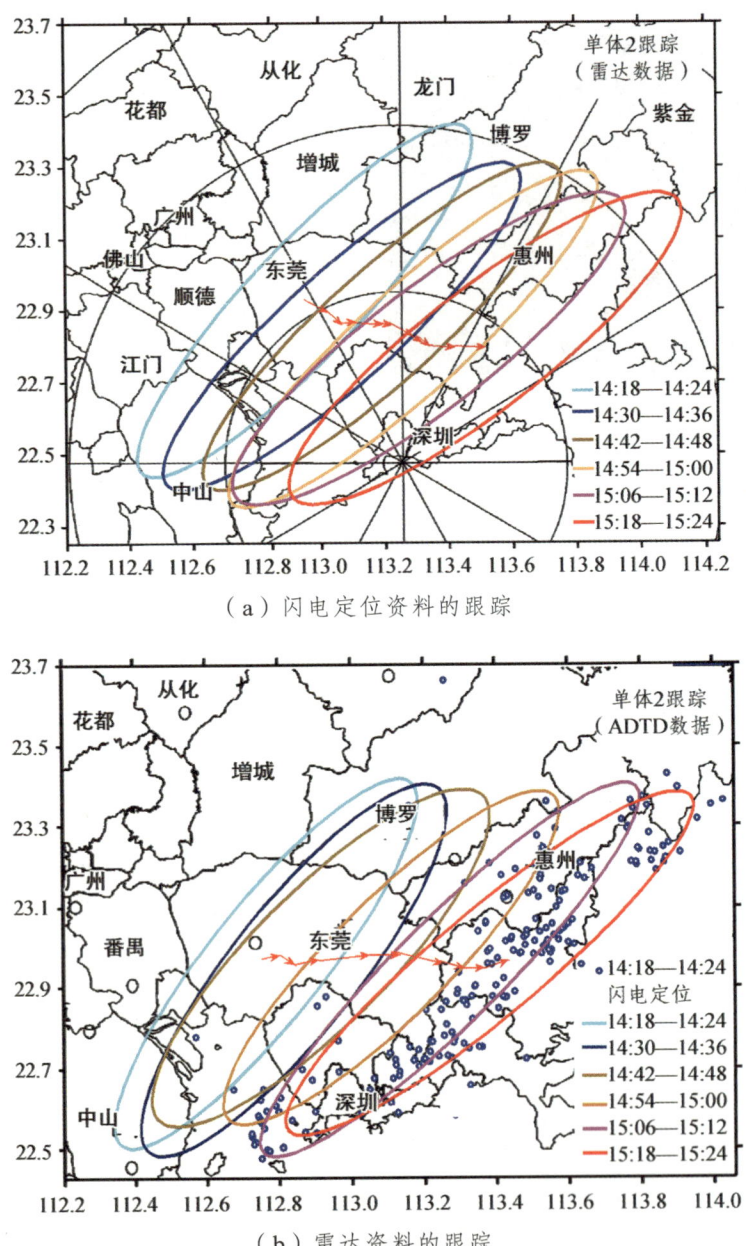

(a) 闪电定位资料的跟踪

(b) 雷达资料的跟踪

图 5.33　单体 2 闪电定位和雷达强回波的识别跟踪

采用 TITAN 算法能很好地识别出雷达强回波区域和闪电高密度区域，且在短时间内单体以直线移动，所以下面采用 Holt 双参数线性平滑算法对两种资料进行外推。图

5.5 两种资料结果对比

5.34、图 5.35 分别是对单体 1 和单体 2 的识别、跟踪和外推结果。其中，识别跟踪的时间段为 14:24—15:00，从 15:00 开始外推。将单体 1 的闪电高密度区与雷达强回波区的外推结果对比，发现闪电高密度区的中心先是往东北方向移动，在 15:00 时单体开始向东南方向移动，而雷达强回波区则是一直在向东偏北方向移动。另外，外推出的闪电高密度区的范围比雷达外推范围小，且落后于雷达强回波区，但从整个过程来看，闪电高密度区与强雷达回波区外推结果表现出较好的对应关系。

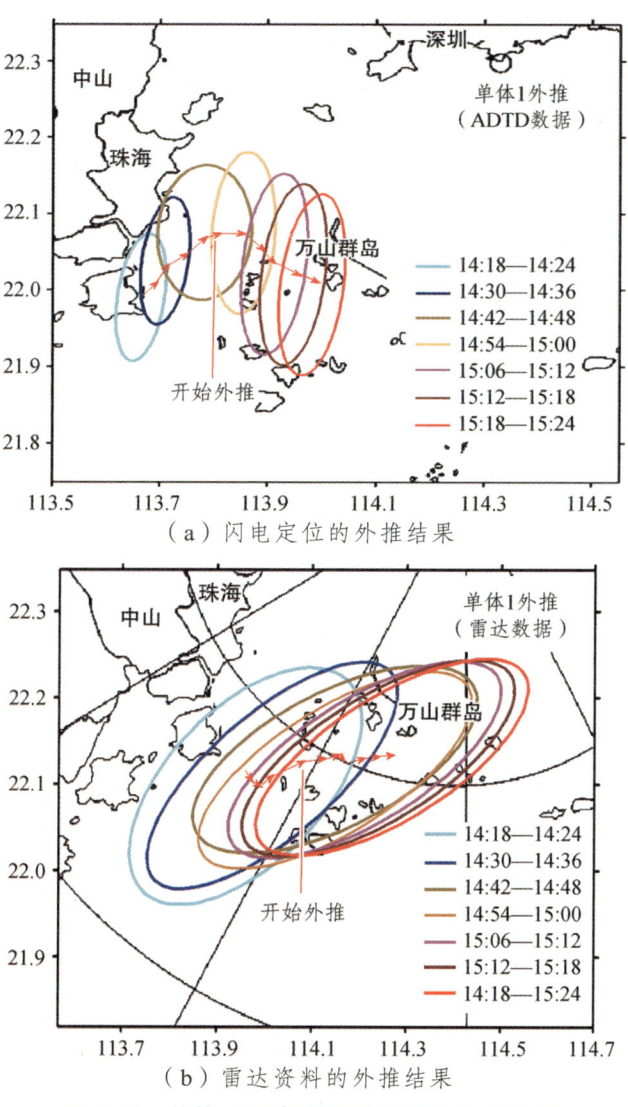

(a) 闪电定位的外推结果

(b) 雷达资料的外推结果

图 5.34 单体 1 闪电定位和雷达的外推结果

第 5 章 雷电临近预警方法

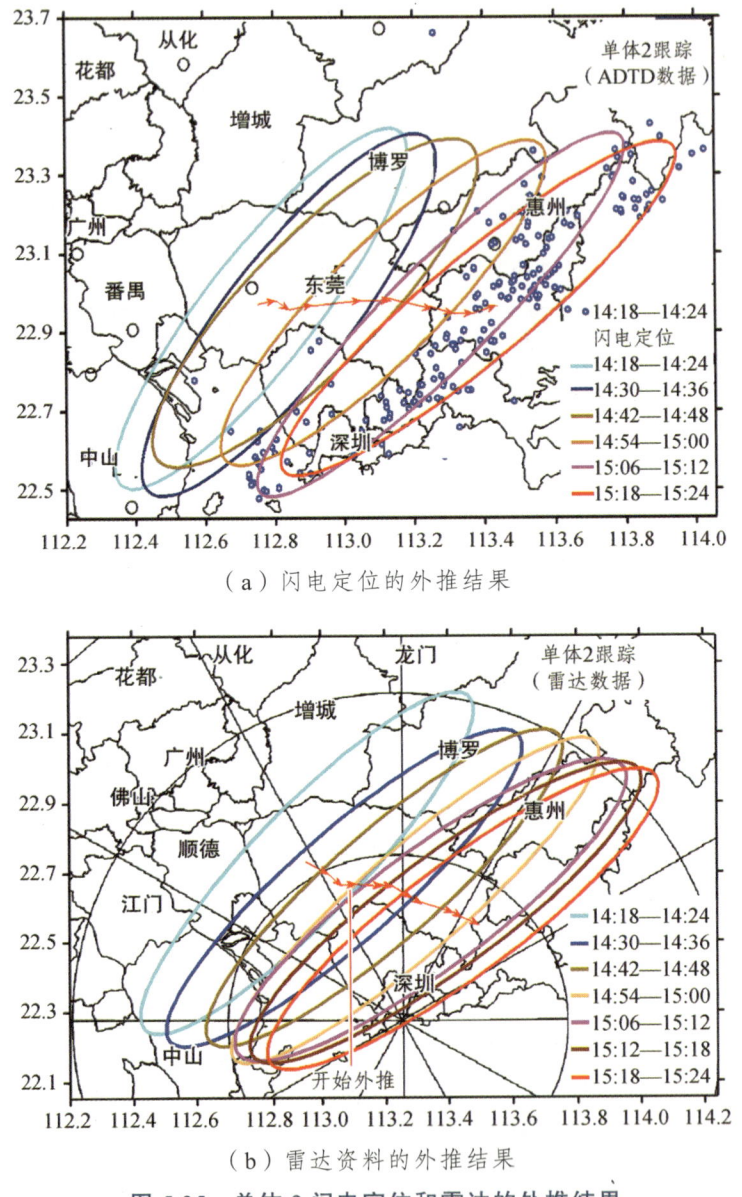

(a) 闪电定位的外推结果

(b) 雷达资料的外推结果

图 5.35 单体 2 闪电定位和雷达的外推结果

为了较直观地对外推效果进行评估，这里以闪电定位系统探测到的闪电数据为依据，比较闪电高密度区、雷达强回波区的外推质心与真实闪电定位探测到的单体质心之间的误差进行对比分析。

图 5.36（a）和图 5.36（b）分别为闪电高密度区和雷达强回波区在不同时刻开始

5.5 两种资料结果对比

外推时,外推不同时长的质心误差的统计情况。从这两幅图中可以看出:① 基于同一组数据外推时,外推的时间越长,质心误差越大。外推误差随外推时间急速增长。② 预报的越晚,误差越小,也就是说我们根据越多的识别结果进行外推时,外推的误差越小。图 5.36 是对单体 2 的闪电高密度区和雷达强回波区在不同时刻开始外推时,外推不同时长的质心误差的统计结果。图 5.37 的曲线变化情况与图 5.36 相似。

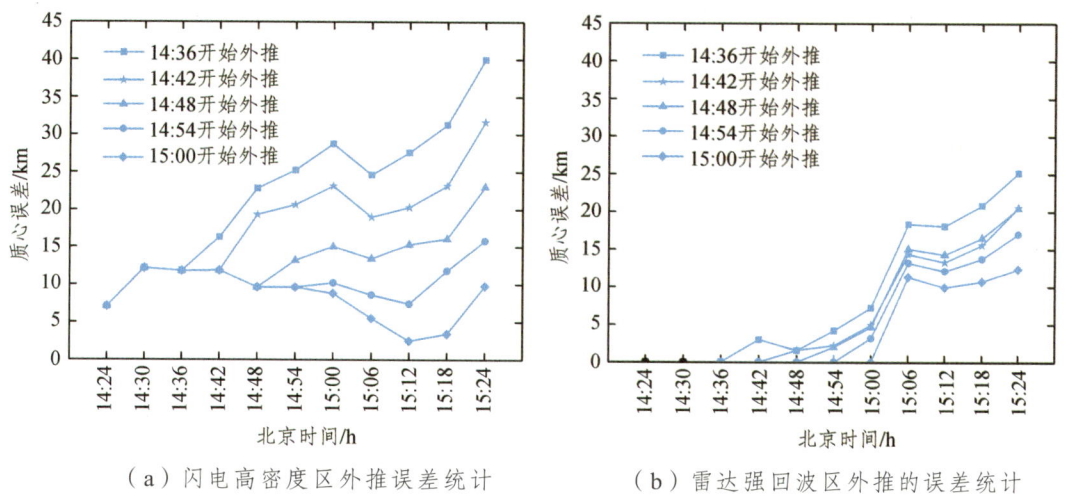

(a) 闪电高密度区外推误差统计　　(b) 雷达强回波区外推的误差统计

图 5.36　单体 1 外推不同时间段的误差统计

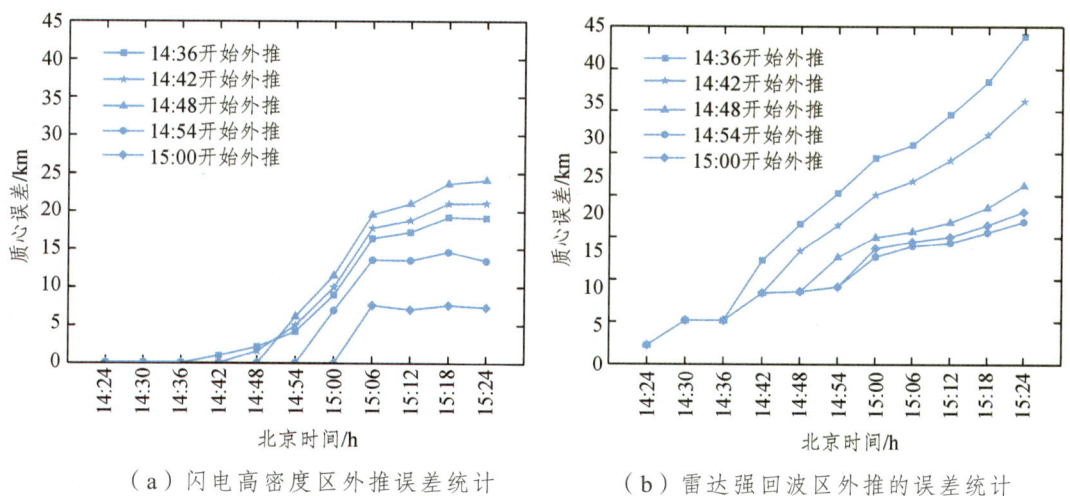

(a) 闪电高密度区外推误差统计　　(b) 雷达强回波区外推的误差统计

图 5.37　单体 2 外推不同时间段的误差统计

5.6 基于雷达资料的雷电预警方法

通常，闪电周围空间区域所达到的回波的百分比随着雷达回波阈值的增大而减小，而且其在 30~40 dBZ 后迅速减小。在 2~11 km 高度上达到 30 dBZ 的闪电比例为 70%~80%，在 2~11 km 高度上达到 35 dBZ 的闪电比例为 60%~80%。同时，值得注意的是，这些闪电在 5 km 高度的雷达回波的百分比远远大于其他高度，其次为 6 km。5~6 km 高度在云南地区为 -10~0 ℃ 的温度层内，这些高度为零度层亮带以及非感应起电机制中冰晶和霰碰撞后携带不同极性电荷的翻转温度区，是雷暴起电的一个特征区域。然而值得注意的是，有闪电发生的雷暴云，其上空的雷暴云不一定充满所有高度，其会出现"断层"现象，例如，雷暴云可能在 8 km 高度的雷达回波较小而在其他高度的雷达回波较大。同时，不同高度上雷达回波达到 25~40 dBZ 的比例还是相当高的，其可以利用某些高度达到某阈值来进行雷电预警，而对于小回波值，其预警可能探测概率会较高，但是其虚警率也会很高。

Stolzenburg 等查阅了所有已知的穿越超级单体电场探空资料发现，超级单体上升气流区的电场结构比较简单，一般有三个电荷区，正负极交替，最下方为正电荷；上升气流外电荷结构一般比上升气流复杂，其有超过 3 个明显的电荷区。同样，新墨西哥山区单体雷暴的探空结果表明，在对流核内基本电场结构由三个电场峰值组成：一个电场的正峰值位于 5 km 高度，一个中层的负峰值在 6.5 km 高度附近，另一个上层正峰值在 9.5 km 附近。而对于对流区以外的电荷结构，其与超级单体类似，显示了更复杂的电荷结构，至少存在 5 个明显的电荷层。而 MCS 的非对流区在最下层，是正电荷；在该电荷层之上是浅薄的负电荷区；在 4~6 km 高度是在该负电荷之上的一个电荷密集的正电荷层，然后是等密度的负电荷层。一些大的闪电相关的电场变化通常发生在云体中主要负电荷区和其上深厚的正电荷区之间。由以上超级单体、单体雷暴、MCS 对流区和非对流区的电场探空和闪电发生位置的探测以及分析结果可知，在云下层存在一个正电场，其位于 5 km 以下，其对应约为 0 ℃ 以下温度；5~12 km 以上为多个主正、负电荷交替。由此看到，不同极性电荷区和高度（环境温度）有较好的对应关系，与此同时雷暴云的水成物分布与高度（环境温度）的关系也很密切，因此可以将它们结合起来进行分析。

5.6 基于雷达资料的雷电预警方法

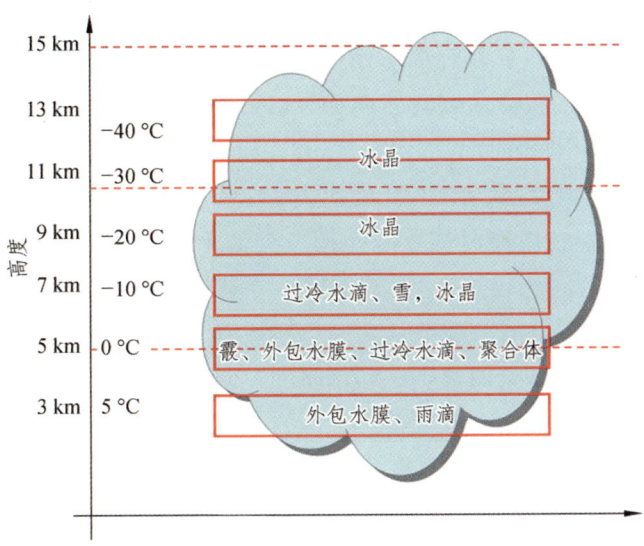

图 5.38 雷暴云的水成物分布与环境温度假设

对于雷暴云，其云内的水成物分布极为复杂，其与雷暴云的上升气流息息相关，不同的雷暴以及雷暴的不同阶段都可能存在较大的差异。然而由于雷暴云的水成物分布受环境温度的影响较大，因此根据温度对其影响进行基本划分，如图 5.38 所示。而环境温度根据统计的探空资料提供。根据环境温度假设 0 °C 为水成物粒子呈液态和固态的分界线，但由于有上升或者下沉气流的存在，在 0 °C 温度周围区域认为其存在霰、外包水膜、过冷水滴、聚合体等水成物。而因此对于环境温度高于 0 °C 区域，认为主要为外包水膜和雨滴。而对环境温度低于 0 °C 区域进行如下区分：认为在 0 ~ −10 °C 周围区域，其为过冷水滴、雪和冰晶区域。对于 0 ~ −20 °C 温度区域，由于不同相态粒子在摩擦碰撞下产生电荷，该温度区是非感应起电机制中冰晶和霰碰撞后携带不同极性电荷的翻转温度区，是雷暴起电的一个特征区域。

本书取 3 km（约 5 °C）代表低于 0 °C 的雨滴和外包水膜区域；取 5 km 代表 0 °C 左右的过冷水滴、雪和冰晶混合相态区域；以 7 km 代表过冷水滴、雪和冰晶等混合相态区域，而 9 km 和 11 km 代表更高高度的冰晶区域。同时，为了寻找这些高度上的最优雷达回波阈值，研究这些不同高度上的不同阈值对雷暴的首次地闪进行尝试预警。其中结果如下：3 km、5 km、7 km、9 km 和 11 km 高度的最优预警阈值分别为 40 dBZ、35 dBZ、22.5 dBZ 和 10 dBZ，而最优的回波顶高 ET 为 9 km。这些结果与很多学者利用不同高度上的不同雷达回波阈值进行预警的研究结果类似。

第 5 章 雷电临近预警方法

由于这些高度的雷达回波象征了不同的水成物粒子情况,同时其与雷暴云的电荷结构息息相关,因此将 6 个参数都运用于预警中,发现当雷暴云同时到达 5 km 为 40 dBZ、7 km 为 30 dBZ 和雷达回波顶高为 8 km 时最优,其得到的 CSI 为 76%,POD 为 94%,FAR 为 19%,预警时间 FT 为 15 min。而对于 3 km、9 km 和 11 km 这三个参数,其并不在其中。分析原因,3 km 高度代表了云下部温度大于 0 ℃ 区域的粒子情况,其对于闪电发生只有存在电荷时候才起作用(类似于三极性电荷结构的下部正电荷,但该正电荷区域存在时间比较短)。但是事实上,特别是降水天气 0 ℃ 以下的雷达回波强度很大,但是其与闪电的关系不是太大。9 km 和 11 km 高度较高,在对流强度不大的雷暴云中,其很难有足够量的粒子达到该高度。同时,由于天气降水雷达的探测本身的局限,由于冰晶粒子尺度小,天气雷达(测雨雷达)可能不能完全探测到其存在。

闪电上空周围区域 5 km 高度的雷达回波的百分比远远大于其他高度,而该高度有 80%的闪电有大于 30 dBZ 的回波。因此闪电发生时,该高度有较大的概率大于 30 dBZ 的雷达回波。同时,5 km 以及 7 km 为雷暴的混合相态粒子区域,雷达对其探测较为充分,而且其在雷暴云起电的一个特征区域。

雷电的发生与对流系统的发展有十分密切的关系。利用天气雷达可以实时监测、分析雷暴的结构,特别是它的立体结构,能够提供雷电发生的可能性。我们在众多雷达回波资料中挑选了几个比较关键的特征参数:云顶高度(CT)、3 km CAPPI 反射率(REF3)、垂直最强反射率(MAX)和垂直云水积分(VIL),得到回归方程:

$$雷电概率 = -0.298 - 0.221\text{REF3} + 0.311\text{CT} + 0.340\text{VIL} + 0.106\text{MAX} \tag{5.33}$$

或者,根据不同地区的强对流天气过程特征,采取双阈值算法进行雷电短临预警,具体方案如下:

(1)双回波强度阈值:T_1 和 T_2,$T_1 < T_2$,例如可分别选为 30 dBZ 和 45 dBZ。采用 AITEA 对雷达回波强度不低于 T_1 的区域进行识别、跟踪和预测(基本反射率和组合反射率均可),在这些区域中如果存在回波强度不低于 T_2 的格点,则认为该区域有可能发生闪电,预警提前时间为 t_F。从最后一个时次开始,在跟踪结果中往前搜索一直符合上述条件的区域,设该区域符合上述条件的最早时刻为 t_0,则预测 $t_0 + t_F$ 之后该区域可能发生闪电。

(2)T 温度层高度上的回波强度阈值 T:同样,首先采用 AITEA 对回波强度不低于 TI(可取为 30 dBZ)的区域进行识别、跟踪和预测(基本反射率和组合反射率均可),

如果某个区域位置对应的 T 温度层高度 $H(T)$（由探空资料获得）上的基本反射率有超过 T 的，则认为该区域有可能发生闪电，预警提前时间为 t_F。后面的处理与（1）类似。温度 t 可取为 $-10\ ℃$，T 可取为 $40\ dBZ$，对于地闪的预警，Gremillion 和 Orville（1999）分析得到的 t_F 为 $7.5\ min$。

依据前面提取的雷电预警因子，通过对各指标的预警效果做进一步分析后，将雷暴天气雷电预警的具体方案和步骤归纳如图 5.39 所示。

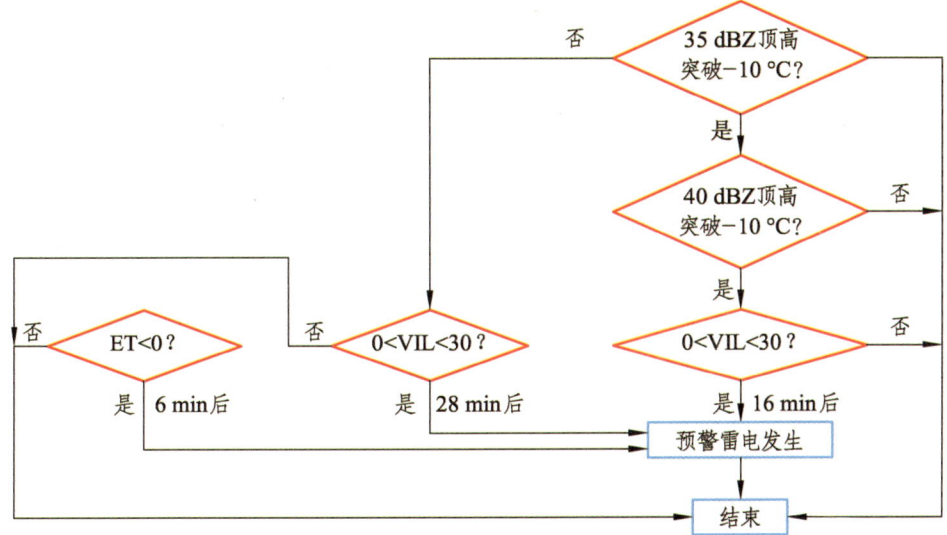

图 5.39　基于雷达资料的 0~2 h 雷电短临预警方案设计

5.7　基于大气电场资料的雷电预警方法

本书对地面大气电场、闪电定位以及雷达等数据分别进行雷电预警，研究其预警方法，寻求最优的预警阈值。基于这些阈值，提出一些综合利用大气平均地面电场、闪电定位和雷达等资料对电场测站一定范围内雷暴云的首次地闪（CG）短时临近的预报方法，以供电场、闪电定位和雷达资料在雷电预警中的研究应用参考。以上对大气电场、闪电定位系统以及雷达数据单独进行预警、雷达数据和大气电场数据融合预警的方法和效果进行了分析。然而，很多情况下，电场数据由于受环境，例如降水等因素影响而造成数据缺失或者错误而不可用。而对于雷达数据，则缺少了雷暴云关于"电"的信息。相比于前两者，闪电定位数据不但反映了雷暴云的电特性，而且具有这些"电"

位置的信息。因此融合闪电定位、电场以及雷达数据进行雷电预警有重要的实际意义。本节内容与上一节不一致的地方为：上一节为在电场数据可用的情况下进行雷达预警，而本节内容为在雷达或闪电定位数据可用情况下进行，也就是说，在电场无可用数据的情况下也进行了预警分析。

5.7.1 预警原理

雷达、闪电定位仪和电场仪能够同时对同一个雷暴活动进行观测。图 5.40 呈现了一雷暴云移近时电场、雷达以及闪电定位仪的观测情况。图中的 ROW 为闪电威胁区域（如图中 CG1），也就是闪电预警区域（Range of Warning，ROW，以电场仪为中心、半径为 15 km 的范围），其也在电场探测有效范围内。在该区域，当雷暴云发生发展时，云中的电荷变化情况可以用大气电场仪进行观测，而雷暴云的相关信息，例如强回波以及雷暴云位置信息，可以通过雷达进行探测。这些信息均可以用于雷电的预警当中。与此同时，雷暴云发生的所有的闪电位置、强度等信息可以通过 LLS 进行观测，此处仅将 LLS 预警作用区域（图中黄色区域，闪电如 CG2）的地闪用于预警。因此采用电场、雷达以及闪电定位数据三种数据存在的时间和空间关系，使得三种数据的结合预警成为可能。雷暴云发生的闪电信息被闪电定位仪所探测，而电场仪探测到雷暴云中电荷情况，它们均可以用来进行雷电预警。但由于这三种数据具有不同性质，由此本章考虑将其量化并通过求它们之间的权重值来融合这些数据。

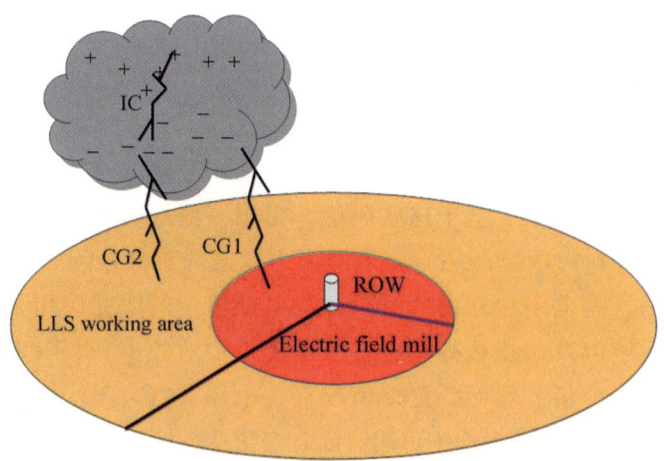

图 5.40 雷电过程的电场、雷达以及闪电定位仪测量

5.7 基于大气电场资料的雷电预警方法

当雷暴云向测站移近或者在测站周围发展时，环境电场直接受这些云电荷影响而达到高幅值，表征雷暴云电荷积累了一定量电荷，发生闪电的概率将增大，因此可以用电场幅值来预警。由上面大气电场单独进行预警的结果表明，1 kV/m 的预警是比较适合观测区的电场阈值。为了研究不同阈值在雷电预警中的效果，我们将 0~3 kV/m 的大气电场幅值作为研究对象，并将其线性量化为 0~1，超过 3 kV/m 的电场均被量化为 1。

同样，大气电场在晴天天气下除了幅值较小，其变化是缓慢的，而当在雷暴云天气情况下，雷暴云放电（地闪或者云闪）会造成电荷的突然变化，大气电场仪会探测这些变化而表现为大气电场的跳动现象。因此雷暴云的云闪及在 ROW 外发生的地闪造成的电场跳动是雷电预警的一个重要指标。这些跳动用差分法进行描述，之前的分析发现 0.15 kV/m 是最佳的差分阈值。与电场阈值法类似，我们将 0~0.3 kV/m 的大气电场差分幅值作为研究对象，并将其线性量化为 0~1，超过 0.3 kV/m 的差分电场均被量化为 1。

对于电场数据预警，如上面所说，由于电场数据幅值和差分幅值分别反映测站周围的电荷不同特征，它们作为两个不同阈值进行分析。对于闪电定位数据，在 LLS 作用区域的闪电信息将被用于雷电预警中。如果有闪电发生在 ROW 区域外，其预示着在 ROW 也有较大的概率发生闪电，且该概率与这些闪电闪击点和 ROW 之间的距离有关。与闪电定位数据的雷电预警情况一致，将电场测站外的 15~40 km 的闪电信息用于雷电预警中，并将其量化为 0~1。

由于存在 LLS 和电场数据，为了增长预警时间，只将电场测站 ROW 内高于 2 km（为了避免地物回波等杂波）的最大雷达回波用于预警中。首先计算出 ROW 内高于 2 km 的最大雷达回波值，认为该雷达回波值代表了 ROW 的雷达回波状况，然后将 0~40 dBZ 范围的雷达回波值量化（以 2.5 dBZ 为一个等级）为 0~1，如果雷达回波大于 40 dBZ，则其量化值为 1。

5.7.2 首次闪电预报方法

由于大气电场仪是一种无定向探测设备，缺乏直观性，无法探知雷暴发生的具体方位，而且对环境因素引起电荷变化非常敏感。由以上分析得知，单独用电场资料进行预警，无论是 EFAT 还是 EFDT，是幅值法还是极性反转法，其得到的预警效果都较差。天气雷达能反映雷暴云结构、对流强弱等发展情况，同时其能对雷暴云进行定位和预警闪电作用。两者资料的结合能够较好地互补，降低电场资料预警的虚警率。综合以上电场阈值，利用电场数据结合雷达等资料对 ROW 内首次地闪（CG）进行预报。

雷电预警流程图如图 5.41 所示。首先判断反映云电荷情况的电场资料是否达 EFAT 或者 EFDT。如果满足，此时认为云中电荷量较大发生闪电的概率较大，则判断 EFAT 或者 EFDT 达到时刻之前的雷达资料是否达到了雷达预警阈值（Radar Forecasting Threshold，RFT）。如果雷达资料达到 RFT，则发出预警；如果未达要求，则继续查看下一体扫的雷达回波情况，直到发出预警或者 EFAT 以及 EFDT 取消为止。假定某测站电场触发预警之后 30 min 内再无电场达到阈值（EFAT + EFDT），则认为电场阈值取消。如果一个 EFAT 或者 EFDT 被触发后 30 min 内无其他电场预警的阈值被触发，则认为该雷暴结束。

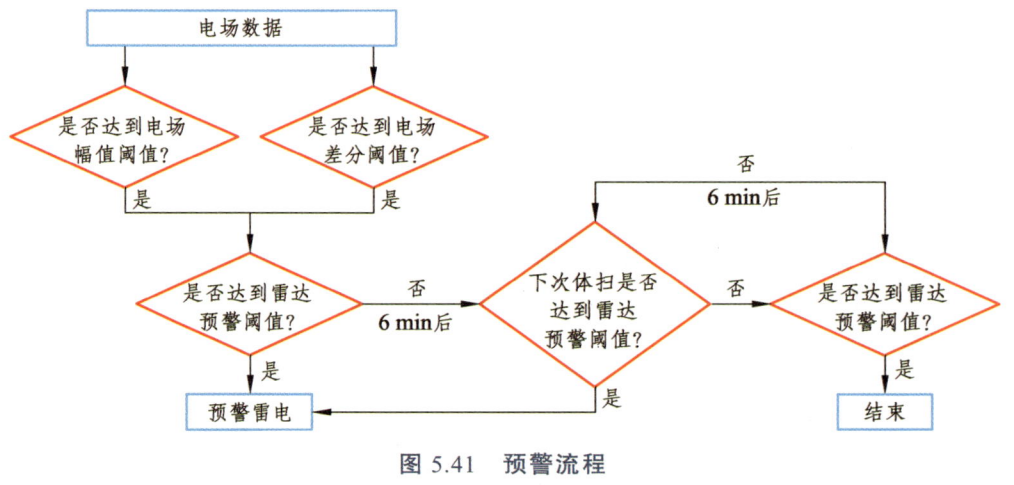

图 5.41　预警流程

5.8　基于多源异构资料的雷电综合预警

结合雷达资料、卫星资料、雷电定位资料、地面电场资料、探空等观测资料，采用多参数、多算法集成方法研究雷电预警预报技术，建立雷电临近预警预报服务系统，具体技术路线如图 5.42 所示。同时实现地面电场仪、雷电定位仪、雷达和卫星等观测资料的综合显示和分析，进而采用综合预报方法给出 0～2 h 内可能发生雷电的区域以及雷电发生概率等预报产品，为重点区域提供雷电预警服务。

5.9 雷电临近预警系统开发

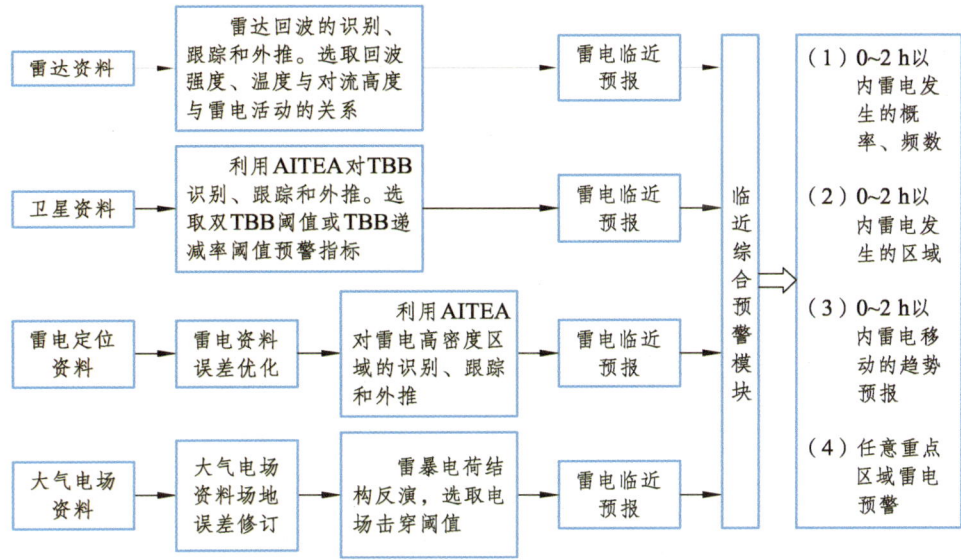

图 5.42 基于资料外推算法的雷电临近综合预警

5.9 雷电临近预警系统开发

5.9.1 雷达数据处理模块

雷达资料处理模块由雷达基数据处理模块、产品处理模块、三维雷达拼图模块、雷达回波外推模块、雷达环境因子提取模块、雷电预警算法模块 6 个模块组成，如图 5.43 所示。

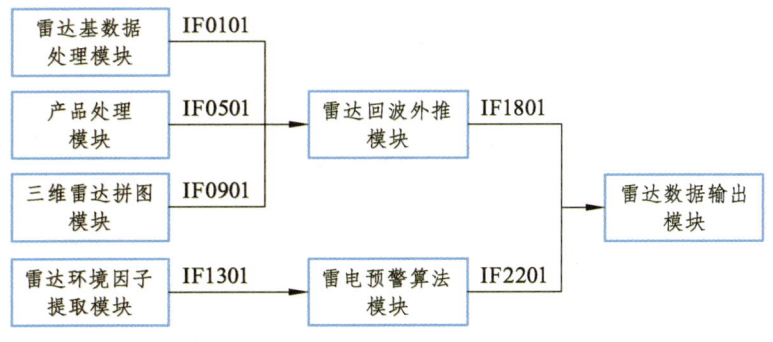

图 5.43 雷达资料处理模块接口图

利用各特征区域，如回波峰值、谷值及脊型的识别，表征回波的运动状态。考虑峰谷等参数值的演变形态，追踪回波区运动形式。考虑各特征区域的相对运动，总体进行运动轨迹速度、加速度的测算。根据回波区总体速度、加速度及发展趋势，进行近距离的有限外推，进行高度精确的雷电预警。

5.9.2 基于雷电定位资料的临近预警模块

随着全国地闪定位站网和局部地区总闪定位系统的建设，雷电资料在雷电预警中将起到越来越重要的作用。雷电定位资料的预警功能主要体现在高密度区的识别、跟踪和外推。雷电定位资料在雷电预警系统中有两个关键的算法：区域识别、跟踪和外推算法（Area Identification，Tracking and Extrapolating Algorithm，AITEA）。雷电定位资料的临近预警模块包括雷电定位资料误差处理模块、高密度区域识别模块、单高密度区跟踪和外推算法模块、多高密度区跟踪和外推算法模块、雷电高密度集中区合并和分裂处理模块 5 个模块，如图 5.44 所示。

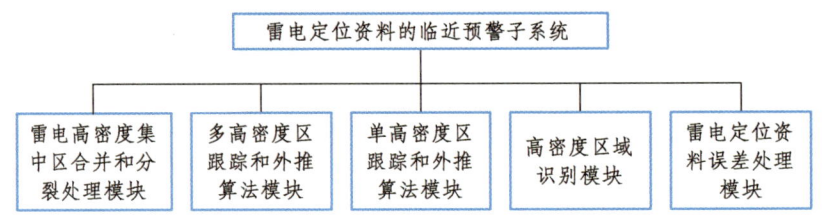

图 5.44　雷电定位资料的临近预警模块成图

模块与模块之间为并行计算关系，输出参量均为格点化的标准数据流，不存在多余流程关系。雷电定位资料的临近预警模块与各个模块间的接口如图 5.45、表 5.4 所示。

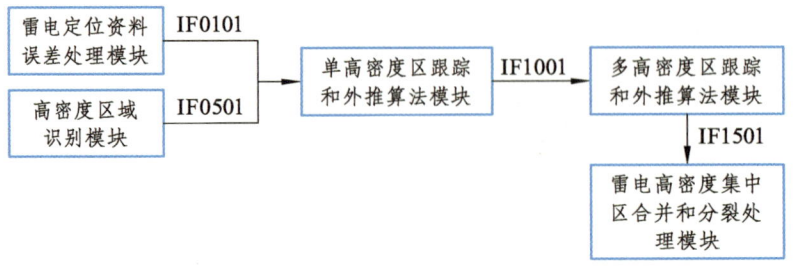

图 5.45　雷电定位资料的临近预警模块接口图

5.9 雷电临近预警系统开发

表 5.4　雷电定位资料的临近预警模块接口表

接口关系	信息类别	接口内容
IF0101	数据流	气象数据集
IF0501	数据流	气象数据集
IF1001	数据流	气象数据集
IF1501	数据流	统一分辨率网格数据

（1）高密度区域识别模块。本模块对数据进行网格平均，进而识别高密度区域，进一步进行更小网格的区域处理，得出较高精度的高密度区域位置信息。其输入如表 5.5 所示。

表 5.5　高密度区域识别模块输入

序号	名称	格式	数据类型	周期	描述
1	闪电定位数据	Data	二进制	1 min	修正后的闪电定位数据

数据分析。对闪电定位数据进行网格平均，进而识别高密度区域，进一步进行更小网格的区域处理。其输出如表 5.6 所示。

表 5.6　高密度区域识别模块输出

序号	名称	格式	数据类型	周期	描述
1	闪电密度数据	Data	二进制	1 min	统计得到的闪电密度

（2）单或多高密度区跟踪和外推算法模块。该模块实现单高密度区和多高密度区的主要特征识别和追踪，并根据速度、加速度测算进行外推。其输入如表 5.7 所示。

表 5.7　单或多高密度区跟踪和外推算法模块输入

序号	名称	格式	数据类型	周期	描述
1	闪电密度数据	Data	二进制	1 min	统计得到的闪电密度

对雷电定位资料进行分析，计算闪电密度，对闪电密度进行格点化，随后识别出单高密度区和多高密度区，并进行追踪，计算速度和加速度，根据速度加速度测算进行外推。其输出如表 5.8 所示。

表 5.8　单或多高密度区跟踪和外推算法模块输出

序号	名称	格式	数据类型	周期	描述
1	高密度区运动特征数据	Data	二进制	1 min	外推得到的单高密度区和多高密度区的主要特征识别和追踪

（3）雷电高密度集中区合并和分裂处理模块。高密度区的主要特征变化标志着高密区的演化，并夹杂合并和分裂等过程，根据实际资料的演化可以判断高密区的发展趋势，进一步为预警提供更精确的数据支持。其输入如表 5.9 所示。

表 5.9　雷电高密度集中区合并和分裂处理模块输入

序号	名称	格式	数据类型	周期	描述
1	高密度区运动特征数据	Data	二进制	1 min	外推得到的单高密度区和多高密度区的主要特征识别和追踪

数据分析。根据计算得到的闪电密度，分析单高密度区和多高密度区的发展趋势，从而预测闪电高密度区位置。其输出如表 5.10 所示。

表 5.10　雷电高密度集中区合并和分裂处理模块输出

序号	名称	格式	数据类型	周期	描述
1	高密度区发展趋势	Data	二进制	1 min	根据实时闪电资料分析得到的高密区的发展趋势

5.9.3　基于地面大气电场资料的雷电预警处理模块

大气电场仪是用来测量大气电场强度和极性变化的仪器，可用来对晴天、阴天或雷暴等天气过程的地面电场进行测量。测量结果对雷电监测预警业务是非常重要的。电场仪的探测半径为 10~15 km。严格来说，电场仪测量的是空间所有电荷和地面建筑物尖端感应电荷产生的准静电总和。不过，在雷暴天气，大气电场仪的测量结果主要来自空中 3~4 km 以上的雷暴云电荷。因此，利用电场仪的测量数据可以进行很好的雷电预警预报。只不过其测量结果存在误差，需要进行质量控制。其输入如表 5.11 所示。

表 5.11　输入

序号	名称	格式	数据类型	周期	描述
1	地形数据	Data	—	—	局部的高精度地形数据
2	大气电场	Data	二进制	2 h	测量得到的大气电场数据

5.9 雷电临近预警系统开发

数据处理如下：

利用卫星遥感数据获取高分辨率地形地貌数据，便于利用三维 FDTD 技术仿真雷电不同频段电磁场传播规律，空间水平分辨率为 200 m × 200 m，垂直分辨率为 30 m × 30 m。由于计算时间的限制，如果利用均匀网格计算远距离雷电电磁辐射传播特征是非常耗时的，或者是几乎无法计算。有限元计算可以根据不同地形地貌的复杂状态，采取合适的网格剖分计算，对雷电探测基站周围的复杂环境进行网格剖分，空间分辨率为 50 m × 50 m × 30 m。雷电闪击机理涉及静电场和辐射场计算，预测雷电对地面某一物体的闪击概率时，必须借助尖端流光电晕离子演变模型，COMOSOL 软件非常实用，可以根据实际情况采取变网格技术计算微米量级的空间电场变化。时间步长为 0.1 ns，空间步长为 10 μm 渐变为 1 m。对测站周边环境比较空旷的地域，可以采取均匀网格 FDM 算法，该算法简洁，计算效率高。空间分辨率为 1 m × 1 m，时间步长为 0.1 s。根据 2 h 内电场资料，对雷电始发电场阈值进行逻辑判断。正先导的始发阈值设为 0.5 kV/m，正先导的传播阈值设为 0.3 kV/m；负先导的始发阈值设为 1 MV/m，负先导的传播阈值设为 0.8 kV/m。其输出如表 5.12 所示。

表 5.12 输出

序号	名称	格式	数据类型	周期	描述
1	地面电场	Data	二进制	2 h	订正后的地面电场数据
2	雷电始发位置处电场	Data	二进制	2 h	预测得到的雷电始发位置处电场

输出参量均为格点化的标准数据流，不存在多余流程关系。大气电场资料的临近预警模块与各个模块间接口如图 5.46 和表 5.13 所示。

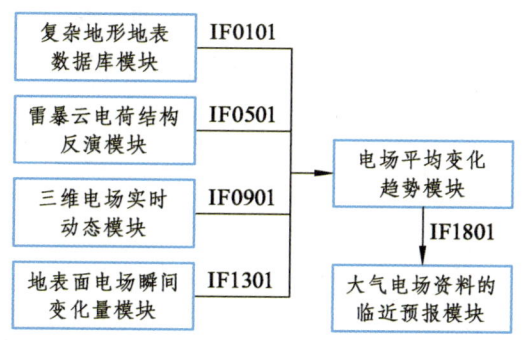

图 5.46 大气电场资料的临近预警模块接口图

表 5.13　大气电场资料的临近预警模块接口表

接口关系	信息类别	接口内容
IF0101	数据流	气象数据集
IF0501	数据流	气象数据集
IF0901	数据流	气象数据集
IF1301	数据流	气象数据集
IF1801	数据流	统一分辨率网格数据

5.9.4　基于卫星资料的雷电预警模块

在地面上监测全球的雷电有很多局限性，而在卫星上装载光学仪器能有效探测全球的雷电活动，如地球静止气象卫星 GOES 携带的闪电图像仪、闪电成像探测器 LIS（Lightning Imaging sensor）、光瞬变信号探测器 OTD 等雷电探测仪器能够对地面雷暴云内雷电活动进行实时监测。大量的卫星闪电探测资料可以作为雷电预警预报的重要依据。输出参量均为格点化的标准数据流，不存在多余流程关系。卫星资料处理模块之间存在接口关系，具体如图 5.47、表 5.14 所示。

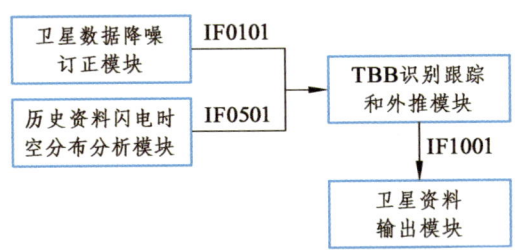

图 5.47　卫星资料处理模块接口图

表 5.14　卫星资料处理模块接口表

接口关系	信息类别	接口内容
IF0101	数据流	气象数据集
IF0501	数据流	气象数据集
IF1001	数据流	统一分辨率网格数据

由于卫星对地观测视域范围有限，注视时间有限，造成短期资料不能覆盖所有区域，可能对该监测区域存在盲区，因此对长期的历史资料进行闪电时空分布分析可以获取监测范围内长期的闪电时空变化特征，如表 5.15 所示。

表 5.15　输入

序号	名称	格式	数据类型	周期	描述
1	闪电资料	Data	二进制	—	历史闪电资料
2	多源卫星资料	Data	二进制	—	多源卫星资料闪电资料

参考文献

[1] ABARCA S F, CORBOSIERO K L, GALARNEAU T J. An evaluation of the Worldwide Lightning Location Network（WWLLN）using the National Lightning Detection Network（NLDN）[Z]. 2020.

[2] AVILA, E E. Charge sign Reversal in Irregular Ice Particle-graupel Collisions[J]. Geophysical Research Letters, 2005, 32（1）: 114-117.

[3] BIAGI C J, CUMMINS K L, KEHOE K E, et al. National Lightning Detection Network（NLDN）performance in southern Arizona, Texas, and Oklahoma in 2003-2004[J]. Journal of Geophysical Research Atmospheres, 2007, 112（D5）: 1435-1440.

[4] BETZ H D. Lightning Detection with 3-D Discrimination of Intracloud and Cloud-to-ground Discharges[J]. Geophysical Research Letters, 2004, 31（11）: L11108.

[5] BETZ H D, SCHMIDT K, LAROCHE P, et al. LINET-An International Lightning Detection Network in Europe[J]. Atmospheric Research, 2009, 91（2）: 564-573.

[6] BETZ H D, SCHMIDT K, FUCHS B, et al. Cloud Lightning: Detection and Utilization for Total Lightning measured in the VLF/LF Regime[J]. Lightning Res, 2007, 2: 1-17.

[7] BUECHLER D E, GOODMAN S J. Echo size and Asymmetry: Impact on NEXRAD storm Identification[J]. monthly Weather Review, 1990, 29: 962-969.

[8] BRANDON R V, LAWRENCE D C, DOUGLAS S, et al. Using WSR-88D Reflectivity for the Prediction of Cloud-to-ground Lightning: A Central North Carolina study[J]. National Weather Digest, 2003, 27: 35-44.

[9] BEDKA K, BRUNNER J, DWORAK R, et al. Objective satellite-Based Detection of Overshooting Tops Using Infrared Window Channel Brightness Temperature Gradients[J]. Journal of Applied meteorology and Climatology, 2010, 49（2）: 181-202.

[10] CUMMINs K L, MURPHY M J. An Overview of Lightning Locating systems: History, Techniques, and Data Uses with an in-depth Look at the U.S. NLDN[J]. IEEE Transactions on Electromagnetic Compatibility, 2009, 51（3）: 499-518.

[11] CUMMINS K L, MURPHY M J, BARDO E A, et al. A Combined TOA/MDF Technology Upgrade of the U.S. National Lightning Detection Network[J]. Journal of Geophysical Research, 1998, 103（D8）: 9035-9044.

[12] DIXON M, WIENER G. TITAN: Thunderstorm Identification, Tracking, Analysis, and Nowcasting—A Radar-based methodology[J]. Journal of Atmospheric and Oceanic Technology, 1993, 10（6）: 785.

[13] DYE J E, WINN P, JONES J J, BREED D W. The Electrification of New mexico thunderstorms. Part Ⅰ: Relationship between precipitation development and the onset of electrification[J]. J. Geophys. Res., 1989, 94: 8643-8656.

[14] Hondl K D, Eilts M D. Doppler radar signatures of developing thunderstorms and their potential to indicate the onset of cloud-to-ground lightning[J]. MONTHLY WEATHER REVIEW. 1994, 122: 1818-1836.

[15] Pan L X, Qie X S, Liu D X, et al. The lightning activities in super typhoons over the Northwest Pacific[J]. science in China, 2010, 53（8）: 1241-1248.

[16] WAIT J R, SPIES K P. LETTERS: Attenuation of Electromagnetic Waves in the Earth-Crust Waveguide From ELF to VLF[J]. Radio science, 1972, 7: 689-690.

[17] WAIT J R, WALTERS L C. Curves for ground wave propagation over mixed land and sea paths[J]. Antennas and Propagation, IEEE Transactions on, 1963, 11: 38-45.

[18] WAIT J R, CAMPBELL L L. The fields of an electric dipole in a semi-infinite conducting medium[J]. Journal of Geophysical Research, 1953, 58: 21-28.

[19] WAIT J R, WALTERS L C. Correction to Curves for ground wave propagation over mixed land and sea paths[J]. Antennas and Propagation, IEEE Transactions on, 1963, 11: 329-329.

参考文献

[20] WAIT J R, WALTERS L C. Curves for ground wave propagation over mixed land and sea paths[J]. IEEE Transactions on Antennas and Propagation, 1963, 11: 38-45.

[21] WAIT J R. Concerning the horizontal electric field of lightning[J]. Electromagnetic Compatibility, IEEE Transactions on, 1997, 39: 186.

[22] WAIT J R. Expected influence of a localized change of ionosphere height on VLF propagation[J]. Journal of Geophysical Research, 1961, 66: 3119-3123.

[23] WAIT J R. Recent analytical investigations of electromagnetic ground wave propagation over inhomogeneous earth models[J]. Proceedings of the IEEE, 1974, 62: 1061-1072.

[24] WAIT J R. The ancient and modern history of EM ground-wave propagation[J]. Antennas and Propagation magazine, IEEE, 1998, 40: 7-24.

[25] WAIT J R. Transient fields of a vertical dipole over a homogeneous curved ground[J]. Canadian Journal of Physics, 1956, 34: 27-35.

[26] WAIT J R. VLF radio wave mode conversion for ionospheric depressions[J]. Radio science, 1991, 26: 1261-1265.

[27] WAIT J R, WALTERS L C. Correction to Curves for ground wave propagation over mixed land and sea paths[J]. Antennas and Propagation, IEEE Transactions on, 1963, 11: 329-329.

[28] WAIT J R, WALTERS L C. Correction to Curves for ground wave propagation over mixed land and sea paths[J]. Antennas and Propagation, IEEE Transactions on, 1963, 11: 329-329.

[29] WAIT J R, WALTERS L C. Curves for ground wave propagation over mixed land and sea paths[J]. Antennas and Propagation, IEEE Transactions on, 1963, 11: 38-45.

[30] WAIT J R. Recent analytical investigations of electromagnetic ground wave propagation over inhomogeneous earth models[J]. Proceedings of the IEEE, 1974, 62: 1061-1072.

[31] BERENGER J P. A perfectly matched layer for the absorption of electromagnetic waves[J]. Journal of computational physics, 1994, 114: 185-200.

[32] JACOBSON A R, SHAO X M, HOLZWORTH R. Full-wave reflection of lightning long-wave radio pulses from the ionospheric D region: Numerical model[J]. Journal of Geophysical Research: Space Physics, 2009, 114（A3）.

[33] JACOBSON A R, SHAO X M, LAY E. Time domain waveform and azimuth variation of ionospherically reflected VLF/LF radio emissions from lightning[J]. Radio science, 2012, 47（04）: 117.

[34] JONES D L. Propagation of ELF pulses in the earthionosphere cavity and application to "slow tail" atmospherics[J]. Radio science, 1970, 5（89）: 1153-1162.

[35] K. A. NORTON. The propagation of radio waves over the surface of the earth and in the upper atmosphere[J]. Radio Engineers, Proceedings of the Institute, 1936, 25: 1203-1236.

[36] K. FALCONER. Mathematical Foundation and Application[J]. in Fractal Geometry, ed: New York: Wiley, 1990.

[37] K. L. CUMMINS, M. J. MURPHY, J. V. TUEL. Lightning detection methods and meteorological applications[J]. in IV International symposium on military meteorology, Malbork, Poland, 2000: 25-28.

[38] K. L. CUMMINS, M. J. MURPHY, E. A. BARDO, et al. A combined TOA/MDF technology upgrade of the US National Lightning Detection Network[J]. Journal of Geophysical Research: Atmospheres（1984-2012）, 1998, 103: 9035-9044.

[39] K. L. CUMMINS, M. MURPHY, J. CRAMER, et al. Location accuracy improvements using propagation corrections: A case study of the US National Lightning Detection Network[C]. in preprints, 21 st International Lightning Detection Conference, Orlando, FL, 2010: 19-20.

[40] KELLER J B. Geometrical theory of diffraction[J]. Josa, 1962, 52（2）: 116-130.

[41] KING R J. Electromagnetic wave propagation over a constant impedance plane[J]. Radio science, 1969, 4（3）: 255-268.

[42] KREHBIEL P R, BROOK M, MCCRORY R A. An analysis of the charge structure of lightning discharges to ground[J]. Journal of Geophysical Research: Oceans, 1979, 84（C5）: 2432-2456.

[43] KUŁAK A, MŁYNARCZYK J. A new technique for reconstruction of the current moment waveform related to a gigantic jet from the magnetic field component recorded by an ELF station[J]. Radio science, 2011, 46（02）: 17.

[44] KULAK A, MLYNARCZYK J, OSTROWSKI M, et al. Analysis of ELF electromagnetic field pulses recorded by the hylaty station coinciding with terrestrial gamma-ray flashes[J]. Journal of Geophysical Research: Atmospheres, 2012, 117（D18）.

[45] L. GUO, R. WANG, Z. WU. The theory and calculation method of the random rough surface[M]. Science Press, 2009.

[46] LAY E H, SHAO X M. high temporal and spatial-resolution detection of D-layer fluctuations by using time-domain lightning waveforms[J]. Journal of Geophysical Research: Space Physics, 2011, 116（A1）.

[47] M. A. UMAN, D. K. MCLAIN. Magnetic field of lightning return stroke[J]. Journal of Geophysical Research, 1969, 74: 6899-6910.

[48] M. A. UMAN, D. K. MCLAIN, E. P. KRIDER. The electromagnetic radiation from a finite antenna[J]. Am. J. Phys, 1975, 43: 33-38.

[49] M. AKBARI, K. SHESHYEKANI, A. PIRAYESH, et al. Evaluation of lightning electromagnetic fields and their induced voltages on overhead lines considering the frequency dependence of soil electrical parameters[J]. Electromagnetic Compatibility, IEEE Transactions on, 2013, 55: 1210-1219.

[50] M. AZADIFAR, M. PAOLONE, D. PAVANELLO, et al. An Update on the Instrumentation of the säntis Tower in switzerland for Lightning Current measurements and Obtained Results[J]. in CIGRE International Colloquium on Lightning and Power systems, 2014.

[51] M. BALSER, C. A. WAGNER. Diurnal power variations of the Earth-ionosphere cavity modes and their relationship to worldwide thunderstorm activity[J]. Journal of Geophysical Research, 1962, 67: 619-625.

[52] M. FÜLLEKRUG, E. A. E. MAREEV, M. J. RYCROFT. Sprites, elves and intense lightning discharges[M]. Springer, 2006.

[53] M. HAYAKAWA, K. OHTA, T. OKADA, Y. Tanaka. Absolute intensities of low-latitude whistlers as deduced from the direction-finding measurement[J]. Radio science, 1985, 20: 985-988.

[54] M. HAYAKAWA, S. SHIMAKURA, M. MORIIZUMI, K. OHTA. On the location of causative atmospherics of very low latitude whistlers and their magnetospheric propagation mechanism[J]. Radio science, 1992, 27: 335-339.

[55] M. RUBINSTEIN. An approximate formula for the calculation of the horizontal electric field from lightning at close, intermediate, and long range[J]. Electromagnetic Compatibility, IEEE Transactions on, 1996, 38: 531-535.

[56] M. WATTS. Perfect plane-wave injection into a finite FDTD domain through teleportation of fields[J]. Electromagnetics, 2003, 23: 187-201.

[57] MALLICK S, RAKOV V A, TSALIKIS D, et al. On remote measurements of lightning return stroke peak currents[J]. Atmospheric research, 2014, 135: 306-313.

[58] MARSHALL R A. An improved model of the lightning electromagnetic field interaction with the D-region ionosphere[J]. Journal of Geophysical Research: Space Physics, 2012, 117（A3）.

[59] MLYNARCZYK J, BÓR J, KULAK A, et al. An unusual sequence of sprites followed by a secondary TLE: An analysis of ELF radio measurements and optical observations[J]. Journal of Geophysical Research: Space Physics, 2015, 120（3）: 2241-2254.

[60] MOSADDEGHI A, PAVANELLO D, RACHIDI F, et al. On the inversion of polarity of the electric field at very close range from a tower struck by lightning[J]. Journal of Geophysical Research: Atmospheres, 2007, 112（D19）.

[61] MOSADDEGHI A, RACHIDI F, RUBINSTEIN M, et al. Radiated fields from lightning strikes to tall structures: Effect of upwardconnecting leader and reflections at the return stroke wavefront[J]. IEEE transactions on electromagnetic compatibility, 2011, 53（2）: 437-445.

[62] MOTOYAMA H, JANISCHEWSKYJ W, HUSSEIN A, et al. Electromagnetic field radiation model for lightning strokes to tall structures[J]. IEEE Transactions on Power Delivery, 1996, 11（3）: 1624-1632.

参考文献

[63] N. HONMA, F. SUZUKI, Y. MIYAKE, et al. Propagation effect on field waveforms in relation to time-of-arrival technique in lightning location[J]. Journal of Geophysical Research: Atmospheres (1984-2012), 1998, 103: 14141-14145.

[64] NIECKARZ Z, BARANSKI P, MLYNARCZYK J, et al. Comparison of the charge moment change calculated from electrostatic analysis and from ELF radio observations[J]. Journal of Geophysical Research: Atmospheres, 2015, 120 (1): 63-72.

[65] NORTON K A. The propagation of radio waves over the surface of the earth and in the upper atmosphere[J]. Proceedings of the Institute of Radio Engineers, 1936, 24 (10): 1367-1387.

[66] NUCCI C A, MAZZETTI C, RACHIDI F, et al. On lightning return stroke models for LEMP calculations paper presented at 19th International Conference on Lightning Protection[C]. Assoc Graz Austria, 1988.

[67] NUCCI C A, RACHIDI F. Experimental validation of a modification to the transmission line model for LEMP calculation[C]. 8th symposium and Technical Exhibition on Electromagnetic Compatibility, 1989.

[68] PECHONY C. PRICE. Schumann resonance parameters calculated with a partially uniform knee model on Earth, Venus, Mars, and Titan[J]. Radio science, 2004, 39.

[69] PAKNAHAD J, SHESHYEKANI K, HAMZEH M, et al. Lightning electromagnetic fields and their induced voltages on overhead lines: The effect of a nonflat lossy ground[C]. 2014 International Conference on Lightning Protection (ICLP) IEEE, 2014: 591-594.

[70] PAPPERT R, FERGUSON J A. VLF/LF mode conversion model calculations for air to air transmissions in the Earth-ionosphere waveguide[J]. Radio science, 1986, 21 (4): 551-558.

[71] PAVANELLO D, RACHIDI F, JANISCHEWSKYJ W, et al. On the current peak estimates provided by lightning detection networks for lightning return strokes to tall towers[J]. IEEE transactions on electromagnetic compatibility, 2009, 51 (3): 453-458.

[72] Q. ZHANG, D. LI, Y. FAN, et al. Examination of the Cooray-Rubinstein (CR) formula for a mixed propagation path by using FDTD[J]. Journal of Geophysical Research: Atmospheres (1984-2012), 2012, 117: D15309.

[73] Q. ZHANG, J. YANG, D. LI, Z. WANG. Propagation effects of a fractal rough ocean surface on the vertical electric field generated by lightning return strokes[J]. Journal of Electrostatics, 2012, 70: 54-59.

[74] Q. ZHANG, J. YANG, X. JING, et al. Propagation effect of a fractal rough ground boundary on the lightning-radiated vertical electric field[J]. Atmospheric Research, 2012, 104: 202-208.

[75] QIE X, YU Y, LIU X, et al. Charge analysis on lightning discharges to the ground in Chinese inland plateau (close to Tibet) [C]. Annales Geophysicae springerVerlag, 2000, 18 (10): 1340-1348.

[76] QIN Z, CHEN M, ZHU B, et al. An improved ray theory and transfer matrix method-based model for lightning electromagnetic pulses propagating in Earth-ionosphere waveguide and its applications[J]. Journal of Geophysical Research: Atmospheres, 2017, 122 (2): 712-727.

[77] QIN Z, CUMMER S A, CHEN M, et al. A Comparative study of the Ray Theory model With the Finite Difference Time Domain model for Lightning sferic Transmission in Earth-Ionosphere Waveguide[J]. Journal of Geophysical Research: Atmospheres, 2019, 124 (6): 3335-3349.

[78] R. HOLLAND. THREDS: A finite-difference time-domain EMP code in 3D spherical coordinates[J]. Nuclear science, IEEE Transactions on, 1983, 30: 4592-4595.

[79] R. THOTTAPPILLIL, V. A. RAKOV, M. A. Uman. Distribution of charge along the lightning channel: Relation to remote electric and magnetic fields and to return-stroke models[J]. JOURNAL OF GEOPHYSICAL RESEARCH-ALL sERIES-, 1997, 102: 6987-7006.

[80] RACHIDI F, JANISCHEWSKYJ W, HUSSEIN A M, et al. Current and electromagnetic field associated with lightningreturn strokes to tall towers[J]. IEEE Transactions on Electromagnetic Compatibility, 2001, 43 (3): 356-367.

参考文献

[81] RACHIDI F, RAKOV V A, NUCCI C A, et al. Effect of vertically extended strike object on the distribution of current along the lightning channel[J]. Journal of Geophysical Research: Atmospheres, 2002, 107 (D23): ACL 161-ACL 166.

[82] RAKOV V A, DULZON A A. Calculated electromagnetic fields of lightning return stroke[J]. Tekh Elektrodinam, 1987, 1: 87-89.

[83] RAKOV V A. Lightning electromagnetic fields: Modeling and measurements[C]. //Proc 12th Int Zurich symp Electromagn Compat, 1997: 59-64.

[84] RAKOV V A, UMAN M A. Lightning: physics and effects[M]. Cambridge university press, 2003.

[85] RATCLIFFE J A. The magnetoionic theory and its applications to the ionosphere[M]. University Press, 1959.

[86] RODEN J A, GEDNEY S D. Convolution PML (CPML): An efficient FDTD implementation of the CFS-PML for arbitrary media[J]. microwave and optical technology letters, 2000, 27 (5): 334-339.

[87] RUBINSTEIN M. An approximate formula for the calculation of the horizontal electric field from lightning at close intermediate and long range[J]. IEEE Transactions on electromagnetic compatibility, 1996, 38 (3): 531-535.

[88] S. A. CUMMER, U. S. INAN. Modeling ELF radio atmospheric propagation and extracting lightning currents from ELF observations[J]. Radio science, 2000: 385-394.

[89] S. A. CUMMER. Modeling electromagnetic propagation in the Earth-ionosphere waveguide[J]. Antennas and Propagation, IEEE Transactions on, 2000, 48: 1420-1429.

[90] S. D. GEDNEY. An anisotropic perfectly matched layer-absorbing medium for the truncation of FDTD lattices[J]. Antennas and Propagation, IEEE Transactions on, 1996, 44: 1630-1639.

[91] S. VISACRO, F. H. SILVEIRA. Lightning current waves measured at short instrumented towers: The influence of sensor position[J]. Geophysical research letters, 2005, 32.

[92] SAID R K, INAN U S, CUMMINS K L. Long-range lightning geolocation using a VLF radio atmospheric waveform bank[J]. Journal of Geophysical Research: Atmospheres, 2010, 115 (D23).

[93] SCHULZ W. Performance evaluation of lightning location systems[D]. Technical University of Vienna, 1997.

[94] SCHUMANN WO. Über die strahlungslosen Eigenschwingungen einer leitenden kugel die von einer Luftschicht und einer Ionosphärenhülle umgeben ist[J]. Z und Naturf, 1952, 7: 149-154.

[95] SHAO X M, JACOBSON A. R model simulation of very lowfrequency and lowfrequency lightning signal propagation over intermediate ranges[J]. IEEE transactions on electromagnetic compatibility, 2009, 51 (3): 519-525.

[96] SHAO X M, LAY E H, JACOBSON A R. Reduction of electron density in the nighttime lower ionosphere in response to a thunderstorm[J]. Nature Geoscience, 2013, 6 (1): 29-33.

[97] SHOORY A, MIMOUNI A, RACHIDI F, et al. On the accuracy of approximate techniques for the evaluation of lightning electromagnetic fields along a mixed propagation path[J]. Radio science, 2011, 46 (02): 18.

[98] SHOORY A, RACHIDI F, DELFINO F, et al. Lightning electromagnetic radiation over a stratified conducting ground: 2 Validity of simplified approaches[J]. Journal of Geophysical Research: Atmospheres, 2011, 116 (D11).

[99] SHOSTAK V, BORMOTOV O, PAVANELLO D, et al. Analysis of lightning detection network data for selected areas in Canada[C]. //2012 International Conference on Lightning Protection (ICLP), 2012: 112.

[100] SIMPSON J J, TAFLOVE A. Threedimensional FDTD modeling of impulsive ELF propagation about the Earthsphere[J] IEEE Transactions on Antennas and Propagation, 2004, 52 (2): 443-451.

[101] SMITH D A, HEAVNER M J, JACOBSON A R, et al. A method for determining intracloud lightning and ionospheric heights from VLF/LF electric field records[J]. Radio science, 2004, 39 (1).

参考文献

[102] SOLLFREY W. Exact solution for the Propagation of Electromagnetic Pulses Over a highly Conducting spherical Earth[R]. RAND CORP sANTA mONICA CALIF, 1968.

[103] SOMMERFELD A. Über die Ausbreitung der Wellen in der drahtlosen Telegraphie[M]. Verlag der königlich Bayerischen Akademie der Wissenschaften, 1909.

[104] SOTO E, PEREZ E, HERRERA J. Electromagnetic field due to lightning striking on top of a coneshaped mountain using the FDTD[J]. IEEE Transactions on Electromagnetic Compatibility, 2014, 56（5）: 1112-1120.

[105] SOTO E, PEREZ E, YOUNES C. Influence of nonflat terrain on lightning induced voltages on distribution networks[J]. Electric Power systems Research, 2014, 113: 115-120.

[106] SOULA S, MLYNARCZYK J, FÜLLEKRUG M, et al. Dancing sprites: Detailed analysis of two case studies[J]. Journal of Geophysical Research: Atmospheres, 2017, 122（6）: 3173-3192.

[107] T. OGAWA, M. KOMATSU. Q-bursts from various distances on the Earth[J]. Atmospheric Research, 2009, 91: 538-545.

[108] T. OTSUYAMA, D. SAKUMA, M. HAYAKAWA. FDTD analysis of ELF wave propagation and schumann resonances for a subionospheric waveguide model[J]. Radio science, 2003: 38.

[109] T. TACHIKAWA, M. KAKU, A. IWASAKI, et al. ASTER Global Digital Elevation model Version 2-Summary of Validation Results[J]. ASTER GDEM Validation Team（http://www.jspacesystems.or.jp/ersdac/GDEM/ver2Validation/Summary_GDEM2_validation_report_final.pdf）, 2011.

[110] V. C. MUSHTAK, E. R. WILLIAMS. ELF propagation parameters for uniform models of the Earth-ionosphere waveguide[J]. Journal of atmospheric and solar-terrestrial physics, 2002, 64: 1989-2001.

[111] V. COORAY, Y. MING. Propagation effects on the lightning-generated electromagnetic fields for homogeneous and mixed sea-land paths[J]. Journal of Geophysical Research: Atmospheres（1984-2012）, 1994, 99: 10641-10652.

[112] V. COORAY, Y. MING. Propagation effects on the lightning-generated electromagnetic fields for homogeneous and mixed sea-land paths[J]. JOURNAL OF GEOPHYSICAL RESEARCH-ALL sERIES-, 1994, 99: 10-11.

[113] V. COORAY. Effects of propagation on the return stroke radiation fields[J]. Radio science, 1987, 22: 757-768.

[114] V. COORAY. Horizontal Electric Field Above-and Underground Produced by Lightning Flashes[J]. Electromagnetic Compatibility, IEEE Transactions on, 2010, 52: 936-943.

[115] V. COORAY. Horizontal fields generated by return strokes[J]. Radio science, 1992, 27: 529-537.

[116] V. COORAY. Propagation effects due to finitely conducting ground on lightning-generated magnetic fields evaluated using sommerfeld's integrals[J]. Electromagnetic Compatibility, IEEE Transactions on, 2009, 51: 526-531.

[117] V. COORAY. Some considerations on the "Cooray-Rubinstein" formulation used in deriving the horizontal electric field of lightning return strokes over finitely conducting ground[J]. Electromagnetic Compatibility, IEEE Transactions on, 2002, 44: 560-566.

[118] V. COORAY, M. FERNANDO, T. SÖRENSEN, et al. Propagation of lightning generated transient electromagnetic fields over finitely conducting ground[J]. Journal of Atmospheric and solar-Terrestrial Physics, 2000, 62: 583-600.

[119] V. KODALI, V. RAKOV, M. UMAN, et al. Triggered-lightning properties inferred from measured currents and very close electric fields[J]. Atmospheric Research, 2005, 76: 355-376.

[120] V. P. PASKO, U. S. INAN, T. F. Bell. Fractal structure of sprites[J]. Geophysical research letters, 2000, 27: 497-500.

[121] V. RAKOV, A. DULZON. Calculated electromagnetic fields of lightning return stroke[J]. Tekh. Elektrodinam, 1987, 1: 87-89.

[122] V. RAKOV, M. UMAN. LIGHTNING. Physics and effects[M]. ed: Cambridge University Press, 2003.

参考文献

[123] V. RAKOV, M. UMAN. Review and evaluation of lightning return stroke models including some aspects of their application[J]. Electromagnetic Compatibility, IEEE Transactions on, 1998, 40: 403-426.

[124] V. RAKOV. Lightning electromagnetic fields: Modeling and measurements[J]. in Proc. 12th Int. Zurich symp. Electromagn. Compat, 1997: 59-64.

[125] W. J. PIERSON JR, L. MOSKOWITZ. A proposed spectral form for fully developed wind seas based on the similarity theory of sA kitaigorodskii[J]. DTIC Document, 1963.

[126] W. SCHULZ, G. DIENDORFER. Evaluation of a lightning location algorithm using an elevation model[C]. in 25th International Conference on Lightning Protection (ICLP), Rhodos, 2000.

[127] W. SCHULZ, G. DIENDORFER. Evaluation of a lightning location algorithm using an elevation model[C]. in 25th International Conference on Lightning Protection (ICLP), Rhodos, Greece, 2000.

[128] W. SCHULZ. Performance evaluation of lightning location systems[J]. PhD., Faculty of Electrical Engliering, Technical University of Vienna, Vienna (Auatria), 1997.

[129] W. SCHULZ, K. CUMMINS, G. DIENDORFER, M. Dorninger. Cloud-to-ground lightning in Austria: A 10-year study using data from a lightning location system[J]. Journal of Geophysical Research: Atmospheres, 2005, 110: D09101.

[130] W. SCHUMANN. On the free oscillations of a conducting sphere which is surrounded by an air layer and an ionosphere shell[J]. Z. Naturforschaft. A, 1952, 7: 149-154.

[131] WAIT J. Propagation of radio waves over a stratified ground[J]. Geophysics, 1953, 18(2): 416-422.

[132] WAIT J R. Recent analytical investigations of electromagnetic ground wave propagation over inhomogeneous earth models[J]. Proceedings of the IEEE, 1974, 62(8): 1061-1072.

[133] WAIT J R. Reflection of VLF radio waves at a junction in the earthionosphere waveguide[J]. IEEE transactions on electromagnetic compatibility, 1992, 34(1): 48.

[134] WAIT J R, SPIES K P. Characteristics of the Earthionosphere waveguide for VLF radio waves[M]. US Department of Commerce National Bureau of standards, 1964.

[135] WAIT J R. Terrestrial propagation of verylowfrequency radio waves a theoretical investigation[J]. J Res Nat Bureau stand, 1960, 64: 153.

[136] WAIT J R. The ancient and modern history of EM groundwave propagation[J]. IEEE Antennas and Propagation magazine, 1998, 40(5): 724.

[137] WAIT J R. Transient fields of a vertical dipole over a homogeneous curved ground[J]. Canadian Journal of Physics, 1956, 34(1): 27-35.

[138] WAIT J R, WALTERS L C. Reflection of VLF radio waves from an inhomogeneous ionosphere part I: Exponentially varying isotropic model[J]. J Res NBS D, 1963, 67: 361-367.

[139] WOOD T G, INAN U. Long-range tracking of thunderstorms using sferic measurements[J]. Journal of Geophysical Research: Atmospheres, 2002, 107(D21): ACL 11-ACL 19.

[140] X. REN, L. GUO. Fractal characteristics investigation on electromagnetic scattering from 2-D Weierstrass fractal dielectric rough surface[J]. Chinese Physics B, 2008, 17: 29-56.

[141] Y. BABA, V. A. RAKOV. Electromagnetic Fields at the Top of a Tall Building Associated With Nearby Lightning Return strokes[J]. Electromagnetic Compatibility, IEEE Transactions on, 2007, 49: 632-643.

[142] Y. BABA, V. A. RAKOV. On the interpretation of ground reflections observed in small-scale experiments simulating lightning strikes to towers[J]. Electromagnetic Compatibility, IEEE Transactions on, 2005, 47: 533-542.

[143] Y. BABA, V. A. RAKOV. On the mechanism of attenuation of current waves propagating along a vertical perfectly conducting wire above ground: application to lightning[J]. Electromagnetic Compatibility, IEEE Transactions on, 2005, 47: 521-532.

[144] Y. BABA, V. A. RAKOV. On the transmission line model for lightning return stroke representation[J]. Geophysical research letters, 2003, 30.

参考文献

[145] Y. BABA, V. RAKOV. Electromagnetic fields at the top of a tall building associated with nearby lightning return strokes[J]. Electromagnetic Compatibility, IEEE Transactions on, 2007, 49: 632-643.

[146] Y. BABA, V. RAKOV. On the mechanism of attenuation of current waves propagating along a vertical perfectly conducting wire above ground: application to lightning[J]. Electromagnetic Compatibility, IEEE Transactions on, 2005, 47: 521-532.

[147] Y. BABA, V. RAKOV. Voltages induced on an overhead wire by lightning strikes to a nearby tall grounded object[J]. Electromagnetic Compatibility, IEEE Transactions on, 2006, 48: 212-224.

[148] Y. CHUNSHAN, Z. BIHUA. Calculation methods of electromagnetic fields very close to lightning[J]. Electromagnetic Compatibility, IEEE Transactions on, 2004, 46: 133-141.

[149] Y. MING, V. COORAY. Propagation effects caused by a rough ocean surface on the electromagnetic fields generated by lightning return strokes, Radio science, vol. 29, pp. 73-85, 1994.

[150] Y. WANG, L. GUO, AND Z. WU, The application of an improved 2D fractal model for electromagnetic scattering from the sea surface[J]. Acta Physica sinica, 2006, 10.

[151] YANG C, ZHOU B. Calculation methods of electromagnetic fields very close to lightning[J]. IEEE Transactions on Electromagnetic Compatibility, 2004, 46(1): 133-141.

[152] YANG H, PASKO V P. Three-dimensional finite difference time domain modeling of the Earth-ionosphere cavity resonances[J]. Geophysical research letters, 2005, 32(3).

[153] YEE K. Numerical solution of initial boundary value problems involving maxwell's equations in isotropic media[J]. IEEE Transactions on antennas and propagation, 1966, 14(3): 302-307.

[154] YU W, MITTRA R. A conformal finite difference time domain technique for modeling curved dielectric surfaces[J]. IEEE microwave and Wireless Components Letters, 2002, 11(1): 25-27.

[155] Z. S. SACKS, D. M. KINGSLAND, R. LEE, J.-F. LEE. A perfectly matched anisotropic absorber for use as an absorbing boundary condition[J]. Antennas and Propagation, IEEE Transactions on, 1995, 43: 1460-1463.

[156] ZHANG Q, HE L, JI T, et al. On the field-to-current conversion factors for lightning strike to tall objects considering the finitely conducting ground[J]. Journal of Geophysical Research: Atmospheres, 2014, 119（13）: 8189-8200.

[157] ZHANG Q, HOU W, JI T, et al. Validation and revision of farfieldcurrent relationship for the lightning strike to electrically short objects[J]. Journal of Atmospheric and solarTerrestrial Physics, 2014, 120: 41-50.

[158] ZHANG Q, JI T, HOU W. Effect of frequencydependent soil on the propagation of electromagnetic fields radiated by subsequent lightning strike to tall objects[J]. IEEE Transactions on Electromagnetic Compatibility 2014 57（1）: 112120

[159] ZHANG Q, LI D, FAN Y, et al. Examination of the Cooray-Rubinstein(C-R)formula for a mixed propagation path by using FDTD[J]. Journal of Geophysical Research: Atmospheres, 2012, 117（D15）.

[160] ZHANG Q, LI D, TANG X, et al. Lightningradiated horizontal electric field over a roughand oceanland mixed propagation path[J]. IEEE transactions on electromagnetic compatibilit, 2013, 55（4）: 733-738.

[161] ZHANG Q, LI D, ZHANG Y, et al. On the accuracy of Wait's formula along a mixed propagation path within 1 km from the lightning channel[J]. IEEE transactions on electromagnetic compatibility, 2012, 54（5）: 1042-1047.

[162] T. H. TRAN, Y. BABA, V. B. SOMU, et al. FDTD modeling of LEMP Propagation in the Earth-Ionosphere Waveguide With Emphasis on Realistic Representation of Lightning source[J]. J. Geophys. Res.: Atmos., 2017, 122(23), 12918-12937.

[163] 王改利, 刘黎平, 阮征. 多普勒雷达资料在暴雨临近预报中的应用[J]. 应用气象学报, 2007, 31（3）: 400-409.

[164] 郄秀书, 刘冬霞, 孙竹玲. 闪电气象学研究进展[J]. 气象学报, 2014, 72（5）: 1054-1068.

参考文献

[165] 张义军,孟青,马明,等.闪电探测技术发展和资料应用[J].应用气象学报,2006,17(5):611-620.

[166] 王宇,郄秀书,王东方,等.北京闪电综合探测网(BLNET):网络构成与初步定位结果[J].大气科学,2015,39(3):571-582.

[167] 史东东,郑栋,张阳,等.低频电场变化探测阵列建设及其初步运行结果[J].中国科学:地球科学,2018,48(1):113-126.

[168] 马冬.基于VLF/LF多站预测的初始击穿脉冲串特征研究[D].北京:中国科学技术大学,2017.

[169] 祝宝友,马明,陶善昌.地闪和云闪初始击穿VHF/VLF辐射特征观测和比较[J].高原气象,2003,22(3):239-245.

[170] 刘显通,刘奇.红外亮温和云参数信息对降水识别能力的研究[J].遥感技术与应用,2013(1):1-11.

[171] 刘延安,魏鸣,高炜,等.FY-2红外云图中强对流云团的短时自动预报算法[J].遥感学报,2012,16(1):79-92.

[172] 肖笑,魏鸣.利用FY-2E红外和水汽波段对强对流云团的识别和演变研究[J].大气科学学报,2018,41(1):135-144.

[173] 曲骅倩,盛艳姣,冯冬蕾,等.南京地区闪电活动时间特征分析[J].现代农业科技:资源与环境科学版,2019(22):129-130.

[174] 陈渭民.雷电学原理[M].北京:气象出版社,2006.

[175] 葛德彪,闫玉波.电磁波时域有限差分方法[M].西安:西安电子科技大学出版社,2010.

[176] 李东帅.复杂地表情况下的多尺度、多波段雷电电磁波传播特征研究[D].南京:南京信息工程大学,2015.

[177] 王晓嘉,陈亚洲万浩江等地表垂直分层条件下倾斜通道雷电电磁场特性研究[J].电子与信息学报,2017,39(2):466-473.

[178] 王元新,彭茜,潘威炎,等.S1 ELF水平电偶极子在地-电离层波导中的场[J].电波科学学报,2007,22.

[179] 潘威炎.长波超长波极长波传播[M].成都:电子科技大学出版社,2004.

[180] 杨波,周璧华,孟鑫,等. 地闪雷电电磁脉冲在大地中的分布研究[J]. 物理学报, 2010, 59（12）: 8978-8985.

[181] 张红旗,潘威炎. 垂直电偶极子在有介质导电平面上激起的场[J]. 电波科学学报, 2000, 15: 13-19.

[182] 张明霞,崔翔,陈家宏. 水平多层土壤对雷电定量精度的影响[J]. 高电压技术, 2009（12）: 63-69.

[183] 张义军,孟青,马明,等. 闪电探测技术发展和资料应用[J]. 应用气象学报, 2006, 17: 611-620.

[184] 陈明理,刘欣生,郭昌明,等. 确定闪电定位系统场地误差的参数化方法[J]. 高原气象, 1990, 9（3）: 207-319.